Introduction to
Cognitive Computing

华中科技大学出版社
http://www.hustp.com
中国·武汉

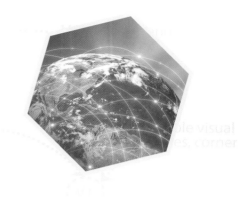

认知**计算**
导论

陈 敏 主编

作者简介

陈 敏 华中科技大学计算机学院教授、博导，嵌入与普适计算实验室主任，2012年入选国家第二批"青年千人计划"。23岁获博士学位。曾先后任国立汉城大学和加拿大不列颠哥伦比亚大学博士后、韩国首尔大学助理教授。2011年入选教育部"新世纪优秀人才支持计划"。陈敏教授主要从事认知计算、物联网感知、情感计算通信和机器人技术、5G网络、软件定义网络、医疗大数据、人体局域网等领域的研究工作。在国际学术期刊和会议上发表论文200余篇，发表论文谷歌学术引用总数超过9000次，H-index = 48，SCI他引次数超过2500次。担任IEEE计算机协会大数据技术委员会主席。获IEEE ICC 2012、IEEE IWCMC 2016等国际大会最佳论文奖。荣获2017年度IEEE通信学会Fred W. Ellersick Prize。

前 言

一、从认知科学到认知计算

20 世纪中后期，行为主义思潮逐渐衰落，伴随着语言学、信息论和数据科学的兴起，以及计算机技术的飞速发展与普及，引发了一场声势浩大且令人深思的认知革命，随之产生了认知科学（Cognitive Science）。认知科学是一门研究信息如何在大脑中流转及处理的跨领域学科。从事认知科学研究的科学家们通过对包括语言、感知、记忆、注意力、推理和情感等方面的观察，来探寻人的心智能力。人类的认知过程主要体现在以下两个阶段。首先，人们通过五官、皮肤等人体自身的感知器官来觉察周围物理环境，获得外部信息作为输入。其次，输入信息经神经传输至大脑进行存储、分析、学习等复杂处理，并将处理结果通过神经系统反馈给身体的各个部位，由各部位做出适当的行为反应，由此形成一个完整的涵盖决策和执行过程的闭环。因此，新生儿在认知世界的过程中需要不断同外部世界进行交流沟通，以获取外部环境的各种信息，同时利用所获取的信息以及动作反馈逐步建立自身的认知系统。由于认知系统具有极高的复杂性，所以认知科学需要运用包含多门学科的工具和方法来对认知系统进行多维度和全方位的深入研究。因而，认知科学横跨了语言学、心理学、人工智能、哲学、神经科学和人类学等多个交叉学科和研究领域。可以说，迄今为止人们在认知科学领域所取得的成就，与其跨学科的研究方法是密切相关的。

近年来，随着计算机软硬件技术的高速发展、大数据时代的来临以及人工智能研究的兴起，认知计算逐渐成为人们关注的焦点。我们在图 1 中展示了认知计算的演进过程。大数据分析与认知计算是由数据科学演进而来的两种不同的技术。大数据分析强调其所处理的数据应具有大数据的特征；认知计算更侧重于处理方法的突破，其所处理的数据不一定是大数据，就像人脑记忆力有限，但对形象信息的认知和处理极其高效。认知计算偏向于借助认知科学理论来构建算法，从而模拟人的客观认知和心理认知过程，使机器具备某种程度的"类脑"认知智能。"类脑计算"旨在使计算机可以从人类思维的角度去理解和认知客观世界。机器可以通过认知计算来加强对世界与人内在需求的认知，从而增强自身的智力和决策能力。其中，特别是针对牵涉复杂情感和推理的问题，认知计算将超越传统机器学习。认知智能将通过物联网、机器人等技术嵌入在用户身边，辅助人类决策，并提供关键性的建议。如果认知计算所处理的数据具备大数据的特征，那么它同时也是大数据分析。

二、以人为中心的认知循环

在对人工智能研究如火如荼的今天，面对虚拟网络空间（Cyber Space）提供的多种多样的数据，人们开始思考如何才能让机器（Machine）变得更加智能，从而为人类

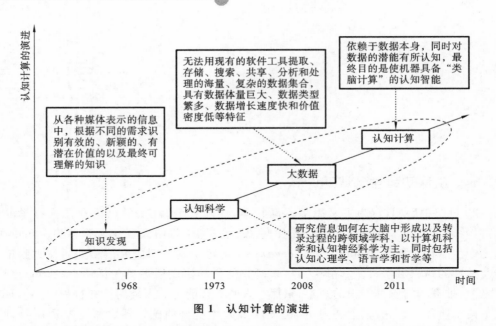

图 1   认知计算的演进

(Human)提供更好的服务。认知计算与 Human、Machine 和 Cyber Space 相交互与融合,并形成全新的"以人为中心的认知循环"(the Circle of Human-centric Cognitions),其主要的内涵包括以下三个方面。

1. 基于数据与信息的认知:提高机器的智能

在 Human & Machine & Cyber Space 中,我们把计算机网络、基础通信架构装置、终端设备及机器人等硬件设施统称为 Machine,把存在于虚拟网络里的信息所构成的空间称为 Cyber Space。对认知计算的研究,首先离不开对 Cyber Space 中已有数据与信息进行分析,以提高机器的智能。因此,传统的物联网、5G 网络、云计算、大数据分析等技术将为认知计算在信息的采集、获取、传输、存储和分析等方面提供各种支持。

2. 机器或人对已有信息的全新解读或诠释:突破数据的局限

在香农的信息理论中,单位时间内数字通信系统中传递的信息受信道容量的限制,数据传输量是有限的。但是,现实世界中机器智能对信息源源不断的需求量与有限的物理信道容量总是相互矛盾的。如果没有持续海量的数据供给,机器通过计算不能再获取有效养分而导致其智能的增长可能停滞。然而,人类对机器的能力寄予越来越高的期望,人工智能的后期发展能否突破数据的局限至关重要。

我们提出机器有可能对现有的 Cyber Space 中的信息进行再解读和诠释,从而产生新的信息,该过程也可有人的参与。不同的机器从不同的角度对信息进行全方位的理解,用户在此过程中也可增加不同的观点。比如,王国维用三句词描绘做学问的三大境界,可是原作者(分别是晏殊、柳永、辛弃疾)并无此意,只是王国维对原信息做了"创造性地背离"和诠释而已。对信息做新的解读,可以进一步挖掘信息的潜能,加上多维度的信息共享,能使机器博采众长。与光电系统中固定存储和传输的信息相比,信息的诠释能使数据更具生命力。一旦突破数据的局限,机器的智能将持续向前迈进,从而有可能具备认知智能。如图 2 所示,我们相信 Human、Machine、Cyber Space 之间的交互,以及突破机器学习对信息的依赖将是认知计算在大数据时代呈现的两大新特征。

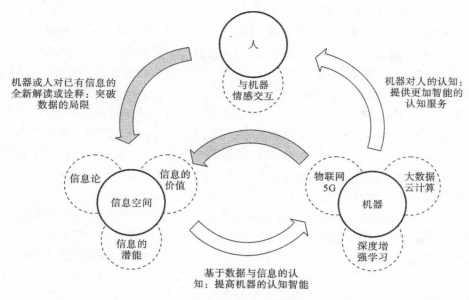

图 2　以人为中心的认知循环

3. 机器对人的认知：提供更加智能的认知服务

到目前为止，机器基于数据进行学习尚未向精神领域做足够的延伸，难以做到关注人的情感、心理等内在信息。认知计算为机器探索人的内在需求提供了一种有效途径，让机器对人的认知产生更加深刻的领悟，从而为用户提供一种更加智能的认知服务。这种认知服务结合了机器的认知智能，与传统物联网时代的智慧城市、智慧医疗、智慧家居、智慧交通等应用所要求的机器智能相比，认知服务更加强调以人为本，探知人的精神世界，贴合人的内在需求。

图 2 包含了一个以人为中心的认知循环。从认知计算的角度来看，怎样才能充分挖掘信息的潜能呢？机器基于物联网、云计算、机器学习等技术，对已有信息的价值已经做了充分的挖掘。从信息论角度看，光电系统所承载的信息量是有限的，认知计算若要使机器智能进一步提高，一方面需要运用已有的数据分析方法，另一方面又要突破数据的局限。结合深度学习和增强学习的方法，认知计算还可借鉴人类的形象思维和图像理解能力，采用类脑计算，加入人和机器对数据的解读和诠释，使数据变得更加有生命力。随着信息全新的诠释与数据的再生，Cyber Space 也将被相应地拓展。因此，Human、Machine、Cyber Space 之间的共融与交互，使机器能够为人类提供更加智能的认知计算应用与服务。

三、从认知的潜能看信息的价值

不同于传统意义上基于光电的数据传输和分析，认知计算旨在让机器在某种程度上模拟人脑的思维。人脑的学习与计算以及神经元间的信息传递，相比于光电系统中由数据驱动的计算完全不同，即数据虽然在物理上能够被度量，但人脑通过对其进行学习和计算却能解读出海量的多维度信息。因此，受信息的价值和认知潜能的启发，本书将从认知数据的产生/采集、传输、分析以及应用等角度详细解读认知计算。

1. 信息价值与认知计算

人类生活离不开物质和能量,同时也离不开信息,即任何正常人都有相应的信息需求。一方面,在对物质需求日益提高的今天,人们对信息的要求也日益提高。另一方面,支撑认知计算的基石也是信息,从狭义层面上看,信息所蕴含的价值是可以量化的,就像信息可以被度量一样。信息价值论跳出了人类社会经济学的狭隘范畴,摒弃了主客体对立的价值思考方式,提出了一种契合自然规律的一般价值论,具有极强的解释力和包容性。它不局限于人造通信系统,而是将人类生理、心理、语言以及自然社会现象等融入信息的产生/采集、传输、分析与应用等研究问题之中,使得信息在这个时代的价值比任何时代都更加突出。丰富且多维度的信息价值为认知计算的发展提供了原料,为认知系统如何不断获取认知智能提供了新的思路。

具体来讲,信息的价值分为固有价值和拓展价值。固有价值是信息形成之初固有的自然属性;拓展价值是信息在传输过程中,受外在因素影响逐步形成的社会属性。对一个优良的信息块而言,如果信息的拓展价值较低,则表明信息的价值没有被充分挖掘、分析和利用,造成了信息潜能的埋没。优良的信息自产生以来,除了具备可以被度量的信息量价值,另一部分价值潜能如同被原作者放入一个"隐蔽的信箱",等待今后被开启和解读。

2. 认知的潜能

所谓机器的认知潜能主要包含两个方面:认知系统所具备的认知潜力,以及信息所蕴含的价值潜能。两者相辅相成可放大信息的价值,推动认知智能的演进。

人的一生在不断学习进步。当人脑的认知能力达到某种程度之后,便可触类旁通,可以对数据在不同维度间进行转化,转化后的信息又可以被应用到其他维度的数据层面,从而产生新的信息和观点。由人类创造的认知系统也应具有或多或少的认知潜能,当机器具备一定程度的认知智能时,又何尝不能对已有信息进行再创造呢?认知系统在训练的过程中模拟人的思维,通过持续地学习,获得不断增强的智能性,逐步接近人类所具备的认知能力。为实现这一目标,其中一个关键性的假设在于:作为认知计算主体的机器,其生命是无限的,因此其认知潜能在理论上难以被量化。在有限的信息空间中,机器的认知潜能如果被激发,我们也可以说信息的价值潜能得到拓展。

3. 从认知的潜能看信息的价值

由信息的基本概念可知,信息的生命周期中每个阶段都具备认知的潜能,若各个阶段的潜能得到激发,信息所蕴含的价值将被充分挖掘。

从产生信息开始,信息的固有价值便决定了其本身是否具备认知的潜能,这取决于信息是否包含普遍的自然规律、道理和精神。若信息拥有的内涵能引发丰富的联想,衍生出多种多样的形象信息,其价值也终将被不断开发。

当然,信息是否具有认知的潜能,也依赖于产生信息的主体(人或者机器)的智能和创造力。不论是人类本身与生俱来的想象力,还是后天学习所获得的领悟,只有当人脑的认知能力进化到一定程度,才能创造出虽在物理上可度量但蕴含引发后人无限感慨和联想的信息,启发当代乃至后来人的想象空间,从而折射出海量的多维数据。

有了具备认知潜能的信息源,认知计算还需要一个承载和传递信息的桥梁,物联网由此成为感知物理世界数据的最前端,为认知系统提供源源不断的数据。与认知计算相结合,物联网的数据感知服务将更加偏重于以人为中心的应用。应用"人本化"也使得认知计算与移动计算紧密关联,认知智能所需的数据采集与计算也需要考虑用户的移动性才能达到能效优化。而这种移动性同时为认知数据采集提供了一种便捷的方法:大规模的移动人群对数据的无意识采集与传递,即群智感知。在群智感知技术的运用下,信息在传播过程中可使认知系统"集思广益"。

在虚拟世界,移动用户又是通过在线社交网络相联,社交网络无形中也是一个"以用户兴趣为中心"的数据产生和传播的载体,因此认知计算与社交网络相结合的"认知社交网络"也是未来一个新的研究方向。另一方面,5G移动通信技术的提出极大地加快了数据传输速度,让爆炸式增长的信息量得以在短时间内迅速传播,这将极大支撑高级认知系统对海量信息传输的需求。

与此同时,机器学习、深度学习的发展也让认知系统有能力理解不同维度信息之间的关联性。此外,不论是人类丰富的想象力和深刻的解读能力,还是机器的增强学习,都能让我们从现有信息中发现新的信息,在机器、人与信息空间的认知环中,已有信息与新信息的共享和融合,所产生的认知智能又使机器具备更强的"信息解读"能力,最终形成良性循环,使机器具备更高的智能性,为人类提供更好的服务。

四、认知计算与物联网、大数据分析、云计算

图3所示为认知计算的系统架构。通过依托5G网络、物联网、机器人和认知设备等底层架构,以及云环境、超算中心等基础设施,同时利用机器学习、深度学习平台,来完成包括人机交互、语音识别、计算机视觉等任务,从而服务于包括健康监护、认知医疗、智慧城市、智能交通和科学家做实验等上层应用。这个系统架构中的每一层都伴随着相应的技术挑战和系统需求。因此,本书对认知计算与各层之间的关联进行了详细研究与讨论。

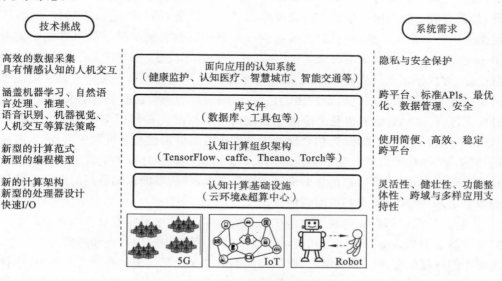

图3　认知计算的系统架构及其挑战

1. 认知计算与物联网

由前可知,认知计算需要以信息为基础。通信领域注重信息的传输,计算机领域注重信息的使用。信息在实际认知计算应用中主要表现为数据,包括形式多样的结构化

和非结构化数据。而物联网通过种类丰富的信息传感设备,实时采集客观世界中受关注对象的各种有价值信息,并通过互联网形成一个巨大的网络,实现海量传感设备的互联互通,使得数据世界与物理世界共融。因此,本书第 1 章详细介绍了认知数据的采集方法及过程。物联网首先通过 RFID、无线传感器等自动识别和感知技术,以及卫星定位及 WiFi 指纹等定位技术获取受监测对象的相关信息;其次,借助各种高效的通信手段将相关信息遍布于网络中加以共享和整合;最后,利用云计算、机器学习、数据挖掘等智能计算技术对信息进行分析处理,最终实现信息物理融合系统中的智能化决策和控制。物联网实现了信息的感知与传输,随着物联网的普及和广泛应用,还会产生越来越多的物联网数据,为认知计算的实现提供重要的信息源。同时,认知计算作为一种新的计算模式,反过来可以为物联网的数据感知和采集提供效率更高,能效更优的实现手段。

2. 认知计算与大数据分析

信息持续的增长和机器计算能力的不断提升在大数据时代尤为明显。相比传统结构化数据的增长,社交媒体和移动互联网数据等非结构化数据增长更加迅猛。结构化和非结构化数据组成了认知大数据,其特点可以用 5V 表示:Volume(海量)、Velocity(变化快、速率高)、Variety(多样化)、Value(以价值为中心)、Veracity(真实性)。同时,这些特点使得信息的分析处理面临诸多难题,大数据分析和认知计算为我们提供了有效的途径。大数据分析与认知计算是两种不同的技术,它们可以独立,也可以共存。

首先,针对某个数据集的大数据分析不一定是认知计算。大数据思维强调以数据为核心,从海量数据中挖掘价值,获得洞察力,如果脱离了大量的数据作为基础,将无法保证预测的精确度与可靠性。人的一生阅历不断积累,穷尽了大千世界的各种信息之后,也会逐渐具备看待世界的大数据视角,具备大数据思维。大数据思维和深度学习一样,都具有阶层性。第一层是关心物质生活和环境改善,第二层是追求精神文化,第三层是关注生命意义。越往上层,人数越少。目前的机器智能所模拟的思维主要集中在第一层和第二层,关心人的健康状况、生活水平和情感状态,与之对应的是健康监护、智慧医疗、智能家居、智慧城市、情感照护等应用。更深一步的第三层——关注生命意义对用户的人生发展方向提出个性化的建议,以助用户实现幸福而更有意义的人生,这是目前机器所不能做到的,也是未来人工智能的一大挑战。在数据集符合了大数据特征的情况下,我们对数据的分析和处理方式最直接的是采用已有的机器学习方法,但是否用到"类脑"计算的数据处理技巧是区别大数据分析和认知计算的关键。要机器达到更高的思维境界,应该更加强调数据价值潜能的拓展,使机器能认知数据的内涵及其包含的形象信息,像人一样理解周围的信息。

其次,虽然认知计算也兼顾数据在量上的积累,但并不意味着对数据量的依赖。认知计算基于类似人脑的认知与判断,试图解决生物系统中的模糊性和不确定性问题,以实现不同程度的感知、记忆、学习、思维和问题解决等过程。例如在现实生活中,小孩子学会认识一个人只需要很少的次数,虽然数据量不够大,但是对数据的处理上采用了类似认知计算的方法。对于普通人和领域专家来说,即使数据都一样,但是普通人得到的知识与专家得到的知识在深度上的确完全可能不同,这是因为两者思维的高度有别,解读数据的角度也有差异。通过认知计算,机器能够从有限的数据中挖掘出更多的隐含意义。就像人的"顿悟",机器能否突然在某个时间点,基于原有的数据爆炸式地"解读"

出另一段海量信息？不依赖于大数据分析，机器是否能获得认知智能？这些问题留给读者来思考。

最后，认知计算和大数据的结合将实现"双赢"。认知计算受人类的学习过程启发，人类学会认识一个形象只需很短的时间，就能轻易地分辨出猫和狗等事物，而传统的大数据需要进行大量的训练之后才能达到人类这个简单的能力。比如 Google Photos 虽通过大量图片学习后能区分猫和狗，但还没办法识别出猫的不同品种，并且，浩如烟海的数据具有较大的冗余性，将会占用大量的存储空间。而认知计算倾向于走一条比大数据分析更加轻巧的途径，不仅挖掘数据的共性和价值，在收获认知智能后，使大数据分析不仅只是使用"计算蛮力"。在大数据时代之前，认知计算并未被充分地研究。如今人工智能的兴起及云端充足计算资源的支持为认知计算的发展提供了有力条件，使机器从认知用户内在需求的角度解读和挖掘数据的含义成为可能。

本书第三篇对认知计算与大数据分析进行了详细且全面的探讨，在第 4 章对机器学习进行了概述，第 5 章归纳了机器学习的主要算法，第 6 章结合大数据的特点探讨了面向大数据分析的机器学习算法。

3. 认知计算与云计算

云计算（cloud computing）将计算、存储和带宽等资源虚拟化，使得软件服务部署成本降低，为认知计算应用的产业化和推广提供支撑。另外，云计算所具有的强大的计算与存储能力，为认知计算提供动态、灵活、弹性、虚拟、共享和高效的计算资源服务。本书第 11 章对认知云计算（或云端认知计算）的相关知识进行了归纳，第 12 章为读者提供了面向认知计算的云编程与编程工具的介绍，第 13 章介绍了目前深度学习研究与应用最流行的机器学习库——TensorFlow 开源软件库。

现实生活中产生大量的数据信息，在云计算平台上进行大数据分析之后，使用机器学习等技术对数据进行挖掘，不同类别的信息对应不同的处理技术，如文字信息对应自然语言处理，图像信息属于机器视觉，最后将结果应用于不同的领域。无论是 IBM 语言认知服务或是 Google 认知计算应用，都强调实现类似人脑的认知与判断，并开发云服务模式。云计算和物联网为认知计算提供了软硬件基础，大数据分析为认知计算提供了方法和思路。在未来，认知云计算与认知物联网将成为新的研究方向，帮助人们发现和识别数据中的新机遇和新价值。

五、认知计算与信息论和 5G 网络

人类的认知属于一系列针对特定信息的活动，通常，我们会用相对应的数学理论将其具象化。早期通信领域学者认为物质世界中传递的信息特指通信系统中的信息。信息论的奠基人克劳德·艾尔伍德·香农（Claude Elwood Shannon）在其著名论文《通信的数学理论》（1948 年）中定义了此种信息，并提出了计算信息量的公式，如下：

$$H(X) = -\sum_i P(x_i)\log_2 P(x_i)\,(\mathrm{b})$$

从公式可知，当各个符号出现的概率相等，即"不确定性"最高时，信息熵最大。因此，信息可以视为"不确定性"或"选择的自由度"的度量。

随着智能手机、多媒体移动通信及服务种类的增加，人们对信息量的需求也与日俱增，与此同时对未来移动通信网络也提出了更高的要求。下一代移动网络联盟

(Next Generation Mobile Networks Alliance)定义了第五代移动通信系统(5G)的以下要求：① 以 10 Mb/s 的数据传输速率支持数万用户；② 以 1 Gb/s 的数据传输速率同时提供给在同一楼办公的众多人员；③ 支持数十万的并发连接用于支持大规模传感器网络的部署；④ 频谱效率应当相比 4G 显著增强；⑤ 覆盖率比 4G 有所提高；⑥ 信令效率应得到加强；⑦ 延迟相比 4G 应该显著降低。也就是说，5G 网络不仅要满足高通信容量需求，而且移动用户的数据速率也需要有巨大的提升，详见第 19 章。

根据数字通信系统的理论基石，即香农公式：

$$R = W\log_2\left(1 + \frac{S}{N}\right)(\text{b/s})$$

其中 W 为信道带宽，S 为信号的平均功率，N 为噪声的平均功率，S/N 为信噪比，可以获得有噪声信道的极限速率（单位时间内在信道上传送的信息量的上限）。根据香农公式，可以从以下三个角度来提升用户的传输速率。

第一，扩展频谱范围，如使用新的频段，但是现有的频谱资源有限。比如在 5G 中的毫米波通信(mmWave)，使用高频的优点是速度快，同时传递的信息量大，但缺点是信号的衰减非常严重，而且传输距离非常近。

第二，提高频谱利用率，如通过大规模天线阵列(Massive MIMO)技术和高阶调制技术，提高小区内单位频谱资源下的传输速率上限。

第三，采用更加密集的小区布置，在单位面积上部署更多小区。理论上，总的容量会随着单位区域内小区数量呈线性增长，在给定区域内降低小区半径并容纳更多数量的小区将会提供更多的容量和更多的频谱复用。

随着认知计算的发展，以香农信息论为基础，可进一步探知"认知信息论"。认知活动其实就是基于香农信息熵对庞大的感知输入信号进行描述，从而获得外界事物的存在信息和属性信息；同时根据事物之间相互约束信号，可以得到事物之间的关联规律信息；最后通过获得的事物间的规律信息并根据相应信息参数的改变来推测事物的状态信息。

由此给上述三个解决方法带来了一系列疑问。例如，信息的增值和通信容量的增加，除了前面探讨的对物理世界数字通信系统的不断完善和提升，我们能否从认知的角度对信息进行更加深入的解读和利用？信息是否只能以物质的形式（如声、光、电、能量、磁盘、生命科学领域的 DNA、甚至中医领域的"气血"等在物理空间中能够进行度量的介质）为载体？信息可否作为信息的载体？人或认知系统对已有信息的诠释、解读或挖掘，由此产生的新的数据价值，是否可以理解为信息量扩充的一种方式呢？信息载体(information carrier)与信息的载体(carrier of information)有何区别？这些疑问留给广大读者思考。

六、如何突破大数据分析对数据的依赖

从古至今，人类不断地探索自身，并试图像"上帝造人"一样创造机器。如今，许多机器在"体力"上已经远远超过人类，然而却始终无法达到人类智慧的高度。最初的机器学习通常分为监督学习和非监督学习，我们"喂"给机器的数据通常具有固定的格式，机器根据这些数据训练模型，完成回归、分类、聚类等任务。但是机器能接收的信息是有限的，机器难以学习非线性情况下的信息，它只能根据现有的大部分情况进行推测，

而且同一数据的标签在不同情况下可能是不同的,机器学习到的信息在不同用户看来,其可用性也有别。传统的监督学习和非监督学习基于输入数据的封闭式训练,已经满足不了对机器智能可持续性提升的需求,因此增强学习成为机器学习领域一个热门的研究分支。

增强学习和人类学习的过程非常相似。以小孩学说话为例,当要教其一个单词时,通常会指着单词代表的某个事物或者做单词代表的动作,反复读那个单词,如果小孩理解错了,在做出错误判断之后,大人会给予纠正,而对于小孩的正确判断,大人会给予奖励。在人类学习的过程中,周围环境也是一个很重要的因素。增强学习借鉴了这一点,它是机器从环境到行为映射的学习。它设立一套奖励机制,当所做行为对目标有益时,就给予一定的奖励,反之则施予一定的惩罚。前往目标的过程所做的选择不止一个,因此每次做的选择不一定是最好的,但一定是对目标的实现最有利的。以 AlphaGo 为例,它在吸收了几百万局棋局并进行深度学习之后,使用增强学习进行实战对弈,此时它的策略并不像深度学习那样做出当前最优的落子选择,而是进行全局规划,选择最可能导致最终获胜的落子位置。在这个过程中,机器不仅根据过去的经验,同时为了能使目标奖励最大,也会尝试新的路径,就像学画画一样,当掌握了基本技巧之后,就开始掺杂些即兴发挥,而机器尝试的这个过程其实也在产生数据,训练的最终目标不是回归、分类或聚类,而是最大化奖励,以这个为目的,对于机器来说不管是成功的尝试还是失败的尝试,都是有意义的,机器接下去走的每一步都会借鉴之前尝试的经验。

但是机器一味地自我尝试对某些事情的认知效果并不佳,就像小孩学习语言,如不与他人交流难以进步,机器也如此。因此,“闭门造车”的学习系统不是一个好的认知系统。同时,认知系统也可直接和人类进行“交流”。如果专门指派一个人和机器“交流”,这样就太耗费时间及人力了,采用“众包”的方法可以让人与机器的交流变得自然。典型的案例是游戏 Foldit,这款游戏给定一个目标蛋白,玩家可以用各种氨基酸进行组装,最终拼凑出这个蛋白的完全体。玩家通过游戏自愿参与到氨基酸的组装过程,当玩家数量足够多的时候,这群“非专业”玩家的集体智能将超越少数专业人士。我们可以借用这种方法,通过编写定制化的“认知计算软件”,让用户“无意识地”与机器交流,以提升机器在某个应用领域的智能性。参与众包的用户“无意识地”提供的多样化信息也缓解了认知学习对数据的依赖,同时也提供了一种新的数据处理方式。

七、认知计算与深度学习

认知系统使用数据分析、机器学习等技术开发和建立模型,用于帮助制定正确的决策。通常情况下,决策者使用预测模型的结果来提高他们的决策能力,并帮助他们采取正确的行动。作为机器学习的重要技术分支,深度学习在认知系统中被用来提高预测模型和分析模型的准确性和高效性。

本书第 7 章详细介绍了认知分析的相关概念,当预测模型为应用服务时,不仅需要适应业务变化要求的高速处理能力,同时需要应对数据源的复杂性和多样性,分析模型需要结合大数据集,包括业务数据库、社会媒体、客户关系系统、网络日志、传感器和视频等各种类型的数据以提高预测能力。越来越多的预测模型部署在高风险环境中,如疾病早期诊断、机器故障监测等,预测结果如果具有很高的准确性将意味着生命得到挽救,重大危机得以避免等。但是,在数据量大、变化速度快的环境下使用数据挖掘、机器学习和深度学习进行自动预测分析是具有挑战性的工作。

建立模型对大量数据进行识别和理解时,通过数百或数千次的迭代,数据元素之间的关联类型不断变化。由于数据元素的复杂性和数据量大的原因,这些模式和关联很容易被忽视。机器学习和深度学习方法的应用,有利于发现数据模式和它们之间的关联,这是提高认知系统预测模型性能准确性的关键。

预测模型使用原始数据进行分类、预测。首先对数据进行预处理、特征提取和特征选择,然后使用这些特征进行分类、预测。数据预处理、特征选择、特征提取合称为特征表示,寻找到良好的特征表示对最终分类和预测的性能非常关键。原有的手工特征选择需要专业的知识,费时费力,能否选择出好的特征很大程度上靠经验。当需要分析大量数据,并且手工提取特征困难时,深度学习方法更能体现出其优势。

深度学习采用分层结构,模拟人脑进行信息处理,具有数据特征学习的能力,不需要事先设计原始数据特征,直接使用大量原始数据,逐层特征提取和学习结构,在输入到输出之间建立一种复杂的非线性映射关系。在处理非结构化的图像、文本、语音等数据时,深度学习的性能更加突出。如第 8 章所介绍的,深度学习使用多层神经网络结构进行数据的特征学习和提取,它包括一个输入层、一个输出层和多个隐藏层,并且在模型的学习过程中调整相邻两层神经元之间的连接参数。常见的深度学习架构包括深度信念网络(见第 9 章)、卷积神经网络和递归神经网络(见第 10 章)等。深度学习是机器学习的一个分支,与其对应的我们称为浅层学习,对比浅层的神经网络,深度学习能为更复杂的非线性关系建模。在深度学习算法中,输入将经过更多层的转换,每一层输入数据通过转换进入下一层作为输入,通过组合低层特征形成更加抽象的高层特征表示或属性,从而建立数据的逐层特征表示。

深度学习通过大量数据的训练,学习以调整各层参数,从而学习到数据的有效特征表示,最终能够提升分类或预测的准确性。深度学习的特征如下:

(1)多层神经网络模型结构。与通常的浅层学习相比,深度学习使用更多隐藏层,能够学习到从输入到输出更加复杂的线性关系。

(2)特征学习是目的。通过逐层特征变换,将数据的原始表示变换到一个新的特征空间,学习输入数据的有效特征表示,使分类或预测变得容易且精确度得到提高。

(3)采用大量数据逐层训练的方法。深度学习模型需要大量数据采用逐层训练的方式学习网络结构,使用浅层模型手工设计的特征数据量相对较少。

八、认知计算与形象思维

人的大脑皮层分为左、右两个半球,两侧半球在功能上不同。对于大多数人来说,左脑负责语言、意念、逻辑等,右脑负责形象思维和情感等。左脑发达的人通常逻辑性强、比较理性,比如科学家;右脑发达的人通常具有较强的创造力、擅长空间和物体形状认知,比如艺术家。因此,按照思维内容的抽象性不同,人类的思维方式分为逻辑思维和形象思维,与此对应,人类认识自然界的方法也分为理性方法和感性方法。

理性方法是以严格的概念定义为基础,感性方法则是建立输入和输出之间的某种映射关系。人脑究竟是怎样实现 1000 亿个神经元的信息编码、处理、存储的我们并不知道,但是在认知系统中可以通过数据分析来模拟人脑的思维方法。手工特征设计方法对特征的设计和提取进行了严格的定义,可以认为是一种理性方法,也就是模拟了人类的逻辑思维能力。特征学习方法是学习输入到输出之间的映射关系,是一种感性方法,也就是模拟了人类的形象思维能力。

如图 4 所示,分别用理性方法和感性方法来判断一个四边形是否为正方形。理性的解析方法就是寻找正方形的特征,判断 4 条边长度是否相同,是否具有 4 个直角,如图 4(a)所示。这种方法需要理解角及直角的概念,边及边长的概念。如果给孩子看正方形的图片,告诉他这是正方形,几次学习之后孩子就能够准确识别出正方形,如图 4(b)所示。幼儿并不懂边和角的概念,却能够认识正方形。孩子识别正方形的方法是感性方法,或者说是直觉,实质上是通过学习,孩子在大脑中建立了正方形图形和概念之间的一种映射关系。理性方法识别正方形需要寻找图像的特征,手工设计特征可以看作是这种方法的模拟。孩子认识正方形是使用感性方法建立图形和概念之间的映射关系,使用深度学习模型学习特征便可看作是这种方法的模拟。

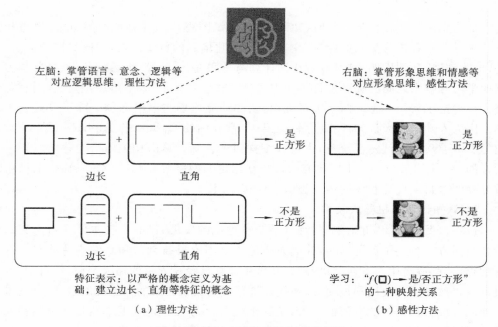

图 4　认识正方形的感性和理性方法

九、认知计算与图像理解

使用计算机解决现实世界中的问题,需要模拟人脑的思维方式。认知系统中分类和预测模型需要对原始数据提取特征,使用手工设计特征的方法模拟人脑的逻辑思维能力,或者通过深度学习方法学习特征,从而对人脑的形象思维能力进行模拟。随着计算机应用的深入,人们越来越意识到现实世界中的很多问题,人类理解起来很容易,但是很难用理性的方法描述,对于计算机来说,理性的解析方法是低效的或者完全不可能实现。也就是说,无法使用手工设计特征的方法设计有效的数据特征,用计算机实现特征表示将很困难。

提取图像特征是图像理解的基础,不管是用于图像分类、图像检索还是其他应用。以人脸识别为例,人脸图像特征的提取可以分为手工设计特征和学习特征两种方式。手工设计特征的方式,是计算机模拟理性方法来识别,需要确定人的脸部有哪些特征可以用来区分,比如鼻子、眼睛、眉毛、嘴巴形状等。因为要考虑表情、化妆、胡须、眼镜、光照的变化和拍摄角度不同等因素,所以特征设计和特征提取非常困难。但是人类在进行人脸识别时,很少考虑图像中的具体特征,完全凭直觉进行判断。照片中人的表情、光线、拍照角度和是否戴墨镜完全不会影响到识别的效果。我们可以理解为人类的这种凭直觉的识别方法是建立了输入——某个人照片,输出——姓名(他是谁),二者之间的一种映射关系。深度学习进行图像分类时,模仿人类图像识别的感性方法,通过大量的图像数据学习,获得了图像和分类结果之间的映射关系,也就是获得输入图像的特征表示,应用特征进行分类。使用训练获得的映射关系,可以获得输入图像的分类结果。具体到生命科学领域,本书在第 18.4 节中对医疗认知系统中的图像分析进行了详细探讨。

十、认知计算应用

从信息论到认知科学,再到认知计算,我们试图将认知计算理论的由来、思想和支撑技术做一个系统且深入的探讨。本书从最大化信息的价值出发,面向数据的产生/采集、传输、分析和利用四个阶段,对认知计算与物联网、云计算、大数据分析、机器学习和深度学习等技术之间的关联进行了详细讨论。在此基础上,本书将理论与实际相结合,进一步讨论了认知计算的两个重要方面:认知计算应用与前沿专题。除了已经趋于成熟且广为人知的几大认知计算应用,如第 16 章介绍的 Google 的 AlphaGo、第 17 章介绍的 IBM Watson 认知系统等,本书详细探讨了认知计算的相关前沿专题,如第 19 章设计的 5G 认知系统、第 21 章研究的认知软件定义网络等。此外,本书第六、七篇中还重点介绍了自主设计和研究的几类认知计算应用。

1. 认知计算与机器人技术

机器人诞生于 20 世纪中期,经过半个多世纪的发展,机器人技术已经对人类的生产和生活方式产生了深远影响,并成为衡量一个国家科技创新和高端制造业水平的重要标志。"制造出像人一样的机器"在几千年前就已经是人类的伟大愿望,但目前,人和机器人仍然是一种使用和被使用、替代和被替代的关系。新的社会发展趋势表明:未来机器人系统将从更多的方面模仿人,尤其是机器人与人之间应更多地表现出一种和谐共存、优势互补的合作伙伴关系,与人共融是新一代机器人系统的重要特征。

认知交互的一种重要媒介是仿人机器人,本书第 14 章对基于仿人机器人的人机交互进行了介绍,并详细介绍了自主设计的直立行走仿人智能机器人。而随着机器人与人类之间相互作用的增强,我们对于具有高度复杂性与认知功能的机器人的能力需求也在不断增加。将传统机器人与人工智能和认知科学相结合,推动实现机器人的认知智能,将是机器人发展的重要方向。因此,在第 15 章中,我们讨论了基于主流机器学习技术手段建立的机器与人的情感及生理健康相关的认知应用。

2. 情感通信系统

我们的世界通过互联网、手机和无数的物体互联,物理世界和信息世界无缝融合成为未来网络发展趋势。在物质生活日益丰富的今天,人们开始将关注的重心从物理世界转移到精神世界。以面向居家环境为例,传统的智慧屋(Smart Home 1.0)只是通过 M2M 的联网方式实现节能,并方便用户对家电进行远程控制,如小米公司推出的米家智慧屋。而加入机器对人的认知后,传统的智慧屋就进化成具有认知情感智能的新一代智慧屋系统——智慧屋 2.0(Smart Home 2.0)，它融合了 Smart Home 1.0 与情感认知，是实现用户、智能应用、绿植和室内环境于一体的智能系统。系统结合智能家居和室内绿植，对室内用户情绪的感知和调节提供了智能的认知服务，能够感知用户的情绪并以此调节环境以优化用户的情绪。

人的情绪逐渐成为精神世界的直接参考指标，对人情绪的认知将成为认知计算的一个重要应用。由此催生出新的具有情绪认知的人机交互技术。目前可用的人机交互系统常常是在视距环境(即在相互的视野之内)中支持的人机交互，而大多数人与人之间、人与机器人之间的交互都是非视距模式的。为了打破传统人机交互系统的限制，本书第 20 章介绍了一种基于非视距模式的情感通信系统。一般情况下，我们的远程交流方式是手机视频或语音通话，但本书所述的交流媒介则是抱枕机器人。例如，独自一人在家的自闭症儿童，在母亲长期出差的情况下，情绪十分消极，这对孩子身心健康的影响很大。此时孩子渴望得到母亲的关心，这其中不仅仅是母亲的一段通话音频，孩子还希望得到触觉上真实的情感安抚，如同母亲陪在身边一样。因此，如何进行远距离情感通信成为我们的研究动因。基于非视距模式的情感通信系统首先将情感定义为一种类似于语音和视频的多媒体数据，情感信息不仅可以被识别，还可以进行远距离传输。同时，考虑到情感通信的实时性要求，系统提出了情感通信协议，以保证情感通信的可靠性。

3. 医疗认知系统

随着人类社会的经济发展和环境变化，慢性病的发病率不断上升，现已成为人类健康的最大威胁。对于医疗专业人士来说，使用认知计算的优势是能够利用医疗认知系统帮助诊断，可以从各种类型的数据和内容中找到优化决策，从而采取合适的操作。在医疗行业中，没有找到正确的数据关系和模式所带来的风险很高。如果重要的信息被忽视或误解，那么病人将遭受长期的伤害甚至是死亡威胁。通过多学科融合技术，如机器学习、人工智能以及自然语言处理，认知计算可以从数据中发现疾病的模式和关系，并综合分析所有不同的数据点，从而帮助医疗专家进行学习，最终找到正确的解决方案。在认知系统中，人类和机器之间的协作是固有的，这将能够保证医疗机构从数据中获取更多的价值以及解决复杂的问题。

病人的医疗数据中既有结构化数据也有非结构化的文本数据，本书第 18 章设计的医疗认知系统可以使用机器学习方法对人类的健康数据进行分析和建模，构建慢性疾病检测模型。此外，本书第 18.3 节还介绍了一个医疗认知系统，它使用医疗文本数据分析方法建立通用的疾病风险评估模型，具体方法是使用词向量对文本数据进行数字化表示(详见第 3 章)，用卷积神经网络进行文本特征提取，最终得到疾病风险评估的结果。

综合上述探讨，我们将本书分为七篇。

第一篇讨论认知计算与物联网，该篇从信息的采集与获取方面探讨了物联网对于认知计算的支持，共三个章节。第 1 章详细介绍了认知数据的采集方法及过程、物联网感知和群智感知；第 2 章介绍了一种特殊的认知感知形式——认知触觉，阐明了触觉与认知的关系并对认知触觉网络概念、架构和应用实例做了详细说明；第 3 章介绍了一种具体的认知数据类型——自然语言，该章对认知系统中使用的语料库和自然语言处理技术做了详细介绍。

第二篇讨论认知计算与机器学习,包括三个章节,对认知计算中的机器学习进行了详细且全面的探讨。第4章对机器学习进行了概述;第5章归纳并详细介绍了机器学习的主要算法;第6章结合大数据的特点探讨了面向大数据分析的机器学习算法。

第三篇讨论认知系统与大数据分析,共四章。第7章详细介绍了认知分析的相关概念以及大数据分析对于认知系统预测模型的支持;第8章主要从深度学习的特点以及其模拟人类感知和直觉等方面说明深度学习在认知计算中的应用;第9章和第10章详细介绍了几种应用较多的深度学习算法,如堆叠自编码、深信念网络和卷积神经网络等。

第四篇讨论认知云计算,共三章。第11章对云端认知计算的相关知识进行了归纳;第12章为读者提供了面向认知计算的云编程与编程工具的介绍,对 Hadoop 和 Spark 技术做了详细的说明;第13章介绍了目前深度学习研究与应用最流行的机器学习库——TensorFlow 开源软件库,并说明了医疗图像分析中典型深度学习算法的 TensorFlow 实现细节。

第五篇讨论认知计算与机器人技术,共二章。在以人为中心的认知循环中,机器作为其重要组成部分扮演着获取智能并提供认知服务的角色,该篇则对机器人技术做了详细介绍。第14章对基于仿人机器人的人机交互进行了介绍,并详细介绍了直立仿人智能机器人系统的设计;第15章介绍了基于机器学习方法建立生命体征模型及情感交互机器人系统。

第六篇讨论认知计算应用,共三章。该篇详细探讨了认知计算的相关应用。第16章和第17章分别介绍了已经趋于成熟且广为人知的两大认知计算应用,即 Google 的 AlphaGo 以及 IBM Watson 认知系统;第18章介绍了自主设计和研究的认知计算应用——医疗认知系统。

第七篇讨论认知计算前沿专题,共三章。该篇详细探讨了认知计算的相关前沿专题。其中第19章介绍了5G的演进及其关键技术,以及5G认知系统概念及其关键技术,并给出了5G认知系统的六种应用。第20章介绍了一种基于非视距模式的情感认知系统,提出一种新的人机交互方式,即基于抱枕机器人的情感通信系统;第21章研究了认知软件定义网络,介绍了其架构、特点以及阐述了一些安全问题。

本书在编写过程中广泛参考了许多专家、学者的论文、著作以及相关技术文献,作者在此表示衷心感谢。认知计算是一门正在发展中的新理论与方法,有些内容、学术观点尚不成熟或无定论,希望能与广大读者进行深入的交流(邮址:minchencs@163.com)。同时,由于作者水平有限,虽然尽了最大努力,疏漏之处在所难免,敬请广大读者批评指正。

编 者

2017 年 3 月

目 录

第一篇　认知计算与物联网

第二篇 认知计算与机器学习

第三篇　认知计算与大数据分析

第四篇 认知云计算

第五篇　认知计算与机器人技术

第六篇 认知计算应用

第七篇　认知计算前沿专题

第一篇

认知计算与物联网

1

认知数据的采集

摘要：比起传统的物联网应用，如智慧城市、环境监测和智能交通等，认知系统更加偏重于以人为中心的应用领域。将认知计算与物联网技术相结合，赋予了认知智能的物联网，本书称之为认知物联网。作为感知物理世界数据的最前端，物联网源源不断地供给认知系统以各种传感数据。而在虚拟世界，很多用户都是通过社交网络相连接的，社交网络无形中也是一个承载数据的桥梁，数据能够按照兴趣互相共享。而且，认知计算与移动计算也是紧密相连的，因为在数据采集和计算方面要考虑用户的移动性才能达到优化和节能。而这种移动性为认知数据采集提供了一种便捷的方法：大规模移动中的人群对数据的无意识采集与传递，即群智感知。本章简要介绍了认知数据的特点、认知数据的采集与预处理、物联网感知和群智感知。我们从物联网多种形式的演进引出了认知系统的智能性，并介绍了认知数据采集方式之一的物联网感知技术。同时，我们针对大规模人群无意识的海量多维数据采集对认知智能的重要性，从群智感知的定义、起源和数据采集介绍群智感知获取与人类密切相关的认知数据的方法与过程。

1.1 认知数据的特点

认知系统（Cognitive System，CogSys）需要足够多的数据来发掘其中所蕴含的模式和独特的价值。要使系统有较强的认知能力，则需要有更大更复杂的数据集。换句话说，充足的数据对于保障认知系统的分析结果的可靠性和一致性至关重要，而要提高系统的认知智能，则必须在此基础上挖掘出更复杂的大数据。

首先，本节介绍了认知数据的基本概念及其特点，并将其分为结构化和非结构化两类数据进行对比，明确认知数据与传统数据的不同。其次，本节介绍了认知数据的采集与预处理，旨在从认知计算角度解析获取复杂的多维海量数据对于认知系统而言是极其重要的。

1.1.1 认知数据的定义

在正常形式的数据库中，人们都致力于最小化数据的内容和结构的冗余度、重新配置各个域之间的关系。所以，关系型数据库是以前系统交互和数据解释的最优方式。认知系统中的数据，包含传感器监测与采集的环境相关数据、可穿戴设备采集的生理数据、互联网等采集的社交网络数据，以及原本是由人类处理的来自多媒体设备的流数据，包括期刊文章和其他视频、音频和图像文件等。因此，认知数据与传统数据是截然不同的，它的处理层次要超出关系型数据库系统的性能。因为认知系统的作用是解释数据的含义并提高数据中隐含的认知智能，创建人类可读的数据。

在过去，大多数人能够做的就是采集数据样本并且希望正确的数据被采样到。然而，当主要的数据元素丢失时，人们对数据能够做的分析是有限的。除此之外，人们更加希望深入研究未来、预测未来将会发生的事情，以及在未来采取的最佳应对行动。没有海量且复杂的认知数据和大数据技术，认知计算几乎毫无进展。

传统的数据特征提取和关联性分析不足以满足认知系统对认知数据的要求。一般来说，认知数据所包含的数据都来自于非常复杂的相关和不相关的数据源。通常，为了发掘数据的内在联系，认知数据包含的四类数据可以分为两种：结构化和非结构化。结构化数据，即计算机用来处理由其创建的关系型数据库中的数据。相反，非结构化数据，是为了人类的阅读理解，如以录像机、音频、图像的形式呈现的流数据，社交网络数据等，这是认知数据最重要的数据分析与挖掘对象。

针对认知计算的海量数据，按照今天的标准，一般指规模在 1 TB 以上的大数据。互联网数据中心(IDC)预测，2030 年将有 40 ZB 的数据需要被处理，这意味着每个人都将有 5.2 TB 的数据需要被处理。如此巨大的数据处理量，要求足够的存储能力和分析能力，才能对海量数据进行处理。数据的多样性意味着数据格式的多样性，这导致要精确管理数据是非常困难和昂贵的。高速率处理数据，意味着能实时处理大数据并从中提取有意义的信息或知识。保证数据的真实性特点意味着要验证数据的准确性是非常困难的。以上种种，使得人们对智慧云与物联网等技术的需求更加迫切。

1.1.2 数据流量、多样性、速度、真实性和变化性

由认知数据的定义引出了大数据的三个重要特点：数据容量(volume)超大、数据处理速度(velocity)快、数据类型多样性(variety)，这三个特点通常被称为大数据的3V。随着认知计算的发展，人们意识到了数据的复杂性，因此在3V的基础上增加了大数据的另外两个特性：数据的真实性(veracity)；数据值(values)的变化性，即数据值会随着数据处理方式的不同而发生变化。在研究认知数据之前，我们需要理解大数据的五个基础特性——5V，它们定义了问题的范围和维度。

(1) 数据容量(volume)：容量是人们最关注的特性。简单来说，容量是需要存储和管理的信息数量。容量的差别非常明显。例如，一个销售系统(PoS)所产生的数据量是极其大的，但是数据本身并不复杂；相反，一张简单的医学图像却包含了大量的复杂数据。这些数据是半结构化的，因为它的信息是由被很好定义的图像组成的，但它们并不具有数据库的结构。

(2) 数据类型多样性(variety)：数据的多样性在认知计算中是很有帮助的，数据可以是结构化的(传统数据库)、非结构化的(文本)，也可以是半结构化的(图像和传感器数据)。数据种类范围可以从图像到传感器数据，再到文本文件。

(3) 数据处理速度(velocity)：数据处理速度是指数据的传输、处理、交付速度。在某些情况下，数据源需要定期批量进行数据提取，以便和其他数据元素联系起来进行分析。在其他情况下，数据需要很小或无延迟的实时转移，例如，传感器数据可能需要实

时传输来保证系统做出反应和修复异常。

(4) 数据的真实性(veracity):真实性是数据准确的必然要求。通常,如果收集了非结构化数据,如社交媒体数据,数据集将会包含许多不准确的信息和冗杂的语言。在原始数据分析完成后,需要分析数据内容以确保正在使用的数据是有意义的,这是很重要的。

(5) 数据值(values)的变化性:数据种类的多样性意味着数据值的变幻莫测,数据值会随着数据处理方式的不同而发生变化。认知计算和传统计算模式在处理不同的数据时具有不同特征,其中一个很大的优势是能将结构化数据和非结构化数据结合处理,尤其是能够理解非结构化或者半结构化数据。目前,在认知数据中,结构化数据与非结构化数据的比例基本是 1∶4、1∶5 或 1∶10。尽管数据量不断暴增,但真正能用于有效分析的数据并不是很多,很多数据是在收集到的当天特别有用,过一段时间就变成冷数据。因此,如何让数据生成数据,如何通过昨天的数据值预测今天的数据值,从而产生更多的数据,成为认知计算所要考虑的内容。

1.1.3 结构化数据和非结构化数据

结构化数据有定义好的长度和格式,而且它们的元数据、视图和词汇语义是明确定义的。大部分结构化数据存储在传统的关系型数据库和数据仓库中。此外,更多的结构化数据是机器产生的数据,如传感器、智能测量仪器、医疗设备和全球定位系统(GPS)。这些数据源在创建认知系统时是非常有用的。

与结构化数据不同,非结构化数据和半结构化数据没有特定的格式,而且语义也没有明确的定义。语义必须通过自然语言处理、文本分析和机器学习的技术来进行发掘和提取。寻找能够收集、存储、管理和分析非结构化数据的方法变得日益急迫。由前可知,在所有的认知数据中,至少有 80% 的数据是非结构化数据,并且其数量还以一定速率在增加。这些非结构化数据源包括文档、杂志文章和书籍中的数据,临床诊断、客户服务系统、卫星图像、科学数据(地震成像、大气数据),雷达或声音数据,移动数据,网站内容和社会媒体站点。所有的这些数据源都是认知系统的重要元素,因为它们可能会为我们理解特定问题提供依据。

一般来说,非结构化数据或半结构化数据源本质不是事务型的,与大部分的关系型数据库不同。非结构化数据遵循多种结构并且数据量可能很大,一般会和非关系型数据库一起使用,包含以下几种。

(1) 键值对(KVP)数据库。键值对数据库依赖于一个抽象概念,它提供了一个键值和与其相关联的数据集的组合。KVP 用于查找表格、哈希表和配置文件。它经常和 XML 文档、EDI 系统的半结构化数据使用。常见的使用 KVP 数据库是一个叫作 Riak 的开源数据库,它被用于高性能情形,如媒体数据中丰富的数据源和移动应用。

(2) 文档数据库提供了用于管理非结构化数据和半结构化数据知识库的技术,如文本文档、网页、书籍等。这些数据库在认知系统中是很重要的,因为它们能够高效地管理非结构化数据,无论是作为静态入口还是组件,都可以被动态使用。JSON 数据交换格式支持此功能来管理这种类型的数据库。还有许多重要的文档数据库,包括 MongoDB、CouchDB、Cloudant、Cassandra 和 MarkLogic。

(3) 列式数据库是高效的数据库结构,它是以列来存储数据的,而不是行,这就使得我们能够以一个更加高效的技术来对硬盘存储数据进行读写,可提高查询速度。所以,当有大量数据需要进行查询分析时,此种技术是非常有用的。HBase 是一个非常出名的列式数据库,它基于谷歌的 BigTable(一个支持稀疏数据集的可扩展系统)。在认知系统用户案例中,HBase 因其易扩展性而极其有用。而且,它还被用来处理稀疏和高分布式的数据,这个数据结构对于频繁更新的列式数据是非常适用的。

(4)图形数据库使用节点和边的图形结构来管理和表示数据。与关系型数据库不同,图形数据库不依赖于连接的数据源。它只维持一个单一的结构——图。图中的元素能够直接互相代表,这样,即使是在稀疏数据集中,它们也可以明确地表达相互关系。当元素之间的依赖关系需要动态地进行维护时,图形数据库会被频繁使用。常见应用包括生物模型相互作用、语言关系和网络连通性。图形数据库非常适合用于认知应用。Neo4J 是一个常用的开源图形数据库。

(5)空间数据库非常适合用于存储和查询集合目标,包括点、线和多边形。空间数据用于 GPS,用来管理、检测和追踪位置,这在认知系统中是非常有用的。人们经常将GPS 数据合并到机器人和应用程序中。而且,空间数据还需要涵盖天气情况,这种类型应用程序所需的数据量是非常巨大的。

(6)PostGIS/OpenGEO 是关系型数据库,它包含了一个专门用来支持空间应用的层次,如 3D 建模和收集、分析传感器网络数据。Polyglot Persistence 专门用来集合不同的数据库模型,并用于特定的情形。这个模型对于使用传统的线型商业应用和使用文本、图像数据源的组合是极其重要的。

1.1.4　认知数据的采集与预处理

认知数据的采集、存储、分析和应用可参考大数据领域的关键技术,如图 1-1 所示。认知数据的采集包括数据收集、数据传输和数据预处理。在认知数据采集过程中,一旦收集到原始数据,我们将利用一个有效的传输机制,将其发送到一个适当的存储管理系统中,以支持不同的分析应用。我们所收集的数据集有时可能包括大量的冗余或无用的数据,这会增加不必要的存储空间,并影响后续的数据分析,因此我们还需要对采集到的数据进行预处理。

认知数据的多样性源自其多种多样的数据采集方式,为了获得多维数据,几乎所有能够获取数据的生成源都在考虑范围之内。表 1-1 总结了主要的数据采集来源和预处理操作。

表 1-1　部分大数据采集来源和主要的预处理操作

过　　程	内　　容
采集来源	日志、传感器、网络爬虫、数据包的捕获、移动设备等
预处理步骤	集成、清理和冗余消除
数据生成器	社交媒体、企业、物联网、互联网、生物医疗、政府、科学发现、环境等

例如,在环境监测中,传感器收集到的数据集的高冗余度是非常常见的,我们可以使用数据压缩技术来减少冗余。因此,数据预处理操作对于确保高效的数据存储和开发是必不可少的,而数据收集是利用特殊的数据收集技术,从一个特定的数据生成环境

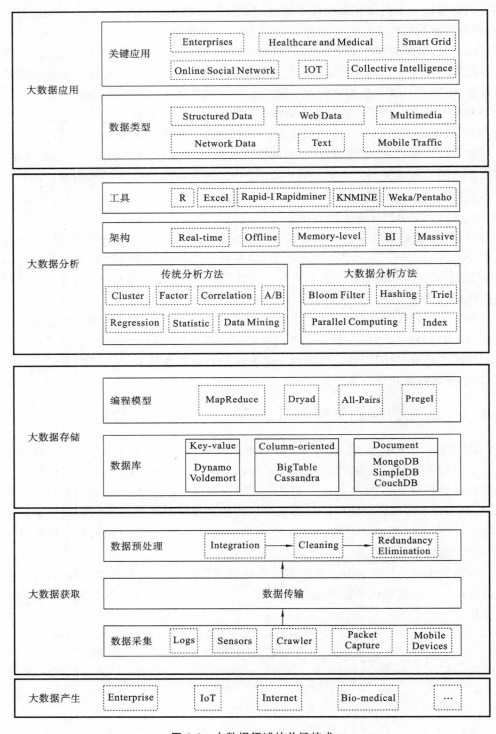

图 1-1 大数据领域的关键技术

中获取原始数据。下面,我们将分别介绍一些常见的数据收集、生成源和数据生成器。

(1) 日志文件:日志文件(CAs)是一种广泛使用的数据采集方法,日志文件是由数据源系统自动生成的记录文件,以记录指定的文件格式的活动,以供后续分析。通常,日志文件被应用于几乎所有的数字设备中。例如，Web 服务器在日志文件中记录单击次数、点击率、访问和其他 Web 用户属性的记录。为了采集网站用户的活动，Web 服务器主要包括以下三个日志文件格式：公用日志文件格式（NCSA）、扩展日志格式（W3C）和 IIS 日志格式。这三种类型的日志文件都是 ASCII 文本格式。除文本文件以外的数据库有时可以用来存储日志信息，以提高海量日志存储的查询效率。但也有其他一些基于数据收集的日志文件，如财务应用中的股票指标以及网络监控和交通管理中运作状况的确定。

（2）传感器：传感器在日常生活中经常被用于测量物理量，而物理量会被转换成可读的数字信号用于后续的处理（和存储）。感官数据可分为声波、声音、振动、天气、压力、温度等。传感器感测到的信息将通过有线或无线网络传送到数据收集点进行存储。

（3）获取网络数据的方法：目前，网络数据采集是通过网络爬虫、分词系统、任务系统、索引系统等组合来完成的。网络爬虫是一个搜索引擎下用于下载和存储网页的程序。一般来说，网络爬虫从最初网页统一的资源定位器（网址）开始访问其他链接的网页，在此期间，它存储和序列化所有检索的网址。网络爬虫通过 URL 队列获取一个优先顺序的 URL，然后下载网页，确定下载网页中的所有网址，并提取新的网址放在队列中。这个过程将重复进行，直到网络爬虫停止。

通过网络爬虫进行数据采集被广泛应用于基于 Web 页面的应用程序，如搜索引擎或 Web 缓存。传统的网页抽取技术提出了多个有效的解决方案，并在这一领域进行了大量的研究。随着越来越多的先进的 Web 页面应用程序的出现，一些提取策略被用来应对丰富的互联网应用。当前的网络数据采集技术主要包括传统的基于 Libpcap 包捕获技术、零拷贝数据包捕获技术，以及一些专业网络监控软件，如 wireshark、SmartSniff 及 winnetcap。

（4）大数据存储：是指当我们需要保证数据访问的可靠性和可用性时，对大规模数据集的存储和管理。数据的爆炸式增长导致对数据存储和管理的要求越来越高。我们认为大数据的存储是大数据科学的第三大组成部分。存储的基础设施需要可靠的存储空间来提供信息存储服务，它必须提供一个强大的访问接口，用于查询和分析大量的数据。

对大数据的大量研究促进了大数据存储机制的发展。现有的大数据存储机制可分为三个自下而上的层次：① 文件系统；② 数据库；③ 程序模型。文件系统是上层应用程序的基础。谷歌 GFS 是一个可扩展的分布式文件系统，支持大规模、分布式的数据密集型应用程序。GFS 使用低价的服务器来实现容错性，并为客户提供高性能的服务。GFS 支持大型文件应用的更频繁的读写。然而，GFS 也有一定的局限性，比如单点故障和小文件性能差。这样的限制已被 Colossus 所克服，它是 GFS 的继任者。

（5）数据清理：根据决定的策略清理和预处理，数据能按要求处理丢失的域和更改数据。数据清理是一个识别不准确、不完整或不合理的数据，然后修改或删除这些数据以提高数据质量的过程。一般来说，数据清理包括五个互补的过程：定义和确定错误类型、搜索和识别错误、纠正错误、记录错误的范例和错误类型、修改数据输入程序以减少未来的错误。

在数据清理过程中，数据的格式、完整性、合理性和约束性会被逐一审查。数据清理对于数据的一致性是很重要的，而且在银行、保险、零售业、电信和交通控制等领域有着广泛的应用。在电子商务中,大多数数据是电子收集的,这可能存在严重的数据质量问题。传统的数据质量问题主要来自于软件缺陷、定制错误或系统错误配置。有些人考虑使用网络爬虫和定期重新复制客户账户信息的方式来对电子商务信息进行清理。

清理 RFID 数据是下一个需要考虑的问题。RFID 被广泛应用于多种应用程序中,如库存管理和目标跟踪。然而,原始的 RFID 技术的特点是数据质量低下,其中包括因为物理设计而限制和受环境噪声影响的大量异常数据。概率模型用于应对在移动环境中的数据丢失问题。通过定义全局的完整性约束,可以建立一个能够自动纠正输入数据的错误的系统。

(6) 数据集成:数据集成是现代商业信息学的基石,它涉及不同来源的数据的组合,为用户提供了一个统一的数据视图。这是传统数据库的一个成熟的研究领域。从历史角度上看,以下两种方法已被广泛认可:数据仓库和数据集成。数据仓库包含一个名为 ETL(提取、转换和加载)的过程。提取包括连接源系统,选择、收集、分析和处理所需的数据;转换是一系列规则的执行,将所提取的数据转换成标准格式;加载则是将提取和转化的数据导入目标存储结构中。

1.2　物联网感知

将数字世界和真实世界整合是物联网的终极目标。这被认为可能是信息工业的第三次革命。首先,为了连接在现实世界中数量庞大的实物,网络的范围将会变得非常大。因为移动设备和车载设备的普遍应用,网络的移动性将会迅猛增长。当然,随着各式各样的设备连接到互联网,异构网络融合的道路将会变得更加深远。进一步来说,移动网络、云计算、大数据、软件定义网络及 5G 技术都在深远影响着物联网的发展。而认知系统从物联网架构上发展而来,是物联网的高层次体现。物联网感知的多维数据是认知系统采集的数据来源之一。

本节首先详细介绍物联网的演进,旨在比较不同时期的物联网形式(WSN、M2M、BAN 和 CPS)与认知系统的共性和区别;其次,介绍了物联网使能技术及发展路线图,给出对物联网的发展起到重要推动作用的几种技术;最后,概述了物联网感知技术及其对认知数据采集的重要作用。

1.2.1　物联网的演进

人们生活所处的生态系统被映射为个性化信息感知空间,使信息网络不断向物理世界延伸成为人们所关注的焦点,物联网架设了连接物理世界与信息世界的桥梁,如图 1-2 所示。

可以预料的是,随着传感器技术的发展,能被表示的物体越来越多,信息世界会进一步向物理世界延伸,使得原来必须在物理世界中完成的工作转移到信息世界中。如原来抄表工人必须到现场才能看到电表的度数,现在则可以通过 M2M 通信直接发送到计算机中,为人们带来越来越多的便利。

物联网本身并不是全新的技术,而是在原有技术(WSN、M2M、BAN、CPS 等)基础上的演化、汇总和融合。从某种角度上来看,WSN、M2M、BAN 和 CPS 都属于 IoT 演

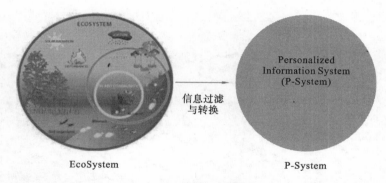

图 1-2 个性化信息感知空间

进过程中的不同形式。

1. 无线传感网

1999 年,商业周刊将传感器网络列为 21 世纪最具影响的 21 项技术之一;2003 年,美国《技术评论》杂志评出对人类未来生活产生深远影响的十大新兴技术,传感器网络被列为第一。2006 年在我国发布的《国家中长期科学与技术发展规划纲要》中,为信息技术确定了三个前沿方向,其中有两项就与传感器网络直接相关,这就是智能感知和自组网技术。

传感器网络(sensor network)是包含互联的传感器节点的网络,这些节点通过有线或无线通信交换传感数据(ITU-TY.2221)。传感器节点是由传感器和可选的、能检测处理数据并联网的执行元件组成的设备;传感器是感知物理条件或化学成分并且传递与被观察的特性成比例的电信号的电子设备。

传感器网络具有资源受限、自组织结构、动态性强、应用相关和以数据为中心的特点,与传统网络具有显著的不同。而无线传感器网络(wireless sensor network,WSN)一般由多个具有无线通信与计算能力的低功耗、小体积的传感器节点构成;传感器节点具有数据采集、处理、无线通信和自组织能力,协作完成大规模复杂的监测任务;网络中通常只有少量的 Sink 节点(汇聚节点)负责发布命令和收集数据,实现与互联网的通信;传感器节点仅仅用于感知信号,并不强调对物体的标识;仅提供局域或小范围的信号采集和数据传递,并没有被赋予物品到物品的连接能力。

2. 机器对机器通信

机器对机器通信(machine to machine,M2M)技术的目标就是使所有机器设备都具备联网和通信能力,其核心理念就是网络一切(network everything)。M2M 的网络架构如图 1-3 所示。M2M 最早指的是一个机器和另一个机器相连,它们的作用将大于两个孤立的机器;随着无线网络的快速发展,M2M 所能连接的是规模庞大的机器,并且它们只能够 P2P 地通信,从而极大赋予了 M2M 系统智能性。

最早的 M2M 应用或许是远程监控。在人迹罕至的山顶安装无线电发射机,这些装置的监测和控制无须人工干预,节省了大量成本。未来几年,不但此类控制与监测应用会不断发展,M2M 还迅速应用到汽车远程通信、消费电子、车队管理、智能计量等领域。

目前,M2M 通常指的是非信息技术机器设备通过移动通信网络与其他设备或 IT 系统的通信。M2M 技术已在世界各地得到了快速发展。相关的国际标准化组织,如

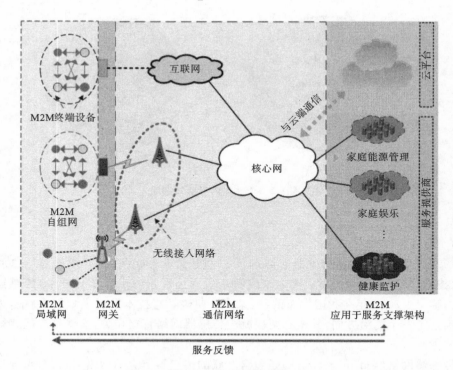

图 1-3 M2M 网络架构

欧洲电信标准化协会(ETSI)和第三代合作伙伴计划(3GPP)都启动了针对 M2M 技术的标准化工作。

M2M 的应用领域遍及交通、电力、工业控制、零售等众多行业,如运输公司开始通过 CDMA 2000 1X 网络提供遥测服务。凭借安装在卡车、公交和重型设备等移动资产中的 1X 蜂窝收发器,公司得以与司机双向交换数据信息,并随时随地地监控车辆位置、行驶时间、油耗和维护状况等多方面信息。在欧洲,瑞典和意大利的所有家庭都安装了智能仪表,其中很多通过无线网络运行。

狭义的 M2M 定义仅包括机器与机器之间的通信,广义的 M2M 定义还包括人与机器(man to machine)的通信,是以机器智能交互为核心的网络化应用与服务。

3. 人体局域网

传统的患者监护由许多生理传感器组成,这些传感器都是有线的,限制了患者的活动范围,也影响了患者的舒适性。一些研究报告表明,这些连接线正是医院疾病传染的来源。另外,这些连线的晃动还会对检测结果产生不利影响。

人体局域网(body area network,BAN)是将传感器安装到患者身体表面或者植入人体,实现特定生理数据收集的小型无线局域网络。2012 年,美国 IEEE 的 802.15 工作组正式批准了由人体周围配置的各种传感器及器件构筑的近距离无线网络的标准"IEEE 802.15.6",该标准定义的传输速率最高可达 10 Mb/s,最大覆盖范围约 3 m。不同于其他短距离、低功耗无线技术,新标准特别考量在人体上或人体内的应用,预期可广泛应用在人体穿戴式传感器、植入装置及健身医疗设备中。

所有传感器将采集到的信息通过无线方式发送给位于患者身上或者床边的一个外部处理器。之后,处理器通过传统数据网络(如以太网、WiFi 或者 GSM),将所有信息实时地发送给医生使用的设备或者某台指定的服务器。BAN 使用的传感器一般会要求指定其重要生理参数的精度、低功耗信号处理的水平，并要求具备无线连接功能。BAN 传感器收集来的信号可用于脑电图（EEG）、心电图（EKG）、肌电图（EMG）、表皮温度、皮肤电传导和眼动电图（EOG）等。除了传统的医用传感器，加速计/陀螺仪可用于识别和监视人体的姿势，如坐、跪、爬、躺、站、走和跑。这种能力对于很多应用是必要的，包括虚拟现实、健康护理、运动和电子游戏。

BAN 中使用的传感器主要有两大类，具体使用哪一类取决于其工作模式。

（1）穿戴式 BAN 使用的传感器一般贴在人体表面，或者植入人体浅层，用于短期监测（14 天以内）。这些传感器一般都非常昂贵、重量较轻、体积很小，可以实现自由移动式健康监测。医疗提供商利用这些传感器，几乎可以实时地了解患者的健康状况。

（2）植入式 BAN 使用的传感器安装在人体较深的区域，如心脏、大脑和脊髓等。植入式 BAN 同时拥有主动刺激和生理监测功能，是一些慢性疾病监测的理想选择。到目前为止，这些慢性疾病只能使用药物治疗。植入式 BAN 治疗的例子包括帕金森病的深度脑刺激、慢性疼痛脊髓刺激，以及尿失禁膀胱刺激等。

4. 信息物理系统

近年来，信息物理系统（cyber-physical systems，CPS）逐渐成为国际信息技术领域的研究热点。2006 年 2 月，美国科学院发布的美国竞争力计划中将 CPS 列为重要的研究项目。2008 年成立的美国 CPS 指导小组在 CPS 执行概要中，把 CPS 应用扩展到交通、国防、能源、医疗、农业和大型建筑设施等方面。美国国家科学基金会（NSF）和欧洲第 7 框架（FP7）也对 CPS 进行科研经费资助。我国也非常重视 CPS 的研究，国家自然科学基金项目、国家重点基础研究发展计划项目和国家高技术研究发展计划项目都把其作为资助重点。

GPS 是一个综合计算、网络和物理环境的多维复杂系统，通过 3C（computation，communication，control）技术的有机融合与深度协作，实现大型系统的实时感知和动态控制。CPS 以计算进程与物理进程间的紧密集成和协调为主要特点，它的意义在于将物理设备通过各种网络实现了互联和互通，使得物理设备具有计算、通信、精确控制、远程协调和自治等功能。

CPS 不仅强调接收信息，而且还强调对信息的反馈。就像人的大脑不仅接收神经系统的信息，还进行实时反馈，指挥四肢运动。一个实际的 CPS 案例，是美国麻省理工学院建立的分布式机器人番茄花园，通过传感器、无线网络、控制期间，用分布式控制的机器人来监控花园里番茄的成长，实现自动浇水和自动采摘。

5. 物联网几种技术与认知系统

不论是物联网（WSN、M2M、BAN、CPS），还是认知系统，所包含的内容都有某种共性：首先要感知信息，然后到网络传输和接入，再到存储、管理、分析、控制、应用。而 IoT 所包含的这些共性如感知、网络、处理、应用、安全，又和认知系统的架构相吻合，如图 1-4 所示。

从 WSN 到 M2M，再到 CPS，我们可以看到 IoT 体系架构演进下的几种概念，存在一个相互关联循序渐进的过程。由于 WSN、M2M、CPS 所关注的角度不同，因此它们在 IoT 架构下这五块里面的偏重点不一样。

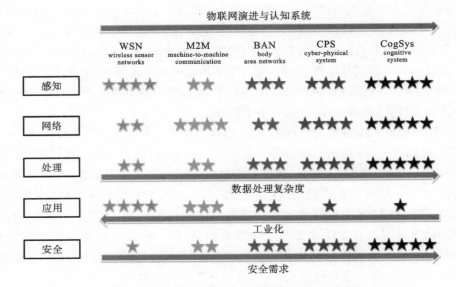

图 1-4　物联网几种技术与认知系统的区别和联系

WSN 是 IoT 网最初始的形态,它把重心放到信息获取感知这个环节,所以这一块包含许多高能效的组网及数据采集算法,包括路由、网络控制、覆盖、联通及延时和可靠性等 QoS 问题;还有对不同传感器的设计,如温度、湿度、粉尘、CO_2、PM2.5 及视频传感器。WSN 作为感知终端网,就像给物联网打了一个底层的基础。这就和 OSI 的协议栈一样,以数据包为线索,分别经历物理层、链路层、网络层,再到应用层。虽然 WSN 底层感知到信息后,还要接入传输并处理,最终落实到应用,这和 IoT 架构是一样的,但是侧重点是感知。

与 WSN 不同,在 M2M 架构下的感知终端网的通信被 3GPP 标准化了,并产生出了 MTC(machine-type communication),这也许由于 M2M 主要关注机器和机器、机器和物理世界的通信,而不太涉及机器和人的通信,因此其网络接入是相对容易标准化的,所以 M2M 成为离 IoT 产业化最近的模式,基于 M2M 的智能电网(smart grid)就是个很好的例子。

网络层往上,就侧重在智能、人机交互、控制这一块,而 CPS 把注意力特别地集中在这一层,强调在有人的参与之下的更深入的智能。从物联网和人打交道的表现形式的角度来看,CPS 更加强调人机物交互和谐。

认知系统实际上是物联网的一个演进版本,让传统的物联网更加具有生命力。原因是认知系统跟 AI、云计算、大数据分析有机的结合,构成一个在物联网架构上的系统。物联网应用五花八门,而认知计算的应用就比较高层次。认知系统把各种维度的数据采集起来,如生理数据、社交网络数据、环境相关的数据、多媒体数据等。一个系统如何才能具有更强的智能性呢?我们正在研究的认知系统就是这样的系统,它的网络化更强,分析更加复杂,对计算资源的要求更高。

目前,学术上对于 WSN、M2M、CPS 与 IoT,以及 IoT 与认知系统的区别和联系没有一个确切的说法,本节将对此问题给出一些浅见。如图 1-5 所示,我们把 WSNs(多无线传感器网络)、M2M 和 CPS 分别对应平面上的三个轴,WSNs 为 CPS 实现的基础,又给 M2M 提供补充。M2M 加入了智能技术处理与分布式实时控制等技术之后,

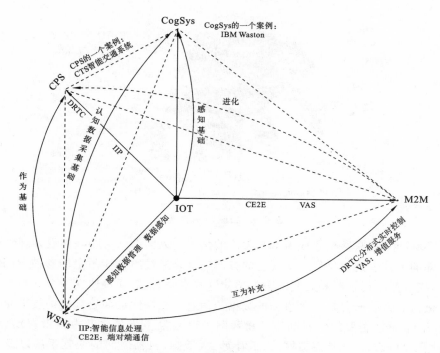

图 1-5   认知系统(CogSys)**与 IoT、WSN、M2M、CPS 的关系**

可以进化成对物理世界控制力更强的 CPS。

　　M2M 可以看作网络接入标准化的 IoT，而且 M2M 也包含了控制，只不过相对 CPS 来说，M2M 涉及的控制是低层次和简单的。WSNs 专注底层采集信息，之后就有 M2M 从传输的角度去标准化无线接入协议，信息到了核心网后台处理中心，就要对感知的信息进行融合和分析。除了智能电网，M2M 另一个代表性应用是智能家电识别，将家电类型、用电量信息显示在手机上，然后用手机去控制家电的开关，虽然这个应用中的通信是典型的手机和物理世界中的物件如家用电器等的通信，但其中也包含了控制，并不是有了控制就是 CPS，也不能说 WSN、M2M、IoT 没有控制，只不过侧重点不同，关注的程度有轻重。

　　目前 IoT 更多的是停留在 WSNs、M2M 和 CPS 的层次，随着时间的推移，IoT 会向认知系统的发展方向进行演化。认知系统的感知基础之一是 IoT，通过 IoT 采集多维数据以满足认知计算需要的复杂的海量数据。IBM Waston 就是认知系统的一个典型案例，我们将在第六篇进行详细介绍。

1.2.2　物联网使能技术及发展路线图

　　在图 1-6 中，我们定义了许多在不同应用场景下物联网基础设施建设、发展的技术。这些支持技术被分为使能技术和感知技术两类。使能技术建立了物联网技术的基础，其中射频识别技术(RFID)、传感器网络和 GPS 系统起着重要的作用，协同技术扮演着辅助者的角色。例如，生物统计学可以广泛运用于统计人类、机器和实物之间的联系。人工智能、机器视觉、机器人学和思科网真可以使我们的未来生活更加智能化。

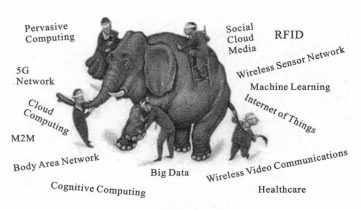

图 1-6 物联网使能技术

在 2005 年,物联网概念成为众人关注的焦点。人们都认为物联网设计理念应该用一种感知的方式去连接世界。实现它的方式应该是通过给物体附上能够被 RFID 识别的标签,接着使用传感器和无线网络去感知这些事物,最终通过建立一个能与人类活动交互的嵌入式系统来分析这些事物的数据与信息。物联网成为研究机构及工业领域如 IBM 或者 Google 主要的研究潮流。物联网可以从很多相关技术中获得帮助,如普适计算、社交媒体云、无线传感器网络、云计算、大数据、机器之间的交互系统以及可穿戴式计算设备等。

在 2008 年,美国国家情报委员会发布了一篇颠覆性的民用技术报告,这也确定了直到 2025 年物联网都会作为与美国利益相关的关键技术。定量地说,物联网需要编码 50 万亿到 100 万亿的物体。更进一步发展是,物联网应该被设计去跟随这些物体的移动。在世界人口已达 72 亿的今天,每个人每天都会被 1000～5000 个物体所包围,可以想象一下物联网通过改善我们和周围事物的交互,会在未来的日子里给我们带来多大的便利。

随着使能技术与协同技术的发展,在之后的 25 年里,物联网将更加成熟和复杂。在 2000—2010 年期间,供应链变得更加完善,垂直市场应用成为下一个发展的浪潮。当我们迈向 2020 年的时候,无处不在的定位技术将会进入现实生活。此外,现实世界网络的出现将带我们进入物联网的最终形态。当然,物联网的最终目的就是实现人的能力、社会成果、国家生产力和生活质量的巨大改善与提高。

随着移动设备数量的不断增加,最终一定会带来移动流量爆炸性的增长,当大量移动设备互相连接来改变世界的时候,5G 网络需要各种技术的进步来高效传输巨大的数据流量。然而,移动设备有限的计算能力、内存容量、存储空间和电量,限制了它的通信和计算水平。目前,除了 5G 的超宽带支持,移动设备还可以使用云计算平台获得几乎无限的动态计算、存储和其他服务资源,这样就能克服智能移动设备的限制。因此,5G 技术和云计算的结合给其他有前景的应用铺平了道路。

有了移动云计算(MCC)的支持,移动用户在处理应用的计算需求时多了一个选择,那就是将其交给云端去计算,这时的主要问题就是用户需要判断在何种情况下将他的计算任务上传给云端。当用户处于有 WiFi 热点的情况下时,计算任务将会上传到远处的云端。当用户的手持终端只有有限的硬件、电量、带宽资源时,终端就不能处理一些计算密集型的任务,此时,将计算任务的相关数据通过 WiFi 和其他高带宽频道上传给云端,无疑是个更好的选择。

从图 1-7 中可以看到,在 2000 年,物联网主要运用于加快供应链的管理;在 2010 年以后,纵向市场和无处不在的定位系统应用成为最主要的物联网应用;此后,我们将会看到物联网在现实世界网络的广泛运用,例如,远程操作和思科网将使监视和操作任何远处的实物成为可能;最后,物联网将会创造一个将所有实物都连接在一起的现实世界网络。这将会使得我们每天的生活非常方便的同时,也可以很清楚地知道世界任何地方任何事物的消息,能帮助人们作出更聪明的决定,甚至拯救人们的生命,在避免灾害的同时还能最大限度地减少人们的负担。另一方面,物联网的兴起也带来了一些消极的影响。例如,人们会失去隐私;罪犯和敌人可以使用物联网去达到其目的。必须建立起完善的法律系统去预防或避免物联网带来的消极影响。

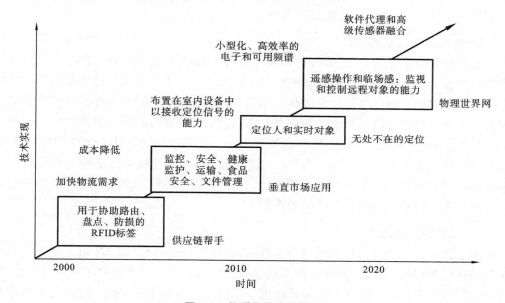

图 1-7 物联网技术路线图

(引自:《SRI Consulting Business Intelligence:Appendix F of Disruptive Technologies Global Trends 2025》)

1.2.3 物联网感知技术

随着电子技术、电机技术以及纳米技术的飞速发展,无处不在的设备数量越来越多,体积越来越小。在物联网的背景下,这样的物体被称为事物,如计算机、传感器、执行器、电冰箱、电视、车辆、移动电话、衣服、食物、药物、书籍、护照和行李,甚至我们人类,都将成为商业活动、信息流通和社会建设的积极参与者。无论有没有直接人工干预,这些参与者都可以通过触发动作和创建服务自动对"现实/物理世界"事件产生影响。有很多被部署的传感器设备主要应用于对象遥感和信息收集。传感、通信和本地信息处理,这些功能都被整合到这些节点上。

1. RFID 技术

搭建智能服务的第一步就是采集环境、事物和感兴趣的对象的相关信息。例如,传感器被用于持续不断地监视用户的身体状态和行为信息,以了解用户的健康状态和行为模式;RFID 技术被用于收集至关重要的个人信息,并且将它们存储在附着在用户身上的廉价的芯片中。在过去的十年里，RFID 系统已经并入一个宽泛的工业和商业系统中去，包括大工厂生产和物流、零售、轨迹追踪、库存监视、资产管理、防盗、电子支付、交通售票系统、供应链管理等。

典型的 RFID 系统包括 RFID 标签、RFID 读取器和后台数据库等组成部分。RFID 标签存储容量很小，一般仅能够存储它所依附物体的身份信息。目前，RFID 标签有被动式标签、主动式标签、半主动式标签三种。被动式标签只能通过靠近 RFID 阅读器时从射频（RF）信号中获得能量。主动式标签是由嵌入其中的电池提供能量的，当然它也能提供更大的记忆空间和更多的功能。半主动式标签与 RFID 读取器的通信方式类似被动式标签，但能够通过内置的电池提供能量。当靠近 RFID 读写器附近时，存储在标签里的信息就会被传至读写器，接着相关联的后台的计算机就将分析并处理这些信息，最终达到控制子系统操作的目的。

2. 传感器及传感器网络

在过去的十多年间，大家都将很多关注投向于部署了大量以分布式为合作模式的微型传感器上，用于信息的收集和处理。在智慧城市中，人们希望传感器节点的价格便宜并且能部署于不同的环境。无线传感网络（WSN）是由分布在空间各处的传感器组成的。这些传感器可以监视身体和环境状态，如温度、声音、压力等，最终它们通过网络将信息汇聚到 sink 节点。这些传感器节点形成一个多级的 Ad Hoc 无线网络。WSN 和蜂窝网络最大的不同就是 WSN 并不需要搭建基站，同时每个传感器节点都可以作为发送器和接收器。由于每个传感器节点的资源有限，如何在 WSN 中用最小的能量消耗进行数据传输是一个具有挑战的课题。

3. 无线传感器网络

由上文可知，WSN 是认知系统采集数据的基础之一。一个 WSN 由一群有着通信装置的传感器组成，用来监视和记录不同地点的情景状态。通常监视的参数有温度、湿度、压力、风向和风度、光照强度、振动强度、声音强度、电源电压、化学浓度、污染物水平和用户身体状态信息。每一个传感器节点都具有小、轻、方便携带的特点。同样，每个传感器节点配备一个转换器、微型计算机、收发器和电源。

感知处理器处理了输入信号的同时将其存储或者转发出去。收发器能够被有线连接，也可以被无线连接。每个传感器节点的电能一般通过电池获取。一个传感器节点的体积可以大如一个鞋盒子或者小如一粒灰尘；每个节点的花费也从几十至数百人民币不等，当然这取决于传感网络的规模和工业传感器节点的复杂度。传感器节点的体积和花费是由电量、存储容量、计算速度和传感器所用的带宽决定的。

采用 IEEE 802.15.4 标准制造的 ZigBee 芯片被内置于目前普通使用的传感器节点中。ZigBee 的特点是低的数据传输速率、更长的电池寿命以及更安全的组网。许多超市、百货商场和医院都安装了 ZigBee 网络。数据传输速率的范围是 20～250 Kb/s。单跳通信范围可以到 100 m，但是 ZigBee 中的设备能够和其他设备一起工作以覆盖更大的区域。ZigBee 网络具有高度的可扩展性。与 WiFi 通信技术相比，ZigBee 技术具有易用性和经济性的特点。

表 1-2 将物联网无线技术按照无线覆盖范围分为无线广域网（WAN）、无线城域网（WMAN）、无线局域网（WLAN）和无线区域网（WPAN）四类。

表 1-2 物联网的几种典型无线网络要求

网 络 类 型	Wireless WAN	WMAN	WLAN	WPAN	
市场命名标准	GSM/GPRS CDMA/1XRTT	WiMAX 802.15.6	WiFi 802.11n	ZigBee 802.15.4	Bluetooth 802.15.1
应用焦点	广域语音 和数据	城域宽 带互联	网页、电子邮件、 视频	传感网 & 智能家居	娱乐 & 手机互联
存储容量/MB	18 +	8 +	1 +	0.004～0.032	0.25 +
电池/天	1～7	1～7	0.5～5	100～1000+	1～7
联网节点数	N/A	N/A	32	2^{64} 或更多	7
带宽/KB	64～128+	75000	54000+	20～250	720
范围/km	1000 +	40～100	1～100	1～100	1～10
度量标准	覆盖范围	速度	灵活性	切率、成本	低成本

这四类无线网络在不同的环境中使用,并相互合作,以给设备提供方便的网络接入,所以它们是实现物联网的重要基础设施。

无线广域网包括现有的移动通信网络技术及其演进版本(通信技术如 3G、4G、5G 等),这些技术能提供连续的网络访问服务。WMAN 包括现在已存的 WiMAX 技术,它们提供了在大城市区域中数据的高速传输。WLAN 包括现在流行的 WiFi,给在楼房或者室内环境的用户提供网络接入服务,如居家、学校、餐厅、飞机场等。WPAN 包括像蓝牙、ZigBee、NFC 等通信协议,具有低功耗、低传输速率和短距离(一般小于 10 m),所以它们被广泛用于物联网传感器和个人设备相互连接。值得一提的是基于蜂窝的窄带物联网技术(NB-IoT),它支持低功耗设备在广域网中接入。目前,华为、爱立信、中兴、诺基亚等公司在力推 NB-IoT,可能近几年会出现规模化的商业应用。

1.3 物联网发展现状

物联网已经开始步入市场应用阶段,众多的公司意识到从头开始建设端到端物联网系统是一个烦琐的任务,并面临着许多重要的物联网业务案例仍然没有被明确验证的巨大风险。当前许多不同的组织正在尝试对这些业务案例给出自己的解决方案,反映到市场中则是产生了一大批新的提供物联网解决方案的公司,它们以组件化的方式提供可重复的、可积木化的端到端物联网系统,通过对功能组件灵活组合可以形成应用到不同市场的物联网解决方案。这些解决方案被称为物联网平台,如中国移动的 OneNET。本节对当前市面中存在的一些典型的物联网平台进行介绍,帮助读者了解整个物联网行业的发展现状。

1.3.1 物联网的分层架构

如表 1-3(对应于图 1-8)所示,从功能定义的角度出发将物联网平台的体系架构分为 8 层。物联网平台(包括软件平台、云平台和硬件连接平台)用于处理复杂数据、事件整合、通信协议转化和各种连接问题,使得开发人员可以专注于物联网应用的开发和业务需求的处理,不受物联网复杂结构的困扰。

表 1-3　物联网平台的分层及几种典型平台的对比

层	组件	定　义	Microsoft	Amazon	IBM
协作层	业务系统集成	用于整合现有的企业与其他外部系统	✓	✓	
应用层	可视化	呈现丰富的视觉和/或交互式仪表盘的设备数据	✓	✓	✓
	开发环境	提供能简化应用程序开发的集成开发环境	✓		✓
服务层	服务流程	支持不同数据流的混搭,分析和服务组件	✓		
	高级分析	允许从数据中提取观点和执行更复杂的数据处理	✓	✓	✓
抽象层	事件与动作管理	简单的规则引擎允许从低级别的传感器事件到高级别的事件和动作的映射	✓	✓	✓
	基础分析	提供基本的数据标准化、格式化、清洁和简单的统计	✓	✓	✓
存储层	存储/数据库	基于云的存储和数据库能力(不包括基于前提的解决方案)	✓	✓	✓
处理层	设备管理	允许边缘设备的远程维护,交互和管理能力	✓	✓	✓
	边缘分析	在边缘设备上执行物联网数据处理的能力,而不是云端处理	✓		✓
网络层	连接网络/模块	提供无线网络接入模块以允许空中接口连接			
	边缘网关	提供物联网网关设备使物联网节点连接到核心网或云平台			
物理层	操作系统	提供低层系统软件管理硬件、软件和运行应用程序	✓		
	模块和设备	提供可适应的模块、驱动程序,减少开发和测试时间和源库	✓	✓	✓
	MPU/MCU	提供微处理器/微控制器水平的多功能可编程电子器件			

物联网平台按功能划分共有 8 层,自底向上分别如下。

(1)协作层:协作与处理、商业系统整合。

(2)应用层:动态应用(报告、分析、控制、虚拟化)。

(3)服务层:服务业务流程。

(4)抽象层:数据抽象(集成与访问)。

(5)存储层:数据积累、数据存储。

(6)处理层:边缘计算(数据元分析与转换)。

(7)网络通信层:Internet、WiFi 网络、移动网络、物联网、固定 IP 网络。

(8)物理层:设备和控制器(包括:传感器、制动器、有线/无线边缘设备)。

图 1-8　物联网平台分层架构

1.3.2　典型的物联网平台

为了使读者对物联网平台的发展情况有更全面的了解,我们从平台的商业模式(即商业平台和开源平台)、平台所属机构的规模(即跨国公司和初创公司)和平台的业务侧重点(云中心、工业中心、通信中心、设备中心)这三个角度对当前典型的几个物联网平台进行相应的划分,如图 1-9 所示,接下来将对各平台进行基本的介绍。

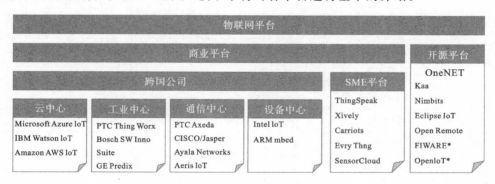

图 1-9　当前典型的物联网平台

1. 跨国公司(MNC)物联网平台

如表 1-3 所示,选取 Microsoft、IBM 和 Amazon 三家跨国公司的物联网平台,对各层功能进行对比。Microsoft Azure IoT Hub7 以全托管服务的方式整合到 Microsoft Azure 云服务中,实现数以百万计的物联网设备之间可靠和安全的双向通信。通过使用设备安全证书和访问安全控制,Microsoft Azure IoT Hub7 提供设备到云和云到设备之间可靠的消息传递和安全通信。Microsoft Azure IoT Hub7 提供对设备连接和设备身份管理的监控,平台的设备接入库支持最流行的开发语言。

IBM Watson IoT 基于 IBM 的云服务和 Bluemix,为了将 IoT 设备与应用连接,它提供了设备连接管理平台。此外,IBM 的物联网平台还提供数据管理服务用于数据存储和转换,同时提供分析服务以及风险管理服务使得用户可以创建控制面板和警报器。

Amazon AWS 拥有强大的云服务供给能力,因此,Amazon AWS IoT 通过提供基于 Web 的通信栈、设备注册表和规则引擎来执行 AWS 服务(如 S3 Storage、Kinesis 和 Amazon Machine Learning 服务)之间的消息转换和路由。应用程序可以通过 REST API 与物联网设备直接通信。

2. 初创公司(SME)物联网平台

如表 1-4 所示,选取 ThingSpeak、Xively、Carriots、Evrythng 和 SensorCloud 五家初创公司的物联网平台,以表 1-3 定义的功能对各平台进行对比。ThingSpeak 的目的是使传感器和 Web 之间的连接变得容易,使得数据收集、分析和可视化容易被不同应用使用,同时被不同设备集成。Xively 的目标是基于接入的设备轻松创建 IoT 应用,允许将设备集成到现有系统中,并最终实现集成服务平台。Xively 的核心是一个物联网平台,提供不同的服务,如设备标识管理、基于 MQTT 的消息总线、时间序列数据存储和事件记录。Xively 提供基于 C 的客户端库,以及基于 Android 和 iOS 设备的 SDK(软件开发工具包),用于连接设备。Xively 为连接的设备提供基于 Web 应用的管理程序,同时提供了一个明确定义的用于创建产品和相关工作流的蓝图。Carriots 希望通过自身的私有云建立物联网相关的项目和应用程序。Evrythng 的目标是支持各机构开

表 1-4 初创公司的物联网平台

层	组 件	Xively	ThingSpeak	Carriots	Evrythng	SensorCloud
协作层	业务系统集成	✓			✓	
应用层	可视化	✓	✓	✓	✓	✓
	开发环境		✓			✓
服务层	服务流程	✓		✓		
	高级分析		✓			✓
抽象层	事件与动作管理	✓		✓	✓	
	基础分析	✓	✓	✓		✓
存储层	存储/数据库	✓	✓	✓	✓	✓
处理层	设备管理	✓		✓		
	边缘分析					
网络层	连接网络/模块					
	边缘网关				✓	✓
物理层	操作系统					
	模块和设备	✓	✓	✓		✓
	MPU/MCU					

发市场领先的产品,使产品到 Web 的数字化和连接变得容易。SensorCloud 则包括 MathEngine、FastGraph Viewer 和 LiveConnect 等功能。MathEngine 提供用于处理和分析数据的工具;通过 FastGraph Viewer 创建输出通道;LiveConnect 则是一个允许 WSDA 网关和远程传感器之间进行交互的工具。

3. 开源(open source)组织物联网平台

如表 1-5 所示,选取七家开源组织的物联网平台,以表 1-3 定义的功能对各平台进行对比。Kaa 是高度灵活的开源 IoT 平台,在物联网连接的基础上可以构建、管理和集成连接。Kaa 提供一个标准的方法来集成产品,并对连接的产品进行互操作。此外,Kaa 强大的后端功能能极大地加快产品的开发,允许供应商专注于他们产品的特性。Kaa 支持多个平台,提供各种编程语言的 SDK(软件开发工具包)。Nimbits 是一个开源物联网平台,用以在云端记录和处理时间序列数据。接入设备可以使用 REST 服务将数字、json 或者 xml 数据转换成 Nimbits 数据点并发至云端,数据上传后就可以触发级联计算、报警、数据分析等。数据上传到云端后,用户可以把 Nimbits 服务作为后台程序,通过 Javascript 生成可视化图表和数据。eclipse smarthome(ESH)是在家居设备中运行的软件。它包含家居设备自动化服务器运行所需要的主要代码和相应的数据结构。ESH 是 Eclipse Java 社区开发的,其基于 Java CSGI 实现,源于 OpenHAB 项目。OpenRemote 实现各种现有的家居设备自动化和智能化,专注系统的完善与改造,通过连接设备的制造商授权其软件,该平台可以支持计算机或智能设备用 Android 或 iOS OpenRemote 的应用程序来控制家居设备,并与诸多的硬件厂商达成合作,构建智能家居生态体系。FIWARE 开源物联网平台由欧洲基金资助,目前已经应用于工业生产、

表 1-5　开源组织的物联网平台

层	组件	Kaa	Nimbits	ESH	OpenRemote	FIWARE	OPENIOT	OneNET
协作层	业务系统集成							✓
应用层	可视化			✓	✓	✓	✓	✓
应用层	开发环境				✓	✓		✓
服务层	服务流程					✓	✓	✓
服务层	高级分析					✓		✓
抽象层	事件与动作管理	✓	✓	✓	✓	✓	✓	✓
抽象层	基础分析	✓	✓	✓	✓	✓	✓	✓
存储层	存储/数据库	✓	✓	✓	✓	✓	✓	✓
处理层	设备管理	✓		✓	✓	✓	✓	✓
处理层	边缘分析	✓				✓		✓
网络层	连接网络/模块							✓
网络层	边缘网关							✓
物理层	操作系统							
物理层	模块和设备	✓		✓	✓		.	✓
物理层	MPU/MCU							

智慧城市和公用事业等项目。OPENIoT是把物联网和云计算相结合的开源解决方案，OPENIoT项目专注于提供一个开源的中间件框架，使得云环境中的物联网IoT应用能实现公式化的自管理。OPENIoT中间件框架可以作为物联网应用的宏伟蓝图，使得物联网应用的交付变得自动化，更能适应云基础设施。OneNET是中国移动开发的物联网开放平台，为IoT开发者提供智能设备自助开发工具，提供物联网专网、短彩信、消息分发、定位及设备管理等服务。

1.4　群智感知

除了以物联网为基础感知信息获取平台，认知系统还需要跟社交网络、移动计算相结合。比起传统的物联网应用，如智慧城市、环境监测、智能交通等认知物联网，认知系统更加偏重于跟人相关的领域，所以跟社交网络也关系紧密。在虚拟世界，很多用户都是通过社交网络相连接的，形成很多个群组，互相交流，无形中成为一个承载数据的桥梁，这些数据能够按照用户的兴趣互相共享。同时，认知系统与移动计算也是紧密相连的，因为在数据采集和计算方面要考虑用户的移动性才能达到优化和节能。这种移动性为认知数据采集提供一种非常便利的方法，也就是基于一群移动用户的参与之下的数据感知。

本节首先介绍群体智能感知（简称群智感知或众包）的定义；最后介绍群智感知的数据采集，重点比较参与式感知和机会感知的数据采集方式及其优缺点。

1.4.1　群智感知的定义

随着传感器技术、无线通信技术以及无线移动终端设备的发展和广泛普及，智能移动设备也越来越多的出现在人们的生活中，如智能手机、平板电脑和可穿戴设备等。而这些与人类生活密切相关的便携式设备在集成了越来越多的传感器之后，拥有了日渐强大的计算和感知能力，在用户群中形成大范围且密集的移动感知网络。这种感知网络利用广大普通用户持有的移动设备中的传感器进行感知，通过移动互联网（如蜂窝网、蓝牙和WiFi等）进行有意识或无意识的协作，实现感知任务分发与感知数据收集，这就形成群智感知网络（crowd sensing networks）。由于群智感知网络利用的是现有的感知设备和移动互联网，因此不需要专门的部署和维护，从而有效降低了部署和维护成本。同时，移动设备的普及和用户的移动性促使群智感知网络以低成本实现大规模和细粒度的感知。因此，群智感知网络很好地解决了当前大规模感知网络成本高的难题，并在公共基础设施感知、环境感知以及社会感知等方面发展迅速。

由上可知，群智感知正在成为移动计算的中心舞台，也将成为认知计算的重要数据采集方法之一。这是一种新思路，即利用已有的各种设备和系统完成感知。在群智感知中，参与完成复杂的感知任务的人并不一定要有专业的技能，这正是群智感知的精髓所在，既需要利用专业领域专家的知识，也需要非专业用户发挥其作用。

在当前计算机领域，群智感知与参与式感知（participatory sensing）、社会感知（social sensing）以及众包（crowdsourcing）的概念很相似。它们都是以大量普通用户参与为基础,其基本思想都是一致的,即人多力量大,发挥群体的智慧。

以 crowdsourcing 为代表的群体感知模式已经成功应用到地理标记的照片、定位和导航,城市道路交通传感,市场预测,观点挖掘以及其他劳动密集型应用中。Crowdsourcing 作为一种新型的解决问题的方法,将大量的普通用户作为基础,以一种自由自愿的方式来分配任务。不需要特意部署传感模块和雇佣专业人士,crowdsourcing 可以将传感系统的传感范围扩展到城市范围或者更大的范围。事实上,crowdsourcing 在大数据出现之前就已经被公司使用了,如 P&G、BMW 和 Audi 等公司通过 crowdsourcing 来改善其研发(R&D)和设计能力。

近年来,spatial crowdsourcing(空间众包,以位置信息为中心的群智感知)成为一个热门的话题。用户可以请求与特定位置相关的服务和资源,然后参加到这项任务中的用户便会移动到特定位置来获得相关数据,如视频、音频或者图片;最终,用户还会将获取到的数据发送给服务请求者。随着移动设备使用的日益增长以及移动设备提供的功能日益复杂,可以预测空间众包将会比传统 crowdsourcing 更加流行,比如 Amazon Turk、Crowdflower。

1.4.2　群智感知的起源

群智感知的类似思想很早就被提出,大量用户利用移动设备作为基本的传感单元来配合移动网络分配传感任务,同时采集传感数据,这样就形成大规模且复杂的社会感知。由于涉及用户移动性、传感器、移动网络等多领域的技术,群智感知一直是研究的热点,下列技术及应用的飞速发展和普及更是推动了群智感知的发展。

(1)传感器技术。群智感知的基础是大量能够感知和采集数据的传感器。而随着传感器价格的日益低廉、耗能的日益减小、种类的日益繁多,智能手机开始附带大量功能各异的传感器。目前,市面上常见的智能手机配备有 GPS、麦克风、摄像头、加速度计、指南针、陀螺仪、距离传感器、光照传感器以及各种无线信号(如 GSM、WiFi 和蓝牙等)检测器等传感器。大量市场统计数据和现有的研究工作表明,随着传感器技术和功能的不断成熟、成本的不断降低,今后的智能手机将集成更多种类的传感器,如空气质量检测传感器、心电图传感器以及化学污染检测传感器等。

(2)智能手机。群智感知依赖于广大普通用户的参与,参与用户的规模越大,群智感知越能采集海量的数据,其包含的信息越丰富。因此,广大用户携带的智能移动手机成为了群智感知网络发展的必要条件和推动力量。据 Gartner 的分析报告:2015 年,全球智能手机的出货量为 14 亿部;2016 年,全球智能手机的出货量为 14.5 亿部;2017 年预计出货量在 15 亿部左右。这意味着将有越来越多的智能手机投入用户的日常使用,为群智感知提供广泛的数据采集平台。

(3)应用商店。由于智能手机的广泛使用,手机上运行的手机应用软件大量出现,各种感知型 APP 开始兴起。此外,各大手机制造商、软件开发商为我们提供了很多便利的接口,如 IOS 系统和安卓系统开发接口,这极大地促进了智能手机应用商店的蓬勃发展,如豌豆荚和苹果应用商店等。据统计,2013 年苹果应用商店(APP Store)中总应用程序数量为 43 万个;2016 年 App Store 应用数量为 293 万个;到 2020 年,App Store 中的活跃应用数量将达到 506 万个。应用商店的发展极大地推动了大规模群智感知的实现。

（4）云平台。随着计算机硬件技术的发展，处理和存储能力的不断增强，云计算和云存储技术（如百度网盘和 360 云盘等）的兴起，大规模数据的存储和处理成为可能。在使用群智感知技术采集数据时，广大普通用户产生的数据是复杂且海量的。处理这样的感知数据对系统的计算和存储能力提出了更高的要求，云计算与数据中心的出现很好地解决了这一难题，推动了群智感知的发展和实现。

1.4.3　基于群智感知的数据采集

群智感知利用了用户的移动性和位置信息，移动设备携带的各种传感器发挥了采集个体数据的作用。例如，用户通过位置共享获取双方地理位置信息，同时结合地图掌握彼此之间的距离；游客通过 GPS 导航系统或手机摄像头了解自己所处的位置并寻找目的地，从而获得堪比导游的路线指引体验；普通用户通过加速度传感器监测每日行走步数，从而与好友分享日常出行路线等。

通常，我们将群智感知分为机会感知和参与式感知，两种方式的区别在于数据采集的用户协作方式不同。机会感知通过间接方式感知用户的行为，对用户干扰较小，但数据精度依赖于感知算法和应用环境，且需要较高的隐私保护机制与用户激励算法的支持。参与式感知由用户主动参与，因此数据精度高，但容易受用户主观意识的干扰。

1.5　本章小结

本章从认知计算所需的海量多维数据出发，介绍了认知数据采集的相关概念及技术。第 1.1 节介绍了认知数据的定义及特点，并从结构化与非结构化数据角度对认知数据的构成进行了概述，同时简要介绍了认知数据的采集与预处理。第 1.2 节和第 1.3 节重点介绍了物联网感知和群智感知两个认知数据的采集基础。第 1.2 节介绍了物联网的演进和几种物联网使能技术，然后从物联网感知角度介绍了几种必要的认知数据采集技术。第 1.4 节介绍了群智感知技术及其与认知计算的关系，并简单介绍了参与式感知和机会感知两类群智感知技术的数据采集方式和优缺点。

2

认知触觉网络

摘要：这一章主要对认知触觉网络进行介绍。认知用于模拟人的感觉，触觉是其中的一种，本章先明确触觉和认知的概念，接着对触觉传感技术进行分类说明，进一步阐明触觉与认知的关系，然后以认知和触觉为基础解释认知触觉网络的概念、架构和对现有网络的演进，说明由触觉形成的行为认知能力，最后列举了认知触觉网络两个典型的应用实例。

2.1 触觉与认知

各种与日常生活相关的服务设施，如手机、计算机、自动柜员机、家用电器等，以及娱乐（游戏）、教育的媒介载体等，纷纷开始了"触觉革命"。传感技术、通信技术、大数据技术和互联网技术等的发展，催生了以触觉传感为特征的物联网时代的来临，这意味着人类的感知模式正在发生着继"视听"之后的"视听触"转变，这一转变对人类生存模式的影响是一个值得关注的问题。如何基于互联网中活跃着的触觉信息建立新型的认知应用模式，是需要我们思考的问题。

2.1.1 什么是触觉

触觉是指分布于全身皮肤上的感觉感受器在外界的温度、湿度、压力、振动等刺激下，引起的冷热、润燥、软硬、压（力）觉、痛觉、振动等感觉。皮肤作为生命主体与外在世界交接的界面，所产生的感觉是"最古老的感觉"。早在古希腊时期，柏拉图就认为，"皮肤的感觉是全部的躯体感觉"；亚里士多德将之定义为"触觉"，并指出"如果没有触觉，其他感觉就不可能存在"，"没有了触觉，人将生活在一个模糊的、麻木的世界里"。现代生物学证实，触觉的形成先于视觉、听觉和高级大脑中枢神经发挥作用。触觉是人类的"第一感觉"，这一点早已成为共识。触觉作为人类的"第一感觉"，更重要的还在于，它是人类建构世界的起点。对于个体而言，触觉是建构生命主体与生存世界关系的重要手段。伴随着生命的成长，物质世界的种种形态，以及形态的变化过程都需要从触觉获得认知。虽然研究表明视觉是 80％的信息来源，但是在认知作用方面，触觉与视觉的关联甚于其他任何感官，它能提供有关对象的信息。甚至"人的视觉偏差也直接依赖于触觉信息的修正"。在生命成长过程中，个体借由触觉、视觉等其他感官的综合作用构建对物理世界的认知。

此外,触觉体验还被用于审美,如山与水的自然之美雕塑和绘画作品中或柔滑或刚劲的线条设计之美、手工艺品比如玉之温润质坚的质感等,都可以通过触觉感知。总之,触觉是人类第一感觉,基于人工智能的触觉认知是连接机器与物理世界的重要一环,而认知触觉网络则能将触觉传递到远方。

2.1.2   触觉传感技术

触觉,表现为身体在交流中肤觉的即时性与力觉的反馈性,这个特性严重限制了人类触觉信息的传承。有限的身体力量和接触范围限制了人们基于行为映射的想象空间。人类对传达生命力量的需求不断增强,对触觉认知系统提出了新的挑战:如何将触觉信息进行感知、存储及跨越时空地传递(触觉认知的远程操作)?首先,触觉传感技术是触觉信息采集的基础。以触觉为中心的传感技术在演进中不断实现人"力"的放大、触觉传感范围的扩大,触觉网络成为人接触物理世界的延伸。从触觉传感出发,触觉意象的感官补偿、虚拟触觉的技术开发,表现出人类对触觉增强的尝试。典型的触觉传感技术分为以下几类。

1. 机械触觉传感技术

触觉传感技术缘起于工具的制造。原始时代,人类直接接触材料和对象,钻木取火、打磨石器、制作陶器等都靠手的力觉与肤觉的协调动作。工具是最早的触觉传感媒介,通过工具把人的力量和触觉传给对象。但是由于人和对象之间有了器具的阻隔,反馈回来的信息只有力与其他肤觉信息。15 世纪以来,随着工场、手工业作坊的发展,触觉剥夺开始形成;18 世纪后,随着纺织机械、蒸汽机、机床等的发明,虽人力得到了空前放大,但手不再与器具直接接触;19 世纪后半叶,电气化时代来临,电能成为动力,电子技术将人控的自动化转化为了数控的自动化,人既不需要去亲自触摸,也不用把身体中的力传递出去,人只需按动一个按钮,产品就会生产出来。人力实现了跨空间的放大,但身体与对象渐行渐远,甚至完全分离。

进入 21 世纪,随着材料科学、计算机技术、生物技术等的迅猛发展,机械触觉传感技术的发展取得了快速进展。例如,美国明尼苏达大学的 Lee 等人利用聚二甲基硅氧烷(PDMS)作为结构材料设计了一种电容式触觉传感器,具有柔性好、灵敏度高等优点。合肥工业大学的黄英等人利用力敏导电橡胶的压阻特性设计了一种柔性触觉传感器,实验证明这种触觉传感器具备检测三维力的功能,并且可以根据工作量程和灵敏度选择传感器参数。此外,触觉传感器常采用的方案还有压电式、光纤式等形式。

2. 影像触觉传感技术

通过色彩、笔触、光影的再现与模仿,协同心理的意向建构,可以使影像呈现触觉意象。特别是电子影像技术的发明,使图像的触觉意象更加直观化、切身化。电影技术的发展,可以看作是一场感官家族的约会,视觉、听觉、触觉等感官融汇在一起。继有声、彩色、3D 电影对视听觉的逼真模拟之后,4D 电影的贡献在于它再现了触觉。通过特效座椅,观众可以感受到影片中力觉的传递,比如震动、坠落、撞击等感觉。"通过信号,让电影观众获得焦虑和其他感受,使四肢产生紧张感,在胸腔产生脉冲,模拟心跳加速,让电影观众体验电影中的角色所体验到的情感反应"。同样,游戏原本是面对面的身体交互活动,虚拟互动游戏正是对这种实时的触觉交互的再现。通过手柄、方向盘、摇杆、力反馈器等设备,玩家获得了触觉交互的体验。例如,穿上 VR 触觉背心,"中弹"具有了位置、力量和方向,"中拳"具有了震动和"疼痛"。这已不仅仅是心灵的"震惊",而且是身体实实在在的"战栗",这就是沉浸式体验触觉意象。

3. 数字触觉传感技术

对于人类来说,触觉影像的感官补偿仍然不过是一个权宜之计,真正意义上的触觉回归,是从触觉主体的手和皮肤的模拟开始的。20 世纪 60 年代,现代生理学、生物学与电子技术结合,运用热电偶和电阻应变计,制作出能够模拟人类皮肤的温度感觉和压力感觉的电子皮肤,"各种流量、速度、震动等参数都可以用适当的电子装置测量,这样就构成了超越人能力界限的一系列高级的机械式感觉器官"。电子装置提供了比人的器官更为优越的人造感觉器官,这一技术为回归身体触觉交互带来了一线曙光。1962年,以托莫维奇和博尼研制的"灵巧手"为标志,这是世界上最早运用压力传感器的触觉主体;此后,机器人触觉传感技术得到了深入的研究与开发。20 世纪八九十年代,机器人触觉传感技术在工业自动化、航天、海洋、军事、医疗、护理、服务、农林、采矿等专业领域得到应用和进一步开发。21 世纪以来,触觉传感技术在医疗手术中得到运用,出现了可检测疾病组织的刚度、根据组织柔软度施加合适的力度、保证手术操作安全的触觉传感器,以及通过对机器人手的控制,感受病变部位的信息,进行封闭式手术的压电三维力触觉传感器,等等。而德国科学家菲利普·迈特纳多佛日前开发出一种能让机器人产生多种感觉的电子皮肤,这种电子皮肤不仅能够帮助机器人更好地适应周围的环境,也能使其获得实时的触觉感受。对于触觉传感技术来说,一方面将触觉对象转化为可触知的信息,另一方面使"物"成为能够接受触觉信息的对象,两者是相互的,缺一不可。最早的实验是 1993 年,麻省理工学院的研究人员开发了一种名为"Phantom"的触觉界面装置。它为主体产生指尖与各种物体交互的感觉,给人们提供前所未有的精确的触觉激励。这种技术的革命性在于,把命令式人机交互变成触觉式人机交互,这使得远程手术的医生可以"真实地"触碰到肌体组织,在视觉与力学的综合作用下进行手术遥操作,或远程指导"达芬奇"手术机器人;在内窥镜手术中,在获得触觉反馈的同时,还能够在屏幕上看到虚拟对象的变形、流血等现象。

4. 虚拟触觉交互技术

真正意义的跨时空触觉交互,要借助于互联网技术。1993 年,第一个连接到 Internet 上的 Mercury 允许使用者控制一台 IBM 机器人和 CCD 摄像机在充满沙子的工作空间进行物品挖掘;2002 年 10 月 29 日,美英两国的科学家向公众展示了他们发明的网络空间里的虚拟触觉感应技术,通过网络触觉感应装置,实验双方握住机械臂,可以直接感受到千里之外的人推、拉、颤动等动作,远隔千里的人们也可以进行"隔洋握手"了,人们可以跨越空间进行触觉意义上的交互。2003 年,纽约布法罗大学虚拟现实实验室主任 Caesar Wadas 发明的触觉传感装置,创造了无需在场就可以实时接触远方对象的机会。虚拟触觉交互以互动性的经验取代被动经验,"这种感知活动已经脱离了身体而转化为一种可控制的能量信息",以 Internet 为基础设施,使人类自身真实的力实现了空间的跃迁,同时触觉的交互不再是心灵的意向性建构和视触觉的意象,而是实在的生命活动。

触觉技术的发展不仅使人的触觉得到了延伸,而且使机器能模拟人的触觉。人—物相联、物—物相联,意味着拥有丰富触觉感的交互活动将催生一种全新的创作方式,一些艺术家已经开始基于 VR 技术作画。人类的生命力通过数字技术转化为一种能量信息,再由拥有力、触觉交互技术的传感器输入网络空间中,人以虚拟的方式与虚拟环境中具有丰富触觉感性的物进行触觉交互。显然,触觉传感技术参与构建的自然,将以虚拟的触觉传感网络空间取代真实的自然空间。在虚拟触觉交互的空间,生命可以跨时空进行不止是文字和语言上的交流与对话。

2.1.3　由触觉形成的认知

认知的本质是什么? 这个问题一直是心理学家和认知科学家关注的焦点。从以计算机模拟为基础的符号加工到以网状结构为基础的神经网络模型,研究者都在借助自然科学冷冰冰的概念和术语来诠释人类认知的本质,而未能对人的身体在认知过程中的作用给予足够的重视。

随着认知研究思潮的兴起,人们注意到认知对身体及其感觉运动系统的依赖性,并开始强调身体在认知过程中发挥的关键作用。按照认知的观点,人类的心智和认知都是以人为基础的,它们的形成与发展有赖于身体的生理神经结构和活动方式。认知强调了以身体为基础,此处的“身体”并非仅仅指由皮肤、肌肉、骨骼和神经元等构成的解剖学意义上的身体,而且指心智化的身体,有些研究者将环境中的某些事物、语言等也看作是身体的范畴,认为它们共同构成了身体这个创造性的系统整体。因此,认知具有以下三个特征:其一,强调认知和思维受到身体的物理属性的制约;其二,强调认知的情境性;其三,强调认知是身体与环境互动的动力系统。

触觉是人类最早发展起来的、最为基本的一种感觉,而且是人获取信息和环境操控的重要通道。人际知觉和自我认知,会受到触觉经验的影响。通过握手和拥抱,我们可以感觉到对方的态度。第一印象也容易受到触觉环境的影响。在谈判、求职等情境中,触觉印象常常发挥着无形的作用,一些广告和产品包装设计也会使用触觉战术。通过有意向的触摸,使得信息的获取和加工多了一种感觉通道,身体运动系统与感觉的发展整合起来,并且二者互有影响。也就是说,身体的肌肉运动形成了人类最早的触觉,而人通过手来操纵物体则进一步提高了感觉的敏感性,促进信息的获取,并在随后更为准确地做出相应的知觉和认知判断。

与一些物体接触的经验可能激发触觉思维定势,并且这种定势的激发可带动相关概念的激活,这种激发更多的是指认知上的概念,而不是指个体自身的感受或偏好。感觉运动系统是认知的必要组成部分,人类对于世界的认识不是起源于抽象符号的加工,而是在根本上来源于身体的多重感觉经验,包括感觉运动、情绪事件以及对空间维度的加工等。由触觉等感官经验发展出来的本体支架描述了高级认知源于身体经验的过程,人可以借助身体动作和感觉经验获取对更为抽象的概念的初步理解。正因为如此,当通过触觉等感官运动激活了抽象概念时,相关的认知判断就容易受此触觉经验的影响。可见,触觉经验影响着人的认知判断。一般来说,触觉主要有三个维度:重量、粗糙度和硬度。重量、质地和硬度可以无意识地影响信息的获取和管理。总之,触觉的这三个基本维度及其与身体的相互作用影响了人们的认知和决策。高级社会认知过程与身体触觉经验的联系一般反映在共同的隐喻中。

2.2 认知触觉网络

不久的将来,5G 将进入全面应用阶段,作为新一代的网络通信基础设施,其超高速率、超高可靠性、超低延迟的通信特点为认知触觉网络的实现奠定了重要基础。本节探讨了认知触觉网络的架构,同时对认知触觉网络的各个部分提出了相应的优化和改进策略,最终达到提高触觉数据通信的可靠性并降低延迟度的目的。

2.2.1 认知触觉网络概述

作为新一代的移动通信技术,5G 网络不应该只是与速度有关,还应该与建设更具复原能力和可用性的网络有关;这些网络不仅要能支持庞大的数据流量,而且还要能以远低于今天的成本向用户交付联网服务。未来,认知触觉网络作为一种满足更高需求的新的通信基础设施,具有超低延迟、高可用性、高可靠性和高安全性等特点。5G 移动通信系统为认知触觉网络无线端的接入方式提供了可行的参考方案。拥有超高可靠性和超快响应速度的认知触觉网络使得远程传输实时控制指令和物理触觉信息成为可能。

认知触觉网络的核心技术需求包括 RAN(radio access network)、下一代核心网络(core network)、云平台与智能终端。认知触觉网络相关应用中,保证高精确度是各应用得以实施的基本前提。实现高精确度需要保证用户和远程终端的通信延迟被限制在毫秒的级别。认知触觉网络未来可能的应用场景包括工业自动化、自动驾驶、机器人、医疗、虚拟现实和增强现实、游戏、教育、无人自治系统和个性化制造等。例如,在医疗领域,通过使用远程诊断工具,无论医生在哪里,病人都可以随时随地获得专业的医疗建议。更进一步,医生可以控制病人身边的遥控机器人对病人进行治疗。因此,在远程医疗中,医生不仅可以获取音频和视频信息,同时还可以获取相应的触觉反馈信息。

正常情况下,人对听觉、视觉和触觉的反应时间分别为 100 ms、40 ms 和 1 ms。如果在技术上解决远程交互中各种感觉传递时间延迟的问题,人类就可以基于自身的知觉实现同远端对象的实时交互。这样,人类不仅可以看见或听见遥远的事物,同时也可以抚摸和感知它们。但是,在实际的应用中,如果听觉信息、视觉信息和触觉感知信息的传输不一致,就会导致较低的用户体验。例如,如果用户眼睛感知到了运动而相应的声音却发生了滞后,同时相应的触觉信息没有任何变化,感知信息传递的延迟会导致用户感知各信息的不同步,使用户获得糟糕的网络交互体验。

认知触觉网络由以下四个基本部分组成。

(1) 主控端:主控端由操作用户、控制设备和触觉反馈系统组成。用户利用控制设备实现对远程遥控机器人的控制。触觉反馈系统一般是触觉模拟设备,具备将触觉反馈信息模拟为实际的触觉行为的能力。触觉反馈设备使得用户可以触摸、感知处于远程环境中的虚拟或现实对象。

(2) 被控端:被控端由遥控机器人、被控对象和各类触觉感知设备组成。遥控机器人接收主端传递过来的控制指令,执行对被控对象的操作,同时被控对象生成的触觉反馈信息由触觉感知设备进行感知,然后回传给主控端。

（3）传输网络：传输网络是被控端和主控端通信的媒介。传输网络的核心为 RAN 和核心网络。为了实现认知触觉网络这一愿景，以 RAN 和核心网络为通信架构的 5G 可以满足其通信方面的核心需求。

（4）认知云：认知云隐藏在网络中，提供两端触觉交互所需要的认知智能，根据业务处理的特性认知云可以位于网络的不同节点中，其中靠近终端的云节点为终端提供更为实时、高效的认知智能，提升终端的响应速率和行为效率。

认知触觉网络中主控端和被控端交互的一个周期如图 2-1 所示，整个交互的逻辑包括两端的数据收集处理以及数据在网络中的传输。端到端数据通信不仅要考虑延迟，数据通信的超高可靠性也是认知触觉网络需要满足的一个方面。

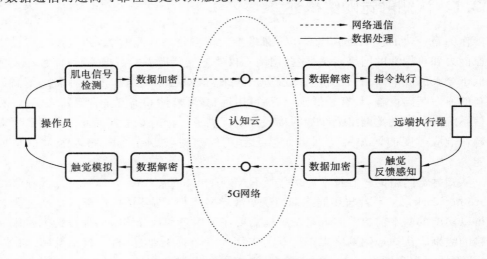

图 2-1 远程触觉交互示意图

2.2.2 认知触觉网络优化

1. 认知触觉网络优化的目的

认知触觉网络优化分别针对主控端、传输网络和被控端进行，以求提升整体应用的效率。现基于图 2-1 中的各个部分探讨如何提高认知触觉网络的可靠性和降低延迟。

1）超高可靠性

为了保证实时交互的响应效率，通信链路的高可靠性是必须要保证的，信息的超时重发极大增加了交互的延迟，影响交互的实时性。在基于 5G 网络的某些应用中，可接受的通信失效率需要低于 10^{-7}，这就要求链路在一年中的平均中断时间不能超过 3.17 s。而在当前的无线网络中，网络中断率维持在 3% 左右的链路就是一个好的链路。在未来 5G 网络中，我们不仅需要升级硬件基础设施来提高链路的可靠性，同时还需要设计更好的通信策略，为应用提供满足要求的通信可靠性。显然，采用并发多链路通信策略是提高通信可靠性的一个潜在方案，如图 2-2 所示，在通信连接建立的过程中，并发建立 3 条独立的端到端通信链路，在单条链路的失效率为 3% 的情况下，3 条并发链路可以保证端到端通信的失效率降为 2.7×10^{-5}。在实际的网络环境中，由于某些关键节点的存在可能无法建立完全独立的通信链路，因此其实际的失效率会高于理论计算值。为了保证通信的可靠性，在网络部署的过程中我们需要进行冗余部署，尽量避免关键单节点失效,尽可能提高单节点的可靠性。

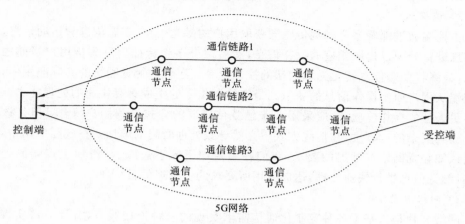

图 2-2　通信链路可靠性示意图

2)超低延迟度

人对触觉的反应时间为 1 ms 左右,这就要求认知触觉网络应用中数据的处理与传输具有尽可能低的耗时,结合图 2-1 所示的触觉交互的各个阶段,可以采用如下方法降低端到端交互延迟。

(1)终端数据发送和接收支持硬件加密、解密,减少数据加密、解密的运算耗时,同时保证数据传输的安全性(主控端和被控端)。

(2)网络终端部署边缘云,提升数据处理能力,减少数据处理耗时,对采集的原始触觉数据进行特征数据抽取,减少数据通信量(主控端)。

(3)网络传输采用动态分包技术,对于低延迟的应用采用小包传输数据,降低传输延迟(传输网络)。

(4)采用网络分片技术,按应用类型不同分配独立的网络带宽,为核心应用预留通信带宽,保证通信质量,减少数据传输过程中阻塞或超时情况的发生(传输网络)。

以上各方法对认知触觉网络优化的实现方式将在后续章节介绍。

3)通信安全

认知触觉网络的通信安全也需要在耗费尽可能少的时间资源的前提下得到保证。安全操作可以被嵌入于物理传输中,并尽可能减少额外的计算开销。因此需要重新设计满足触觉应用的加解密方式,保证端到端通信的安全性。可能的方法包括生物指纹技术和基于非对称算法的硬件加解密技术。

2. 认知触觉网络优化的具体方案说明

1)硬件加解密

主控端和被控端交互过程中,数据传输的安全性和用户隐私保护非常重要,需要对传输数据进行加密,而数据加解密的操作非常耗费运算时间,会导致整体处理时间增加。在终端采用基于硬件加解密的方式,可以有效地减少运算时间,满足低延迟要求并保证数据传输的安全性。采用基于 RSA 算法的非对称加解密算法,可以保证数据在网络中传输的安全性,但是 RSA 加密比较耗费运算时间,在认知触觉网络应用中会影响交互的实时性;而使用基于硬件实现的加解密方法,可以很大提升数据加解密的速度,在保证数据安全性的同时降低运算时间。因此,在主控端和被控端使用硬件加解密设备可以作为保障数据传输安全的一种有效手段。

2）边缘云

主控端通过部署多个触觉传感器获取用户的触觉信息、姿态信息和运动信息,接着对信息进行处理以提取相应的特征信息,然后结合多组特征信息分析用户当前的姿态信息,最终将姿态信息转化为对远端的控制指令。在认知触觉网络的实际应用中,要求主控端从用户原始操作信息的获取到最终控制指令的生成具有快速的处理能力。为了获得更人性的操作体验,应采用基于触觉传感器的方式检测用户操作,但是该方式具有极其复杂的运算度,在传统方式下必然导致处理时间的增加。在实际应用中,为了满足认知触觉网络低延迟的要求,我们在主控端引入了边缘云,增加主控端的处理能力,对触觉信息进行快速处理,达成应用所要求的低延迟的目标。

3）网络分片

网络分片是指基于各种定制化通信需求实现的一种连接服务,分片方法实现了一种对网络进行按需管理的功能。应用网络功能虚拟化和软件定义网络技术,可以实现一个灵活的为不同层次应用提供端到端网络分片连接服务的网络。因此,基于可编程的物理基础设施,利用这些技术可以实现对 5G 网络中核心网络和无线接入网络的编程功能。这为触觉应用和其他层次的应用所要求的不同的通信需求提供了灵活的支持。网络分片在 5G 网络中的实现方式如图 2-3 所示,5G 网络为不同应用分配不同的网络分片,使用不同的通信带宽,确保各应用的通信互不干扰。同时,网络根据不同的应用通信的需求,为其提供了不同的可靠性和延迟度服务。触觉交互应用需要满足 1 ms 的延迟通信要求,因此其具有超高可靠性和超低延迟度。Audio 和 Video 及其他类似应用需要满足实时交互通信的要求,因此其具有高可靠性和低延迟保证。其他非实时交互的应用则提供了最低要求的通信质量服务。

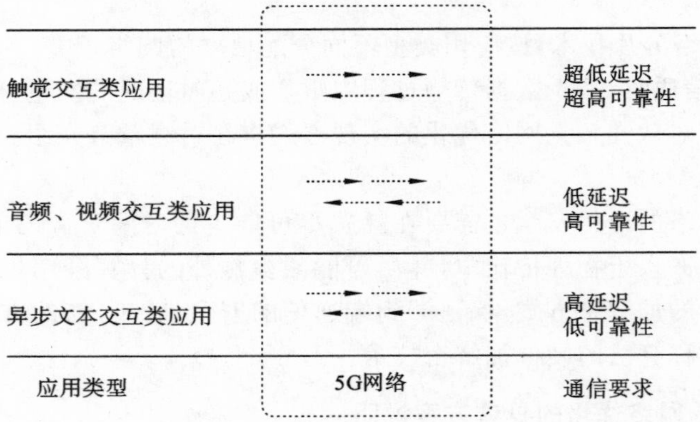

应用类型	5G网络	通信要求
触觉交互类应用		超低延迟 超高可靠性
音频、视频交互类应用		低延迟 高可靠性
异步文本交互类应用		高延迟 低可靠性

图 2-3　网络分片图

2.2.3　基于认知触觉的行为预测

触觉交互的反应时间是 1 ms,以目前最快的光纤媒介为例,1 ms 内通信数据传输距离为 300 km,考虑数据通信的往返以及数据处理和转发的额外耗时,则触觉应用的实施范围会被限制在 100 km 左右的距离,在实际的应用场景下这是不可接受的。为了解决这一问题,设计了一种用户行为预测和用户实际行为执行相结合的触觉交互机制。在正常交互模式下,遥控机器人接收用户实际的操作指令执行相应的操作,在超时情况下,遥控机器人需要具有预测用户下一步行为的能力,从而进行连续的操作,避免出现操作抖动的情况。因此,遥控机器人终端必须具备相应的 AI(人工智能)能力来处理预测任务,称这种 AI 为终端 AI。终端 AI 的行为预测能力是基于对用户的历史触觉信息和行为信息的综合认知所得到的,终端 AI 需要记录用户持续的操作记录,在超时情况下,终端 AI 对用户历史触觉信息进行认知,预测用户下一步可能的行为。不同的用户具有不同的操作行为习惯,其对应的数据也不同,因此在实际应用中,需要使用用户自身的操作数据进行预测。即使是对应于相同的应用场景,利用 User-A 的操作数据预测 User-B 的行为都是不允许的。

如图 2-4 所示,遥控机器人在执行动作的过程中受预测行为和用户实际控制行为的影响,在超时情况下,机器人受终端 AI 分析出的预测行为控制,当用户的实际控制行为到达时会及时修正预测行为产生的偏差。

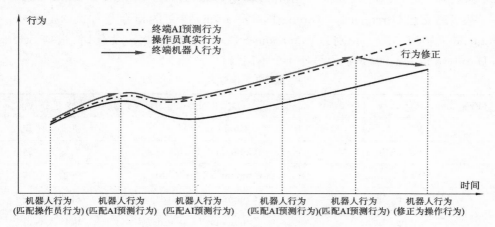

图 2-4　基于触觉认知的行为预测与修正

2.3　认知触觉网络的典型应用

认知触觉网络丰富了网络中用户交互的信息维度,在娱乐、医疗和工业领域都有其潜在的广泛用途,工业领域的遥控机器人和医疗领域的远程手术均为典型应用。

2.3.1　机器人通信与控制

通过对用户表面肌电信号的认知来识别用户不同行为,进而根据这些行为来控制机器人。用户肌肉收缩过程中产生的肌电信号可以被识别为一组行为或一组命令。要区分不同的行为,我们需要对肌电信号进行特征提取,提取出能够表示不同用户行为的特征值,根据不同特征值生成不同的控制命令,进而控制机器人。我们提取出 3 个特征值来实现对用户运动行为的认知:运动频率、运动力量(肌肉收缩强度)、运动持续时间。

在一个运动周期内,我们基于原始的运动数据提取出这 3 个特征值来表示用户行为。设定每一个特征参数都有两种取值,特征参数取值如图 2-5 所示,3 个特征参数组

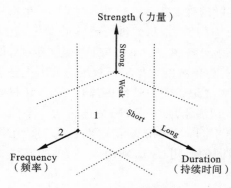

图 2-5　行为特征参数示意图

成一个三元组（Frequency，Strength，Duration）。其中，Frequency 的值为 1 或 2，表示用户在一次运动周期内的运动次数，以手臂运动为例，1 表示收缩了一次手臂，2 表示收缩了两次手臂；Strength 表示在一次运动中肌肉收缩的强度，首先获取运动中肌肉运动强度的最大值，然后和临界值进行比较，低于临界值则 Strength 表示为 Weak，超过临界值则 Strength 表示为 Strong；Duration 表示运动持续时间，即在一次运动中肌肉收缩的持续时

间，其值 t 由肌肉收缩的结束时间减去肌肉收缩的开始时间获得，当 $t < T_{临}$ 时，Duration 标记为 Short，当 $t > T_{临}$ 时，Duration 标记为 Long。

基于三元组（Frequency，Strength，Duration）定义的指令集如表 2-1 所示。当 Frequency 为 2 时，统一识别为 Command-STOP；当 Frequency 为 1 时，根据 Strength 和 Duration 值的不同，识别为另外 4 个不同指令。

表 2-1　指令表

（Frequency，Strength，Duration）	指　　令	指令业务含义
（2，N/A，N/A）	Command-Stop	机器人停止
（1，Weak，Short）	Command-Turnleft	机器人左转
（1，Weak，Long）	Command-TurnRight	机器人右转
（1，Strong，Short）	Command-Forward	机器人前进
（1，Strong，Long）	Command-Backward	机器人后退

肌电传感器按时序采样收集肌电信号值，Arduino 微处理器接收数据后经蓝牙转发到智能终端上，如何从连续采样的数据中识别出用户的运动行为数据是我们需要解决的第一个问题。识别过程如图 2-6 和图 2-7 所示，图中肌电信号值的取值范围为 [0,1023]；时间值越小的数据为越新采集的数据。因此在实际处理中，我们从右往左对数据进行处理。与用户运动行为的识别对应的数据处理过程，实质上就是识别波形数据中波峰的过程。如图 2-6 所示，在进行识别前，我们定义一个滑动窗口，窗口宽度为 20，当窗口匹配波形图中的波峰时，我们认为窗口正中的时间线 t 为理想的波峰点。用户无剧烈运动时，肌电信号的输出值在 300 左右波动；用户运动明显时，肌电信号的输出值一般会超过 450；为了突出峰值的大值特性，我们使用平方和的方式来表征波峰的特征。

$$Total = \frac{1}{20} \sum_{i=t-10}^{t+10} v_i^2 \tag{2.1}$$

其中，t 为滑动窗口中线时间。

如图 2-6 所示，以 t 为参照，根据公式（2.1）计算 Total 的值，当 Total $> 450^2$ 时，我们认为滑动窗口进入了波峰段，但此时窗口中线 t 并不处于波峰位置，还需继续向左滑动；只要新取样的 Imported Data $>$ Discarded Data，窗口就继续向左移动，直至如图 2-7

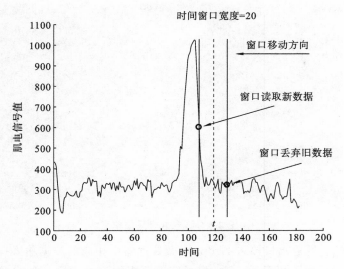

图 2-6　开始寻找波峰

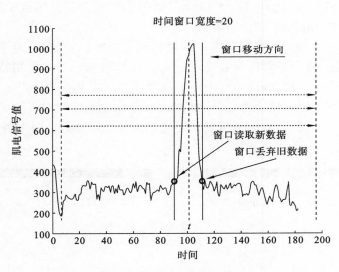

图 2-7　波峰匹配成功

所示;当首次出现 Imported Data＜Discarded Data 时,我们认为 t 已经处于波峰位置,此时窗口停止滑动。提取区间 $[t-100, t+100]$ 的采样数据作为本次用户运动的样本。

　　设计实现肌电信号采集单元的硬件实物图如图 2-8 所示,采用带三个电极片的肌电传感器搜集肱二头肌的肌电信号作为控制源信号。采集单元由外接电池、肌电传感器、Arduino 微处理器和蓝牙通信模块这几个基本部分组成。肌电传感器根据种类不同有不同的接入方法,实验使用的肌电传感器接入用户的步骤如下。

　　(1) 彻底清洁要检测的用户肌肉组织对应的那部分皮肤,实验检测的是肱二头肌。

　　(2) 将肌电传感器中黄线(图中左一)所连电极片贴在肌肉中央部位,绿线(图中左二)所连电极片贴在肌肉末端部位,最后将红线(图中左三)所连电极片贴在与肌肉临近的骨头上或无肌肉的部位。

　　(3) 利用两个 9 V 电池为肌电传感器供电。

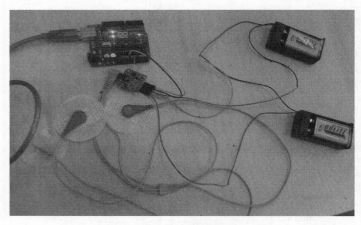

图 2-8　肌电信号采集单元

（4）将肌电信号输出口接入 Arduino 微处理器中相应的数据输入口。

连接完成后用户可以开始运动，此时传感器根据三个电极片的电位差实时计算肌电信号的强弱，并将信号输出到 Arduino 微处理器中，处理器使用蓝牙模块将收集的信号实时发送到用户所属的智能终端上。

智能终端以 20 ms/次的间隔实时接收用户的肌电信号数据，对于连续的肌电信号数据，终端需要从中识别出符合要求的用户运动数据。终端采用特定的数据预处理方法提取用户运动数据，用 200 个样本数据代表一次有效的用户运动行为。图 2-9 显示了终端识别出的用户运动行为，图 2-9（a）显示的是终端识别出的用户运动频率为 2 的运动行为，而图 2-9（b）显示的是终端识别出的用户运动频率为 1 的高强度、短时间运动行为。

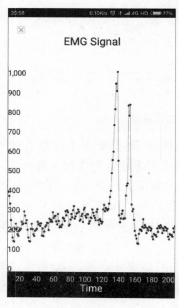

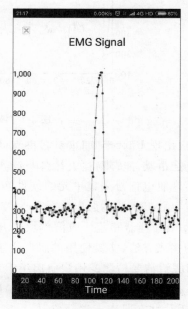

（a）用户运动频率为2　　　　　　　　（b）用户运动频率为1

图 2-9　用户运动检测

智能终端识别出有效的用户运动行为后,立刻将该行为对应的数据打包上传到云平台。云平台基于获取的用户运动样本数据进行用户行为认知分析处理。

2.3.2　远程医疗应用

随着计算机、通信网络、传感器、材料科学、大数据和机器学习等技术的不断发展,认知触觉网络在远程医疗特别是远程手术中的应用前景得到了极大的激发。基于认知触觉网络的远程手术,将改变传统的手术模式,大城市的医疗专家可以在外地远程进行手术,对于边远地区和医疗资源匮乏地区,不仅可以提高医疗救治成活率,还能减轻大城市医院的就医压力,有效解决目前医疗资源供需不平衡的矛盾。远程手术是远程医疗的一种,远程医疗的定义:以计算机技术,卫星通信技术,遥感、遥测和通信技术,全息摄影技术,电子技术等高新技术为依托,充分发挥大医院和专科医疗中心的医疗技术和设备优势,对医疗条件较差的边远地区、海岛或舰船上的伤病员进行远距离诊断、治疗或医疗咨询。

远程手术是指医生运用远程医疗手段,异地、实时地对远端病人进行手术,包括远程手术会诊、手术观察、手术指导、手术操作等。远程手术实际上是网络技术、计算机辅助技术、虚拟现实技术的必然发展,可以使得外科医生像在本地手术一样对远程的患者进行一定的操作。远程手术的实质是医生根据传来的现场影像进行手术,其手术动作可转化为数字信息传递至远程患者处,控制当地的医疗器械的动作。远程手术的基础设施要求较高,主要包括如下几部分。

(1)通信网络:高速宽带网络为远程手术提供信息传输的通道,未来满足了严格的可靠性和延迟度要求的5G网络可以作为认知触觉网络的通信基础设施,通过网络将现场的音频、视频和监测设备的信号传送到异地手术医生的设备中,供医生了解手术现场的实际情况。

(2)全景摄像机:具有变焦与自动聚焦功能,有摄像支持的手术设备的系统与图像传播系统应兼容。

(3)手术信息系统:患者信息可以存储在云端,手术中的图像资料可以实况转播,还能够随时调出。

(4)手术机器人:手术机器人的手臂具有活动支架,能实现打洞、钻孔、体内爬行、切割等功能,机器人的“手”要求具备极高的稳定性,可以随医生的指令任意移动,而且具有自动记忆功能,能轻易在人体各个解剖部位实施准确定位和三维观察。

(5)触觉传感设备:在患者端和医生端之间进行触觉的感知、模拟和反馈,使医生能够以触觉的方式更真实地感知患者端实时的手术情况,从而有助于医生采用更准确合理的操作指令。

目前,进行远程手术一般都需要借助于专业的外科手术机器人,主流的外科手术机器人为达芬奇、宙斯及伊索机器人。达芬奇机器人微创外科手术系统是目前世界范围应用最广泛的一种基于触觉反馈的智能化手术平台,适合普腹外科、心血管外科、胸心外科等各科进行远程遥控微创手术。该系统的手术操作部分支持7个自由度的操作,由外科医生在远程工作站进行遥控,整合了三维成像、触觉反馈和宽带远距离控制等功能。基于触觉认知网络的远程遥控手术设计如图2-10所示。

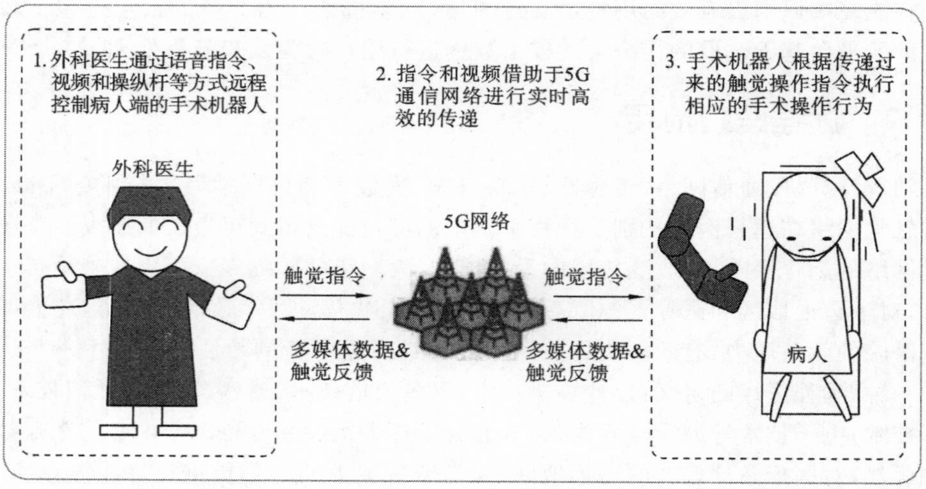

图 2-10　基于触觉认知网络的手术遥控操作示意图

2.4　本章小结

  在本章中，我们试图解释什么是认知触觉网络。从解释触觉与认知二者关系的角度出发对认知触觉网络进行了概述，说明了认知触觉网路的组成，以及如何对网络进行性能和结构上的优化。进一步说明基于触觉的认知表达如何进行终端用户行为的预测以满足某些特定的应用场景。最后使用基于触觉感知的手术遥操作对认知触觉网络的应用场景进行了举例说明。

3

语料库和自然语言处理

摘要:语料库是对特定领域或话题在文字方面的记录,自然语言处理代表着一系列从自然语言中提取信息的技术,在认知系统中使用语料库和自然语言处理技术可以认知文字背后的新模式或者关系。由于语言认知系统中使用大量的训练语料,在模型中使用词向量是一种较好的文本数据表示方法。

3.1 构建语料库

在语言认知应用中,一个或多个语料库代表系统可以用来回答问题,发现新模式或关系,并提供有新见解的知识体。本节将介绍构建语料库的方法和语料库安全监管等内容。

3.1.1 语料库概述

在一些研究领域,专家们使用一个或多个语料库完成语言分析的任务,如研究写作风格,或确定某一特定工作的真实性。对于有兴趣研究 16 世纪和 17 世纪文艺复兴时期文学作品的人来说,莎士比亚文集可以是一个语料库;对于研究同一时期的戏剧的研究者而言,莎士比亚文集和其他同时代作品的语料库也是需要的。如果它们来源不同、又有不同的格式,尤其是当它们包含大量与研究领域无关的信息时。那么这样的语料库集合可能很快就会变得难以处理了。例如,研究戏剧的人可能对莎士比亚的十四行诗不感兴趣,这时决定舍弃哪些语料库与包含哪些语料库同样重要。

然而,在语言分析前,必须创建一个基础语料库并提取数据。这个基础语料库的内容限制了可以解决的问题类型,同时语料库中的数据组织对系统的效率有很大的影响。因此,在确定所需数据源之前,需要很好地理解认知系统所涉及的领域专业知识。想要解决什么类型的问题。如果语料库定义得太狭隘,可能错过一些新的或意想不到的见解。语料库需要包含相关数据源的合理融合,以保证认知系统可以在预期时间内提供准确的反应。当开发一个认知系统时,宁可收集更多的数据和知识,因为用户永远不知道什么时候会有一个意想不到的关联发现会引出重要的新知识。

在认知计算系统的设计阶段,考虑到数据源正确融合的重要性,需要提前强调如下一些问题。

（1）对于特定领域和需要解决的问题，哪些内部或外部数据源是需要的？外部数据源将全部还是部分导入？

（2）如何优化数据的组织来获得有效的搜索和分析？

（3）如何在多个语料库中集成数据？

（4）如何确保在现有语料库基础上扩展的语料库填补了知识空白？如何确定哪些数据源需要更新以及以什么频率更新？

在初始语料库中选择所包含资源是至关重要的。对一个医疗认知系统来说，从医学期刊到维基百科的资源都可以导入系统中。此外，从视频、图像、声音和传感器获取的信息同样重要。这些资源在数据访问层获取，如图 3-1 所示。其他数据源同样可以包括特定主题的结构化数据库、本体、分类和目录。

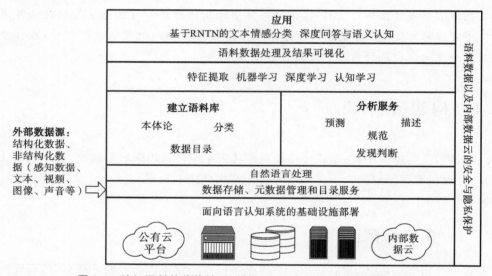

图 3-1　认知语料的价值链：语料源、语料库、语料分析与认知应用

如果认知计算应用程序需要访问创建或存储在其他系统上的高度结构化的数据，如公共或私有数据库，那么另一个需要考虑的设计是最初需要导入多少数据。同样重要的是，当它意识到更多的数据可以帮助它提供更好的答案时，要决定是否需要周期性地、连续地更新或刷新数据，或者通过特定请求导入。

在许多领域，分类法用于捕获感兴趣的元素之间的层次关系。例如，美国公认会计原则（GAAP）的分类用层次结构表示了会计标准，可以挖掘它们之间的关系。本体与分类同样重要，但通常代表了更具普遍性更复杂的关系，如在美国精神病学协会的诊断与统计手册中症状和诊断标准之间的映射。当这样一个被普遍接受的分类或本体存在于一个领域时，可以降低数据导入量，而不是为相同的数据创建一个新的结构。第 5 章"机器学习主要算法"中将更详细地讨论分类和本体的关系。

在认知系统的设计阶段，一个关键的考虑是在领域中不存在分类或本体的情况下，是否需要去创建一个新的结构。之后，系统还需不断评估分类或本体所包含元素间关系的有效性，以确保其通用性。

对于重复性的任务,如用于生产和评估假设的知识检索,数据结构的选择可以极大地影响系统的性能。因此,在确定结构之前的设计阶段,可以测试采用该结构时的计算负载是否能接受。目录是一种抽象体,包括元数据如语义信息或指针等,可用于更有效地管理底层数据,能更紧凑、更快地操作比它所代表的数据库更大的数据库。

3.1.2　基于语料库的语言认知

从语言学的角度来看,语料库可以理解为大量的文本。当语言认知系统遇到一个提问时,它有理解和对非结构化的数据进行情景分析的能力,这也是它和一般数据驱动分析技术的主要区别。认知系统中使用的非结构化数据包括文本数据、音频、视频、图像等。语言认知系统首先需要将包括报告、电子邮件、讲话录音或视频等数据进行文本抽取,然后进行理解并做出决定。不同于数据库中的结构化数据,非结构化信息必须被解析并找到可用文字表达的含义。选取关键性单词的过程中,需要使用的工具包括分类、叙词表、本体论、标记、目录、词典和语言模型等。语料库和数据分析服务紧密地与数据访问层和管理层进行链接。

由于语料库中数据主要是基于文本(文件、教科书、病人笔记、客户报告,等等)的。因此,自然语言处理(natural language processing,NLP)技术被应用以解释语料库中大量自然语言元素之间的关系。

NLP 代表着一系列从文本中提取信息的技术。这些技术通过认知语法规则——一种可预测的语言模式来决定这些单词、短语、句子或者段落的含义。就如人类用字典查询知识一样,NLP 也是依靠字典以及其他相关的线索去决定那些文档中文字可能的含义。即使针对多个文档,也可根据所识别出的名字、地址或评论等信息,来猜测事件间的关联性。

3.2　自然语言处理

3.2.1　自然语言处理的历史

美国计算机科学家 Bill Manaris 在 1999 年给 NLP 的定义为:"NLP 可以定义为研究人机交互中的语言问题的一门学科。NLP 要研究表示语言能力和语言应用的模型,建立计算框架来实现这样的语言模型,提出相应的方法来不断地完善这样的语言模型,并根据语言模型设计应用系统,对系统进行评测。"

从 20 世纪 50 年代的机器翻译和人工智能研究算起,NLP 研究至今已有半个多世纪的历史了,语言转换技术的实现已经有十年之久。事实上,一些历史学家认为,第一次尝试自动化翻译,从一种语言到另一种语言,是在 17 世纪早期。从 19 世纪 40 年代到 20 世纪 60 年代后期,大多数 NLP 的工作是让机器翻译不同国家的语言。然而,即使做了这些努力,人们还是发现了一些现在还难以解决的复杂问题,包括语法和语义处理。典型的翻译技术是通过使用字典查找单词,随后将其翻译成另一种语言。为了提高效率和翻译的准确率,计算机科学家开始设计新的工具和技术,关注于开发语法和语义分析器。在 19 世纪 80 年代,我们看到语义和语法分析器演变为更实用的工具,使得系统能够更好地理解这些话的背景和意义,而不仅仅是这些话的表面意思。20 世纪 80 年代最重要的主题是语言意义上的消歧、概率网络,以及如何使用统计算法。在本质上,这一时期我们看到从用字典匹配的方法来处理自然语言开始转变为用计算的方法和语义的方法来处理自然语言。过去二十年来,NLP 技术发展集中在语义理解,并在文本大数据分析方面有突破。

3.2.2　词法分析

词法分析包括词形分析和词汇分析两部分,词形分析是对单词前缀和后缀等的分析,词汇分析是对整个词汇系统的分析。在语言处理范围内的词法分析是一种连接各词与它对应的字典含义的技术。然而,事实上不少词有多种含义,使得词法分析变得十分复杂。自然语言分析字符流的过程需要标记序列(文字串,根据分类规则给一个符号,如数字或符号进行分类)。专业的标注在语法分析中很重要。例如,n-gram 标注使用了一个简单的统计算法来确定最常出现在参照语料库中的标记,该词法分析器根据字符串的类型来分类字符。当这种分类完成后,词法分类器与分析特定语言的语法分析程序结合,能够理解词语的全部意思。

词法主要研究词的内部结构,包括构词的语言规则,词法通常是与情景无关的,它的字母表是由词法分析器生成的。词法分析在预测最初无法确定的词时是十分有效的,例如,"运行"一词具有多个含义,并且可以是一个动词或名词。

认知系统中,中文处理面临的另一个主要问题是词语的切分,也就是自动的分词技术。自动分词技术分词效果好,才能比较准确地识别用户输入信息的特征。

3.2.3　语法和句法分析

语法是用于处理自然语言中句子结构的规则和技巧,处理语法和自然语言语义的能力对于认知系统非常重要。根据语言应用的场景去推断、演绎语言的真正含义很重要,因此,在谈话或书面文件中一个词可能是某种意思,但在特定行业的背景中相同的词含义可以是完全不同的。例如,基于特定的使用环境,"组织"一词有不同的定义和理解,在生物学和医学领域中,"组织"可以理解为是一组执行特定功能的生物细胞,然而,"组织"的意思也有可能是指人们为实现一定的目标,互相协作结合而成的集体或团体,如党团组织、工会组织。

句法分析是对自然语言进行词汇短语的分析,达到识别句子的句法结构,实现自动句法分析的过程。句法分析可以帮助系统明白一个名词在一个句子中如何使用,理解它在特定情境中的意思。句法分析在自然语言理解,特别是答疑过程中非常重要。例如,假设问题是"哪几个专业的学生在学习",不同的语言解析结果得到的答案差异巨大。如果解析器解析到的问题主体是"专业",问题的答案将会是一个专业名单列表,然而,如果解析器解析得到"学生"是主体,答案将会是学生名单列表而不是专业名单列表。

3.2.4　语法结构

虽然在语言学中语法往往包括许多不同的表示方法,语法结构已经成为认知系统的重要方法,但当使用语法分析时,结果往往还是用文本来表示,因此需要一个理解文字和其语义的语法模型。认知系统中的语法结构分析,旨在发现最佳的方式来表示结构和意义之间的关系。因此,语法结构假定一种语言的知识是基于形式的集合和功能的配对,可以理解为在形式集合和功能之间建立一个函数。这个函数通常被理解为意义、内容或意图,它通常延伸到语义和语用的常规领域。语法结构是搜索一个语义的深层结构和它是如何在语言结构中表现出来的首选方法之一。因此,每个结构用语言分析的原理构建相关联,包括音韵学、形态学、句法、语义、语用学、话语和韵律等。

3.2.5　话语分析

NLP 最困难的问题是,从语料库或其他信息源汇集个人数据的模型,以便有一致性。如果自然语言的意义、语言结构、意图不能被理解,就不能从重要的信息来源中提取大量的数据。虽然某些结论可能会因为情景的关系时真时假,例如,人以动物为食,但人也是动物,却不吃同类。然而,时间对于理解情景是非常重要的,例如,在 18 世纪,吸烟被认为对肺部有利,如果有人获取那个时间段的信息,会认为吸烟是一件好事。没有情景就没有办法知道数据的前提是不是正确的。对话对于认知计算非常重要,因为它有助于系统应对背景复杂的问题。当使用一个动词时,明白动词涉及了什么内容、与什么相关联是非常重要的。在分析特殊领域的数据时,不仅需要考虑数据的具体来源,还需要了解相关信息来源的一致性。例如,糖尿病和糖的摄入量之间是什么关系? 糖尿病和高血压之间是什么关系? 该系统需要建模,以寻找这些类型的关系和背景。

谈话分析的另一个应用是用情感分析理解"顾客的声音",以确定被表达的是客户当前的真正感情和意图。以 NLP 为中心的应用程序需要具备全方位了解客户问题的能力。这种类型的应用需要汇集很多容易被理解或可能产生歧义的客户信息,以全面获得用户看待公司的真实态度。例如,这个客户高兴吗? 这个客户是否得到了适当水平的支持? 客户是否遇到一个理解他的供应商?

3.2.6　机器理解文本 NLP 技术

使用深度学习技术,让计算机读懂文本、回答问题时,需要考虑包括分析问题、设计语言模型、深度学习的实现方式、语料训练等内容。

1. 分析问题

我们使用深度学习方法,让计算机进行自然语言理解需要解决什么问题,难度在哪里呢? 2015 年 Google DeepMind 团队在 NIPS 发表了一篇题为《Teaching Machines to Read and Comprehend》的论文,解决如何让计算机理解输入的文本信息,回答提问的问题,也就是输出问题的答案。

这里用 d 表示输入一篇文章,用 q 表示问题,用 a 表示问题的答案,答案是从文章

中选择的一个词组。例如,输入 d 为以下文字:

> The BBC producer allegedly struck by Jeremy Clarkson will not press charges against the "Top Gear" host, his lawyer said Friday. Clarkson, who hosted one of the most-watched television shows in the world, was dropped by the BBC Wednesday after an internal investigation by the British broad-caster found he had subjected producer Oisin Tymon "to an unprovoked physical and verbal attack".

并且输入一句提问 q,如下:

Producer X will not press charges against Jeremy Clarkson

期望输出的答案是:

$$X = \text{Oisin Tymon}$$

要正确理解文章,并推理答案,有若干难度。上例中的难点包括如下几点。

(1) 同义词:struck、attack 是同义词。

(2) 多态指称:Jeremy Clarkson、"Top Gear" host,单纯从字面语义来理解,二者没有关联,但是在上下文中,都指称同一个人。

(3) 上下文关联,譬如 his、he 究竟指代谁?

(4) 句型复杂,从句很多。

(5) 整个文章中,掺杂着很多与提问无关的内容。

(6) 最难的是语义转承。文中提到"Jeremy Clarkson 打了制片人 Oisin Tymon",又提到"被打的制片人不准备起诉",所以,后一句中"被打的制片人"等于"Oisin Tymon"。

2. 语言模型

要让计算机解决上述问题,根据有、无训练语料库选择两种解决方案中的一种。如果没有训练语料库,就选择第一种解决方案——分析句法结构,这个也就是第 3.3.6 节介绍的相关内容。根据每个句子的主谓宾,以及句子与句子之间的语义关联,找到答案。如果有大量语料,就选择第二种方案,用这些语料训练模型分析文章中的每个词及上下文,从而识别目标词组。

这篇论文用的是后一种办法,针对文章中的每一个词,估算这个词是答案的概率,即 $P(w(t) = a | (d, q))$。其中,a 是答案,d 是文章,q 是提问,$w(t)$ 是文中第 t 个词。

众所周知,神经网络(NN)可以模拟任何函数,$Y = f(X) = \text{NN}(X)$,所以,$P(w(t) = a | (d, q))$ 也可以用神经网络来模拟。

具体来说,把文章 d 和提问 q 当成神经网络的输入 X,把神经网络 NN 当成分类器(classifier),神经网络的输出是一个向量 Y,Y 的维度是英语里所有词汇的总数。$Y(t)$ 是词汇表中第 t 个词是答案 a 的概率。

3.3 词向量

在认知系统中,语料库中的文本数据是对一个特定领域或话题的文本记录,同时需要用机器可读的形式表示。词向量是文本数据的数字化表示方法,所以文本语料库可以用词向量的方法进行表示,认知系统中使用深度学习方法进行文本的分析需要使用词向量。

3.3.1 概述

自然语言处理中,通常需要对每个词进行数字化的表示,常见的方法是使用词向量(word embedding)进行词的向量化表示。词向量最早是由 Bengio 等人提出的,是目前使用深度学习进行 NLP 的研究领域之一。一种简单的理解,词向量是文本数据的数字化表示方法,是使用深度学习方法进行自然语言处理的关键步骤之一。

使用词向量进行词表示,可以理解为建立一个词表,每一个词在词表中对应一个向量,进行文本的数字化表示时从词表中查出每一个词对应的向量。NLP 中词向量的表示方法分为两种:One-hot Representation 和 Distributed Representation。

One-hot Representation 方法建立的词向量中的总词数就是向量的维度,每个词对应的向量只有一个维度值为 1,剩下的所有维度值为 0。这种表示方式让每个词用唯一的维度标识词,属于稀疏方式,在建立时不需要考虑不同词之间的语义相关性,只考虑到每一个词向量的唯一性。这种方法的优点是非常简单直接,建立方便;缺点是任意两个词之间都是孤立的,即使两个词具有相同的语义,其向量之间也没有任何关系,这就是存在所谓的"词汇鸿沟"现象。因为 One-hot Representation 方法建立的词向量词表维数等于总词数,所以在某些任务中会因为计算负担过大带来维数灾难。

Distributed Representation 方法建立的词向量词表中,每一个词用实数向量表示,类似 $(0.792, -0.177, -0.107, 0.109, -0.542, \cdots)$。向量的维度通常使用 50 维或 100 维,向量的维度远远小于总词数,避免了维度灾难问题的出现。如果使用 Distributed Representation 方法建立词向量,需要使用大量真实的文本语料进行训练和学习。Word2vec 是一种训练词向量的工具,在学习词向量的过程中确定需要的向量维度。使用 Distributed Representation 方法学习大量的语料得到词向量,每一个词的向量包括词的语义;两个词的语义越近,两个词的向量在向量空间中的距离越近。Distributed Representation 词向量和 One-hot Representation 词向量相比,最大的优势是让语义上相关或者相近的词在向量距离上接近,避免了"词汇鸿沟"的问题。这里使用 Distributed Representation 方法训练词向量,简称为词向量。

3.3.2 训练词向量

训练词向量常用的开源工具 Word2vec 是 Google 在 2013 年提出的,它是一个深度学习模型。严格来说这个模型层次较浅,不能算是深层模型,我们通常会在 Word2vec 上层添加和具体应用相关的输出层,比如添加 Softmax 分类器,这样就像一个真正的深度学习模型。Word2vec 训练出的词表是由实数值向量组成的,就是前边提到的 Distributed Representation,提供了 CBOW 模型(continuous bag-of-words model,连续词袋模型)和 Skip-Gram 模型(skip-gram model)两种模型训练方法。

词向量数字化表示文本数据,可以理解为函数 $\boldsymbol{W}$:word→R^n,将语言中的单词映射成高维向量。例如:

$$W(\text{“cat”})=(0.2,-0.4,0.7,\cdots)$$
$$W(\text{“mat”})=(0.0,0.6,-0.1,\cdots)$$

矩阵 W 表示词表,这里用一行存储一个词对应的向量,也就是一行表示一个单词。初始化时,W 中每个词或者说矩阵中的一行对应一个随机的向量。通过大量的真实语料训练,比如可以使用 n-gram 方法训练词向量。如果用 Skip-Gram 方法训练一个词向量,假设使用 5 元组(5-gram)进行训练,则这种方法可以理解为预测一个 5 元组(连续的 5 个词)是否"成立"。我们可以随便从维基百科上选一堆 5 元组(如 cat sat on the mat),然后把其中一个词随便换成另外一个词(如 cat sat song the mat),如图 3-2 所示,这样很多的 5 元组变得毫无意义。

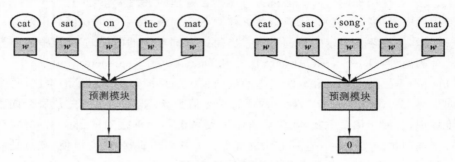

图 3-2　训练词向量示意图

我们训练的模型会通过 W 把 5 元组中每个词的表征向量 w 取出来,输入给一个预测模块,预测模块将对这个 5 元组是"成立"(表示为 1)或者是"不成立"(表示为 0)进行预测。当我们从维基百科选择的 5 元组为"cat sat on the mat",随机将"on"替换为"song"后,得到的 5 元组为"cat sat song the mat",那么正确的结果如下:

$$R(W(\text{“cat”}),W(\text{“sat”}),W(\text{“on”}),W(\text{“the”}),W(\text{“mat”}))=1$$
$$R(W(\text{“cat”}),W(\text{“sat”}),W(\text{“song”}),W(\text{“the”}),W(\text{“mat”}))=0$$

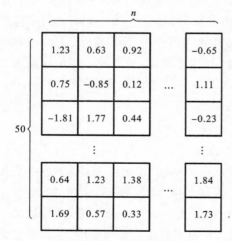

图 3-3　词向量示意图

训练的过程中使用大量的语料,调整 W 和预测模块的参数值,目的是准确地预测正确的结果。这个训练的方法看起来没有巨大的价值,这个任务的真正价值并不是训练完成后用于预测语言的正确性。但是,最终训练得到的这个 W,也就是词向量可以用于文本的数字化的表示。图 3-3 所示的为 50 维的词向量示意图,图中 n 表示词向量中包含 n 个词。

3.3.3　词向量的语言学评价

对于词向量的一个有意思的分析是 Mikolov 在 2013 年发表的一项研究,可以直接从两个词向量的差里体现出两个词向量之间的关系。这里使用的向量差就是数学上的定义,是向量直接逐位相减。比如 $W(\text{king})-W(\text{queen})\approx W(\text{man})-W(\text{woman})$。更有意思的是,与 $W(\text{king})-W(\text{man})+$

W(woman) 最接近的向量是 W(queen)。

Mikolov 使用类比(analogy)的方式来评测和分析词向量的这个特点,假设 a 之于 b 犹如 c 之于 d。现在给出 a、b、c,看 $C(a)-C(b)+C(c)$ 最接近的词是否为 d。

3.3.4 词向量的应用

图 3-4 所示的为 One-hot Representation 词向量表示和"头疼""恶心""一""天"四个词对应的向量表示示意图,这里 n 既表示词向量的维度,又是总词数。

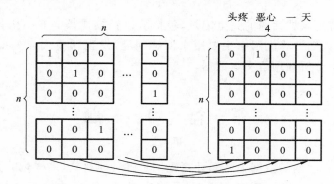

图 3-4 词向量 One-hot Representation 示例

图 3-5 所示的为 Distributed Representation 词向量表示和"头疼""恶心""一""天"四个词对应的向量表示示意图,其中向量的维度设置为 50,n 表示总词数。Distributed Representation 和 One-hot Representation 相比,词向量的维度明显减少,语义相关或相近的词的词向量之间距离相近。

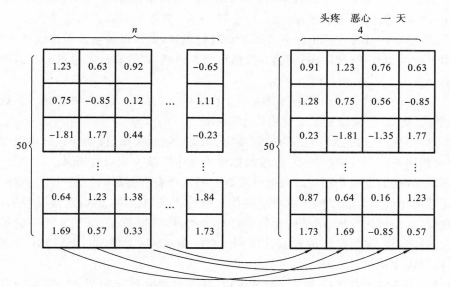

图 3-5 词向量 Distributed Representation 示例

词向量表示为一个向量矩阵 $\boldsymbol{D}$,$\boldsymbol{D}=\boldsymbol{R}^{d\times|C|}$,其中 d 表示词向量的维度,C 中存储的是每一个词在词表中的位置,每个词对应的向量只有一个位置为 1,$|C|$ 表示词汇表中词的数量。词向量矩阵中的第 i 列 $\boldsymbol{D}_i$ 存储的是词汇表中第 i 个词的向量表示。将文本转换

成数字化的词表示时,从词向量矩阵中提取文本中每一个词 c 的向量表示 t,$t = D \cdot c$。

输入文本样本 $x(x_1, x_2, \cdots, x_N)$ 中包括 N 个词,使用公式 $t = D \cdot c$ 从词向量中查找到文本中的每个词 x_n 相应的向量表示,最终得到输入样本的词向量表示 $xw(xw_1, xw_2, \cdots, xw_N)$。

3.4　本章小结

语料库是特定领域话题的完全记录,包括从语音及视频等非结构化数据转换而来的大量文本,在认知计算应用中主要用来回答问题,发现新模式或关系。NLP 技术在认知系统中用于分析和理解文本数据。

第一篇　习　　题

1.1　源于物联网的数据为认知计算提供了各种原材料,多样化的数据得益于不同的数据采集方式。例如,在环境监测中,采用温度、湿度、粉尘、二氧化碳、PM2.5 等传感器等采集自然环境数据。通常,物联网所收集到的数据集冗余度较高,需要使用数据压缩、降维、清洗等数据预处理技术来减少冗余。这些操作也称为数据准备,对于确保高效的数据存储和开发是必不可少的。下面关于认知数据的采集和预处理说法错误的是(　　　)。

A. 认知数据的采集包括数据收集、数据传输和数据预处理

B. 常见的数据采集来源有日志、传感器、爬虫、数据包的捕获和移动设备

C. 传感器在日常生活中经常被用于测量物理量,而物理量会被转换成可读的数字信号用于后续的处理(和存储)。感官数据可分为声波、声音、振动、电流、天气、压力、温度等

D. 现有的大数据存储机制可分为三个自底向上的层次:① 文件系统;② 数据库;③ 程序模型。程序模型是上层应用程序的基础

E. 数据清理包括五个互补的过程:定义和确定错误类型、搜索和识别错误、纠正错误、记录错误的范例和错误类型、修改数据输入程序以减少未来的错误

1.2　数据的结构化程度对数据处理方式的选择有重要影响。通过第 1 章的学习,请简述结构化数据与非结构化或半结构化数据的含义与区别,然后对以下数据按照结构化数据、非结构化数据、半结构化数据进行分类:传感器数据、电子文档中的数据、卫星图像、智能测量仪器产生的数据、HTML 文件及 XML 文件、雷达或声音数据、移动数据、社会媒体站点。

1.3　传统的物联网应用包括智慧城市、环境监测和智能交通等。相较而言,认知计算与物联网技术相结合,赋予了物联网智能认知的特点,使其应用更加偏重于以人为中心。从 WSN(无线传感网)到 M2M(机对机通信)再到 CPS(信息物理融合系统),我们可以看到 IoT 体系架构演进下的几种概念存在一个相互关联、循序渐进的过程。由于 WSN、M2M、CPS 所关注的角度不同,因此它们在 IoT 架构中感知、联网、分析、应用

与安全方面的偏重点不一样。请谈谈你对 IoT、WSNs、M2M、CPS 与认知系统的关联性，你认为哪一种架构与认知系统融合度最高？

1.4　群智感知通常可分为机会感知和参与式感知。试针对基于群智感知的交通路况监控应用，综合比较采用参与式感知和采用机会感知的利弊。

1.5　不久的将来，5G 将进入全面应用阶段。作为新一代的移动通信技术，5G 网络不只关乎速率，也注重超低延时和超可靠性的保障。通过第 2 章的学习，认知触觉网络需要将认知设备的动作实时映射至网络另一端，中间可能跨越了核心网和云端。5G 移动通信系统为认知触觉网络的高速无线接入提供了保障。拥有超高可靠性和超快响应速度的认知触觉网络使得远程传输实时控制指令和物理触觉信息成为可能。下面关于认知触觉网络的认识中，说法错误的是（　　　）。

A. 虚拟触觉交互技术强调以 Internet 为基础设施，使人类在自身周围的动作能在空间上迁移。然而它完全是人们构想中的一种技术，目前没有任何国家真正实施过虚拟触觉交互技术

B. 认知触觉网络由四个基本部分组成：主控端、被控端、传输网络和认知云

C. 被控端由操作用户、控制设备和触觉反馈系统组成。用户利用控制设备实现对远程遥控机器人的控制。触觉反馈系统一般是触觉模拟设备，具备将触觉反馈信息模拟为实际的触觉行为

D. 触觉网络中，传输网络是被控端和主控端通信的媒介。传输网络主要包括无线接入网络（RAN）和核心网络。为了构建一个认知触觉网络，采用 5G 技术搭建 RAN 和核心网络可以满足其通信方面的需求

E. 为了降低端到端交互延迟，可以采用网络分片技术，按应用类型不同分配独立的网络带宽，为核心应用预留通信带宽，保证通信质量，减少数据传输过程中阻塞或超时情况的发生

1.6　近年来，信息物理系统逐渐成为国际信息技术领域的研究热点。信息物理系统是一个综合计算、网络和物理环境的多维复杂系统，通过 3C（computation、communication、control）技术的有机融合与深度协作，实现大型系统的实时感知和动态控制。基于你对本章内容的理解，结合查阅资料，请你尝试设计一个简单的小型智慧温室系统，该系统可以通过实时采集温室的温度、湿度、光照、土壤水等环境参数，根据植物生长情况进行实时智能调节，以达到植物与周围的智能设备融合为一个整体的智慧系统。（设计题）

1.7　通过第 3 章的学习，下面关于语言认知系统理解正确的是（　　　）（多选题）。

A. 认知系统中，中文处理面临的一个主要问题是词语的切分，也就是自动的分词技术。自动分词技术分词效果好，才能比较准确地识别所输入文本信息的特征

B. 根据语言应用的场景去推断、演绎语言真正的含义很重要，因为在谈话或书面文件中一个词可能是某种意思，但在特定行业的背景中相同的词含义可以是完全不同的

C. 认知系统中的语法结构分析，旨在发现最佳的方式来表示结构和意义之间的关系。语法结构是搜索一个语义的深层结构

D. 在对糖尿病问题的背景分析中，思考糖尿病和糖的摄入量之间的关系以及糖尿病和高血压的关联性等问题有助于糖尿病检测系统的建模，这说明了在分析特殊领域

数据时不仅需要考虑到数据的具体来源,还需要了解相关信息的关系和背景

1.8 以下是关于 One-hot Representation 和 Distributed Representation 的描述,请你仔细阅读第 3 章相关内容并结合自己的理解,从中选择错误的一项( )。

A. 使用 One-hot Representation 方法建立的词向量中,总词数与向量的维度相同

B. One-hot Representation 方法的优点是使用起来非常简单直接,并且建立方便,不会带来任何维度灾难

C. Distributed Representation 方法通常需要使用大量真实的文本语料进行训练和学习

D. Distributed Representation 与 One-hot Representation 相比最大的优势是让语义相近的词在向量距离上更加接近,避免了"词汇鸿沟"的问题

1.9 词法分析是自然语言处理技术中的重要一环,所谓词法分析即将句子中的词分离出来,分析出词的语素成分;并给词加上句法范畴标记甚至是语义范畴标记。其中针对中文的词法分析有一个最大匹配法则,该法则对句子中的候选词是从带切分字串左边开始扫描,这种方法叫顺向最大匹配法。该算法的具体描述如下:

(1) 首先准备一个汉语分词词表,顺序扫描待分词的句子,将句子中的候选词按词长从大到小的顺序依次与词表中的词进行匹配,匹配成功即作为一个词输出;

(2) 词表中可以不收录单字词,因为多字候选词和词表中的所有词都匹配不上,所以把单字当作分词结果进行输出;

现给定一个句子"长城是世界十大奇迹之一",词表有{"长城","世界","奇迹"},最大词长为 5。请你根据算法的描述做到下列工作:

(1) 根据描述的算法,画出该算法的流程图;

(2) 根据你画出的流程图,编写代码实现它的功能;

(3) 利用给出的句子、词表和最大词长给出实验的最终结果。

1.10 NLP 中词向量的表示方法分为两种:One-hot Representation 和 Distributed Representation。One-hot Representation 方法建立的词表词向量中的总词数就是向量的维度,每个词对应的向量只有一个维度的值为 1,剩下的所有维度值为 0。Distributed Representation 方法建立的词向量词表中,每一个词用实数向量表示,类似 $(0.792,-0.177,-0.107,0.109,-0.542,\cdots)$。通过第 3 章内容的学习,结合你自己的认识,请说明这两种词向量表示方法的优缺点。

1.11 在语言认知应用中,语料库是指对特定领域或话题的一个完全记录,而自然语言处理代表着一系列从自然语言中提取信息的技术,在语言认知系统中使用语料库和自然语言处理技术可以使系统巧妙回答问题,发现新模式或关系,并提供新见解和知识。请你结合课外知识,利用 Python 中的自然语言处理模块,统计某一文件夹中多个文本里的词频。

本篇参考文献

[1] 刘云浩. 物联网导论[M]. 北京:科学出版社,2013.

[2] Chen M, Wan J, Gonzalez S, et al. A Survey of Recent Developments in Home

M2M Networks[J]. IEEE Communications Surveys & Tutorials, 2015, 16(1): 98-114.

[3] 刘云浩. 从互联到新工业革命[M]. 北京:清华大学出版社,2017.

[4] 陈敏. OPNET 物联网仿真 [M]. 武汉:华中科技大学出版社,2015.

[5] 陈荟慧,郭斌,於志文. 移动群智感知应用 [J]. 中兴通讯技术,2014,20(1): 35-37.

[6] Simsek M, Aijaz A, Dohler M, et al. 5G-Enabled Tactile Internet[J]. IEEE Journal on Selected Areas in Communications, 2016, 34(3):1-1.

[7] 王妍,吴斯一. 触觉传感:从触觉意象到虚拟触觉[J]. 哈尔滨工业大学学报(社会科学版), 2011, 13(5):93-98.

[8] 孙一心,钟莹,王向鸿,等. 柔性电容式触觉传感器的研究与实验[J]. 电子测量与仪器学报, 2014, 28(12):1394-1400.

[9] 崔倩. 触觉经验对认知判断的影响[D]. 南京:南京师范大学, 2012.

[10] 梁国伟,王腾. 触觉交互技术与三维网站构造的能量空间形式[J]. 艺术百家, 2010, 26(5):66-70.

[11] 赵爱琴,张秀梅,王艳,等. 基于医学物联网技术的远程手术应用研究[J]. 中国卫生产业, 2014(15):195.

[12] 龚朱,杨爱华,赵惠康. 外科手术机器人发展及其应用[J]. 中国医学教育技术, 2014(3):273-277.

[13] Bengio Y, Ducharme R, Jean, et al. A neural probabilistic language model[J]. Journal of Machine Learning Research, 2006, 3(6):1137-1155.

[14] http://word2vec.googlecode.com/svn/trunk/.

[15] 冯志伟. 自然语言处理的历史与现状[J]. 中国外语, 2008, 5(1):14-22.

[16] Hermann K M, Kočiský T, Grefenstette E, et al. Teaching Machines to Read and Comprehend[J]. Computer Science, 2015.

[17] Socher R, Bengio Y, Manning C D. Deep learning for NLP (without magic)[J]. 2013.

[18] Turian J, Ratinov L, Bengio Y. Word representations: a simple and general method for semi-supervised learning[C]// ACL 2010, Proceedings of the, Meeting of the Association for Computational Linguistics, July 11-16, 2010, Uppsala, Sweden. DBLP, 2010:384-394.

[19] Goldberg Y, Levy O, et al. Word2vec Explained: deriving Mikolov's negative-sampling word-embedding method[J]. Eprint Arxiv, 2014.

[20] Mikolov T, Chen K, Corrado G, et al. Efficient Estimation of Word Representations in Vector Space[J]. Computer Science, 2013.

[21] Mikolov T, Sutskever I, Chen K, et al. Distributed Representations of Words and Phrases and their Compositionality[J]. Advances in Neural Information Processing Systems, 2013, 26:3111-3119.

[22] Mikolov T, Karafiát M, Burget L, et al. Recurrent neural network based language model [C]// INTERSPEECH 2010, Conference of the International

Speech Communication Association，Makuhari，Chiba，Japan，September. DBLP，2010:1045-1048.

[23] Collobert R，Weston J，Bottou L，et al. Natural Language Processing（Almost）from Scratch［J］. Journal of Machine Learning Research，2011，12（1）：2493-2537.

[24] Collobert R. Deep Learning for Efficient Discriminative Parsing［J］. 2011，15：224-232.

[25] Grzegorz Chrupala. Text segmentation with character-level text embeddings［J］. 2013.

[26] Zeng D，Liu K，Lai S，et al. Relation classification via convolutional deep neural network［J］. 2014.

[27] Arevian G. Recurrent Neural Networks for Robust Real-World Text Classification［C］// IEEE / Wic / ACM International Conference on Web Intelligence，Wi 2007，2-5 November 2007，Silicon Valley，Ca，USA，Main Conference Proceedings. DBLP，2007:326-329.

[28] Chen X，Xu L，Liu Z，et al. Joint learning of character and word embeddings ［C］// International Conference on Artificial Intelligence. AAAI Press，2015：1236-1242.

第二篇

认知计算与机器学习

机器学习概述

摘要：机器学习是一门可操作的学科，从认知科学以及 AI 领域扩展而来。在构建 AI 和专家系统时，机器学习和统计决策以及数据挖掘有着高度的相关性。机器学习的主要思想是让机器从数据中学习，对于烦琐和非结构化的数据，机器往往会比人类做出更好、更公正的决定。为了实现这一目的，需要编写一个基于特定模型的计算机程序，从给定的数据对象中学习，从而得到未知数据对象的类别或者预测未知数据。从上述机器学习的定义中可以看出，机器学习是一个可操作的术语，而不是一个认知性的术语。

　　为了实现机器学习的任务，我们需要设计算法来学习数据，从而根据数据之间的特征、相似性做出预测和分类。机器学习算法根据输入数据的不同而建立不同的决策模型，模型的输出是由数据驱动来决定的。

4.1　根据学习方式分类

　　在解决实际问题的过程中，根据不同的学习方式对机器学习进行分类。模型的学习方式取决于模型是怎么和输入数据交互的，也就是说，数据交互方式决定了可以建立什么类型的机器学习模型。因此，用户必须了解输入数据类型以及模型在创建过程中所扮演的角色。机器学习的目标是选择最合适的模型去解决实际问题，这有时候是和数据挖掘的目标重合的。在图 4-1 中，展示了三种不同学习方式的机器学习算法：监督学习、半监督学习和无监督学习。至于采用哪种学习方式则取决于我们输入了什么类型的数据。

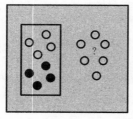 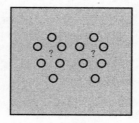 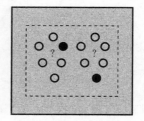

（a）监督学习　　　　　（b）无监督学习　　　　　（c）半监督学习

图 4-1　根据学习方式分类机器学习算法

（来源：Jason Brownie, http://machinelearningmastery.com, 2016）

（1）监督学习：机器学习中大部分的问题都属于监督学习的范畴。在这类问题中，给定训练样本，每个样本的输入 x 都对应一个确定的结果 y，我们需要训练出一个模型（数学上看是一个 $x\rightarrow y$ 的映射关系 f），在未知的样本 x' 给定后，能对结果 y' 做出预测。

（2）无监督学习：机器学习中有另外一类问题，就是给定一系列的样本，但这些样本并没有给出标签或者标准答案。而我们需要做的事情是，在这些样本中抽取出通用的规则，被称为无监督学习，关联规则和聚类算法在内的一系列机器学习算法都属于这个范畴。

（3）半监督学习：这类问题给出的训练数据，有一部分有标签，有一部分没有标签。我们需要在探寻数据组织结构的同时，也能做相应的预测。此类问题相对应的机器学习算法有自训练（Self-Training）、直推学习（Transductive Learning）、生成式模型（Generative Model）等。

4.2　根据算法功能分类

机器学习算法也可以根据测试函数的不同来进行分类，例如，基于树的分类方法是利用决策树来进行分类的，而神经网络则是通过神经元连接在一起形成的。根据不同的数据集特性，我们可以选择一个最合适的机器学习方法来解决问题。下面将简单的介绍 12 种机器学习算法，对应的概念图如图 4-2 所示。

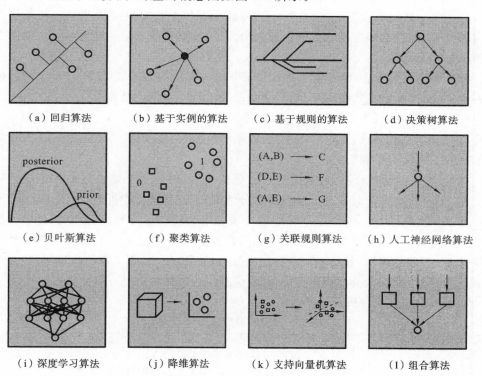

（a）回归算法　　（b）基于实例的算法　　（c）基于规则的算法　　（d）决策树算法

（e）贝叶斯算法　　（f）聚类算法　　（g）关联规则算法　　（h）人工神经网络算法

（i）深度学习算法　　（j）降维算法　　（k）支持向量机算法　　（l）组合算法

图 4-2　根据功能分类机器学习算法

（来源：Jason Brownie, http://machinelearningmastery.com，2016）

　　一些机器学习算法需要带标签的数据,包括回归分析、决策树、贝叶斯网络和支持向量机。其他无监督学习算法可以是无标签的数据,这些算法试图探索隐藏在数据之间的结构和关系,这些算法包括聚类、关联分析、降维和人工神经网络等。一些典型的算法将在本小节介绍,其他一些算法将在后续章节介绍。

　　(1)回归算法:回归算法是通过最小化预测值与实际结果值之间的差距,来得到输入特征之间的最佳组合方式的一类算法。对于连续值的预测有线性回归算法,而对于离散值或者类别预测有逻辑回归算法,这里也可以把逻辑回归视作回归算法的一种。

　　(2)基于实例的算法:这里所谓的基于实例的算法,指的是最后建成的模型,它对原始数据样本依旧有很强的依赖性。这类算法在做决策预测时,一般都是使用某类相似度准则,去比对待预测的样本和原始样本的相近度,再给出相应的预测结果。

　　(3)基于规则的算法:这种分类方法是对回归算法的一种扩展,用来解决有些问题,可以起到很好的效果。

　　(4)决策树分类算法:该算法会基于原始数据特征,构建一颗包含很多决策路径的树。预测阶段选择路径进行决策。

　　(5)贝叶斯类算法:指的是在分类和回归问题中,隐含使用了贝叶斯原理的算法。

　　(6)聚类算法:该算法需要做的事情是,把输入样本聚成围绕一些中心的数据团,以发现数据分布结构的一些规律。

　　(7)关联规则算法:它试图抽取出最能解释观察到的训练样本之间关联关系的规则,也就是获取一个事件和其他事件之间依赖或关联的知识。

　　(8)人工神经网络算法:这是受人脑神经元工作方式启发而构造的一类算法。需要提醒的是,我们把深度学习算法单独列出来了,这里说的人工神经网络算法偏向于更传统的感知算法。

　　(9)深度学习算法:深度学习是近年来非常火的机器学习领域,相对于上面列的人工神经网络算法,它通常情况下,有着更深的层次和更复杂的结构。

　　(10)降维算法:从某种程度上说,降维算法和聚类算法其实有点类似,因为它也在试图发现原始训练数据的固有结构,但是降维算法在试图用更少的信息(更低维的信息)总结和描述出原始信息的大部分内容。

　　(11)支持向量机算法:通常用于有监督的学习,将一个低维空间的数据投影到高维空间,使得低维不可分数据变成高维可分数据,从而解决分类问题。

　　(12)组合算法:严格意义上来说,这不算是一种机器学习算法,而更像是一种优化手段或者策略,它通常是结合多个简单的弱机器学习算法,去做更可靠的决策。拿分类问题举例,直观的理解,就是单个分类器的分类是可能出错、不可靠的,但如果是多个分类器投票,那可靠度就会高很多。

　　表4-1总结了6种机器学习算法。

表 4-1　按照功能分类的机器学习算法

类　　别	简　　述
回归	线性的、多项式的、逻辑的、逐步的、指数的、多元自适应回归样条
基于实例	K-近邻、近邻、学习矢量量化、自组织映射、局部加权学习
贝叶斯网络	贝叶斯、高斯、多项式、平均依赖估计、贝叶斯信念网络、贝叶斯网络

续表

类　　别	简　　述
聚类	聚类分析、K-均值、层次聚类、基于密度的聚类、基于网格的聚类
降维	主成分分析、多维尺度分析、奇异值分解、主成分回归、偏最小二乘回归
组合	神经网络、装袋、提升、随机森林

多项式回归(polynomial regression)是拟合函数为多项式的回归方法,逐步回归(stepwise)的基本思想是将变量逐个引入模型,每引入一个解释变量后都要进行 F 检验以确定是否将该变量加入模型中。

学习向量化网络(learning vector quantization,LVQ)是一种基于模型的神经网络方法。

自组织神经网络 SOM(self-organizing map)方法的思想是:一个神经网络接受外界输入模式时,将会分为不同的对应区域,各区域对输入模式有不同的响应特征,这个过程是自动完成的。

高斯贝叶斯(Gaussian Bayesin)是各属性连续且服从高斯分布的贝叶斯分类器;多项式贝叶斯(multinomial Bayesin)是一种利用多项式分布计算概率的特殊朴素贝叶斯。

平均依赖估计(average one-dependent estimator,AODE)是一种概率分类学习方法,它主要是用来解决朴素贝叶斯分类器的属性独立性问题。基于网格的聚类算法首先将对象空间划分为有限个单元以构成网格结构,然后利用网格结构完成聚类,由于易于实现增量和进行高维数据处理而被广泛应用于聚类算法中。

COBWEB 是一个常用的且简单的基于模型的增量式聚类方法。多维标度算法(multi-dimensional scaling,MDS)利用成对样本间的相似性去构建合适的低维空间,相似样本在此空间的距离和在高维空间的样本间的相似性尽可能地保持一致。奇异值分解算法(singular value decomposition,SVD)是一种利用矩阵奇异值分解技术以降低样本空间维数的方法。装袋算法(bootstrap aggregating,Bagging)是一种通过给定组合投票的方式(弱分类器),获得最优解(类标签)以提高分类准确率的算法。自适应增强算法(adaptive boosting,Adaboost)是一种迭代算法,其核心思想是针对同一个训练集训练不同的分类器(弱分类器),然后把这些弱分类器集合起来,构成一个更强的最终分类器(强分类器)。

4.3　有监督的机器学习算法

在监督学习系统中,机器从一对{输入,输出}数据集学习。输入数据有着固定的格式,如借贷人信用报告。输出数据可能是离散的,如用"yes""no"表示是否可以借贷;也可能是连续的,如还款时间的概率分布。我们的主要目标是构建一个合适的模型,该模型对于新的输入,能够给出正确的输出。机器学习系统像一个可以微调的函数,而学习系统是建立该函数系数的过程。用户给一个表示借贷人信用的数据,系统可以给出是否给予借贷的正确答案。

表 4-2 中给出了 4 种主要的有监督的机器学习算法,我们将在后面的小节分别介

绍,其他算法可以给进一步学习的读者提供参考。在分类中,数据被分为两类或者更多的类,学习模型需要判断出新的输入属于哪一类。一个典型的监督学习的例子是垃圾邮件过滤,该案例中输入数据是邮件内容,而类标签是垃圾邮件或者不是垃圾邮件。回归分析也是一种监督学习,但是其输出是连续的而不是离散的。

表 4-2 有监督的机器学习算法

类　　别	算　法　名　称
回归	线性的、多项式的、逻辑的、逐步的、指数的、多元自适应回归样条
分类	K-近邻、近邻、决策树、贝叶斯、支持向量机、学习矢量量化、自组织映射、局部加权学习
决策树	决策树、随机森林、分类和回归数、ID3、卡方自动交互检测
贝叶斯网络	贝叶斯、高斯、多项式、平均依赖估计、贝叶斯信念、贝叶斯网络

决策树是一种预测模型,根据属性的不同取值决定下一步的行动。支持向量机也是一种有监督的学习方法,经常用于分类和预测。贝叶斯网络是一种统计决策模型,表示一组随机变量和变量之间的条件独立性,例如,贝叶斯网络可以利用概率表示患某种疾病的概率,给出特征,贝叶斯网络可以计算患该种疾病的概率。贝叶斯网络是医疗领域一种很有效的诊断疾病的方法。

4.4　无监督的机器学习算法

大多数无监督的学习算法都用于发现数据之间的内在联系,在训练过程中使用一些没有标签的数据。无监督的学习算法不给出数据的类标签,而是探索数据的内在联系和潜在关系。表 4-3 给出了一些无监督的机器学习算法,例如,关联规则可以根据输入的社交网络数据而产生人物关系网。

在聚类分析中,输入数据集被划分到不同的组,与有监督的分类不同的是,我们在之前并不知道不同的组。基于密度的聚类解决输入数据的分布情况,降维是将高维空间的数据投影到低维空间,而人工神经网络多用于感知和反馈系统。

表 4-3　一些无监督的学习算法

类　　别	算　法　名　称
关联分析	Apriori、关联规则、Eclat、FP-Growth
聚类	聚类分析、K-均值、层次聚类、基于密度的聚类、基于网格的聚类
降维	主成分分析、多维尺度分析、奇异值分解、主成分回归、偏最小二乘回归
人工神经网络	感知器、反向传播、径向基函数网络

4.5　本章小结

本章是机器学习的一个概括,从总体上了解机器学习是什么,以及有哪些类型的机器学习算法。在第 4.1 节,我们根据学习方式对机器学习算法进行分类,可以分为监督学习方式、无监督学习方式及半监督的学习方式,其中监督学习和无监督学习这两种学习方式在现实生活中有着广泛的应用;在第 4.2 节,我们根据算法功能对其分类;在第 4.3 节,我们简单介绍了几种典型的监督学习算法;在第 4.4 节,我们简单介绍了几种典型的无监督学习算法。

5

机器学习主要算法

摘要：分类算法，又称为监督式学习，输入数据被称为训练数据，每组训练数据有一个明确的标志或结果，如垃圾邮件系统中"垃圾邮件""非垃圾邮件"，手写数字识别中的"1""2""3""4"等。在建立预测模型的时候，监督式学习建立一个学习过程，将预测结果与训练数据的实际结果进行比较，不断地调整预测模型，直到模型的预测结果达到一个预期的准确率。

图 5-1 中展示了建立一个两分类模型的三个主要步骤。首先，将样本数据分为两个子集（正数据集和负数据集），然后在此基础上建立分类模型，最后通过计算模型的似然概率得到模型的准确率。本章将介绍 4 种监督学习方法：决策树、基于规则的分类、最近邻分类和支持向量机。

图 5-1　建立分类模型的三个主要步骤

1—根据类标签划分数据；2—建立分类模型；3—计算似然值以评估模型

5.1　决策树

决策树是一种类似于流程图的树结构。例如，银行可以使用决策树决定是否给用户贷款，如图 5-2 所示，其中数据集包含三个属性（年龄、年收入和婚姻状况）；内部节点

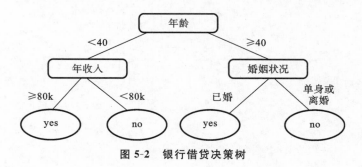

图 5-2　银行借贷决策树

用矩形表示,而树叶节点用椭圆表示;每个内部节点(非树叶节点)表示在一个属性上的测试;每个分支表示该测试的一个输出;每个树叶节点存放一个类标号(yes 表示银行同意给用户贷款,no 表示银行拒绝给用户贷款)。

案例 5.1　构造银行借贷决策树案例

图 5-2 所示的是银行借贷决策树,那么如何去构造决策树呢?一般使用属性选择度量来构造决策树,属性选择度量是一种选择分裂的准则,即把给定的具有类标号的训练样本最好划分成几个单独的类,最好划分意味着落在一个给定分区的所有训练样本都属于相同的类。在构造图 5-2 所示的银行借贷决策树时,用年龄作为一个分类属性,将训练样本划分为两个类别,即不小于 40 岁和小于 40 岁;对年龄小于 40 岁的训练样本,再使用年收入属性,将子训练样本划分为同意贷款和拒绝贷款两个类别;年龄不小于 40 岁的使用婚姻状况作为属性划分,同样将子训练样本划分为同意贷款和拒绝贷款两个类别。

常见的构造决策树的方法有 ID3 算法、C4.5 算法和 CART 算法。这些决策树算法都采用自上而下的方法,从训练样本集及其相关联的类标号开始构造决策树。随着树的构造,训练样本集递归地划分为较小的子集。

ID3 算法的核心思想就是以属性的信息增益作为度量,选择分裂后信息增益最大的属性进行分类,使得每个分支上的输出分区尽可能都属于同一类。信息增益的度量标准是熵,它刻划了任意样例集的纯度(purity)。给定包含关于某个目标概念的正反样例的训练样本 S,那么 S 相对这个布尔型分类的熵的定义为

$$\text{Entropy}(S) = -p_+ \log_2 p_+ - p_- \log_2 p_-$$

式中:p_+ 代表正样例,p_- 代表反样例。

如果目标属性具有 m 个不同的值,那么 S 相对于 m 个状态的分类的熵定义为

$$\text{Entropy}(S) = \sum_{i=1}^{m} -p_i \log_2 p_i$$

熵是用来衡量训练样例集合的纯度标准,用熵来定义属性分类后训练数据效力的度量标准,这个标准称为信息增益(information gain)。一个属性的信息增益就是由于使用这个属性分割样例而导致的期望熵降低,更精确地讲,一个属性 A 相对样例集合 S 的信息增益 $\text{Gain}(S, A)$ 被定义为

$$\text{Gain}(S, A) = \text{Entropy}(S) - \sum_{v \in v(A)} \frac{|S_v|}{|S|} \text{Entropy}(S_v)$$

式中:$v(A)$ 是属性 A 的值域;S 是样本集合;S_v 是 S 中在属性 A 上值等于 v 的样本集合。

案例 5.2　使用 ID3 算法的决策树预测模型

给定一个具有 500 个样本的训练集 D,其中数据格式如表 5-1 所示,类标号属性 load 有两个不同值(即{yes,no}),因此有两个不同的类(即 $m = 2$)。设类 C1 对应于 yes,而类 C2 对应于 no;类 yes 有 300 个元组,类 no 有 200 个元组。为 D 中的元组创建(根)节点 N,为了找到这些元组的分裂准则,必须计算每个属性的信息增益。首先使用熵公式,计算对 D 中元组分类所需要的期望信息:

表 5-1　银行借贷数据

编号	年　收　入	年　　龄	婚姻状况	类：load
1	70k	18	单身	no
2	230k	35	离婚	yes
3	120k	28	已婚	yes
4	200k	30	已婚	yes

$$\mathrm{Entropy}(D) = -\frac{2}{5}\log_2\frac{2}{5} - \frac{3}{5}\log_2\frac{3}{5} = 0.9710$$

下一步需要计算每个属性的期望信息需求。对于年收入属性，年收入不小于80k，有250个yes元组、100个no元组；收入小于80k，有50个yes元组、100个no元组。使用信息增益，如果元组根据年收入划分，则对D中的元组进行分类所需要的期望信息为

$$\mathrm{Entropy}_{\mathrm{income}}(D)$$
$$= \frac{7}{10}\times\left(-\frac{5}{7}\log_2\frac{5}{7} - \frac{2}{7}\log_2\frac{2}{7}\right) + \frac{3}{10}\times\left(-\frac{1}{3}\log_2\frac{1}{3} - \frac{2}{3}\log_2\frac{2}{3}\right)$$
$$= 0.8797$$

因此，这种划分的信息增益为

$$\mathrm{Gain}(D, \mathrm{income}) = \mathrm{Entropy}(D) - \mathrm{Entropy}_{\mathrm{income}}(D)$$
$$= 0.9710 - 0.8797 = 0.0913$$

其图示如图5-3(a)所示，年龄和婚姻状况如图5-3(b)和图5-3(c)所示，同理可以计算出年龄和婚姻状况的信息，选择信息增益最大的属性来构造树。其中，关于年龄属性的信息增益：

$$\mathrm{Entropy}_{\mathrm{age}}(D)$$
$$= \frac{1}{2}\times\left(-\frac{2}{5}\log_2\frac{2}{5} - \frac{3}{5}\log_2\frac{3}{5}\right) + \frac{1}{2}\times\left(-\frac{4}{5}\log_2\frac{4}{5} - \frac{1}{5}\log_2\frac{1}{5}\right)$$
$$= 0.8464$$

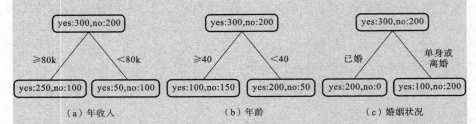

(a) 年收入　　　　　　　　(b) 年龄　　　　　　　　(c) 婚姻状况

图 5-3　三个属性决策树分支图

因此，这种划分的信息增益为

$$\mathrm{Gain}(D, \mathrm{age}) = \mathrm{Entropy}(D) - \mathrm{Entropy}_{\mathrm{age}}(D) = 0.9710 - 0.8464 = 0.1246$$

同理，可以求得关于婚姻状况的信息增益为

$$\mathrm{Gain}(D, \mathrm{marry}) = 0.9710 - 0.9510 = 0.02$$

从上面的计算来看，使用年龄属性的信息增益最大，故选择年龄属性作为分类准则。

C4.5 算法是 ID3 的改进算法,为了防止训练集的过度拟合,如考虑用 ID 号作为划分属性时,其 $\text{Entropy}_{\text{ID}}=0$,故该属性的信息增益最大。但显然这种划分对分类没有意义,故使用信息增益率来替代信息增益,其中信息增益率表示为

$$\text{GainRatio}(S,A)=\frac{\text{Gain}(S,A)}{\text{SplitInformation}(S,A)}$$

$$\text{SplitInformation}(S,A)=-\sum_{i=1}^{c}\frac{|S_i|}{|S|}\log_2\frac{|S_i|}{|S|}$$

其中,S_1 到 S_c 是 c 个值的属性 A 分割 S 而形成的 c 个样例子集。举个例子来说,属性年收入将样本集划为 2 个分区,不小于 80k 和小于 80k 分别包含 350 和 150 个样本,现在计算年收入的增益率,先计算:

$$\text{SplitInformation}(S,A)=-\frac{7}{10}\times\log_2\frac{7}{10}-\frac{3}{10}\times\log_2\frac{3}{10}=0.8813$$

由上面得 $\qquad\qquad \text{Gain}(D,\text{income})=0.0913$

因此 $\qquad\qquad \text{GainRatio}(D,\text{income})=0.0913/0.8813=0.1036$

和上面类似,可以计算出其他属性的信息增益率,进而选择具有最大增益率的属性作为分裂属性。

5.2　基于规则的分类

分类技术在很多领域都有应用,如文献检索和搜索引擎中的自动文本分类技术;安全领域有基于分类技术的入侵检测等。机器学习、专家系统、统计学和神经网络等领域的研究人员已经提出了许多具体的分类预测方法,本节重点讲解基于规则的分类技术。

基于规则的分类器是使用一组"if…then…"规则来分类记录的技术,通常采用析取范式的方式表示模型的规则:

$$R=(r_1 \vee r_2 \cdots \vee r_k)$$

式中:R 称为规则集;r_i 是分类规则或析取项。

例如,下面的一个案例展示了是否是哺乳类动物的一种分类方式:

$$r_1:(\text{体温}=\text{冷血}) \rightarrow \text{非哺乳类}$$

$$r_2:(\text{体温}=\text{恒温}) \wedge (\text{胎生}=\text{是}) \rightarrow \text{哺乳类}$$

$$r_2:(\text{体温}=\text{恒定}) \wedge (\text{胎生}=\text{否}) \rightarrow \text{非哺乳类}$$

每一个分类规则都可以用如下形式表示:

$$r_i:(\text{条件}_i) \rightarrow y_i$$

规则的左边称为前提或者规则前件,规则的右边称为结论或者规则后件。如果某条记录满足某个规则,我们称该规则被激活或者触发;或者说该条记录被该规则覆盖。一般规则前件用如下形式的合取式表示:

$$\text{条件}_i=(A_1 \quad \text{op} \quad v_1) \wedge (A_2 \quad \text{op} \quad v_2) \wedge \cdots \wedge (A_k \quad \text{op} \quad v_k)$$

式中,每一个 $(A_i \quad \text{op} \quad v_i)$ 称为一个合取项,由属性-值对,以及逻辑运算符 op 组成,通常 $\text{op} \in \{=,\neq,<,>,\leqslant,\geqslant\}$。

观察规则可以发现:对于某一个类,可能存在多个规则;同样,对于某一个记录,也可以写出多个规则。那么,到底哪一个规则是优越的? 为了区分分类规则的质量,我们

定义覆盖率和准确率来度量。

对于数据集 D 和分类规则 $r:A{\rightarrow}y$,规则的覆盖率定义为 D 中触发规则 r 的记录所占的比例。规则的准确率或置信因子定义为触发 r 的记录中类标号等于 y 的记录所占的比例,其数学公式表示如下:

$$\text{Coverage}(r) = \frac{|A|}{|D|}$$

$$\text{Accuracy}(r) = \frac{|A\bigcap y|}{|A|}$$

式中:$|A|$ 是满足规则前件的记录数;$|A\bigcap y|$ 是同时满足规则前件和后件的记录数;D 是记录的总数。

虽然每一条规则都是优越的,但是我们并不能确保规则集是优越的。因为有的记录可以被多个规则触发,这样就会导致规则的重复;而有的规则可能会没有记录可以触发它。因此,对于规则集,有以下两个重要的性质。

(1)互斥规则:如果规则集 R 中不存在两条规则被同一条记录触发,则称规则集 R 中的规则是互斥的。该性质保证了每条记录最多被 R 中的一条规则覆盖。前面的规则集就是一个互斥的规则集。

(2)穷举规则:如果对属性值的任一组合,R 中都存在一条规则加以覆盖,则称规则集 R 具有穷举覆盖性。该性质保证了每一条记录至少被 R 中的一条规则覆盖。

规则集在互斥和穷举性质下,保证了一条记录有且仅有一条规则可以覆盖,然而很多规则集都不能同时满足这两个性质。如果规则集不能满足穷举性质,那么必须添加一个默认的规则 $r_d:()\rightarrow y_d$ 来覆盖那些没有被覆盖的记录,默认规则的前件为空,当所有规则失效时触发,y_d 是默认类,通常取值为那些没有被规则覆盖记录的多数类。如果规则集不能满足互斥性质,那么一条记录可能被多条规则覆盖,这些规则的分类可能会发生冲突。那么该如何确定该记录的分类结果?给出如下两种解决方案。

(1)有序规则:这种规则集按照规则的优先级从大到小进行排序,优先级的定义一般用准确率、覆盖率等代替。分类时顺序扫描规则,找到覆盖记录的一条规则就终止扫描,将该规则后件作为该记录的分类结果。一般的基于规则的分类器都采用这种方式。

(2)无序规则:这种规则集的所有规则都是等价的。分类时依次扫描所有的规则,某个记录出现多个规则后件时,对每个规则后件进行投票,得票最多的规则后件作为该记录的最终分类结果。

为了建立基于规则的分类器,需要从训练数据集中提取一组规则来识别数据集属性和类标号之间的联系。提取规则的方法主要有两种:直接方法,即直接从训练数据集中提取分类规则;间接方法,即从其他模型(如决策树、神经网络等)中提取规则。

案例 5.3　利用基于规则的分类预测糖尿病

表 5-2 所示的是武汉市某些人体检中血糖(高、低)、体重(偏胖、正常)、血脂含量和是否患有糖尿病(是、否)等指标的数据集,根据数据集来构造相应的规则集,方便划分人群为患有糖尿病和正常人两类。

根据题意,需要确定规则集,将其分为有糖尿病和无糖尿病的两类人群,其规则后件为患有糖尿病(用 Yes 表示)和正常人(用 No 表示)。利用顺序覆盖算法完成规则的产生。

表 5-2 是否患有糖尿病体检数据集

标　号	血　糖	体　重	血 脂 含 量	是否患有糖尿病
1	低	偏胖	2.54	否
2	高	正常	1.31	否
3	高	偏胖	1.13	否
4	低	正常	2.07	否
5	高	偏胖	2.34	是
6	高	正常	0.55	否
7	低	偏胖	2.48	否
8	高	偏胖	3.12	是
9	高	正常	1.14	否
10	高	偏胖	9.29	是

（1）确定类的顺序集为 $\{Yes, No\}$，对正常人群类（No 类）。

（2）利用从特殊到一般的策略，产生规则 $\{\} \rightarrow No$。

（3）加入血糖（A）这一属性，可以产生如下规则：$r_1 : \{A=低\} \rightarrow No$。

（4）删除 id 为 1、4、7 的记录，将上面规则加入规则集 R，则 $R=\{r_1\}$。

（5）继续加入体重（B）这一属性，可以产生如下规则：$r_2 : \{A=高, B=正常\} \rightarrow No$。

（6）删除 id 为 2、6、9 的记录，将其加入规则集 R，则 $R=\{r_1, r_2\}$。

（7）继续加入血脂含量这一属性（C），可以得到规则：$r_3 : \{A=高, B=偏胖, C<1.8\} \rightarrow No$。

（8）删除 id 为 3 的记录，将其加入规则集 R，则 $R=\{r_1, r_2, r_3\}$。

（9）考察患有糖尿病人群类（Yes 类）。

（10）对其分析可以产生如下规则：$r_4 : \{A=高, B=偏胖, C>1.8\} \rightarrow Yes$。

（11）删除 id 为 5、8、10 的记录，将其加入规则集 R，则 $R=\{r_1, r_2, r_3, r_4\}$。

（12）此时所有训练数据集都被删除，故终止循环。

（13）最后输出规则集 R。

根据上面的描述，得到如下规则集：

$$r_1 : \{A=低\} \rightarrow No$$
$$r_2 : \{A=高, B=正常\} \rightarrow No$$
$$r_3 : \{A=高, B=偏胖, C<1.8\} \rightarrow No$$
$$r_4 : \{A=高, B=偏胖, C>1.8\} \rightarrow Yes$$

5.3　最近邻分类

决策树和基于规则的分类都是有了训练数据集就开始学习，建立一个从输入属性到类标号的映射模型，我们称这种学习方法为积极学习方法。相反，推迟对训练数据集的建模,直到测试数据集可用时再进行建模,我们称这种学习方法为消极学习方法。

Rote 分类器就是消极学习方法的一种,其工作原理是:当测试数据实例和某个训练集实例完全匹配时才对其分类。该方法存在明显的缺点:大部分测试集实例由于没有任何训练集实例与之匹配而没法进行分类。因此,一种改进的模型是:最近邻分类器,下面将对该模型进行详细描述。

所谓最近邻分类器,就是找出与测试样例属性相对较近的所有训练数据集实例,这些训练数据集实例的集合称为该测试样例的最近邻,然后根据这些实例来确定测试样例的类标号。因此,最近邻分类器把每个样例都看成是 d(属性总个数)维空间的点,通过给定两点之间的距离公式以及距离阈值来确定测试样例的最近邻,最常用的是欧式距离:

$$d(x,y) = \sum_{k=1}^{n} \mid x_k - y_k \mid$$

当确定了测试样例的最近邻时,我们可以根据最近邻中的类标号来确定测试样例的类标号。当最近邻类标号不一致时,以最近邻中占据多数的类标号作为测试样例的类标号;如果某些最近邻样本比较重要(如距离较小的最近邻),可以采用赋予权重系数的方式进行类标号投票。这两种选择测试样例类标号的方式分别称为多数表决方式和距离加权表决方式。其数学公式分别如下:

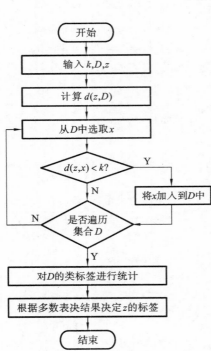

图 5-4　最近邻算法流程图

$$y = \underset{v}{\mathrm{argmax}} \sum_{(x_i,y_i) \in D_z} I(v = y_i)$$

$$y = \underset{v}{\mathrm{argmax}} \sum_{(x_i,y_i) \in D_z} w_i \times I(v = y_i)$$

式中:v 是类标号;D_z 是测试样例的最近邻;y_i 是一个最近邻的类标号;$I(\cdot)$ 是指示函数,定义如下:

$$I(y_i) = \begin{cases} 1, & y_i = v \\ 0, & y_i \neq v \end{cases}$$

综上所述,最近邻算法的流程图如图 5-4 所示,变量 k、D、z 分别表示距离阈值、训练数据集和测试实例。首先,输入变量 k、D、z,然后计算测试实例与训练数据集样本之间的距离 $d(z,D)$;其次记 $d(z,D) < k$ 的训练数据样本集合为 D_z;统计集合 D_z 中类标号;最后,利用多数表决策略确定测试实例类标号。

案例 5.4　利用最近邻算法预测高血脂

表 5-3 所示的是武汉市某二甲医院体检数据中甘油三酯、总胆固醇含量以及是否患有高脂血病(Yes,No)的数据集合。试初步判断甘油三酯含量为 1.33、总胆固醇含量为 4.32 的体检人是否患有高血脂。

根据题意,我们可以利用最近邻分类器对其进行分类,测试样例为 (1.33,4.32)。在此案例中我们设定阈值为 0.2。对于 id=1 的训练数据集样本,有

表 5-3 某医院部分体检数据

标 号	甘油三酯含量	总胆固醇含量	是否患有高血脂
1	1.33	4.19	No
2	1.31	4.32	No
3	1.95	5.02	Yes
4	1.86	5.17	Yes
5	1.30	5.37	Yes
6	1.30	4.36	No
7	2.04	4.42	Yes
8	1.45	4.68	No
9	1.35	4.41	Yes

$$\sqrt{(1.33-1.33)^2+(4.32-4.19)^2}=0.13<0.2$$

则将该训练数据集样本加入 D_z 中。对于 id=2 的训练集样本,有

$$\sqrt{(1.33-1.31)^2+(4.32-4.32)^2}=0.02<0.2$$

则将该训练数据集样本加入 D_z 中。对于 id=3 的训练集样本,有

$$\sqrt{(1.33-1.95)^2+(4.32-5.02)^2}=0.94>0.2$$

则将该训练数据集样本舍弃。依次类推,我们可以得到最近邻集合为 D_z:

$$D_z=\{x\,|\,id=1,2,6,9\}$$

统计最近邻集合中的类标记,有 Yes 和 No 两类。

最后,利用多数表决法对上述类标签进行得票统计,id=1、2、6 的属于 No 类,而 id=9 的属于 Yes 类。因此,得票结果为:Yes=1,No=3,故甘油三酯含量为 1.33、总胆固醇含量为 4.32 的体检人不是高血脂患者。

5.4 支持向量机

支持向量机 SVM 是一种对线性和非线性数据进行分类的方法。比如可以使用支持向量机对二维数据进行分类,所谓支持向量是指那些在间隔区边缘的训练样本点,在二维空间可以用直线分隔平面内的点,在三维空间可以用平面分隔空间内的点,而在高维空间中可以用超平面分隔空间内的点。我们将不同区域的点分为一类,这样就可以利用 SVM 解决分类问题。对于在低维空间不可分的点,可以通过核函数将其映射到高维空间,利用高维空间的超平面分隔这些点,从而使分类简单化。

5.4.1 线性决策边界

举个简单的例子,有一个二维平面,平面上有两种不同的数据,分别用圆点和方点表示,如图 5-5(a)所示。由于这些数据是线性可分的,所以可以用一条直线将这两类数据分开。

如果给定的是 n 维数据空间,比如 n 维空间的两类问题,其中两个类是线性可分的。设给定的数据集 D 为 $(x_1,y_1),\cdots,(x_{|D|},y_{|D|})$,其中 x_i 是 n 维的训练样本,具有类

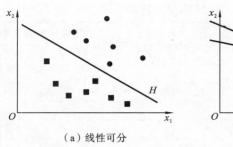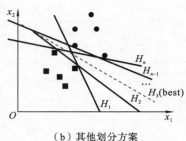

（a）线性可分　　　　　　　（b）其他划分方案

图 5-5　利用 SVM 分类两类数据

标号 y_i。每个 y_i 可以取值 1 或 -1，此时则需要一个超平面，其方程可以表示为

$$w^{\mathrm{T}}x+b=0$$

其中，w 和 b 是参数，在二维平面中对应的是直线，当然也希望超平面可以把两类数据分割开来，即在超平面一边的数据点对应的 y 全是 -1，另外一边全是 1。令 $f(x)=w^{\mathrm{T}}x+b$，$f(x)>0$ 的点对应于 $y=1$ 的数据点，$f(x)<0$ 的点对应于 $y=-1$ 的数据点。对于线性可分的两类问题，可以画出无限条直线，如图 5-5（b）所示。如何找出"最好的"一条，即找出具有最小分类误差的那一条。从直观上而言，这个超平面应该是最适合分开两类数据的平面，而判定"最适合"的标准就是这个平面离平面两边的数据的间隔最大，所以得寻找有着最大间隔的超平面。

案例 5.5　使用支持向量机分类数据点

给定的二维数据如表 5-4 所示，利用超平面分隔数据如图 5-6 所示。

表 5-4　数据点坐标

x_1	x_2	y
1	0.5	-1
0.5	1	-1
1	2	$+1$
3	1	$+1$
0.25	2	-1

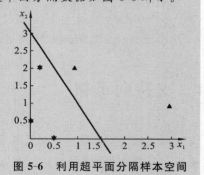

图 5-6　利用超平面分隔样本空间

于是可以找到一条直线 $2x_1+x_2-3=0$ 将表 5-4 中的数据分开。

5.4.2　最大边缘超平面的定义

考虑那些离决策边界最近的方块和圆，如图 5-7 所示。调整参数 w 和 b，两个平行的超平面 H_1 和 H_2 可以表示如下：

$$H_1:w^{\mathrm{T}}x+b=1$$
$$H_2:w^{\mathrm{T}}x+b=-1$$

决策边界的边缘由这两个超平面之间的距离给定。为计算边缘，令 x_1 是 H_1 上的数据点，令 x_2 是 H_2 上的数据点，将 x_1 和 x_2 代入上述公式中，则边缘 d 可以通过两式

相减得到：$w(x_1 - x_2) = 2$，于是可以得到：$d = \dfrac{2}{\|w\|}$。

5.4.3 SVM 模型

SVM 模型的训练阶段包括从训练数据中估计参数 w 和 b，选择的参数必须满足下面两个条件：

$$\begin{cases} w^{\mathrm{T}} x_i + b \geqslant 1, & y_i = 1 \\ w^{\mathrm{T}} x_i + b \leqslant -1, & y_i = -1 \end{cases}$$

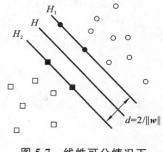

图 5-7 线性可分情况下的最优分类线

这两个不等式可以写成下面更紧凑的形式：

$$y_i(w^{\mathrm{T}} x_i + b) \geqslant 1 \quad i = 1, 2, \cdots, N$$

最大化边缘等价于最小化下面的目标函数：

$$f(w) = \frac{\|w\|^2}{2}$$

于是，可以定义支持向量机为：

$$\min \frac{\|w\|^2}{2}, \quad \text{subject to:} \, y_i(w^{\mathrm{T}} x_i + b) \geqslant 1, \quad i = 1, 2, \cdots, N$$

由于目标函数是二次的，约束条件是线性的，故此问题是一个凸优化问题，可以通过标准的拉格朗日乘子法来解决。

5.5 朴素贝叶斯

在很多应用中，属性集和类变量之间的关系是不确定的。也就是说，尽管测试记录的属性集和某些训练样例相同，但是也不能确定地预测它的类标号，这种情况下产生的原因可能是噪声或者混淆因素。因此我们不得不利用一些不确定来进行建模分析，这就是贝叶斯分类需要解决的问题。

不管是朴素贝叶斯还是后文介绍的贝叶斯信念分类，其根本都离不开概率，特别是贝叶斯定理。贝叶斯定理是一种把类的先验知识和从数据中收集的新证据相结合的统计原理，也是朴素贝叶斯分类的基础和理论依据。

假设 X、Y 是一对随机变量，它们的联合分布 $P(X = x, Y = y)$ 是指 X 取值 x 且 Y 取值 y 的概率，条件概率是指一个随机变量在另一个随机变量取值已知的情况下取某一特定值的概率，如 $P(Y = y | X = x)$ 表示在 X 取值 x 的情况下 Y 取值为 y 的概率。X 和 Y 的联合概率和条件概率满足如下关系：

$$P(X, Y) = P(Y | X) \times P(X) = P(X | Y) \times P(Y)$$

整理上式中后两个表达式，可以得到如下公式：

$$P(Y | X) = \frac{P(X | Y) P(Y)}{P(X)}$$

该公式称为贝叶斯定理。

在分类时，将 Y 看作类别，将 X 看作属性集，通过训练数据集计算出在某一确定属性集 X_0 条件下的 $P(Y | X_0)$。

设 X 表示属性集,记为 $X=\{X_1,X_2,\cdots,X_k\}$,Y 表示类变量,记为 $Y=\{Y_1,Y_2,\cdots,Y_l\}$,称 $P(Y\mid X)$ 为 Y 的后验概率,与之相对应的 $P(Y)$ 称为 Y 的先验概率。给定类标号 y,朴素贝叶斯分类器在估计类条件概率时假设属性之间条件独立,即有下式成立:

$$P(X\mid Y=y)=\prod_{j=1}^{k}P(X_j\mid Y=y)$$

在条件独立假设成立下,做分类测试记录时,朴素贝叶斯分类器对每个类 Y 计算后验概率:

$$P(Y\mid X)=\frac{P(Y)P(X\mid Y)}{P(X)}=\frac{P(Y)\prod\limits_{j=1}^{k}P(X_j\mid Y)}{P(X)}$$

此时,给定 X,朴素贝叶斯分类法将预测 X 属于具有最高后验概率的类。也就是说,我们根据从训练数据收集到的信息,学习 X 和 Y 的每一种组合的后验概率 $P(Y_i\mid X)$,$i=1,2,\cdots,l$,此时求出 $\max\limits_{i=1,2,\cdots,l}P(Y_i\mid X)$ 的 Y_r,将 X 归为 Y_r 类。由于对所有的 Y,$P(X)$ 是一定的,故只要 $P(Y)\prod\limits_{j=1}^{k}P(X_j\mid Y)$ 最大即可。因此,我们的目标为

$$\max_{Y}P(Y)\prod_{j=1}^{k}P(X_j\mid Y)$$

对于分类属性 X_j,根据 y 中属性值等于 x_j 的比例来估计 $P(X_j=x_j\mid Y=y)$。然而,对于连续属性,一般来说有以下两种处理方法。

(1) 可以把每一个连续属性离散化,然后用相应的离散区间替换连续属性值。也就是说,通过计算类 y 的训练记录中落入 X_j 对应区间的比例来估计 $P(X_j\mid Y=y)$。

(2) 可以假设连续变量服从某种概率分布,然后使用训练数据估计分布的参数,其中最常用的是高斯分布。该分布有两个参数,均值 μ 和方差 σ^2,对于每个类 y,有

$$P(X_j=x_j\mid Y=y)=\frac{1}{\sqrt{2\pi}\sigma_{ij}}e^{-\frac{(x_j-\mu_{ij})^2}{2\sigma_{ij}^2}}$$

式中:μ_{ij} 可以用类 y 的所有训练记录关于 X_j 的样本均值来估计;σ_{ij}^2 可以用这些训练记录的样本方差来估计。

整合上面的过程,对朴素贝叶斯分类过程总结如图 5-8 所示。

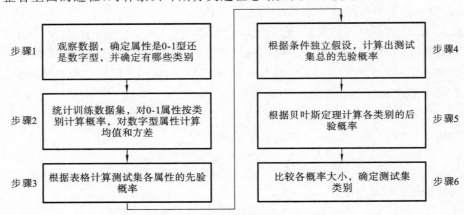

图 5-8　朴素贝叶斯分类过程

案例 5.6 基于朴素贝叶斯算法的糖尿病辅助诊断

武汉市某二甲医院的部分体检数据中,肥胖、血糖含量以及是否患有糖尿病等数据如表 5-5 所示,其中:Yes 表示肥胖或者糖尿病患者,No 表示体重正常或者无病。试初步判断血糖含量为 7.9 且肥胖的体检者是否患有糖尿病。

表 5-5 部分体检人体检情况表

标 号	肥胖(A)	血糖含量(B)	是否患有糖尿病
1	No	14.3	Yes
2	No	4.7	No
3	Yes	17.5	Yes
4	Yes	7.9	Yes
5	Yes	5.0	No
6	No	4.6	No
7	No	5.1	No
8	Yes	7.6	Yes
9	Yes	5.3	No

为了方便书写,用 A、B 分别表示体检者肥胖和血糖含量属性。首先统计上表数据,得出如下统计结果,如表 5-6 所示。

表 5-6 统计结果表

糖尿病	肥 胖		血 糖 含 量	
	Yes	No	均值	方差
Yes	3/4	1/4	4.94	0.07
No	2/5	3/5	11.83	18.15

为了预测体检者 $X=(A=\text{Yes}, B=7.9)$ 的类标号,需要计算 $P(\text{Yes}|X)$ 以及 $P(\text{No}|X)$。由上表的统计数据,可得:

$$P(A=\text{Yes}|\text{Yes})=\frac{3}{4}, \quad P(A=\text{No}|\text{Yes})=\frac{1}{4}$$

$$P(A=\text{Yes}|\text{No})=\frac{2}{5}, \quad P(A=\text{No}|\text{No})=\frac{3}{5}$$

对于先验概率,有

$$\begin{cases} P(\text{Yes})=\dfrac{4}{9} \\ P(\text{No})=\dfrac{5}{9} \end{cases}$$

对于血糖含量指标,如果类=Yes,则

$$\begin{cases} \bar{x}_{\text{yes}}=\dfrac{14.3+17.5+7.9+7.6}{4}=11.83 \\ s_{\text{yes}}^2=\dfrac{(14.3-11.83)^2+(17.5-11.83)^2+\cdots+(7.6-11.83)^2}{4}=18.15 \end{cases}$$

如果类＝No,则

$$\begin{cases} \overline{x}_{yes}=\dfrac{4.7+5.0+4.6+5.1+5.3}{5}=4.94 \\ s_{yes}^2=\dfrac{(4.7-4.94)^2+(5.0-4.94)^2+\cdots+(5.3-4.94)^2}{5}=0.07 \end{cases}$$

采用高斯分布,于是可得

$$\begin{cases} P(B=7.9\,|\,\text{Yes})=\dfrac{1}{\sqrt{2\pi}\times\sqrt{18.15}}e^{-\frac{(7.9-11.83)^2}{2\times18.15}}=0.062 \\ P(B=7.9\,|\,\text{No})=\dfrac{1}{\sqrt{2\pi}\times\sqrt{0.07}}e^{-\frac{(7.9-4.94)^2}{2\times0.07}}=9.98\times10^{-28} \end{cases}$$

此时采用朴素贝叶斯对 X 进行分类,可得

$$P(X\,|\,\text{Yes})=P(A=\text{Yes}\,|\,\text{Yes})P(B=7.9\,|\,\text{Yes})=\frac{3}{4}\times0.062=0.0465$$

同理,可求出 $P(X\,|\,\text{No})$ 的概率为

$$P(X\,|\,\text{No})=P(A=\text{Yes}\,|\,\text{No})P(B=7.9\,|\,\text{No})=\frac{2}{5}\times9.98\times10^{-28}$$
$$=3.99\times10^{-28}$$

综上可得

$$P(\text{Yes}\,|\,X)=\frac{P(X\,|\,\text{Yes})P(\text{Yes})}{P(X)}=\varepsilon\times\frac{4}{9}\times0.062=\varepsilon\times0.0276$$

其中 $\varepsilon=\dfrac{1}{P(X)}$,同理可得

$$P(\text{No}\,|\,X)=\frac{P(X\,|\,\text{No})P(\text{No})}{P(X)}=\varepsilon\times\frac{5}{9}\times3.99\times10^{-28}=\varepsilon\times2.218\times10^{-28}$$

则　　　　$P(\text{Yes}\,|\,X)P(X)=0.0276>2.218\times10^{-28}=P(X)P(\text{No}\,|\,X)$

所以体检者 $X=(A=\text{Yes},B=7.9)$ 分类为 Yes,即该体检者患有糖尿病。

5.6　随机森林

　　一般的分类技术(如决策树、贝叶斯和支持向量机等)都是从训练数据得到的单个分类器来预测未知样本的类标号,那么能否通过聚集多个分类器的预测来提高分类准确率?答案是肯定的,我们称这种技术为组合分类。

　　随机森林就是组合分类方法的一种,是一类专门为决策树分类器设计的组合方法。它组合多棵决策树做出预测,其中每棵树都是基于随机向量的一个独立集合的值产生的。例如,我们想根据天气、温度、湿度和起风情况决定某一天是否适合打网球,采用决策树的方法进行决策,可以得到如下结果,如图 5-9 所示。

　　那么,可否采用多棵决策树进行决策来提高准确率呢?我们可以将这四个属性划分成多组属性,如{天气、湿度、风}、{温度、湿度、风}、{天气、温度}等,这样就可以构造出多棵决策树,如图 5-10 所示。

　　这样就将一棵决策树变成三棵决策树,在决策时每一棵决策树都将对应于一个结

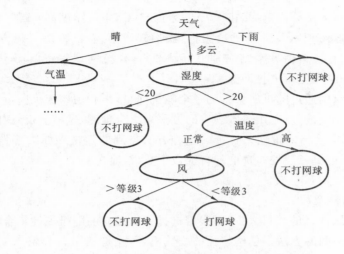

图 5-9　打网球决策树

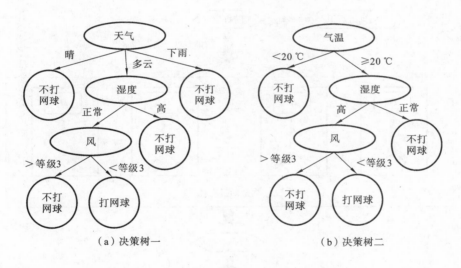

（a）决策树一　　　　　　　　　　　　（b）决策树二

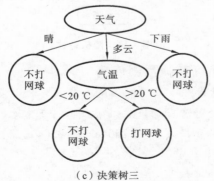

（c）决策树三

图 5-10　打网球随机森林决策

果:打网球或者不打网球,这样我们会得到三个决策结果,统计哪一种结果个数多,最终的结果为得票多的结果。例如,在{晴天,大于20 ℃,空气湿度高,无风}的情况下,我们是否该去打网球?利用图5-10的决策树,我们知道第一、三种决策树方案结果是不去打网球,而第二种决策树方案结果是去打网球,这样打网球得一票而不去打网球得两票,所以最后的结果是不去打网球。

像以上介绍的通过随机属性得到一个随机向量,再利用该随机向量来构建决策树,一旦决策树构建完成,就利用多数表决的方法来组合预测,这种随机森林决策方法称为Forest-RI,其中RI指随机输入选择。这种方法得到的随机森林决策强度取决于随机向量的维数,也就是每一棵树选取的特征数个数 F,通常取

$$F = \log_2 d + 1$$

式中:d 为总属性个数。

如果原始属性 d 的数目太少,则很难选择一个独立的随机属性集合来构建决策树。一种加大属性空间的方法是创建特征的线性组合,就是利用 L 个输入属性的线性组合来创造一个新的属性,然后再利用新创建的属性来组成随机向量,从而构建多个决策树,这种随机森林决策方法称为 Forest-RC。模型的示意图如图5-11所示。

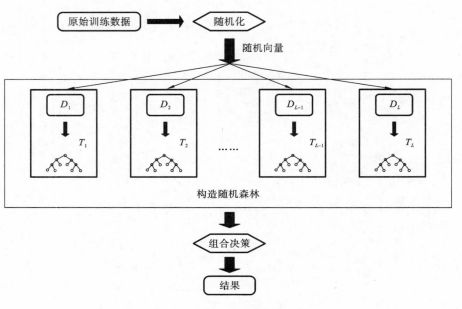

图 5-11　随机森林

案例5.7　使用随机森林预测疾病

表5-7所示的是武汉市某二甲医院一些人体检数据中体重、血糖含量、血脂含量以及该人是否患有糖尿病(1:患者,0:正常人)的数据集合,现有一位体检者的体检指标数据为{体重:60,血糖:6.8,血脂:1.5},初步判断该体检者是否患有糖尿病。

为了提高预测的准确性,我们考虑利用随机森林的方法进行预测。那么首先需要确定随机向量的维数 F,通常取

$$F = \log_2 d + 1 = 2$$

表 5-7 某医院部分体检数据

标　号	体重(A)	血糖(B)	血脂(C)	是否患有糖尿病(D)
1	68.4	17.5	7.7	1
2	64.3	4.7	1.33	0
3	65.4	9.6	2.48	0
4	62.0	14.3	4.67	1
5	81.5	8.5	0.82	0
6	59.3	5.0	1.99	0
7	55.2	4.6	0.86	0
8	84.3	5.8	2.34	1
9	85.6	5.9	2.54	1
10	54.7	5.7	2.63	1

　　考虑到案例中的属性少,以及尽量让随机向量之间的相关性低,可以确定如下三个随机向量:{体重,血糖},{体重,糖尿病},{血糖,血脂}。

　　下面确定几个属性的先后顺序,需要利用信息熵来决定,信息熵增加最多的属性在决策树的顶端,依次类推(决策树小节有具体介绍),有

$$\text{Entropy}(D) = -\frac{1}{2}\log_2 \frac{1}{2} - \frac{1}{2}\log_2 \frac{1}{2} = 1$$

$$\text{Entropy}(A) = \frac{1}{2} \times \left(-\frac{3}{5}\log_2 \frac{3}{5} - \frac{2}{5}\log_2 \frac{2}{5}\right) + \frac{1}{2} \times \left(-\frac{3}{5}\log_2 \frac{3}{5} - \frac{2}{5}\log_2 \frac{2}{5}\right)$$
$$= 0.9710$$

$$\text{Entropy}(B) = \frac{4}{10} \times \left(-\frac{3}{4}\log_2 \frac{3}{4} - \frac{1}{4}\log_2 \frac{1}{4}\right) + \frac{6}{10} \times \left(-\frac{2}{6}\log_2 \frac{2}{6} - \frac{4}{6}\log_2 \frac{4}{6}\right)$$
$$= 0.8755$$

$$\text{Entropy}(C) = \frac{7}{10} \times \left(-\frac{4}{7}\log_2 \frac{4}{7} - \frac{3}{7}\log_2 \frac{3}{7}\right) + \frac{3}{10} \times \left(-\frac{1}{3}\log_2 \frac{1}{3} - \frac{2}{3}\log_2 \frac{2}{3}\right)$$
$$= 0.9651$$

体重、血糖和血脂的熵增分别为

$$\Delta\text{Entropy}(A) = \text{Entropy}(D) - \text{Entropy}(A) = 0.0290$$
$$\Delta\text{Entropy}(B) = \text{Entropy}(D) - \text{Entropy}(B) = 0.1245$$
$$\Delta\text{Entropy}(C) = \text{Entropy}(D) - \text{Entropy}(C) = 0.0349$$

　　因此,血糖和血脂的含量更为重要,应该放在决策树更靠近树根的位置,其顺序为血糖、血脂、体重。我们可以构建如下随机森林,如图 5-12 所示。

　　该体检者的指标为{体重:60,血糖:6.8,血脂:1.5},则决策树 1 的结果为患者,决策树 2 的结果为正常,决策树 3 的结果为患者。最终得票为患者 2 票,正常 1 票,因此我们可以认为该体检者是糖尿病患者。

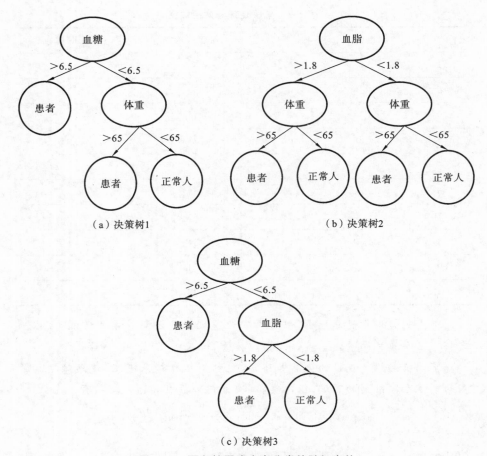

图 5-12 面向糖尿病患者分类的随机森林

5.7 聚类分析

我们可以通过分类算法分析有标签的数据,那么,怎么寻找隐藏在无标签的数据中的信息呢?怎么发现数据之间的关系呢?一种常见的分析方法是聚类算法,该算法是无监督学习的一种典型方法。聚类分析将数据划分成有意义或有用的组(聚类分析中称为簇)。就理解数据而言,簇是潜在的类,而聚类分析是自动发现这些类的技术。本节详细介绍三种聚类技术:K-均值、凝聚层次聚类和基于密度聚类(DBSCAN)。

5.7.1 基于相似度的聚类分析

聚类分析根据对数据集观察将某个样本数据划分到特定的簇。基于相似度的聚类分析,同一簇中的数据是相似的,根据数据的特征或者属性区别不同的簇,也有基于密度和图的聚类方法。聚类分析的目标就是在相似的基础上收集数据来分类,是一个把数据对象(或观测)划分成子集的过程,每个子集是一个簇,使得簇中的对象相似,簇间的对象不相似。令 X 为数据对象,X_i 为簇。其数学上的定义如下:

$$X = \bigcup_{i=1}^{n} X_i, \quad X_i \bigcap X_j = \varnothing \ (i \neq j)$$

图 5-13 所示的是某医院体检人群聚类分析的一个实例。体检人群被分为体检正常者和患者两类。患者可以划分为高血脂患者和心脏病患者等多类,其中高血脂患者可以根据病情划分为严重和轻微患者等。

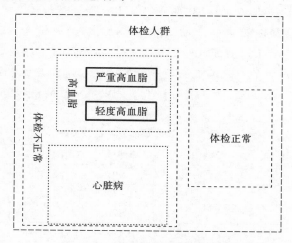

图 5-13　某医院体检结果聚类图

聚类与分类的不同在于,聚类所要求划分的类是未知的。从机器学习的角度来看,聚类是一个不断搜索簇的无监督学习的过程,而分类是将已有对象划分到不同标签下的有监督学习过程,聚类往往需要聚类算法自己确定标签。那么给定某些对象或者数据集合,如何对其进行聚类呢?这就需要设计具体的算法进行聚类。

5.7.2　聚类方法介绍

下面介绍三种最基本的聚类方法:K-均值聚类、凝聚层次聚类和基于密度聚类。

1. K-均值聚类

假设数据集 D 包含 n 个欧式空间中的对象,聚类的目标是将 D 中的对象划分到 k 个簇 $C_1, C_2, \cdots, C_k$ 中,使得 $1 \leqslant i, j \leqslant k, C_i \subset D, C_i \bigcap C_j \neq \varnothing$。需要定义一个目标函数来评估该划分的质量,该目标函数的目标是:簇内相似性高,簇间相似性低。

为了更形象地表示一个簇,定义簇的簇心来表示该簇,定义如下:

$$\overline{x}_{C_i} = \frac{\sum_{i=1}^{n_i} \vec{x}_i}{n_i}, \quad i = 1, 2, \cdots, k$$

式中:n_i 为簇中元素个数;$\vec{x}_i$ 为簇中元素向量坐标;$\overline{x}_{C_i}$ 可以代表簇 C_i。

用 $d(x, y)$ 表示两个向量之间的欧式距离,定义目标函数如下:

$$E = \sum_{i=1}^{k} \sum_{x \in C_i} \left[d(x, \overline{x}_{C_i}) \right]^2$$

用上述目标函数 E 来评估划分的质量。实际上,目标函数 E 是数据集 D 中所有对象到簇心的误差平方和。

因此,K-均值的目标是:对于给定的数据集合和给定的 k,找到一组簇 $C_1, C_2, \cdots,$

C_k，使得目标函数 E 最小，即

$$\min E = \min \sum_{i=1}^{k} \sum_{x \in C_i} \left[d(x, \overline{x}_{C_i}) \right]^2$$

案例 5.8   使用 K-均值聚类体检者

高血脂是一种常见的疾病，高血脂是由血脂含量过高导致的，因此在体检时，往往都会检测血液中甘油三酯和总胆固醇的含量来判断体检者是否患有高血脂。那么，我们可以通过这两个指标将人群划分为正常人和患者两类。表 5-8 所示的是武汉市某二甲医院一些人体检数据中甘油三酯和总胆固醇含量的数据集合，为了将这些人划分成不同的群体，使用 K-均值聚类分析体检数据。

表 5-8   某医院部分体检数据

标　号	甘油三酯	总胆固醇	标　号	甘油三酯	总胆固醇
1	1.33	4.19	10	2.63	5.62
2	1.94	5.47	11	1.95	5.02
3	1.31	4.32	12	1.13	4.34
4	2.48	5.64	13	2.64	5.64
5	1.84	5.17	14	1.86	5.33
6	2.75	6.35	15	1.25	3.18
7	1.45	4.68	16	1.30	4.36
8	1.33	3.96	17	1.94	5.39
9	2.43	5.62	18	1.90	5.19

根据上表，可以得到数据集全体为

$D = \{(1.33, 4.19), (1.94, 5.47), \cdots, (2.43, 5.62), \cdots, (1.90, 5.19)\}$

首先，确定划分的簇个数，假设我们需要划分成 3 类人群，即 $k=3$；其次，随机选择 3 个对象作为初始簇，利用随机数，得到 3 个对象，组成初始簇，分别为

$C_1 = \{(1.94, 5.47)\}, \quad C_2 = \{(1.30, 4.36)\}, \quad C_3 = \{(1.86, 5.33)\}$

将 D 中其他对象按照最近欧式距离选择法分别划分到上面三个簇中，以对象 $e = (1.33, 4.19)$ 为例，该对象到三个簇的距离分别为

$$d_{(e, c_1)} = \sum_{i=1}^{n} (x_{ei} - y_{C_1 i})^2 = (1.33 - 1.94)^2 + (4.19 - 5.47)^2 = 2.0105$$

$$d_{(e, c_2)} = \sum_{i=1}^{n} (x_{ei} - y_{C_2 i})^2 = (1.33 - 1.30)^2 + (4.19 - 4.36)^2 = 0.0298$$

$$d_{(e, c_3)} = \sum_{i=1}^{n} (x_{ei} - y_{C_3 i})^2 = (1.33 - 1.86)^2 + (4.19 - 5.33)^2 = 1.5805$$

该对象离簇 C_2 的距离最近，则应该被划分到簇 C_2 中。依次类推，可以得到如下结果：

$C_1 = \{(2.48, 5.64), (2.64, 5.64), (2.63, 5.62), (2.75, 6.35),$
$\quad (2.43, 5.62), (1.94, 5.47), (1.94, 5.39)\}$

$$C_2 = \{(1.33,4.19),(1.31,4.32),(1.13,4.34),(1.30,4.36),$$
$$(1.25,4.18),(1.45,4.68),(1.33,3.96)\}$$
$$C_3 = \{(1.95,5.02),(1.84,5.17),(1.86,5.33),(1.90,5.19)\}$$

然后，重新计算簇对象的均值，得到如下结果：

$$\bar{v}_{C_1} = \left(\frac{2.48+2.64+\cdots+1.94}{7}, \frac{5.64+5.64+\cdots+5.39}{7}\right) = (2.4014, 5.6757)$$

$$\bar{v}_{C_2} = \left(\frac{1.33+1.31+\cdots+1.33}{7}, \frac{4.19+4.32+\cdots+3.96}{7}\right) = (1.3000, 4.1471)$$

$$\bar{v}_{C_3} = \left(\frac{1.95+1.84+\cdots+1.90}{4}, \frac{5.02+5.17+\cdots+5.19}{4}\right) = (1.8875, 5.1775)$$

由于该簇均值和初始簇均值不相同，则重新分配数据集合 D 中各对象，方法和第一次划分对象到各簇类似，可得到如下结果：

$$C_1 = \{(2.48,5.64),(2.64,5.64),(2.63,5.62),(2.75,6.35),(2.43,5.62)\}$$
$$C_2 = \{(1.33,4.19),(1.31,4.32),(1.13,4.34),(1.30,4.36),$$
$$(1.25,4.18),(1.45,4.68),(1.33,3.96)\}$$
$$C_3 = \{(1.95,5.02),(1.84,5.17),(1.86,5.33),(1.90,5.19),$$
$$(1.94,5.47),(1.94,5.39)\}$$

经过检验可以发现，该均值与重新划分后的均值相同，则终止运算，得到最终分类。分类结果如图 5-14 所示。

因此，对于该医院的这些体检人，可以将其聚为三类，分别是正常人群、轻微或者将要患病的人群、高脂血症人群。该医院可以针对不同的人群给出不同建议，采取不同的治疗方案。

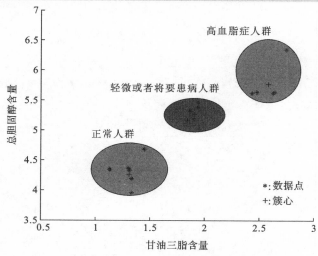

图 5-14 K-均值聚类结果图

2. 凝聚层次聚类

层次聚类和 K-均值聚类是聚类的两种传统方法，但是它们的出发点是不同的。K-均值聚类是根据已经给定的簇个数，将原始数据对象向各个簇聚拢，最终得到聚类结果；而层次聚类不需要给定类别个数，它是从每个对象出发，根据对象的邻近矩阵逐渐聚拢各个对象,直到所有对象都归为一类为止(或者从整体出发,逐渐分离各对象,直到每个对象都是一类)。因此,可以将层次分类划分为以下两类。

(1)凝聚层次聚类:从个体对象为簇出发,每次合并两个最邻近的对象或者簇,直到所有对象都在一个簇中(即数据全体集合)。

(2)分裂层次聚类:从包含所有点的簇开始(即数据全体集合),每次分裂一个簇得到距离最远的两个簇,直到不能再分裂(即只剩下单点簇)。

本小节将阐述凝聚层次聚类方法。

凝聚层次聚类需要不断合并两个最邻近的簇,那么就需要确定各簇之间的邻近度,这个该如何衡量,必须给出一个具体的标准。这也是凝聚层次聚类的关键所在,不同的衡量标准可能会得出不同的聚类结果。常见的有五种定义邻近度的方式,分别为单链、全链、组平均、Ward 法和质心法。前三种方法可以用图 5-15 形象化表示。

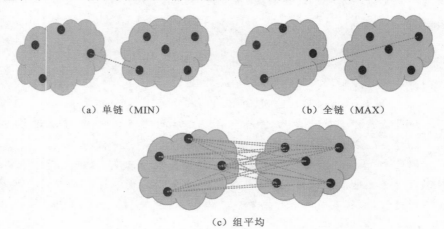

　　(a)单链(MIN)　　　　　　　　　　　(b)全链(MAX)

(c)组平均

图 5-15　簇的邻近度表示

案例 5.9　对某医院体检数据凝聚层次聚类分析

表 5-9 所示的是武汉市某二甲医院一些体检不合格人中体重、身高和心跳的数据集合,需要对其进行聚类分析。

表 5-9　某医院部分体检数据

标　　号	身高/cm	体重/kg	心跳
1	154	45.5	59
2	165	65.4	108
3	166.5	76.2	58
4	166.5	74.7	54
5	161	55.6	45
6	165.5	62.3	58

根据表 5-9,可以得到数据集全体为

$$D=\{(154,45.5,59),(165,65.4,108),\cdots,(165.5,62.3,58)\}$$

由于体检项的数据单位不统一,需要对其进行标准化以消除单位对结果的影响,标准化结果如下。

$$\text{data\_st} = \begin{bmatrix} 0.92 & 0.60 & 0.55 \\ 0.99 & 0.86 & 1 \\ 1 & 1 & 0.54 \\ 1 & 0.98 & 0.50 \\ 0.97 & 0.73 & 0.42 \\ 0.99 & 0.82 & 0.54 \end{bmatrix}$$

计算各簇的邻近度,这里用欧式距离作为簇的邻近度,得到如下结果。

$$\text{dist} = \begin{bmatrix} 0 & 0.53 & 0.41 & 0.39 & 0.19 & 0.23 \\ 0.53 & 0 & 0.48 & 0.51 & 0.60 & 0.46 \\ 0.41 & 0.48 & 0 & 0.04 & 0.30 & 0.18 \\ 0.39 & 0.51 & 0.04 & 0 & 0.27 & 0.17 \\ 0.19 & 0.60 & 0.30 & 0.27 & 0 & 0.15 \\ 0.23 & 0.46 & 0.18 & 0.17 & 0.15 & 0 \end{bmatrix}$$

由上可以看出簇为 3 和 4 的邻近度为 0.04,是最小值,因此先合并这两个簇,再重新计算各簇的邻近度,这里取单链(MIN)方法来定义簇之间的邻近度,得到如下结果。

$$\begin{array}{cccccc} \text{簇:} & 1 & 2 & 3,4 & 5 & 6 \end{array}$$

$$\text{dist} = \begin{bmatrix} 0 & 0.53 & 0.39 & 0.19 & 0.23 \\ 0.53 & 0 & 0.48 & 0.60 & 0.46 \\ 0.39 & 0.48 & 0 & 0.27 & 0.17 \\ 0.19 & 0.60 & 0.27 & 0 & 0.15 \\ 0.23 & 0.46 & 0.17 & 0.15 & 0 \end{bmatrix}$$

由上可以看出簇为 5 和 6 的邻近度为 0.15,是最小值,因此再合并这两个簇,合并后重新计算各簇的邻近度,重复,直到只有一个簇为止,合并的顺序依次为

$3,4 \to 5,6 \to \{3,4\},\{5,6\} \to \{\{3,4\},\{5,6\}\},1 \to \{\{\{3,4\},\{5,6\}\},1\},2$

凝聚层次聚类结果的树状图如图 5-16 所示。

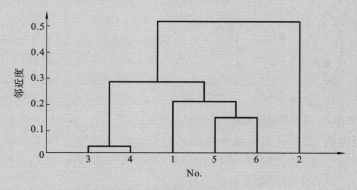

图 5-16 凝聚层次聚类树状图

从结果上来看,标号为 2 的体检人明显和其他几个有所不同,从表格数据我们可以看出标号为 2 的人心动过速,而其他人都是心动过缓。通过该图也可以很明显地看出标号为 3、4 的体检人很相似(体重差不多,身高都比较高),聚为一类。

3. 基于密度的聚类

K-均值聚类和凝聚层次聚类一般只能发现球状簇，而不能发现环状等任意形状的簇。现实生活中，有很多类的形状并不是球状，而是 S 形或者环状等，这样 K-均值或者凝聚层次聚类就很难满足实际需求，特别是涉及噪声和离群点的分类，它们往往是在圆环的内部或者远离群体。

为了寻找这类离群点，就需要能够构造出任意形状的簇。基于密度的聚类方法是一种解决离群点问题的途径，将空间数据根据数据的密集程度划分成不同的区域，而每个区域对应于某个簇，将离群点隔离开。本小节主要讲述一种基于高密度连通区域的密度聚类（DBSCAN）。

数据空间的点按照密集程度分为如下三类。

（1）核心点：是稠密区域内部的点。该点的邻域由距离函数（一般使用欧式距离）和用户指定的距离参数以及内部点个数的阈值决定。如果一点是核心点，那么该点在给定邻域内的点的个数超过给定的阈值。数学表达式如下：

$$\text{card}(\{x : d(x,a) \leqslant \text{Eps}\}) \geqslant \text{MinPts}, \quad x \in D$$

式中：card()表示求集合元素个数；$d(x,a)$ 为距离函数，a 为核心点；Eps 为距离参数；MinPts 为内部点个数的阈值。

（2）边界点：是稠密区域边缘上的点。该点的邻域内点的个数小于用户指定的内部点个数阈值，但是该点落在某一个核心点的邻域内部。其数学表达式如下：

$$\begin{cases} \text{card}(\{x : d(x,b) \leqslant \text{Eps}\}) < \text{MinPts}, \quad x \in D \\ b \in A \end{cases}$$

式中：card()表示求集合元素个数；$d(x,b)$ 为距离函数，b 为边界点；Eps 为距离参数；MinPts 为内部点个数的阈值；A 为核心点的邻域集合。

（3）噪声点：是稀疏区域中的点。该点的邻域内点的个数小于用户指定的内部点个数阈值，而且该点不在任何核心点的邻域内部。其数学表达式如下：

$$\begin{cases} \text{card}(\{x : d(x,c) \leqslant \text{Eps}\}) < \text{MinPts}, \quad x \in D \\ b \notin A \end{cases}$$

式中：card()表示求集合元素个数；$d(x,c)$ 为距离函数；c 为噪声点；Eps 为距离参数；MinPts 为内部点个数的阈值；A 为核心点的邻域集合。

各类空间点形象化的图示如图 5-17 所示（图中圆点表示核心点，方形为边界点，三角形为噪声点）。

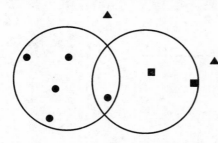

图 5-17　核心点、边界点和噪声点

为了方便理解，我们将某个点邻域内点的个数定义为该点的邻域密度。如果两个对象 p、q 都是核心点，且其中一个对象在另一个对象的邻域内，我们称这两个对象是直接密度可达的。其数学定义如下：

$$\begin{cases} d(p,q) \leqslant \text{Eps} \\ p,q \in A \end{cases}$$

式中：$d(p,q)$ 为距离函数；A 为核心点的邻域集合。

那么所谓的密度可达，就是通过一系列直接密度可达的对象连接起来的两个对象。这两个对象可以是核心点也可以是边界点。而 DBSCAN 的目标就是通过密度可达等方法找出数据集合中的核心点、边界点和噪声点。

案例 5.10　利用基于密度的聚类方法分析血液细胞

表 5-10 所示的是武汉市某二甲医院一些体检人血液中白细胞和红细胞含量的数据集合，需要找出体检人群中异常的人或者可能体检数据有问题的人。

表 5-10　某医院部分体检人白细胞和红细胞含量

白细胞含量	红细胞含量	白细胞含量	红细胞含量	白细胞含量	红细胞含量
9.4	5.33	6.6	4.41	4.0	4.43
6.0	4.26	5.4	4.62	8.6	5.15
6.0	4.62	6.0	4.92	9.7	5.43
6.0	4.12	9.6	5.44	5.5	5.00
5.5	5.45	6.5	5.34	5.0	5.95
6.0	5.90	4.2	4.54	4.7	5.04
5.5	5.73	3.5	4.80	5.6	5.42
4.8	4.51	4.9	4.46	2.1	3.79
5.9	4.24	3.0	4.79	7.8	5.73
5.0	4.46	5.8	5.20	4.5	4.35
4.8	3.97	3.0	4.17	12.6	5.27
3.6	4.46	8.1	4.82	4.4	5.32
7.5	5.51	5.1	4.16	5.6	4.39
7.3	4.92	6.9	5.18	5.6	3.74
8.6	5.97	6.3	3.99	5.0	4.44
5.3	5.33	6.8	3.91	5.6	6.78
4.2	4.87	5.9	4.29		

根据上表，可以得到数据集全体为

$$D=\{(9.4,5.33),(6.0,4.26),\cdots,(5.0,4.44),(5.6,6.78)\}$$

这里给出核心点的邻域密度阈值和距离参数（欧式距离）如下：

$$\begin{cases} \text{MinPts}=4 \\ \text{Eps}=0.9016 \end{cases}$$

随机选择一个对象 $p(4.8,4.51)$，可以循环计算每个对象到该对象的距离，如表 5-10 中的第一个对象 $(9.4,5.33)$ 到该对象的距离为

$$d(p,q)=\sqrt{(9.4-4.8)^2+(5.33-4.51)^2}=4.67$$

显然，该结果大于 $\text{Eps}=0.9016$，因此该对象不在 p 的邻域内。例如，对象 $(5.0,4.46)$ 到该对象的距离为

$$d(p,q)=\sqrt{(5.0-4.8)^2+(4.46-4.51)^2}=0.21$$

显然，该结果小于 $\text{Eps}=0.9016$，因此该对象在 p 的邻域内。经过计算，该实例中这样的对象共有 15 个，故该对象的邻域密度为

$$\text{Pts}_p=15>\text{MinPts}=4$$

因此该对象是核心对象。

循环该对象邻域中的对象,利用相同的方法计算下一个对象,如(5.0,4.46),该对象的邻域密度为14,且在对象 p 邻域内,因此该对象和对象 p 是密度可达的,标记为核心点。如果某个对象和核心点是密度可达的且邻域密度不小于 MinPts=4,则标记为核心点;如果某个对象和核心点是密度可达的但是邻域密度小于 MinPts=4,则标记该对象为边界点;如果某个对象和核心点不是密度可达的,则标记该对象为噪声点。利用该方法,得到该数据集合中的噪声点如下:

$$\{(2.1,3.79),(5.6,6.78),(9.7,5.43)\}$$

该数据集合的基于密度的聚类结果如图 5-18 所示。

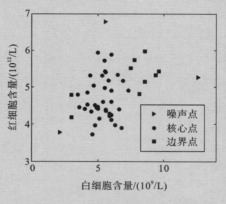

图 5-18　基于密度的聚类分析结果图

由图 5-18 可以看出聚类后的形状并不规则,很容易区分出核心点、边界点和噪声点。很容易看出左下角、最上面和最右边的点所对应的体检人血液中红细胞和白细胞含量有问题,需要重新体检以便进一步确认结果。

5.8　本章小结

本章介绍具体的机器学习算法以及通过案例讲述如何运用这些算法。第 5.1~5.6 节介绍有监督的机器学习算法,包括决策树、基于规则的分类和最近邻分类,这些是比较简单的机器学习算法,也有像支持向量机、朴素贝叶斯和随机森林这些比较复杂的机器学习算法。第 5.7 节重点介绍几种无监督的机器学习算法,包括 K-均值聚类、凝聚层次聚类和基于密度的聚类。

6

面向大数据分析的机器学习算法

摘要：针对大数据特别是高维大数据，一般的机器学习很难处理，或处理的速度会很慢，因此，我们需要降低数据量，以减少数据的运算次数从而提高算法的运行效率。降维算法就是一类能够有效地降低数据量的算法。本章将介绍一些常见的降维算法。

在众多的机器学习算法中，如何选择合适的算法，虽然没有通用的解决方案，但是我们可以通过比较各机器学习算法的优劣以及使用范围，从而缩小算法的选择范围。本章第二部分将重点介绍评价算法性能的几个指标，以及如何解决模型的欠拟合和过拟合问题，根据这些知识，给出如何针对实际问题选择合适的算法的方法。

6.1　降维算法和其他相关算法

在高维空间下点间的距离都差别很小（如欧式距离），或者是几乎任意两个向量都是正交的（利用夹角度量），那么势必会导致分类、回归，特别是聚类变得困难，这种现象称为"维数灾难"。为了解决这种问题，提出了很多降维算法。所谓降维，即将高维空间的点通过映射函数转换到低维空间，以此来缓解"维数灾难"。降维不仅可以减少数据之间的相关性，而且由于数据量减少加快了算法的运行速度。本节以主成分分析法为例讲解降维算法的核心思想和具体实现。

6.1.1　降维方法

机器学习领域中所谓的降维就是指采用某种映射方法，将原高维空间的数据点映射到低维度的空间。降维的本质是学习一个映射函数：

$$f:x \to y$$

式中：x 是原始数据点的表达，一般使用向量表达形式；y 是数据点映射后的低维向量表达，通常 y 的维度小于 x 的维度；f 可能是显式的或隐式的，也可能是线性的或非线性的函数。

目前大部分降维算法处理向量表达的数据，也有一些降维算法处理高阶张量表达的数据。使用降维后的数据表示是因为在原始的高维空间中，包含有冗余信息以及噪声信息，在实际应用如图像识别中造成了误差，降低了准确率；而通过降维，我们希望减少冗余信息所造成的误差，提高识别或其他应用的精度，还希望通过降维算法来寻找数据内部的本质结构特征。

降维算法一般分为线性降维算法(如主成分分析法和线性判别法分析法),以及非线性降维算法(如局部线性嵌入和等距特征映射(isometric feature mapping)),如表6-1所示。

表 6-1   降维算法列表

降 维 算 法	基 本 思 想
主成分分析法(PCA)	用几个综合指标(主成分)来代替原始数据中的所有指标
奇异值分析(SVD)	利用矩阵的奇异值分解,选择较大的奇异值而抛弃较小的奇异值来降低矩阵的维数
因子分析(FA)	通过分析数据的结构,发现各属性之间的内在联系,从而找出属性的共性(因子)
偏最小二乘法	集主成分分析、典型相关分析和多元线性回归分析3种分析方法的优点于一身,既可以降维,又可以预测
Sammon mapping	在保持点间距离结构的同时,将高维空间的数据映射到低维空间
判别分析(DA)	将具有类标签的高维空间的数据(点)投影到低维空间,使其在低维空间按类别划分
局部线性嵌入(LLE)	是一种非线性降维算法,它能够使降维后的数据较好地保持原有流形结构
拉普拉斯特征映射	希望相互间有关系的点(在图中相连的点)在降维后的空间尽可能地靠近

6.1.2   主成分分析法

实际中,对象都由许多属性组成。例如,人的体检报告由许多体检项组成,而每个属性都是对对象的一种反映,但是这些对象之间都有着或多或少的联系,这种联系导致了信息的重叠。属性(变量或者特征)之间信息的高度重叠和高度相关会给统计方法和数据分析带来许多障碍。为了解决这种信息重叠,就需要对属性降维,它既能大大减少参与数据建模的变量个数,同时也不会造成信息的大量丢失。主成分分析正是这样一种能够有效降低变量维数,并已得到广泛应用的分析方法。

主成分分析也称主分量分析,旨在利用降维的思想,把多指标(回归中称为变量)转化为少数几个综合指标(即主成分),其中每个主成分都能够反映原始变量的大部分信息,且所含信息互不重复。一般情况下,每个主成分都是原始变量的线性组合,各主成分之间互不相关。这种方法在引进多方面变量的同时将复杂因素归结为几个主成分,使问题简单化,同时得到的结果是更加科学有效的数据信息。

需要注意的是,尽管主成分分析法能够大大降低属性的维数,但是也有一定的信息损失。这些损失的信息可能在某些机器学习算法迭代中被放大,从而导致最终得出的结论不准确。因此,在进行主成分分析时要慎重考虑。

主成分就是由原始变量综合形成的几个新变量,依据主成分所含信息量的大小可分为第一主成分、第二主成分,等等。主成分与原始变量之间具有以下几种关系。

(1) 主成分保留了原始变量绝大多数信息。

（2）主成分的个数大大少于原始变量的数目。

（3）各主成分之间互不相关。

（4）每个主成分都是原始变量的线性组合。

主成分分析所要做的就是设法将原来众多具有一定相关性的变量,重新组合为一组新的相互无关的综合变量来代替原来的变量。通常,数学上的处理方法就是将原来的变量做线性组合,作为新的综合变量,但是这种组合可以有很多,应该如何选择呢?如果将选取的第一个线性组合即第一个综合变量记为 F_1,显然希望它尽可能多地反映原来变量的信息,在主成分分析中信息用方差来测量,即希望 $\mathrm{Var}(F_1)$ 越大,表示 F_1 包含的信息越多。因此,在所有的线性组合中所选取的 F_1 应该是方差最大的,故称 F_1 为第一主成分。如果第一主成分不足以代表原来 p 个变量的信息,再考虑选取 F_2,即第二个线性组合,为了有效地反映原来的信息,F_1 已有的信息就不需要再出现在 F_2 中,数学表达为 $\mathrm{Cov}(F_1,F_2)=0$,称 F_2 为第二主成分,依此类推可以构造出第三、第四……第 p 个主成分。

假设有 n 个评价对象(样本,如体检人)、m 个评价指标(如身高、体重等体检项),则可构成大小为 $n \times m$ 的矩阵,记为

$$\boldsymbol{X}=(x_{ij})_{n \times m}$$

$$\boldsymbol{X}=\begin{bmatrix} x_{11} & x_{12} & \cdots & x_{1m} \\ x_{21} & x_{22} & \cdots & x_{2m} \\ \vdots & \vdots & & \vdots \\ x_{n1} & x_{n2} & \cdots & x_{nm} \end{bmatrix}=(\boldsymbol{x}_1,\boldsymbol{x}_2,\cdots,\boldsymbol{x}_m)$$

式中:$\boldsymbol{x}_i(i=1,2,\cdots,m)$ 为列向量,称该矩阵为评价矩阵。

得到评价矩阵后,主成分分析法的一般步骤如下。

（1）计算初始样本数据均值 $\bar{x}=\dfrac{1}{n}\sum_{i=1}^{n}x_{ij}$ 和方差 $S_j=\sqrt{\sum_{i=1}^{n}(x_{ij}-\bar{x}_j)/(n-1)}$,执行标准化,均值和标准差需要按列计算。

（2）计算标准化数据 $X_{ij}=(x_{ij}-\bar{x}_j)/S_j$,则评价矩阵变为标准化后的矩阵:

$$\boldsymbol{X}=\begin{bmatrix} X_{11} & X_{12} & \cdots & X_{1m} \\ X_{21} & X_{22} & \cdots & X_{2m} \\ \vdots & \vdots & & \vdots \\ X_{n1} & X_{n2} & \cdots & X_{nm} \end{bmatrix}=(\boldsymbol{X}_1,\boldsymbol{X}_2,\cdots,\boldsymbol{X}_m)$$

（3）利用标准化后的矩阵,计算各评价指标之间的相关性矩阵 $\boldsymbol{C}=(c_{ij})_{m \times m}$(或者协方差矩阵),则 $\boldsymbol{C}$ 为对称正定矩阵。其中 $c_{ij}=\boldsymbol{X}_i^{\mathrm{T}}\boldsymbol{X}_j/(n-1)$。

（4）计算相关性矩阵(或者协方差矩阵)的特征值 λ 和特征向量 $\boldsymbol{\xi}$,按递减的顺序排列特征值为 $\lambda_1 > \lambda_2 > \cdots > \lambda_m$,同时排列与特征值对应的特征向量。设第 j 个特征向量为 $\boldsymbol{\xi}_j=(\xi_{1j},\xi_{2j},\cdots,\xi_{mj})^{\mathrm{T}}$,则第 j 个主成分为

$$F_j=\boldsymbol{\xi}_j^{\mathrm{T}}\boldsymbol{X}=\xi_{1j}\boldsymbol{X}_1+\xi_{2j}\boldsymbol{X}_2+\cdots+\xi_{mj}\boldsymbol{X}_m$$

当 $j=1$ 时,称 F_1 为第一主成分。

（5）根据相关性矩阵的特征值计算主成分的贡献率 η 以及累计贡献率 Q 为

$$\eta_i=\frac{\lambda_i}{\lambda_1+\lambda_2+\cdots+\lambda_m}, \quad Q_i=\eta_1+\eta_2+\cdots+\eta_i, \quad i=1,2,\cdots,m$$

最后根据用户指定的贡献率,确定主成分的个数,得到评价矩阵的主成分。一般取贡献率为 0.85、0.9、0.95,三个不同的贡献率水平根据具体场景而定。图 6-1 所示的是主成分分析的一般步骤。

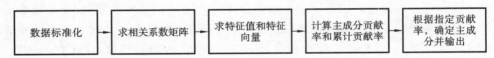

图 6-1 主成分分析步骤

案例 6.1 利用主成分分析法对体检数据降维

表 6-2 所示的是武汉市某二甲医院一些人体检数据中甘油三酯、总胆固醇、高密度脂蛋白、低密度脂蛋白、年龄、体重、总蛋白、血糖数据集合。利用主成分分析法确定该体检者数据的主成分,实现数据的降维。

表 6-2 某医院部分体检者数据表

编号	甘油三酯	总胆固醇	高密度脂蛋白	低密度脂蛋白	年龄	体重	总蛋白	血糖
1	1.05	3.28	1.35	1.8	60	56.8	66.8	5.6
2	1.43	5.5	1.66	3.69	68	57.4	79.4	5.3
3	1.16	3.97	1.27	2.55	68	70.7	74.7	5.4
4	6.8	5.95	0.97	2.87	50	80.1	74	5.6
5	3.06	5.25	0.9	3.81	48	82.7	72.4	5.8
6	1.18	5.88	1.77	3.87	53	63.5	78	5.2
7	2.53	6.45	1.43	4.18	57	61.3	75	7.3
8	1.6	5.3	1.27	3.74	47	64.9	73.6	5.4
9	3.02	4.95	0.95	3.53	39	88.2	79	4.6
10	2.57	6.61	1.56	4.27	60	63	80	5.6

由于各列数据反映了体检者不同方面的检查结果,各指标的单位不相同,因此需要先对原始数据作标准化处理,如 1 号体检者第一项指标标准化结果为

$$x'_{11} = \frac{x_{11}}{\max(x_1)} = \frac{1.05}{6.8} = 0.15$$

得到评价矩阵和相关性矩阵,分别为

$$\boldsymbol{x} = \begin{bmatrix} 0.15 & 0.50 & \cdots & 0.77 \\ 0.21 & 0.83 & \cdots & 0.73 \\ \vdots & \vdots & & \vdots \\ 0.38 & 1 & \cdots & 0.77 \end{bmatrix} \quad \mathrm{corr}(\boldsymbol{x}) = \begin{bmatrix} 1 & 0.40 & \cdots & 0.09 \\ 0.40 & 1 & \cdots & 0.35 \\ \vdots & \vdots & & \vdots \\ 0.09 & 0.35 & \cdots & 1 \end{bmatrix}$$

根据相关性矩阵计算特征值和特征向量:

$$\lambda_1 = 2.96, \quad \lambda_2 = 2.65, \quad \lambda_3 = 1.33,$$
$$\lambda_4 = 0.62, \quad \lambda_5 = 0.33, \quad \lambda_6 = 0.0024,$$
$$\lambda_7 = 0.07, \quad \lambda_8 = 0.036$$

其中特征值 λ_1 对应的特征向量为

$$\boldsymbol{\xi}_1 = (0.42, 0.02, 0.53, 0.06, 0.46, -0.54, 0.07, 0.16)^{\mathrm{T}}$$

计算各主成分的贡献率,图形化表示如图 6-2 所示。

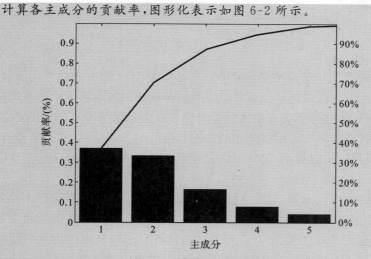

图 6-2 主成分的贡献率

指定贡献率为 85%,则可以计算出主成分为

$$Q = \frac{\lambda_1 + \lambda_2 + \lambda_3}{\mathrm{sum}(\lambda)} = 86.86\% > 85\%$$

上述三个主成分对各体检指标($X_1, X_2, \cdots, X_8$)的解释如图 6-3 所示。

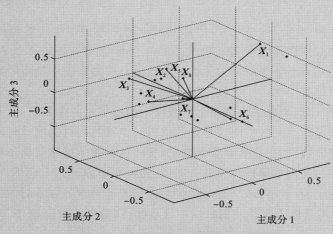

图 6-3 主成分对体检指标的解释

因此,利用主成分分析法可以确定三个主成分,分别为

$$F_1 = \sum_i \xi_{1i} x_{1i}, \quad F_2 = \sum_i \xi_{2i} x_{2i}, \quad F_3 = \sum_i \xi_{3i} x_{3i}, \quad i = 1, 2, \cdots, m$$

这里 $m = 8$,为体检指标数。那么可以用这三个主成分来反映体检数据中的 8 个指标,信息的保留率达到 86.86%,大大降低了体检数据的维数,为后期的数据分析提供便利。

6.1.3 半监督学习和增强学习以及表示学习

本小节介绍三种不同于监督学习类型的机器学习算法。大多数无监督的机器学习算法的目标是怎样更好地表示输入数据,这三种算法不能完全归类到无监督学习算法。本小节仅给出了这些学习模型的基本概念。

1. 增强学习

有学者将增强学习归为无监督的机器学习算法,因为没有绝对最优的输入输出对,只有不断改进。该方法希望使用者采取合适的行动提取输入数据中的有用信息以便提高准确率,这被认为是一个长期的回报。增强学习算法需要制定一个可以关联预测模型的采取相应行动的策略。增强学习的思想来自行为心理学,增强行动是与博弈论、控制论、运筹学、信息论、群理论、统计学以及遗传算法有关,最终目标是在有限的条件下达到均衡。

一些学者也使用动态规划技术强化马尔可夫过程(MDP),强化行动并不一定由监督学习发起,重点是到达当时的最优解。我们需要在已经知道的信息和未知的信息之间权衡。为了加快学习进程,用户需要定义最优解。用户可以使用基于蒙特卡洛或时间差分方法的值函数方法而不是例举法。也可以考虑直接策略。

我们可以考虑逆向增强学习(IRL)方法。用户不需要给出奖励函数,但是需要给出各种情况下的策略代替奖励函数,它的目的是最小化当前解与最优解之间的差值。如果 IRL 过程偏离了观察到的行为,实验者需要一个应急策略帮助系统返回到正确的轨迹上。

2. 表示学习

当需要改变数据的原有格式时,机器学习方法总是保留输入数据的关键信息。这个过程可以在执行预测或者分类之前完成。这可能要求重新输入一些未知分布的数据。在第 5.7 和 6.1.2 节介绍聚类分析和主成分分析法是表示学习的典型案例。实验者试图去转换原始数据到一个更适合模型输入的形式。

在某些情况下,这个方法允许系统从数据中提取特征并学习这些特征,从而提高学习效率。特征学习的输入数据应该尽量简单以减少计算的复杂度。然而,现实数据(如图形、视频、传感器数据)往往是非常复杂的,实验者需要从这些数据中提取特征。传统的手动提取特征往往需要昂贵的人类劳动,还需要专业知识。

对于如何自动、高效地提取特征,监督学习和无监督学习有不同的方法:

(1)监督学习从输入有标签的数据中提取特征,如人工神经网络、多层感知器和监督学习词典;

(2)无监督学习从没有类标签的数据中提取特征,如字典学习、独立分量分析、自编码、矩阵分解和前面介绍的聚类分析。

3. 半监督学习

半监督学习是无监督学习和有监督学习的混合。在半监督学习中,实验使用的数据集是不完整的,一部分数据有标签而另一部分数据没有标签。该方法通过对有标签数据的学习,逐渐归类无标签的数据,从这个角度来说,增强学习和代表学习算法都是半监督学习的子集。

大多数机器学习研究者发现联合使用无标签数据和小部分有标签数据可以提高学习算法的正确率。有标签的数据通常由领域专家或者物理实验产生,该过程的代价是巨大的。换言之,使用部分有标签的数据是合理的。

事实上,半监督的学习更接近人类的学习方式。下面给出了半监督学习的三个基本假设。为了尽可能地利用无标签的数据,我们必须给出数据分布的假设。不同的半监督学习算法至少需要下面三个假设中的一个。

(1)平滑性假设:越接近彼此的样本数据点越有可能来自同一个类标签。这个也是监督学习中的一个基本假设。这个假设可以更好地决定决策边界的位置。在半监督学习中,决策边界通常位于低密度区域。

(2)聚类假设:数据往往形成离散的集群,分在同一个集群的点更有可能共享一个标签。但是,我们必须清楚地认识到,分布在不同集群中的数据点也有可能来自同一个类标签。这种假设往往用于聚类算法中。

(3)流行假设:流行化后的数据空间往往比输入空间维度低。可以通过学习有标签的数据和无标签的数据流行避免维数灾难。因此,半监督学习可以在流行中通过定义距离和密度处理数据。

对于高维数据集,流行假设是很有用的。例如,人的声音是由多个声带、各种面部表情和肌肉控制。我们希望在自然的数据空间定义距离和平滑性,而不是在波形和图像组合的空间进行定义。下面的案例展示了半监督学习的优势。

案例 6.2　半监督学习的案例

　　如图 6-4(a)所示,我们可以看到一个决策边界将正例和负例分开了。而在图 6-4(b)中,除了两个有标签的数据,还有一组无标签的数据(灰色圆圈)。我们可以利用聚类的方法将无标签的数据聚为两类,然后在远离高密度区域的地方加入决策边界以区分这两类数据,然后根据有标签的数据决定决策边界的哪一边是正例,哪一边是负例。

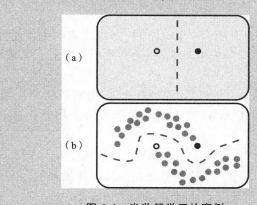

图 6-4　半监督学习的案例

6.2　选择合适的机器学习算法

本节将介绍如何选择合适的机器学习模型、策略和合理的解决方案。首先,我们阐述数据的可视化和算法的选择,然后讲解过拟合和欠拟合现象。最后,给出选择机器学习算法的步骤,讨论不同类型的损失函数的优缺点。

6.2.1   性能指标和模型拟合情况

每个算法都有各自的适用范围,例如,对于一种数据集,有的算法表现特别优秀,而有的算法效果很不理想;然而对于另一种数据集却恰恰相反。虽然很难准确评判哪一种算法更优秀,但是我们可以利用一些常见的指标来了解算法,也可以利用一些指标来分析相同数据集下的算法的优劣或者评价相似的算法。

1. 算法性能指标

我们主要考虑如下三个算法的性能指标。

(1)准确度:反映算法在测试数据集上的表现,即是否出现过拟合或欠拟合现象。显然,对训练集的测试效果越理想,算法越优秀,这是最重要的一个指标。

(2)训练时间:反映算法收敛的速度以及建立一个模型所需要的时间。显然,训练时间越短,算法越理想。

(3)线性度:反映算法的复杂度,是算法设置本身的要求,尽可能使用低复杂度的算法求解问题。

2. 数据预处理

在对数据进行分析之前,一般都要先了解数据的趋势以及数据之前的关系等,这就需要对数据进行可视化。然而大样本数据特别是多维数据的可视化是一个比较麻烦的过程,因为机器最多只能显示三维图形,所以我们需要对数据进行预处理。

数据的质量对机器学习模型的结果也有很大的影响。为了提高模型的准确率,我们需要增强输入数据的质量,可以在数据发现、数据收集、数据准备和预处理阶段完成。目的是让数据更加完整、相关和规整,提高模型的表现和交叉验证的准确率。主要方法包括如下几条。

(1)处理缺失数据:由于统计、手写等原因,原始的数据集并不能保证每行每列都有数据,这种情况就需要填补缺失的数据,利用去平均分或者去除缺失样本等方法处理缺失数据。

(2)处理不正确的数据:由于机器、手写等原因,有些数据明显不正确,常见的是某个数据过大或者过小,显得不合群,对于这种数据需要利用拟合或者插值的方式进行修改。

(3)规则化数据:数据集,特别是大数据集,有很多的特征,而每个特征的单位往往是不一样的,表现在数值上,特征和特征之间相差几个数量级都是常见的。因此需要对数据进行归一化或者标准化处理,可以使用如下公式:

$$\begin{cases} x' = \dfrac{x}{\max(x)} \\ x' = \dfrac{x - \min(x)}{\max(x) - \min(x)} \end{cases}$$

(4)可视化支持:预处理过的数据,方便了数据的可视化。对于多维数据,可以将其两两特征分别可视化,或者可视化自己比较感兴趣的特征,也可以利用降维的方法先处理特征。

3. 机器学习表现分

为了量化机器学习算法的优劣,可以定义模型的表现分。该分数被归一化到$[0,1]$

区间中。这个分数是由本节介绍的三个算法的性能指标决定的。不同的实验者可能应用不同的权重,代表着算法的侧重点不同。通常,准确率权重是最高的,其次是训练时间,线性度一般是最不重要的,甚至被忽略的。

图 6-5 所示的是某种机器学习模型下算法的表现分。该图中,y 轴表示得分,而 x 轴表示训练样本的大小。在曲线中有两个相互竞争的得分。训练得分是基于训练数据的模型表现分,交叉验证得分是基于测试数据的模型表现分。一般情况下,训练得分比交叉验证得分高。图 6-5 中展示了一种比较理想的情况,随着训练数据的增加,两个得分快速重合。

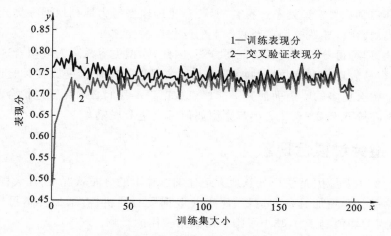

图 6-5 在机器学习模型的训练得分和交叉验证得分

4. 模型拟合情况

在选择模型时,既然想选择更优秀的模型,就要知道模型的优劣,因此,必须对模型的优劣做出评价。首先介绍机器学习模型容易出现的几种现象。

(1)过拟合现象:所谓过拟合(overfitting)现象,是一个模型在训练数据集上能够获得比其他模型更好的效果,但是在训练数据集外的数据集上却不能得到很好的结果,如图 6-6 所示。也就是说,模型在训练数据集和测试数据集上的准确率相差很大。

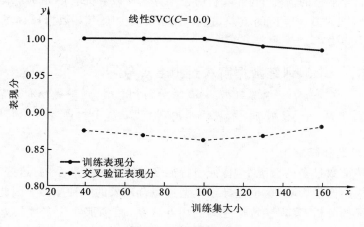

图 6-6 过拟合案例

（2）欠拟合现象：所谓的欠拟合（underfitting）现象，是一个利用训练数据集训练出来的模型，测试训练数据集时出现很大的偏差。也就是说，欠拟合模型，在训练数据集上的表现很差，达不到想要的效果。

过拟合和欠拟合现象都是不能接受的。这个暗示着我们需要选择能够代表数据集的训练数据。在后面的小节中，我们给出了解决这两种现象的方法。总之，理想的模型必须同时在训练数据和测试数据上都表现得很好。

随着样本量的增加，训练集上的得分有一定程度的下降，交叉验证集上的得分有一定程度的上升，但总体说来，两者之间有很大的差距，训练集上的准确度远高于交叉验证集。这其实意味着模型处于过拟合的状态，也即模型努力地刻划训练集，没有关注噪声对数据集的影响，导致模型在新数据上的泛化能力变差。

一般地，训练得分要比交叉验证得分高，因此，模型更容易陷入过拟合现象，也就是说，模型更容易表现出训练数据的特征而不是数据集的特征。更低交叉验证得分说明训练数据集中有更多的噪声而使其不能代表数据集。我们必须克服过拟合和欠拟合现象。我们将在第 6.2.2～6.2.3 小节介绍如何解决这个现象。

6.2.2　避免过拟合现象

过拟合的主要原因是模型刻意地去记住训练样本的分布状况，而加大样本量，可以使得训练集的分布更加具备普适性；噪声一般都具有随机性，增加样本可以减少偶然性，使得噪声的均值趋于 0，减小了噪声对数据整体的影响。

1. 增加训练数据

随着训练样本量增大，我们发现训练集和交叉验证集上的得分差距在减少，最后它们已经非常接近了。增大样本量，最直接的方法当然是想办法去采集相同场景下的新数据，如果实验条件不允许，也可以在已有数据的基础上做一些人工处理生成新数据（比如图像识别中，我们可以对图片做镜像变换、旋转等），当然，这种方法会增加样本的相关性，而使得训练出来的模型具有偏向性（即偏向某些数据样本）。因此，强烈建议使用采集真实数据的方法来扩大样本量。

在不增加样本量的情况下，可以利用去噪算法修改和完善原始训练样本集，让噪声的均值接近 0，同时减少噪声的方差，这样也可以减少噪声对数据整体的影响，比如用小波分析法去除噪声。

案例 6.3　增加训练数据解决过拟合现象

图 6-7 中，显示了训练数据从 60 增加到 800 时，训练得分和交叉验证得分差距逐渐减小。当训练数据达到 600 时，两者几乎相同。

2. 特征筛选和降维

在样本特征数过多的情况下，特征与特征之间往往是有联系的，这些或多或少的联系会对训练模型产生影响，这也是导致模型过拟合现象的一种原因。因此，我们可以通过对样本特征的分析，发现各特征之间的内在联系，减少那些代表性较差的特征，突出代表性特征，可以在一定程度上缓解过拟合现象。例如，利用关联规则，挖掘属性之间的关联关系；利用相关分析发现属性之间的相关关系。

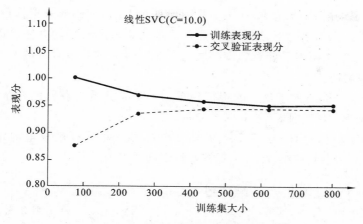

图 6-7 增加训练数据解决模型过拟合现象

对于维度很高的样本,可以先利用关联分析或者相关分析,找出特征之间的关联关系和相关关系,然后再自动选择特征。从另外一个角度看,我们之所以做特征选择,是想降低模型的复杂度,而更不容易刻画到噪声数据的分布。从这个角度出发,我们还可以有三种方式来降低模型的复杂度:① 多项式拟合模型中降低多项式次数;② 神经网络中减少神经网络的层数和每层的节点数;③ SVM 中增加 RBF-kernel 的带宽。

案例 6.4　降维思想解决过拟合现象

在 PCA 算法中,我们可以利用关联分析寻找相似的特征。如图 6-8 所示,选出第 11 和第 14 维特征。能否自动进行特征组合和选择呢?当然,这种方式也有一定的缺点,很难发现几个特征之间的关系,但可以利用 PCA 算法进行弥补。

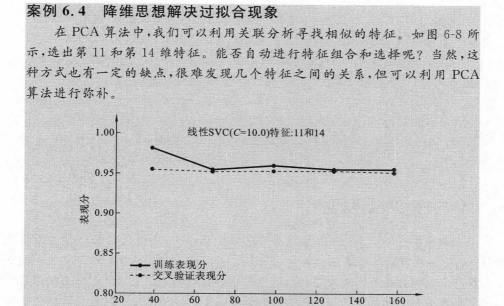

图 6-8 减少特征数解决过拟合现象

3. 数据归一化

调整正则化系数后,发现过拟合现象确实有一定程度的缓解,但问题依然存在,我们现在的系数是确定的,有没有办法可以自动选择最佳的系数呢?对于特征选择的部分,我们介绍了使用 sklearn. feature_selection 中的 SelectKBest 来选择特征的过程,也提到了在高维特征的情况下,这个过程可能会非常慢。还有别的办法可以进行特征选择吗? 比如说,分类器自己能否甄别哪些特征是对最后的结果有益的? 可以利用正则化的方法加以解决。

(1) L1 正则化:它对于最后的特征权重的影响是让特征获得的权重稀疏化,也就是对结果影响不大的特征,不给其赋予权重。

(2) L2 正则化:它对于最后的特征权重的影响是尽量打散权重到每个特征维度上,不让权重集中在某些维度上,出现权重特别高的特征。

案例 6.5　正则化方法解决过拟合现象

如图 6-9 所示,基于上述理论,我们可以把 SVC 中的正则化替换成 L1 正则化,让其自动甄别哪些特征应该留下权重。5、9、11、12、17、18 这些维度的特征获得了权重,而第 11 维的权重最大,也说明了它影响程度最大。当训练数据大小为 160 时,训练和测试得分就非常接近了。

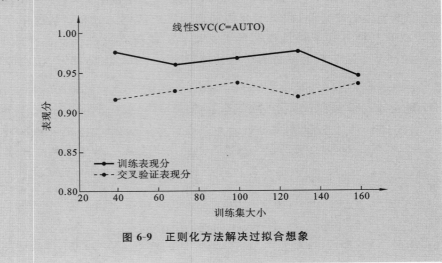

图 6-9　正则化方法解决过拟合想象

6.2.3　避免欠拟合现象

以下两种情况下会出现欠拟合现象:① 数据集很少,训练过程和检验过程不能很好地执行;② 没有选择合适的机器学习算法。换言之,不同的数据集需要不同的机器学习算法。这种情况下解决欠拟合问题比较困难。我们给出下面的几种方法以避免模型的欠拟合现象。在第 6.2.4 小节,我们将给出一个直观的方法来选择最佳的机器学习算法。

1. 改变模型参数

当我们使用 SVM 模型解决分类问题时,如果遇到欠拟合现象,一种解决方法是改用人工神经网络(ANN)模型重新训练数据,另一种方法是改变 SVM 模型的核函数(将线性的改为非线性的),然后再训练模型。下面的例子显示了修改 SVM 算法的两个线性参数,使得训练数据更好地适应 SVM 学习模型。

案例 6.6　修改 SVM 模型参数

在 50 次迭代过后,模型得分就几乎不再改变,但是模型的得分不高,反映了模型在一个欠拟合的状态。使用该模型预测很难达到指定的目标。对于前面案例中提到的线性 SVC 模型,我们可以将正则化因子 C 从 10 减小到 0.1,并且应用 L1 正则化。图 6-10 显示了通过更改模型参数解决欠拟合现象,图中,训练得分和交叉验证得分已经非常接近且得分都比较高。

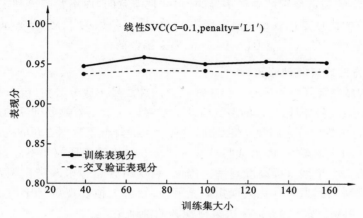

图 6-10　线性 SVC 算法中欠拟合现象

2.　修正损失函数

一些机器学习问题可以被视为最小化损失函数的优化问题,损失函数代表着模型的预测和实际值之间的差距,损失函数的选择对于问题的解决和优化非常重要。我们考虑以下五种损失函数,图 6-11 显示了这五种损失函数对结果的影响。

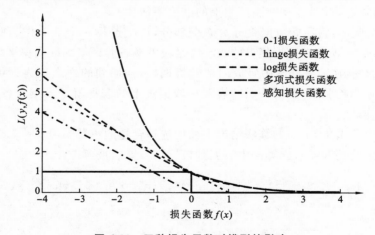

图 6-11　五种损失函数对模型的影响

(1) 0-1 损失(zero-one loss)函数:非常好理解,直接对应分类问题中判断错的个数。但比较尴尬的是,它是一个非凸函数,这意味着其实不是那么实用。

(2) hinge 损失(hinge loss)函数:是 SVM 中使用到的,健壮性相对较高(对于异常点/噪声不敏感)的损失函数,但是它没有那么好的概率解释。

(3) log 损失(log-loss)函数:这个函数的结果能非常好地表征概率分布。因此在很多场景,尤其是多分类场景下,如果我们需要知道结果属于每个类别的置信度,那这个损失函数很适合。缺点是它的健壮性没有那么强,相比 hinge 损失函数会对噪声敏感一些。

(4)多项式损失(exponential loss)函数:这个函数是 AdaBoost 中用到的,对离群点/噪声非常敏感,但是它的形式对于 boosting 算法简单而有效。

(5)感知损失(perceptron loss)函数:这个函数可以看作是 hinge 损失函数的一个变种。hinge 损失函数对于判定边界附近的点(正确端)惩罚力度很高。对于感知损失函数,只要样本的判定类别结果是正确的,它就是满意的,而不管其离判定边界的距离。感知损失函数的优点是比 hinge 损失函数简单,缺点是因为不是 max-margin boundary,所以得到的模型的泛化能力没有 hinge 损失函数的强。

3. 组合方法或者其他修正

在维度约减或者降维领域有一个非常强大的算法是主成分分析(principal component analysis,PCA),它能将原始数据的多数信息用维度远低于原始数据维度的几个主成分表示出来,而且每个主成分之间独立性很强,这样就大大降低了数据之间的内在联系。

组合算法的出现,就是因为某些模型对训练数据集的表现效果不好,利用多个同样的模型组合成一个模型来提高准确率。因此,利用组合思想来改进模型甚至改进模型的训练过程来增加模型对训练数据集的显著性,缓解欠拟合现象。比如,将提升(Adaboost)思想运用到决策树中,提高决策树预测的准确率。

6.2.4　选择合适的算法

上面多次提到模型在数据集上的表现(主要针对分类问题),何为表现好,何为表现差,需要给出定量的判断,主要有如下几种方法。

(1)保持方法:将原始数据集分为两部分,一部分是训练集,一部分为验证集,模型在数据集上的表现就是模型在验证集上的准确率估计。

(2)交叉验证:将原始数据集分为 k 个部分,依次选择一个部分作为验证集,其他部分作为训练集,模型在数据集上的表现就是模型在各验证集的准确率平均值。

(3)自助法:在训练样本中有放回地随机抽样,抽取到的样本作为训练集,而没有选中的样本作为检验集,重复 k 次。模型在数据集上的表现就是模型在各验证集上准确率的加权均值。

给定某个数据集,下面的算法给出了如何选择合适的机器学习算法,该算法主要是基于数据集的特征和需求。算法中有五种机器学习算法被考虑。

```
Algorithm 6.1 Selecting Machine Learning Algorithm from 5 Cate-
gories
Input:   The input dataset
Output:  Algorithm Category
Procedure:
1) Preprocessing to improve data quality (Regulation could be
   delayed to model process)
2) Visualization requirements (Selecting algorithm based on
   visualization results)
```

3) Define Objective Function (Focusing on feature properties or expected results?)

4) If feature property is chosen

5)   Choose a feature correlation algorithm (Category 1)

6) Else choosing expected results

7)   Subdivide the entire data set (Training da set versus testing data set)

8)   Are labels present in dataset?

9)   If yes, there exit labels

10)   Choose a classification algorithm (Category 2)

11)   else only partial labels present

12)   Choose a semi-unsupervised learning algorithm (Category 3)

13)   else no label exists

14)   Choose a clustering algorithm (Category 4)

15) Execute the model obtained

16) Measure the results (making predictions)

17) Obtain testing scores

18)   If the score is satisfactory

19)   Output the results

20)   else The accuracy score is too low

21)   Choose an ensemble algorithm (Category 5), Go to Step 4

22) Repeat preset number of iterations

23) The output is doubtful, choose a different dataset or reduce the standard.

6.3 本章小结

随着数据科学和大数据工业的兴起，数据维度变得越来越高，高维度的数据处理起来比较麻烦甚至无法处理，为了提高数据的处理速度和效率，本章的第 6.1 节介绍了几种降维算法，以降低数据的维数，重点介绍了主成分分析法。而在第 6.2 节给出了如何在众多的机器学习算法中选择合适的算法。如果你想更深入地了解机器学习，可以阅读参考文献中的文章。

第二篇 习 题

2.1 请比较监督学习、无监督学习和半监督学习的异同，并对每种学习方式举出三个相应的机器学习算法作为例子。

2.2 试实现基于 ID3 算法的决策树,并代入表 1 的数据进行验证。

表 1　银行借贷数据

序　号	年　收　入	年　龄	婚姻状况	是否提供借贷
1	70K	18	Single	No
2	230K	35	Divorce	Yes
3	120K	28	Married	Yes
4	200K	30	Married	Yes

2.3 朴素贝叶斯的模型起源于古典数学理论,有非常坚实的数学基础以及稳定的分类效率;且其模型所需估计的参数非常少,对缺失的数据不太敏感,算法也比较简单易懂。人们通常会根据天气状况来判断是否适合去户外游玩,表 2 给出了一个含有天气状况的条件属性 outlook{sunny, overcast, rainy},temperature{hot, mild, cool},humidity{high, normal},windy{TRUE, FALSE},以及类属性 play {yes, no}的数据集。在理解朴素贝叶斯算法的基础上,请你使用朴素贝叶斯算法预测一下条件属性为{rainy, mild, high, TRUE}的样本,其类属性是 yes 还是 no。

表 2　天气数据集

outlook	temperature	humidity	windy	play
sunny	hot	high	FALSE	no
sunny	hot	high	TRUE	no
overcast	hot	high	FALSE	yes
rainy	mild	high	FALSE	yes
rainy	cool	normal	FALSE	yes
rainy	cool	normal	TRUE	no
overcast	cool	normal	TRUE	yes
sunny	mild	high	FALSE	no

2.4 聚类是一种常见的数据处理方法,不同的聚类方法有不同的规则,当然,不同的方法应用的场景也就不一样。请比较书中提到的几种聚类方法的优点和缺点。

2.5 UCI 的 iris 数据集也称鸢尾花卉数据集,是一类多重变量分析的数据集。数据集包含 150 个数据,分为 3 类,每类 50 个数据,每个数据包含 4 个属性。可通过花萼长度、花萼宽度、花瓣长度、花瓣宽度 4 个属性预测鸢尾花卉属于 Setosa、Versicolour、Virginica 三个种类中的哪一类。分别用不同的核函数对该数据集进行训练分析,比较差别(提示:数据集可从 http://archive.ics.uci.edu/ml/datasets/Iris 下载。可考虑使用 LIBSVM 进行实验。LIBSVM 是台湾大学林智仁教授等 2001 年开发设计的一个简单、易于使用和快速有效的 SVM 模式识别与回归的软件包)。

2.6 *K*-均值聚类算法是一种可以寻找出无标签数据中隐藏信息的算法。当潜在的簇形状是凸面的,簇与簇之间区别较明显,且簇大小相近时,其簇类结果较理想。*K*-均值聚类在处理大数据集合时非常高效,伸缩性较好。请在仔细阅读完本章对 *K*-均值

聚类算法的详细介绍后,试着实现本算法。下面给出该算法的一些关键步骤作参考:

（1）选择 K 个点作为初始质心

（2）repeat

将每个点指派到最近的质心,形成 K 个簇

重新计算每个簇的质心

（3）until

簇不发生变化或者达到最大迭代次数

要求根据你写的代码给出你的测试结果。编程语言不限。

2.7　在大数据的背景下,一般的机器学习很难处理一些高维的数据,处理的速度会很慢,因此需要我们对数据量进行降维,以减少数据的运算次数来提高算法的运行效率。第 6 章介绍了一些降维算法,并重点介绍了其中的主成分分析法,请你结合第 6 章内容和课外知识对下列有关降维算法的说法进行判断,选出其中的错误项（　　）。

A. 主成分分析法中的主成分就是由原始变量综合形成的几个新变量

B. 奇异值分析是通过选择奇异值较大而抛弃奇异值较小的奇异值来降低矩阵维数

C. 偏最小二乘法具有主成分分析、典型相关分析和多元线性回归分析 3 种分析方法的优点,但它只能降维而不能预测

D. Sammon mapping 在降维的同时可以保持各点之间的距离结构

2.8　城市的发展水平由众多指标来衡量,如人口、工农业总产量和货运总量等。表 3 列出中国 8 个城市 6 项社会经济指标数据,根据表中数据,利用主成分分析法,对城市的发展水平排序。

表 3　中国一些城市的社会和经济指标

城　市	总人口 /万人	农业总产值 /百亿元	工业总产值 /千亿元	客运总量 /亿人	货运总量 /亿吨	财政预算 /千亿元
北京	1249.90	1.84	2.00	2.03	4.56	2.79
天津	910.17	1.59	2.26	0.33	2.63	1.13
石家庄	875.40	2.92	0.69	0.29	0.19	0.71
太原	299.92	0.24	0.27	0.19	1.19	0.39
呼和浩特	207.78	0.37	0.08	0.24	0.26	0.14
沈阳	677.08	1.30	0.58	0.78	1.54	0.90
大连	545.31	1.88	0.84	1.08	1.92	0.76
长春	691.23	1.85	0.60	0.48	0.95	0.48

2.9　在处理数据时,有许多可供选择的机器学习算法,如何选择适合的算法显得尤为重要;算法的选择直接关系到模型的拟合状况。拟合情况一般分为三种:过拟合、欠拟合以及合适拟合。

（1）请分别指出图 1(a)、(b)、(c)分别对应哪种拟合。

（2）为什么会出现欠拟合和过拟合的情况?

（3）有哪些办法可以解决欠拟合和过拟合?

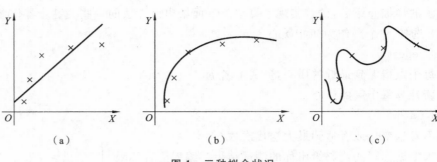

图 1　三种拟合状况

本篇参考文献

［1］ Alpaydin E. Introduction to machine learning［M］. The MIT Press，2010.

［2］ Bishop C M. Pattern Recognition and Machine Learning［J］. Company New York Ny，2006，16（4）：140-155. Springer.

［3］ Goldberg D E，Holland J H. Genetic Algorithms and Machine Learning［C］// Computational Learning Theory. COLT '93 Proceedings of the sixth annual conference on Computational learning theory，1994：3-4.

［4］ Kohavi R，Provost F. Glossary of Terms［J］. Machine Learning，1998，30（2-3）：271-274.

［5］ Langley P. The changing science of machine learning［J］. Machine Learning，2011，82（3）：275-279.

［6］ MacKay，Davidj C. Information theory，inference，and learning algorithms［M］. Cambridge University Press，2003.

［7］ Mannila H. Data mining：machine learning，statistics，and databases［C］// Eighth International Conference on Scientific and Statistical Database Systems，1996. Proceedings. IEEE Xplore，1996：2-9.

［8］ Mohri M，Rostamizadeh A，Talwalkar A. Foundations of Machine Learning：［M］// Foundations of machine learning. MIT Press，2012，pp. 287-306.

［9］ Mitchell T M，Carbonell J G，Michalski R S. Machine Learning［M］. McGraw-Hill，1997.

［10］ Vapnik V. Statistical Learning Theory［M］. Wiley-Interscience，1998.

［11］ Zhang J，Zhan Z H，Lin Y，et al. Evolutionary Computation Meets Machine Learning：A Survey［J］. IEEE Computational Intelligence Magazine，2011，6（4）：68-75.

［12］ Vapnik V. The nature of statistical learning theory ［M］. Springer Science & Business Media，2013.

［13］ Kohonen T. The self-organizing map ［J］. Proceedings of the IEEE，1990，78（9）：1464-1480.

[14] Quinlan J R. C4. 5:programs for machine learning[M]. Holland Elsevier,2014.

[15] Breiman L. Random forests [J]. Machine learning, 2001, 45(1): 5-32.

[16] Trevor,Tibshirani,Friedman. The Elements of Statistical Learning: Data mining, Inference,and Prediction[M]. New York: Springer. 2009:485-586.

[17] Ranjan A. A New Approach for Blind Source Separation of Convolutive Sources [J]. 2008.

[18] Ding C, He X. K -means clustering via principal component analysis[C]// International Conference on Machine Learning. ACM, 2004:29.

[19] Drineas P, Frieze A, Kannan R, et al. Clustering Large Graphs via the Singular Value Decomposition[J]. Machine Learning, 2004, 56(1):9-33.

[20] Bengio Y, Courville A, Vincent P. Representation Learning: A Review and New Perspectives[J]. IEEE Transactions on Pattern Analysis & Machine Intelligence, 2013, 35(8):1798-1828.

[21] Kriegel H P, Kröger P, Zimek A. Clustering high-dimensional data[J]. Acm Transactions on Knowledge Discovery from Data, 2009, 3(1):1-58.

[22] Bohm C, Railing K, Kriegel H P, et al. Density connected clustering with local subspace preferences [C]// IEEE International Conference on Data Mining. DBLP, 2004:27-34.

[23] Bradtke S J, Barto A G. Linear Least-Squares algorithms for temporal difference learning[J]. Machine Learning, 1996, 22(1):33-57.

[24] Kaelbling L P, Littman M L, Moore A W. Reinforcement Learning: A Survey [J]. Journal of Artificial Intelligence Research, 1996, 4(1):237-285.

[25] Szita I, Szepesvári C. Model-based reinforcement learning with nearly tight exploration complexity bounds[C]// International Conference on Machine Learning. DBLP, 2010:1031-1038.

[26] Chapelle O, Schölkopf B, Zien A. Semi-supervised learning [M]. MIT Press, 2006.

[27] Ratsaby J, Venkatesh S S. Learning from a mixture of labeled and unlabeled examples with parametric side information[C]// Proceedings of the Eighth Annual Conference on Computational Learning Theory. 2003:412-417.

[28] Zhu X, Goldberg A. Introduction to Semi-Supervised Learning[J]. Synthesis Lectures on Artificial Intelligence & Machine Learning, 2011, 172 (2): 1826-1831.

[29] Agrawal R, Imieliński T, Swami A. Mining association rules between sets of items in large databases[J]. ACM SIGMOD Record, 1993, 22(2): 207-216.

[30] MacQueen J. Some methods for classification and analysis of multivariate observations[C]//Proceedings of the fifth Berkeley symposium on mathematical statistics and probability. 1967, 1(14): 281-297.

[31] Jardine N, Sibson R. Mathematical Taxonomy[J]. Systematic Zoology, 1974.

[32] Ester M, Kriegel H P, Sander J, et al. A density-based algorithm for discove-

ring clusters in large spatial databases with noise[C]//Kdd. 1996，96(34)：226-231.

[33] Wold S，Esbensen K，Geladi P. Principal component analysis[J]. Chemometrics and intelligent laboratory systems，1987，2(1-3)：37-52.

[34] Xiaoyang Han. http://blog.csdn.net/han_xiaoyang/article/details/50469334，2016.

[35] 周志华. 机器学习[M]. 北京：清华大学出版社，2016.

第三篇

认知计算与大数据分析

7

认知大数据分析

摘要：认知计算系统需要足够多的数据来发掘其中所蕴含模式的独特价值。要使系统有较强的认知能力则需要有大的数据集。换句话说，充足的数据对于保障认知系统中分析结果可靠性和一致性至关重要。传统的数据特征提取和关联性分析不足以满足认知系统对数据分析的要求。通常，为了发掘数据的内在联系，认知系统需要包含有结构化和非结构化的两种数据。结构化数据，例如计算机用来处理所创建的关系数据库中的数据。相反，非结构化数据是为了便于人类阅读理解，如在读写材料中，以录像、图像的形式呈现的数据。这一章将解释大数据在创建认知计算系统中所扮演的角色。

7.1　大数据和认知计算的关系

大数据分析属于认知计算的一个维度。与大数据相比，认知计算的范围更广，技术也更为先进。认知计算和大数据分析有类似的技术，比如大量的数据、机器学习（machine learning）、行业模型等，大数据分析更多强调的是获得洞察，通过这些洞察进行预测。此外，传统的大数据分析会使用模型或者机器学习的方法，但更多的是靠专家提供。对于认知计算而言，洞察和预测只是其中的一种。但是，认知计算更为强调人和机器之间自然的交互，这些维度都不是传统的大数据分析所强调的。此外，认知计算目前成长很快的一个领域为深度学习（deep learning），它的学习方法与传统方法不同，更多的是基于大量的数据通过自学的方式得到这样的模型，而不需要很多的人为干预，这个从学习方法来讲和大数据分析有很多不同的地方。

7.1.1　处理人类产生的数据

处理大数据集没有任何新颖的东西。在正常形式的数据库中，数据的内容和结构都会致力于将冗余度最小化，重新配置各个域之间的关系。所以，关系型数据库是处理系统交互和数据解释的最优方式。而认知系统中的数据原本是由人类处理的，这样的数据包括期刊文章、视频、音频和图像文件。这些数据与传感器的数据流和机器数据是不同的。它的处理层次要超出关系型数据库系统的性能，因为其目的是解释数据的含义并创建人类可读的数据。

然而直到最近几年，对于太字节数据的处理一直存在技术和经济上的困难，更不用说千太字节的数据了。在过去,大多数公司能够做的就是采集数据样本并且希望正确的数据被采样到。然而,当主要的数据元素丢失时,人们对数据能够做的分析是有限的。除此之外,要达到一定的数据范围需要我们对业务有很深的理解,这样技术问题也在急剧扩大。技术公司希望深入研究未来,想要预测未来将会发生的事情,并且希望了解未来需要采取的最好行动。没有大数据技术,认知计算几乎不会有用。

结构化数据表示数据有定义好的长度和格式,而且它们的元数据、视图和词汇语义是明确定义的。大部分的结构化数据存储在传统的关系型数据库和数据仓库中。此外,更多的结构化数据是机器产生的数据,如传感器、智能测量仪器、医疗设备和 GPS。这些数据源在创建认知系统时是非常有用的。

与结构化数据不同,非结构化和半结构化数据没有一个特定的格式,而且语义也没有明确的定义。语义必须通过自然语言处理、文本分析和机器学习的技术来进行发掘和提取。寻找能够收集、存储、管理和分析非结构化数据的方法变得日益急迫。在所有的数据中,有 80% 的数据是非结构化数据,并且其数量还在以一定速率增加。这些非结构化数据源包括文档、杂志文章和书籍中的数据,以及临床诊断、客户服务系统、卫星图像、科学数据(地震成像、大气数据和高能源物理)、雷达或声音数据、移动数据、网站内容和社会媒体站点。所有的这些数据源都是认知系统的重要元素,因为它们可能会为我们理解特定问题提供依据。

不像大部分的关系型数据库,一般来说,非结构化或半结构化数据源本质上不是事务型的。非结构化数据具有很多形式并且可能很大。这些非结构化数据一般会和非关系型数据库一起使用,如 NoSQL 数据库,它包含以下几种类型。

(1)键值对(KVP)数据库。键值对(KVP)数据库依赖于一个抽象概念,它提供了一个键值和与其相关联的数据集的组合。KVP 用于查找表格、哈希表和配置文件。它经常和 XML 文档以及 EDI 系统的半结构化数据联合使用。常见的使用 KVP 的数据库是一个称为 Riak 的开源数据库,它被用于高性能情形,如媒体数据丰富的数据源和移动应用。

(2)文档数据库。文档数据库提供了用于管理非结构化和半结构化数据知识库的技术,如文本文档、网页、书籍,等等。这些数据库在认知系统中是很重要的,因为它们能够高效地管理非结构化数据,无论是作为静态入口还是组件,都可以被动态地使用。JSON 数据交换格式支持此功能来管理此种类型数据库。还有许多重要的文档数据库,包括 MongoDB、CouchDB、Cloudant、Cassandra 和 MarkLogic。

(3)列式数据库。列式数据库是高效的数据库结构,它是以列来存储数据的,而不是行。这就使得我们能够以一个更加高效的技术来对硬盘存储数据进行读写,目的是提高查询速度。所以,当有大量数据需要进行查询分析时,此种技术是非常有用的。HBase 是一种非常有名的列式数据库,基于谷歌的 BigTable(一个支持稀疏数据集的可扩展系统),由于它的易扩展性,在认知系统用户案例中,它是极其有用的,而且它还被用来处理稀疏和高分布式的数据。这个数据结构对于频繁更新的列式数据是非常适当的。

(4)图形数据库。图形数据库使用节点和边的图形结构来管理和表示数据。与关系型数据库不同,图形数据库不依赖于连接的数据源。它只维持一个单一的结构——图。图的元素能够直接互相代表,这样,它们就可以明确地表达关系,即使是在稀疏数据集中。当元素之间的依赖关系需要动态地进行维护时，图形数据库会被频繁使用，常见应用包括生物模型相互作用、语言关系和网络连通性。所以，这类数据库非常适合用于认知应用。Neo4J 是一个常用的开源图形数据库。

（5）空间数据库。空间数据库非常适合用于存储和查询集合目标，包括点、线和多边形。空间数据用于 GPS，以管理、检测和追踪位置。这在认知系统中是非常有用的，我们经常将 GPS 数据合并到如机器人和应用程序中，而且它们还需要了解天气情况。这种类型的应用程序所需的数据量是非常巨大的。

（6）PostGIS/OpenGEO 是关系型数据库，它包含了一个专门用来支持空间应用的层次，如 3D 建模、收集和分析传感器网络数据。Polyglot Persistence 专门用来集合不同的数据库模型，并用于特定的情形。这个模型对于使用传统的线性商业应用和使用文本和图像数据源的组合是非常重要的。

表 7-1 所示的是 SQL 和 NoSQL 的特性对比。

表 7-1　SQL 和 NoSQL 的特性

类　　型	查询语言	编　　程	数据类型	事务处理特性	案　　例
Key-value	Lucene Commands	JavaScript	BLOB semityped	—	Riak、Redis
Document	Commands	JavaScript	Typed	—	MongoDB、CouchDB
Columnar	Ruby	Hadoop	Predefined	Yes，if enabled	HBase
Graph	Walking、Search、Cypher	—	Untyped	ACID	Neo4J
Relational	SQL、Python、C	—	Typed	ACID	PostgreSQL、Oracle、DB2

7.1.2　驱动认知计算的关键技术

技术驱动计算应用具有可预测的趋势。很多设计师和程序员想要预测未来系统的技术能力。JimGray 的《数据工程中的经验法则》论文就是探讨技术和应用程序是如何互相影响的一个很好的案例。摩尔定律揭示了处理器的速度每 18 个月增加一倍，这一现象在过去的 30 年内被证实。然而，很难说摩尔定律在未来能否长久使用。吉尔德定律指出，在过去的 1 年里网络带宽翻了一倍。这个定律在未来能持续吗？商品硬件的巨大的价格/性能比是由智能手机、平板电脑、笔记本市场所驱动的。它们也同样驱动了商品技术在大规模计算中被采纳和使用。

几乎所有的应用都需要计算经济学、网络级的数据采集、可靠的系统和可扩展的性能。例如，银行和金融业经常会用到分布式事务处理。这种事务处理占据了现今可靠的银行系统的 90％的市场。用户必须在分布式事务中处理多个数据库服务器。如何保持复制的事务记录的一致性在实时银行服务中是至关重要的。另外，这些应用中存在其他复杂因素，包括缺乏软件支持、网络饱和以及安全威胁。近年来，6 大前沿信息技术，即社交、移动、分析、云计算、物联网和 5G 网络，变得越来越热门，且可作为认知计算和构建认知系统的支撑技术。表 7-2 总结了与这 6 大前沿信息技术相关的基础理论、硬件、软件、网络进展和有代表性的服务提供商。SMACT 代表 Social(社交网络)、Mobile(移动计算)、Analytics(数据分析)、Cloud(云计算)、IoT(物联网)等技术。

表 7-2 SMACT 技术及其特点(基础理论、典型硬件、软件工具、网络和所需服务提供商)

SMACT 技术	理论基础	硬件研究基础	软件工具和库	网络启用器	代表性的服务提供商
移动系统	通信理论、无线接入理论、移动计算	智能设备、无线、移动基础架构	安卓、IOS、Uber、微信、NFC、iCloud、谷歌播放器	4G 网络、WiFi、蓝牙、无线接入网络	AT&TWireless、T-Mobile、Verzon、苹果、三星、华为
社交网络	社会科学、图论、统计学、社会计算	数据中心、搜索引擎和 WWW 基础架构	浏览器、API、Web 2.0、YouTube、Whatsapp、微信、Massager	宽带互联网、软件定义网络	Facebook、Twitter、腾讯、Linkedin、百度、亚马逊、淘宝
大数据分析	数据挖掘、机器学习、人工智能	数据中心、云、搜索引擎、大数据浪潮、数据存储	Spark、Hama、DatTorrent、MLlib、Impala、GraphX、KFS、Hive、Hbase	托管云、Mashups、P2P 网络	AMPLab、Apache、Cloudera、FICO、Databricks、eBay、Oracle
云计算	虚拟化、并行与分布式计算	服务器集群、云、虚拟机、互联网络	OpenStack、GFS、HDFS、MapReduce、Hadoop、Spark、Storm、Gassandra	虚拟网络、OpenFlow 网络、软件定义网络	AWS、GAE、IBM、Salesforce、GoGridApache、Azure-Rachspace、DropBox
物联网(IoT)	感知理论、定位理论、普适计算	传感器、射频识别、GPS、机器人、卫星、ZigBee、陀螺仪	TyneOS、WAP、WTCP、IPv6、MobileIP、Android、IOS、WPKI、UPNP、JVM	无线局域网、PAN、MANET、WLANMesh、VANet、蓝牙	IotCouncil、IBM、HealthCare、SmartGrid、SocialMedia、SmartEarth、Google、三星
5G 网络	无线通信理论、信道接入、频谱优化理论、绿色通信	大规模天线阵列系统、宏基站、小基站、无线接入网		C-RAN、D2D、5G 缓存	三星、中国移动、中国电信、沃达丰

(1) SMACT 子系统之间的相互作用:图 7-1 所示的是 5 种 SMACT 技术之间的相互作用。多个云平台交互式地与许多移动网络紧密合作以提供服务内核。IoT 网络连接了任意的对象,包括传感器、计算机、人类和地球上任意 IP 可识别的对象。IoT 网络以不同的形式存在于不同的应用领域中。社交网络(如 Facebook 和 Twitter)以及大数据分析系统都是在互联网上建立的。通过互联网和移动网络,包括一些边缘网络如 WiFi、以太网甚至一些 GPS 和蓝牙数据,所有的社交、分析和 IoT 网络都会被连接到云。

我们需要去揭示移动互联网系统中这些数据的产生、传输或处理子系统之间的交互。在图 7-1 中,我们通过发生在子系统之间的动作来标记它们之间的关系。数据信号感知依赖于 IoT 和社交网络与云平台之间的交互。数据挖掘涉及使用云的力量去有效地利用捕获到的数据。数据集成发生在移动系统、IoT 领域和处理云之间。而机器学习是大数据分析的基础。

(2) 技术之间的相互作用:移动系统、社交网络和许多 IoT 领域产生了大量的传感器数据或数字信号。RFID 感知、传感器网络和 GPS 需要实时并且有选择性地采集自己产生的数据,因为非结构化的数据易被噪声打乱。感知要求高质量的数据,而过滤经常被用来提高数据质量。

① 数据挖掘:数据挖掘涉及了大数据集的发现、收集、聚合、转换、匹配和处理。数据挖掘是大型数据信息系统中产生的一个基本操作。其最终的目的是从数据中发现知识。数值、文本、模式、图像和视频数据都可以被挖掘。

② 数据聚合与集成:这是指对数据进行预处理,以提高数据质量。重要的操作包括数据清理、去除冗余、检查相关性、数据压缩、变换和离散化等。

③ 机器学习和大数据分析:这是使用云的计算能力去科学和静态地分析大型数据集的基础。人们编写特定的计算机程序使其自动地学习如何识别复杂的模式和基于数据做出智能决策。

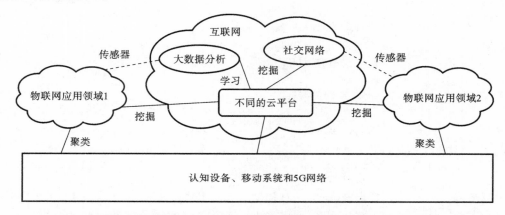

图 7-1　物联网领域中社交网络、移动系统、大数据分析和云平台之间的相互作用

（3）满足未来需求的技术融合:IoT 将计算机的互联网扩展到了任意对象。云、IoT、移动设备以及社交网络的联合使用对于从所有数据源捕获大数据来说是至关重要的。这种集成系统被 IBM 研究人员设想为"智慧地球",它实现了与人类、机器和我们周围的任意物体快速、高效地互动。一个智慧地球必须具备智能的城市、清洁的水、高效的权力、便捷的交通、安全的食品供应、负责任的银行、便捷的通信、绿色 IT、更好的学校、健康监护以及丰富的资源用于共享。这些功能曾经听起来像个梦想,但近年来已逐渐成为现实。

在一般情况下,成熟的技术应该被迅速采用。两种或两种以上技术的联合使用可能需要我们付出额外的努力去为一个相同的目的进行整合。因此,整合可能需要一些转型性的变化。为了使用创新性的新应用,我们面临核心技术转型提出的挑战。颠覆性的技术使我们更难处理整合,因为它们具有更高的风险。我们可能需要更多的研究和实验或付出原型设计的努力。这就需要我们去考虑通过混合不同的技术以相互补充去进行技术融合。

5 种 SMACT 技术都是部署在移动互联网(或者称为无线互联网)中的。IoT 网络可能以很多不同的形式出现在不同的应用领域中。例如,我们可以在国防、医疗保健、绿色能源、社交媒体和智能城市等领域建立 IoT 应用。建立在互联网上的社交网络和大数据分析子系统具备快速数据库搜索和移动接入设施。在专用平台上的特定领域的云服务提供了强大的存储和处理能力。在移动互联网环境中,在我们看到云平台在特定领域的大数据或 IoT 应用上广泛使用之前,我们还有很长的路要走。

7.1.3　5G 网络

第五代移动通信技术 5G 是 4G 之后的延伸,5G 标准正在研究中。5G 关键能力比前几代移动通信更加丰富,用户体验、连接速率、连接数密度、端到端时延、峰值速率和移动性支持等都将成为 5G 的关键性能指标。然而,与以往只强调峰值速率的情况不同,业界普遍认为用户体验速率达到 10 Gb/s 是 5G 最重要的性能指标,它真正体现了用户可获得的数据速率超越了此前的标准,也是用户感受最密切的性能指标。与之对应的一组关键技术包括毫米波通信、大规模天线阵列、超密集组网、移动缓存与计算、全频谱接入和新型网络架构。

1. 5G 应用场景

5G 的应用场景可分为四大类:连续广域覆盖、热点高容量、低时延和高可靠、低功耗和大连接。

(1) 连续广域覆盖:在保证用户移动性(500 km/h)和业务连续性的前提下,提供 100 Mb/s 的体验速率。

(2) 热点高容量:在局部热点区域满足用户极高的流量密度需求,如 1 Gb/s 用户体验速率、数十吉字节每秒的峰值速率和每平方千米数十 Tb/s 的流量密度。

(3) 低时延和高可靠:在车联网、工业控制物联网及认知应用中为用户提供毫秒(ms)级的端到端时延和接近 100% 的可靠性。

(4) 低功耗和大连接:面向环境监测、智能农业等应用场景,提供低功耗、海量连接、支持百万平方公里的连接密度。

2. 5G 网络关键技术

5G 网络的关键技术有网关控制和转发分离、按需组网、智能缓存技术和新型网络架构技术等。

(1) 网关控制和转发分离:现有移动核心网网关设备包含路由转发和控制功能(信令处理和业务处理),控制功能和转发功能之间是紧耦合关系。在 5G 网络中,基于 SDN 思想,将移动核心网网关设备的控制功能和转发功能进一步分离,网络向控制功能集中化和转发功能分布化的趋势演进。控制和转发功能分离后,转发平面将专注于业务数据的路由转发,具有简单、稳定和高性能等特性,以满足未来海量移动流量的转发需求。控制平面采用逻辑集中的方式实现统一的策略控制,保证灵活的移动流量调度和连接管理。集中部署的控制平面通过移动流控制接口实现对转发平面的可编程控制。控制平面和转发平面的分离,使网络架构更加扁平化,网关设备可采用分布式的部署方式,从而有效地降低业务的传输时延。控制平面功能和转发平面功能能够分别独立演进,从而提升网络整体系统的灵活性和效率。

(2) 按需组网:按需组网是 5G 网络中根据具体业务场景提供恰到好处的网络控制功能和性能保证。网络切片是实现按需组网的一种实现方式。网络切片是利用虚拟化技术,将 5G 网络物理基础设施资源根据场景需求虚拟化为多个相互独立的、平行的虚拟网络切片。每个网络切片按照业务场景的需要和话务模型进行网络功能的定制剪裁和相应网络资源的编排管理。一个网络切片可以视为一个实例化的 5G 核心网架构。

（3）智能缓存技术：在靠近移动用户的位置上提供智能缓存和计算服务，将内容分发推到靠近用户的设备中，更好地支持低时延和高带宽的业务需求。不过，智能缓存还存在一些问题需要解决，如运营商、设备商、内容提供商的合作和开放，如何计费等问题。

（4）新型网络架构技术：基于 SDN、NFV 和云计算等先进技术可实现以用户为中心的更灵活、智能、高效和开放的 5G 新型网络，以解决传统蜂窝接入网和核心网的性能局限，满足用户不断增长的业务需求。

7.1.4 大数据分析

虽然商业智能工具已经发展了十几年，但是一般不会提供大数据分析的复杂算法。本节提供了一个概览，分析如何帮助商人提高商业知识、期望转换和结果预测。你可以见到数据的分析是如何一步步进展到成熟水平的，从描述性分析到预测性分析，再到机器学习和认知计算。认知计算的基本原则就是会有许多数据被收集到一起，从而真正地明白我们要分析的领域。例如，在医学诊断中，除了分析测试结果之外，了解病人的具体情况是非常有帮助的（如病人是吸烟还是超重患者）。此外，诊断必须要将这一病例与新的研究进展做比较，这样具有相似病症的病人会有相同的康复计划。还有一些其他例子，它们都包含了很多的数据，而且很有必要使用可视化技术。

一般来说，在大数据和认知计算环境中的高级分析都需要复杂的算法，因为，在实际应用中有太多的数据和太多的复杂分析都需要用一个简单的查询。就像在本章节前面所讲到的，大数据的规模太大了，以至于它不能存储在一个单一的机器上。除了这个物理限制，为了能够实现系统的高效，算法必须按照正确的速率来运行。幸运的是，有许多可用的新兴算法可以支持大数据分析，包括以下几种。

（1）Sketching and streaming：当分析的数据流来自传感器时，通常采用此种算法。这种算法的数据元素小，但是必须快速传输并且需要频繁更新。

（2）Dimensionality reduction：这一算法用以帮助将高维分布的数据转换成更加简单的数据。这一类型的递减是很有必要的，因为它能更简单地解决分类和回归任务中机器学习的问题。

（3）Numerical linear algebra：当数据中包含大型矩阵时，通常采用此种算法。例如，零售商利用数值线性代数识别客户在种类繁多的产品及服务中的喜好。

（4）Compressed sensing：当数据是稀疏的或来自传感器的数据流信号，这些算法是很有用的，它们受限于一些线性或基于时间的测量结果。这一算法能够使系统在这些受限的数据中识别出关键元素。

在一些情况中，在分析过程中大量的数据可能会超出单一机器的内存容量。多亏了分布式系统的性质，将数据分解并在不同的机器中处理是必要的。像非均匀存储器存取（NUMA）这样的技术可以通过最小化阈值和 I/O 开销，帮助我们克服这些限制，NUMA 允许将非连续的内存池视为一个内存池。例如，这一技术允许算法运行在一台机器上，而使用另一台机器的内存。这一部分附加的内存将会被视为第一台机器内存的扩展。

虽然在大数据分析中，我们一直专注于复杂的非结构化数据的访问和分析，但是了解数据和传统的关系型数据库、数据仓库和业务应用整合的分析结果也是很重要的。要创建一个认知系统,需要我们对所需的数据有一个整体的视图,以使其上下文是正确的。

　　所以,创建一个认知系统需要大量数据的管理和分析。它还要求有正确的数据集成工具和技术,以有效地创建语料库。这不是一个静态的过程。为了高效性,所有类型的大数据必须匹配、集成以及根据实际需求进行管理。

7.2　认知计算相关介绍

　　认知计算这个术语来自于认知科学与人工智能。多年来,我们一直想建立一个能够通过训练来进行学习,从而获得某些人类的感知和智能的计算机,也被称为大脑启发式计算机或者神经计算机。这样的计算机将使用特殊的软件和硬件建造,它能够模拟基本的人脑功能,比如处理模糊信息,以及执行情感的、动态的和及时的反应。比起传统的计算机,它能够处理一些模糊性和不确定性信息。为此,我们希望一个认知机器能够模拟人脑并拥有认知能力,可以自动且不知疲倦地学习、记忆,并能够对外部刺激进行推理和回应,这个领域也称为神经信息学。我们可以通过设计认知计算相关硬件和应用来使得这一类新的问题变得可计算,从而使得它变得更有情感和影响力。这样的系统提供了一个包括信息来源、影响、环境以及见解的综合体。IMB描述道,这是一个以一定的规模进行学习,带着某种目的进行推理,以此来与人类进行交互的系统。

7.2.1　认知计算的系统特征

1. 认知系统的特征

　　在某种程度上,认知系统重新定义了人类与无处不在的数字环境之间的关系。对用户而言,它们可能充当的是助理或者教练的角色,在很多情况下,它们能够自主行动。本质上来说,认知系统的计算结果可以是暗示性的、规范性的或者指导性的。下面列举了一些认知计算系统的特征。

　　(1) 自适应学习:认知系统可能会随着信息的变化以及目标和需求的发展来进行学习。它们可能会解决歧义并容忍不可预测性,它们还可以设计成使用实时的或者接近实时的动态数据。

　　(2) 与用户交互:用户可以定义认知系统的需求作为认知系统的训练师。认知系统还可以与其他处理器、设备、云服务以及人进行交互。

　　(3) 迭代的和状态性:如果问题的状态是模糊或者不完整的,它们可以通过询问问题或者找到额外的输入来源的方式来重新定义问题。同时它们也可以记住先前交互迭代的记录。

　　(4) 信息发现的环境:它们可以理解、识别和提取环境因素,如语意、语法、时间、位置、合适的域、条例、用户的属性、过程、任务和目标这些信息。它们可能利用多个信息渠道,包括所有的结构化和非结构化数字信息,以及感知输入,如视觉、手势、听觉或者传感器所提供的信息。

2. 与当前计算机的区别

认知系统与当前计算应用的区别在于,认知系统是基于预配置规则的,并且程序能够超越预配置的能力。它们能够进行基本的计算,还能够基于更广泛的目标给出独到的推断和推理。认知计算系统能够整合或利用现存的信息系统和增加域以及特定任务的界面和工具。认知系统利用现在的 IT 资源,并且在未来将与现在遗留的系统共存。其最终目标是使得计算更接近于人类思考,在人类事业中与人类保持合作伙伴关系。

认知科学本质上来说是跨学科的。它涵盖了心理学、人工智能、神经科学以及语言学等方面,同时也跨越了很多分析的层面,从底层的机器学习和决策机制到高层的神经元回路来建立模拟人脑的计算机。表 7-3 总结了与神经信息学和认知计算相关的领域。在后续的章节,我们将进一步探究这些高端技术。

表 7-3　神经信息学和认知计算相关领域

学科领域	简　介	技　术　支　持
人工智能	通过研究认知现象,在计算机中实现人类的智慧	模式识别、机器人、计算机视觉、语音处理等
学习和记忆	研究人类学习和记忆的机制,以此来构建未来计算机	机器学习、数据库系统、增强记忆等
语言和语言学	研究语言学和语言是如何学习和获取的,以及怎样理解新句子	语言和语音处理、机器翻译等
知觉和行动	研究通过感官,比如视觉和听觉来获取信息的能力。触觉、嗅觉和味觉刺激都属于这一领域	图像识别和理解、行为学、脑影像学、心理学和人类学
神经信息学	神经信息学代表了神经科学与信息科学的交叉学科	神经计算机、人工神经网络、深度学习、疾病控制等
知识工程	研究大数据分析,知识挖掘,转型和创新过程	数据挖掘、数据分析、知识发现以及系统构建

7.2.2　认知学习的应用

目前,认知计算的平台已经出现在我们的生活中,并且已实现商业应用。采纳和使用认知计算平台的组织有意开发应用来解决特定的案例,每一个应用利用的都是一些可用的功能的组合。现实生活中的使用案例包括以下几种:语音理解、情感分析、人脸识别、选举的见解、自动驾驶和深度学习应用。认知系统平台提供者的博客上还介绍了很多例子,这也阐述了认知计算在现实世界应用中的可能性。

表 7-4 列举了所有重要的认知机器学习的应用。在这些任务中,目标识别、视频识别和图像检索与机器视觉应用相关;文本和文档任务包括事实提取、机器翻译以及文本理解。在音频和情感检测方面,有语音识别、自然语言处理以及情感分析任务。在医疗和健康应用中,有癌症检测、药物发现/毒理学、放射学以及生物信息学。在商业和金融应用中,有数字广告、欺诈检测以及市场分析中的买卖预测。很多这样的认知任务正在寻求自动化处理。一些识别应用中涉及了大量不同语言的、包含数以万计单词的文本

数据,数十亿图像和视频的视觉数据,数百天演讲的音频,用户的查询信息和市场信息,数十亿的标签组的知识和社交媒体图表。

表 7-4　认知机器学习的常见应用

领　域	应　用	领　域	应　用
机器视觉	目标识别	文本和文档任务	事实提取
	视频识别		机器翻译
	图像检索		文本理解
音频和情感检查	语音识别	医疗和健康	癌症检测
	自然语音处理		药物发现/毒理学
	情感分析任务		放射学
			生物信息学
商业和金融	数字广告		
	欺诈检测		
	买卖预测		

7.3　认知分析

人们无法在不使用预测分析、文本分析,或机器学习技术的某种组合下开发一个认知系统。通过高级分析技术组件的应用程序,数据科学家可以在大量的结构化和非结构化数据中识别和理解模式和异常的意义。这些模式被用来开发模型和算法,以帮助决策者做出正确的决策。分析过程可以帮助理解数据元素和数据上下文之间存在的关系。机器学习被用来提高模型的准确性以做出更好的预测,这对于高级分析是一项重要的技术,尤其是分析大量具有非结构化性质的数据。除了机器学习,高级分析能力还包括预测分析、文本分析、图像分析和语音分析,在本章后面会进行介绍。

7.3.1　统计学、数据挖掘与机器学习的关系

统计学、数据挖掘和机器学习都包括在高级分析中。这些学科都在理解数据、描述数据集的特征、发现数据中的关系和模式、建立模型并做出预测中扮演各自的角色,在应用各种技术和工具来解决商业问题时有很大的重叠。许多广泛使用的数据挖掘和机器学习算法植根于经典的统计分析。

(1)统计学是从数据中学习的科学。古典或传统的统计学在性质上是推理,这意味着它是用来从数据中得出结论(通过各种参数)。虽然统计建模可以用于预测,但其主要关注点是做出推论,并了解变量的特征。统计学的实践要求通过查看数据结构周围的错误来检验理论或假设。利用正态性、独立性和常数方差等技术来测试模型假设,以了解导致错误的可能原因,目的是使模型拥有常数差异。此外,统计学需要利用置信度与显著性检验测试一个空假设以及决定结果的显著性(P 值),做出估计。

(2) 数据挖掘基于统计学原理,是探索和分析大量的数据,从中发现数据模式的过程。算法用来在数据中找到关系和模式,然后这个模式的信息被用来做预测。数据挖掘被用来解决一系列的商业问题,如欺诈检测、市场分析、客户流失分析。传统上,组织已经在大量的结构化数据,如客户关系管理数据库或飞机零件库存上应用数据挖掘工具。一些分析供应商提供的软件解决方案,可结合结构化和非结构化数据进行数据挖掘。一般情况下,数据挖掘的目标是从一个更大的数据集提取数据用于分类或预测。在分类中,这个想法是将数据分类成组。例如,对促销优惠感兴趣的人与不感兴趣的人各有何特点,这是营销人员关注的问题;数据挖掘将被用来根据两个不同的类别提取数据,并分析每个类的特点。营销人员对谁可能对促销进行回应的预测感兴趣。数据挖掘工具的目的是支持人类做出决策。

(3) 机器学习使用的是一些已经应用在数据挖掘中的算法。与其他数学方法相比,机器学习的关键差异之一是专注于使用迭代方法,以减少错误。机器学习提供了一种系统学习的方法,从而提升了模型和这些模型的结果。它是一个自动化的方法,提供了新的方法来搜索数据,并使模型发生多次迭代,进而快速提高精度。机器学习算法已被用来作为黑盒子算法,在不需要一个因果解释的拟合模型下对大数据集进行预测。

7.3.2 在分析过程中使用机器学习

机器学习是提高认知环境中预测模型准确性的关键。在许多观察中,这些预测模型有大量的属性,数据集有可能是非结构化、规模庞大并经常变化的。机器学习使模型能够从数据中学习,强化认知系统的知识库。一个模型的数百或数千次的迭代很快发生,这导致数据元素之间关联类型不断改进。由于它们的复杂性和大小,这些模式和关联很容易被人类观察所忽视。此外,复杂算法基于传感器的数据,对时间、天气数据和客户情绪指标的快速变化可以自动做出调整。准确性的提高是训练过程和自动化的结果。机器学习通过持续不断的实时处理新数据与训练系统以适应数据中不断变化的模式和关联,对模型和算法进行了改进。

越来越多的公司引进机器学习,了解各种预测属性的上下文,以及这些变量是如何相互关联的。这种改进的上下文中的理解导致更加精准的预测。公司正在应用机器学习技术来改进已经运用多年的预测分析过程。例如,电信行业使用机器学习来分析历史客户信息,如人口统计数据、使用量、故障报告表以及购买的产品,以帮助预测和减少客户流失。随着时间的推移,这些公司从专注于结构化客户信息的数据挖掘发展到包括历史非结构化信息的文本分析,如客户调查评论和来自呼叫中心相互作用的笔记。目前,伴随电信学的一种高级分析方法的研究,公司可以利用非结构化和结构化的信息,共同开发一个更完整的个人客户的档案。此外,还可以把历史信息与最新的信息来源结合起来应用,如社交媒体。机器学习技术用来训练系统,以快速识别公司最有可能失去的用户,并制定相应的战略,以提高用户留存率。机器学习应用于许多行业,包括医疗保健、机器人、电信、零售和制造业。

监督和无监督的机器学习算法运用于各种分析应用中。选择什么样的机器学习算法,取决于所解决的问题类型和解决该问题所需的数据体积和类型。通常情况下,监督学习技术使用标记的数据来训练一个模型,而无监督学习在训练过程中使用未标记的数据。在标记的数据上进行机器学习模型的训练,然后使用这种训练来预测未标记的数据并给出准确的标记。标记数据是指提供有关数据的某些信息的标志或标签。例如,对于语音记录这种非结构化数据,可以标记演讲人的姓名或有关的录音主题。人们经常把为数据提供标记作为训练的一部分。未标记的数据不包括标签、其他标识符或元数据。例如,对于视频、社交媒体数据、录音或数字图像这些非结构化数据,如果以原始形式存在,没有任何关于该数据的人为判断,那么这些数据就是未标记的数据。

1. 监督学习

在使用前,监督学习通常已有一个既定的数据集,同时对该数据是如何分类的有一定的了解。人类参与进来提供培训,并且分析模型要和被标记的数据相匹配。这些算法使用预处理样本进行训练,然后用测试数据对算法的性能进行评估。偶然情况下,在更大的数据集中不能检测到该数据的一个子集所确定的模式。如果调整模型使其只与训练子集中存在的模式匹配,那么会造成过拟合问题。为了防止过拟合,需要对标记数据和未标记的数据进行测试。使用未标记的数据作为测试集,可以帮助评估模型预测结果的准确性。监督学习的应用包括语音识别、风险分析、欺诈检测和推荐系统等。

以下工具和技术通常被用来实现监督学习算法。

(1)回归:回归模型由统计社区开发,其中的 Lasso 回归、Logistic 回归、Ridge 回归可用于机器学习。Lasso 回归是一种最小化平方误差总和的线性回归。Logistic 回归是标准回归的一个变种,但扩展了处理分类概念,可以测量一个非独立分类变量和一个或多个独立变量之间的关系。Ridge 回归分析是一种具有高度相关的独立变量数据技术(共线性),Ridge 回归对估计引入了一些偏差,用来减少共线性最小二乘估计结果中的标准误差或误导差异。

(2)决策树:决策树是一种捕捉一组类之间的关系的表示或数据结构。叶节点代表类别,而所有其他节点代表"决定"或问题。有几种机器学习算法基于遍历决策树。例如,梯度增强和随机森林算法,假设底层的数据作为一个决策树存储。梯度增强是一种回归问题的技术,它以一个整体的形式产生预测模型。随机森林是一种利用分类和回归树来组织数据,寻找数据中的异常值、异常和模式的算法。该算法通过随机选择的预测建立一个模型,然后不断重复,建立数百棵树。随机森林是一个 baggingtool(总体回归树适合于引导样品),依靠一个迭代的方法产生更准确的模型。决策树生长后,用以识别数据中的簇以及对于模型中使用变量的重要性进行排名是可能的。伯克利加利福尼亚大学的统计部门创造了这个算法,并在 2001 年发表的一篇论文对其进行了描述。随机森林算法被广泛应用于风险分析。

(3)神经网络:神经网络算法模仿人类/动物的大脑。该网络由输入节点、隐藏层和输出节点组成。每一个单位被分配一个权重。使用一个迭代的方法不断调整权重,直到它达到一个特定的停止点。训练数据输出确定的错误用来对算法进行调整,并提高分析模型的准确性。神经网络应用在语音识别、目标识别、图像检索和欺诈检测等方面。神经网络还可以应用于推荐系统,像亚马逊系统,基于买家以前的采购和搜索记录为买家做出决定。深度神经网络可以用来在未标记的数据上建立模型。

(4)支持向量机(SVM):支持向量机是一种机器算法,利用标记的训练数据和输出结果确定最优分类超平面。一个超平面是一个维度减一的子空间(即在一个平面上的线)。当有少量的输入特征时,通常使用支持向量机将这些特征扩展到更高的维度空间,然后再分类。支持向量机不支持十亿的训练数据。在非常大容量的训练数据的情况下，可以使用逻辑回归算法。

（5）K-近邻（K-NN）：K-NN 是一种监督分类技术，用来确定相似记录的分组。K-NN 技术计算历史（训练）数据中的记录和点之间的距离，然后将此记录分配给数据集中的最近邻类。当处理有限维数据分布的问题时，通常选择 K-NN。

2. 无监督学习

无监督学习算法可以解决需要大量未标记数据的问题。在监督学习中，这些算法寻找数据中的模型从而分析过程。例如，在社会分析中，可能需要查看大量的 Twitter 消息、Instagram 的照片和 Facebook 消息来收集足够的信息，并从中得到想解决问题的见解。这些数据没有被标记，并且数据量巨大，需要太多的时间和其他资源来尝试标记所有这些非结构化数据。因此，无监督学习算法可能是社会媒体数据分析最佳选择。

无监督学习是指基于一种没有人为干预的分析数据的迭代过程而进行的计算机学习。无监督学习算法将数据分段，划分到样例组（集群）或特征组中。对未标记的数据创建数据的参数值和分类。无监督学习可以决定一个问题的结果或解决方案，也可以用来作为第一步处理，然后传递到一个有监督的学习过程。

以下工具和技术通常用于无监督学习。

（1）聚类技术，用来发现数据样本中存在的聚类。聚类技术依据一定的标准将变量分类成不同组（所有拥有 X 的变量或所有没有 X 的变量）。

◆ K-均值算法可以基于数据估计未知的方法，它是一个简单的局部优化算法，可能是使用最广泛的无监督学习算法。

◆ EM 聚类算法可以最大限度地提高数据的混合密度。

（2）核密度估计（KDE），用于估计概率分布或一组数据的密度。它测量随机变量之间的关系。当推论是由一个有限的数据样本得到时，KDE 可以平滑数据。KDE 主要用于风险管理分析和金融建模。

（3）非负矩阵分解（NMF），在模式识别和解决具有挑战性的机器学习问题，如基因表达分析和社会网络分析是有用的。NMF 将一个非负矩阵分解为两个低秩的非负矩阵，并可以作为一个聚类或分类工具使用。NMF 有两种使用方式：一是类似于 K-均值聚类；二是类似概率潜在语义索引——一种无监督的机器学习的文本分析方法。

（4）主成分分析（PCA），用于可视化和特征选择。PCA 定义了一个线性投影，其中每一个投影维度是一个原始的线性组合。

（5）奇异值分解（SVD），可以帮助消除冗余数据，提高算法的速度和整体性能。SVD 可以帮助决定哪些变量最重要的，哪些是可以消除的。例如，"湿度指数和下雨的概率"是高度相关的两个变量，一起使用时不向模型中添加值。SVD 可以用来确定哪些变量应该在模型中保持。SVD 在推荐引擎中经常使用。

（6）自组织映射（SOM），是一种无监督的神经网络模型，它由 TuevoKohonen 在 1982 年开发。SOM 是一个模式识别过程。这些模式是在没有任何外部影响下学习的。它是一种从（视觉）传感器到大脑皮层的地形测绘的抽象数学模型，用来理解大脑如何识别和处理模式。这种了解大脑如何工作的方法已被应用于机器学习模式识别，这种技术已被应用到制造过程。

3. 预测分析

预测分析是一种统计或数据挖掘解决方案，包括算法和技术，可以预测未来的结果。数据挖掘、文本挖掘和机器学习可以在结构化和非结构化数据中发现隐藏的模式、集群和异常值。这些模式形成一个认知系统给出答案和预测的基础。预测建模使用了独立的变量,这些变量通过数据挖掘和其他技术识别,以确定未来发生的各种可能。组织在许多方面使用预测分析,包括预测、优化、预报和模拟。预测分析可以应用到结构化、非结构化和半结构化的数据里。在预测分析中,你使用的算法应用了某种目标函数。例如,亚马逊使用一种算法,了解你的购买行为,然后预测你还对哪些物品感兴趣。

关注分析非结构化数据代表了使用预测分析上的变化。传统上,统计和数据挖掘技术已被应用到结构化数据的大型数据库中。一个组织的内部操作系统的记录通常存储为结构化数据。然而,要想形成一个认识系统的知识基础,需要各种各样的大量的非结构化数据。非结构化数据源包括电子邮件、日志文件、客户呼叫中心记录、社交媒体、网页内容、视频和文学,提取、探索并利用非结构化数据进行决策日益困难。好在技术的进步,如 Hadoop 已经提高了对非结构化数据的统计分析速度和性能。能够分析这些非结构化数据源是认知系统发展的关键。

公司使用预测分析来解决许多商业挑战,包括降低客户流失率、提高对客户优先事项的整体理解,减少欺诈。企业可以使用预测分析定位特定的目标客户,按照确定的配置文件,并根据以前的购买记录和目前的情况细分客户。利用迭代分析和机器学习对模型进行微调,预测、分析,提出可以提高企业收入的办法。

7.4　本章小节

随着大数据时代的来临,数据的规模、速度、种类和复杂程度都超过了人脑的认知和处理能力,认知计算及其近年进展为大数据分析和理解提供了新的技术支持与可能性。第 7.1 节介绍了大数据在认知计算中扮演的角色,可以说大数据是展示认知计算魅力的基础;第 7.2 节介绍了认知计算的特点和一些常见的应用;第 7.3 节介绍了认知计算与相关领域的密切联系,以及认知分析过程中如何使用机器学习。

8

深度学习在认知系统中的应用

摘要：深度学习是机器学习的一个分支，使用多层神经网络结构模拟人脑的分层信息处理方法，是认知计算高级分析方法中的一种方法。深度学习是一种特征学习方法，与传统机器学习方法相比，最大的不同在于具有"特征学习"能力，不需要事先手工设计特征。

8.1 认知系统和深度学习

认知系统不可能在不使用预测分析、文本分析或机器学习技术的某种组合下开发。认知系统中使用高级分析技术开发模型和算法建立的模式，可以帮助决策者制定正确的决策。作为机器学习的一个分支的深度学习，在认知系统中被用来提高模型的准确性以做出更好的预测。深度学习具有数据特征学习的能力，特别是在处理非结构化的数据时性能表现更加突出，如图像数据、文本数据、语音数据等。系统中需要对大量的结构化和非结构化数据进行识别和理解，建立相应的模式，当需要分析大量的、用传统的手工特征设计方法难以提取特征的数据或者非结构化的数据时，深度学习方法更能体现出其优势。

今天的应用程序需要以飞快的速度来进行规划和适应业务的变化，为企业保持竞争力；等待 24 小时或更长时间的预测模型不再被接受。例如，一个客户关系管理应用程序可能需要一个迭代分析过程，将当前的信息与客户的新信息交互作用并提供结果，以支持瞬间决策，确保客户满意。此外，数据源更复杂和多样。因此，分析模型需要结合大的数据集，包括结构化的、非结构化的和流媒体数据，以提高预测能力。大量的数据源企业需要评估，以提高模型的准确性，包括业务数据库、社会媒体、客户关系系统、网络日志、传感器和视频。

越来越多的高级分析部署在高风险的情况下，如病人健康管理、机器性能、威胁和盗窃管理。在这些实例中，预测结果具有很高的准确性，将意味着生命被挽救、避免重大危机。此外，在数据量大、速度快的环境下使用的高级分析和机器学习，为了得到竞争优势，必须进行自动的预测分析。通常情况下，决策者使用预测模型的结果来支持他们的决策能力，并帮助他们采取正确的行动。

机器学习和深度学习算法是提高认知环境中预测模型准确性的关键。认知系统中建立和使用的预测模型有大量的属性,数据集有可能是非结构化、规模庞大并经常变化的。使用深度学习的最大优势是使得模型能够直接从数据中学习,强化认知系统的知识库。建立模型的过程中通过数百或数千次的迭代,使得数据元素之间关联类型不断改进;由于数据元素之间的复杂性和数据量大小的原因,这些模式和关联很容易被人类观察所忽视。此外,使用深度学习建立的复杂模式数据的来源通常是基于传感器的数据,如天气数据和客户情绪指标等,深度学习能够根据数据的快速变化自动做出调整。

8.2　深度学习和浅层学习

2016 年,人机围棋比赛备受世人关注,AlphGo 最终以 5∶4 胜出世界顶级围棋选手李世石。围棋复杂多变,始终被认为只有人的智能才能应对;在 AlphGo 胜出职业选手之前,没有任何一个职业选手输给过围棋软件。20 年前,深蓝计算机在国际象棋比赛中战胜国际象棋大师加里·卡斯帕洛夫,采用的是搜索的方法。

围棋比象棋难度大,AlphGo 采用了深度学习和树搜索算法相结合的方法进行运算和智能决策。Google 的 AlphGo 首次实现了机器达到了专业围棋水准。AlphGo 的成功表明人工智能向达到人类智能前进了一大步。

2012 年 6 月,Google Brain 项目使用数千万张 YouTube 的随机图像,使用 16000个 CPU Core 的计算机平台训练了深度神经网络的模型,用于图像的识别。这个模型系统内部建立 10 亿个人工神经元节点,识别图像的基本特征,学习这些基本的特征组成,能够自动识别出猫的图像。训练过程中,系统并没有获得"这是一只猫"的信息,而是自己领悟了"猫"的概念。项目负责人 Andrew 说:"我们直接将海量数据投入算法,数据自己说话,系统自动从数据中学习。"

从 Google Brain 项目的成功到 AlphGo 的胜利,深度学习看起来已经具备自我学习的能力,那么深度学习究竟是怎样做到自我学习的呢?

深度学习使用多层神经网络结构进行数据的特征提取和学习。多层深度神经网络包括一个输入层、一个输出层和多个隐藏层。各层神经元之间的连接权重在学习的过程中可以不断进行调整。常见的深度学习的架构包括卷积神经网络、深度信念网络、递归神经网络等。

深度学习是机器学习的一个分支,和其对应的另一个分支我们称之为浅层学习。直观上理解深度学习和浅层学习的区别是网络的深度不同,或者说是网络的层数不同,深度学习网络的层数较多,极端的甚至达到上百层。深度神经网络(deep neural network,DNN)是在输入层和输出层之间有多个隐藏层的人工神经网络(artificial neural network,ANN),对比浅层的神经网络,DNN 能为更复杂的非线性关系建模。

对于简单的模式识别问题,浅层学习的分类工具已经足够,如决策树、支持向量机等。随着输入特征数量的增加,ANN 表现出其优势。然而,随着模式数量的增长,每层的节点数量成倍的增长,当模式变得更复杂时,浅层神经网络变得不可用,这时训练 ANN 变得困难,并且精确度开始受到影响。当模式变得非常复杂时,需要深度学习来实现。以人脸识别为例,浅层学习或者浅层的神经网络是不可行的,唯一的选择是使用深度学习。深度学习能超越所有竞争对手的重要原因是使用 GPU(Graphics Processing,图形处理器)使训练过程快得多。

深度学习算法与浅层学习算法相比,输入将经过更多层的转换,在每一层,信号通过处理单元转换,这个处理单元类似神经元,参数需要通过训练"学习"。区分浅层学习和深度学习的深度,没有一个通用的阈值规定,但是,大多数的研究人员认为深度学习包括多个非线性层(CAP>2),Schmidhuber 认为 CAP>10 就是超级深度学习。

表示学习是准确表示数据的方法,这种表示等价于数据的特征表示,是用数据复杂的特征准确代表原始输入数据。

在机器学习的多个应用领域如图像识别、语音识别、自然语言理解、天气预测、内容推荐等,解决分类预测问题的流程如图 8-1 所示。

图 8-1 特征表示的分类预测流程

系统获得原始数据之后,首先经过数据预处理,接着是特征提取和特征选择,最后使用这些特征进行分类、预测。中间的三部分数据预处理、特征提取、特征选择合称为特征表示。寻找到良好的特征表示对最终分类和预测的准确性起了非常关键的作用。原有的手工特征选择都需要专业知识,并且费时费力,能否选出好的特征很大程度上依靠经验。深度学习就是用来解决这个问题的方法。

深度学习的概念源于人工神经网络的发展。深度学习结构通常包含多个隐藏层,逐层学习原始数据的表示。深度学习通过组合低层特征形成更加抽象的高层表示属性或特征,从而发现数据的逐层特征表示。深度学习与其他机器学习方法最大的不同是具有特征学习能力,可以理解为深度模型是手段,特征学习是目的。

深度学习通过大量数据的训练,学习调整具有多个隐藏层的学习模型,获得原始数据的分层表示,从而学习到数据的有效特征表示,最终能够提升分类或预测的准确性。深度学习区别于传统的机器学习表现在以下四个方面。

(1)强调了 ANN 模型结构的深度,与通常的浅层学习相比,深度学习使用更多隐藏层。

(2)突出特征学习的重要性。通过逐层特征变换,将数据在原始空间的特征表示变换到一个新特征空间,使分类或预测变得容易而且精确度得到提高。

(3)深度学习来源于人工神经网络的发展,但是训练的方式与传统的人工神经网络不同,采用逐层训练的方式,然后再对网络参数进行微调。

(4)深度学习利用大量数据来学习特征,而浅层学习不需要使用。

8.3 深度学习模仿人的感知

人类的大脑皮层是分级处理信息的,深度学习的多层网络结构正是模仿人类大脑的分层处理信息的能力。David Hubel 和 Torsten Wiesel 发现了视觉系统的信息处理特点:可视皮层是分级的,如图 8-2 所示,并以此为主要的贡献获得 1981 年的诺贝尔生理学或医学奖。1958 年，David Hubel 和 Torsten Wiesel 在 John Hopkins University 研究瞳孔区域与大脑皮层神经元的对应关系。通过试验，证明位于后脑皮层的不同视觉神经元与瞳孔所受刺激之间存在某种对应关系。发现了一种神经元细胞，这种神经元细胞被称为方向选择性细胞（orientation selective cell），当瞳孔捕捉到物体的边缘，而且这个边缘指向某个方向时，对应的神经元细胞就会活跃。

人的视觉系统的信息处理可以理解为从 V_1 区提取目标的边缘特征，再到 V_2 区提取目标的形状特征或者某些组成部分，再到更高层……可以理解为低层特征的组合作为高层特征。随着抽象层面升高，存在的可能性猜测就越少，有利于分类或识别。

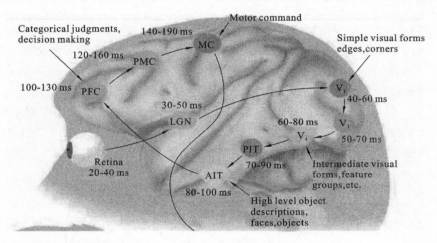

图 8-2   人类视皮层分级示意图（Courtesy of Simon Torpe，David Hubel and Torsten Wiesel）

虽然人脑结构复杂，但是组成的基本单元是神经元细胞，神经元是根据输入产生输出（兴奋）的简单装置。人脑的分层信息处理是通过神经元细胞实现的。生物神经元的示意图如图 8-3 所示，左端树突连接在细胞膜上作为输入，右端轴突是输出。神经元输出的主要是电脉冲。树突和轴突有大量的分支，轴突的末端一般连接到其他神经元细胞的树突上。

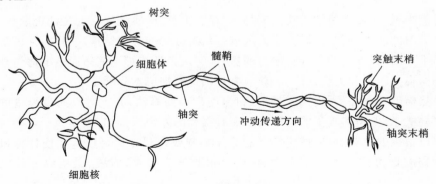

图 8-3   生物神经元示意图

神经元从上层神经元获得输入，产生输出传递到下层神经元。模拟人脑结构的首先是模拟神经元，图 8-4 所示的是人工神经元结构。人工神经元输入端从外部获得输入数据，定义为 $x_i, i=1, 2, \cdots, n$；人工神经元计算输入和对应权重乘积的加权和，权重定义为 $w_i, i=1, 2, \cdots, n$；然后用非线性函数处理得到输出 y。图 8-4 所示的人工神

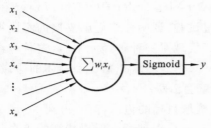

图 8-4　人工神经元结构

经元中使用的非线性函数是 Sigmoid 函数。

$$y = \text{Sigmoid}(x) = \frac{1}{1+e^{-x}} \qquad (8.1)$$

2006 年,加拿大的 Hinton 教授发表在《Science》上的一篇文章开创了深度学习的新篇章,文中建立了包含多个自学习隐藏层的人工神经网络。每一个隐藏层包括若干个神经元,前一层的输出作为下一隐藏层的输入。这种深度神经网络的结构首先使用人工神经元模拟人脑的生物神经元,深度网络的逐层学习的结构模拟了人脑信息处理的分层结构。

文章的主要结论:① 多个隐藏层的深度人工神经网络特征学习能力强,多层渐进式的学习得到的特征对数据进行准确地表达;② 逐层初始化(layer-wise pre-training)方法有效解决神经网络训练的难度,同时采用无监督学习实现逐层初始化。

图 8-5 所示的 V_1 和 H_1 构成第一层,包含输入 V_1 和输出 H_1,V_1 数据来源于原始的数据。V_2 和 H_2 构成第二个隐藏层,V_2 作为输入,数据来自第一层的输出 H_1,H_2 是第二层的输出。

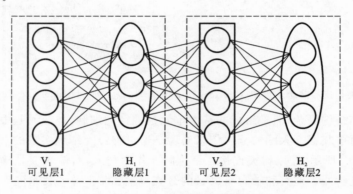

图 8-5　包含 2 个隐藏层的深度学习结构

总的来说,深度学习的成功因素如下:算法上提升,实现逐层的特征提取和学习,模拟人脑学习的能力,同时也模拟了人脑进行信息处理的分层结构。另外,深度学习的成功有两个外因:计算机并行计算能力的提升,解决了训练神经网络面临的海量计算的问题,同时,在互联网和大数据时代,获取大量训练数据成本降低了。

虽然借助于强大的并行计算能力和深度学习的算法,人类可以通过海量的数据理解抽象的概念,但是离真正的模拟人脑还有很大的差距。例如,教小孩子学会认识一个人只需要很少的次数,可以适应任何的灯光影响或外观变化,但是,要使计算机能识别出来就需要数量巨大的图像去学习,而且很难适应灯光、服装、墨镜或者其他因素的改变。

8.4　深度学习模仿人类直觉

实现逐层的特征提取和学习模拟了人脑进行信息处理的分层结构,也模拟了人脑学习的能力。人类在认识自然界的时候通常会有两种方式:理性的方法和感性的方法。我们通过判断一个四边形是不是正方形来对比这两种方法。理性的方法就是寻找正方形的特征,比如 4 条边长度相同,4 个角是直角,如图 8-6(a)所示,这个方法需要理解角以及直角的概念、边以及边长的概念;如果我们给孩子看过正方形的图片,告诉他这是正方形,几次之后孩子就能够准确识别出正方形,如图 8-6(b)所示,这是感性的方法。理性识别正方形的方法类似于人工设计特征识别的方法,孩子认识正方形属于直觉(感性)的方法。这个问题用理性的方式很容易描述并且能用计算机实现。然而,现实世界中很多问题人理解起来很容易,但是很难用理性的方法描述并且用计算机实现。

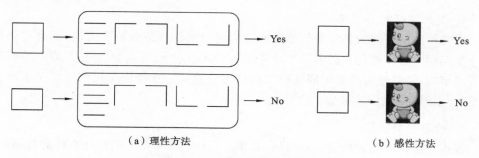

（a）理性方法　　　　　　　　　　　　　（b）感性方法

图 8-6　认识正方形的感性和理性方法

比如,通过照片识别人,如果计算机采用理性的方法来识别,需要确定人脸部哪些特征可以用来区分,如鼻子、眼睛、眉毛、嘴巴等。当然,要选择合适的特征,这些特征又能准确区分出不同的人是很困难的事情,照片中光照的变化、拍摄角度的不同、是否戴墨镜等因素都会对识别产生巨大的影响。

现实世界中,以小孩子认识人为例,孩子不是去寻找他要认识的人具有哪些特征,但是看了几次这个人或是照片就能准确地识别出来。照片中光照的变化、拍摄角度的不同、是否戴墨镜都不会影响识别。小孩子认识人的方法可以理解为在大脑中已经为输入——某个人照片、输出——姓名(他是谁)建立了一种映射关系,是基于直觉的方法。

深度学习的方法不需要事先设计有关原始数据的特征,而是直接使用大量的原始数据进行学习,建立从输入到输出之间的一种复杂的非线性的映射关系,这可以理解成模仿了人类的直觉。随着计算机应用的发展,人们越来越意识到解决复杂世界中很多问题时,理性的解析的方法或者低效或者完全不可能。人类"跟着感觉走"的机制,在现代科技面前显得很高效。这种直觉的或者是"跟着感觉走"的方法简单的理解就是在输入和输出之间建立某种映射的关系,但是人脑究竟是怎样应用 1000 亿个神经元实现信息的编码、处理、存储的,我们并不知道。

8.5　深度学习实现步骤

深度学习的技术表面上看起来很复杂,简单来说分为三个步骤:定义神经网络架构、确定学习目标、开始学习,如图 8-7 所示。

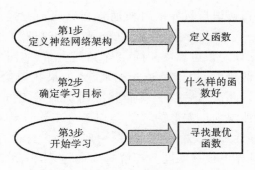

图 8-7   深度学习实现步骤

1. 定义神经网络架构

定义神经网络架构其实就是为要解决的问题选择合适的解决方法,那么在进行图像分类问题时可以使用我们本章中介绍的卷积神经网络、深信念网络、堆叠自编码等深度学习架构,同时还需要确定网络的层次结构设置等。这个步骤相当于定义了从输入数据 x 到输出 y 之间的函数 f。

2. 确定学习目标

根据要解决的问题确定学习目标,具体来说就是需要确定使用什么样的目标函数,最终能通过网络参数的调整找到最优的函数 f,得到最优的目标函数值。

3. 开始学习

训练数据集使用对定义好的网络结构和目标函数进行训练,经过若干次的迭代,得到训练完成的网络结构。这样的网络结构能使目标函数达到最优,也就是寻找到最优的 f。

8.6   本章小结

深度学习是模仿人类感知的一种数据特征提取和学习算法,我们可以理解为"深度模型"是手段,"特征学习"是目的。认知系统中使用深度学习的最大优势是使得模型能直接从数据中学习。深度学习实现的步骤可以分为:定义神经网络架构、确定学习目标、开始学习。这三个步骤可以理解为定义函数、什么样的函数好、寻找最优函数。

9

人工神经网络与深信念网络

摘要: 有多种深度学习的算法实现监督学习和无监督学习,并用于特征提取。本章介绍了深度学习的基础人工神经网络(artificial neural network,ANN)及相关内容、无监督的深度学习算法堆叠自编码器(stacked auto-encoders,SAE)、深信念网络(deep belief network,DBN)及相关算法自编码器(auto-encoder,AE)、限制波兹曼机(restrict Boltzmann machine,RBM)。

9.1 人工神经网络

人工神经网络(artificial neural network,ANN)是反映人脑结构及功能的一种抽象数学模型,它在模式识别、图像处理、智能控制、组合优化、金融预测与管理、通信、机器人以及专家系统等领域得到广泛的应用。人工神经网络和人脑有许多相似之处,有一组相互连接的输入/输出单元,每个连接都与一个权重相关联。在学习阶段,能够根据预测输入元组的类标号和正确的类标号学习调整这些权重。

监督和无监督的机器学习算法在认知系统的各种分析应用中被使用。选择什么样的机器学习算法取决于所解决的问题类型和解决该问题所需的数据体积和类型。ANN 作为模拟人脑结构的一种数据模型,在认知系统的分析应用中可以用于解决一些问题,本节将介绍使用 ANN 根据化验结果数据对是否患有高脂血症进行分析。

9.1.1 感知器

感知器模型是最简单的人工神经网络,由输入层和输出层组成,没有隐藏层。输入层节点用于输入数据,输出层节点用于模型的输出。感知器模型结构图如图 9-1 所示。将感知器模拟成人类的神经系统,那么输入节点就相当于神经元,输出节点相当于决策神经元,而权重系数则相当于神经元之间连接的强弱程度。人类的大脑可以不断地刺激神经元,进而学习未知的知识,同样感知器模型通过激活函数 $f(x)$ 来模拟人类大脑的刺激。这也是人工神经网络命名的

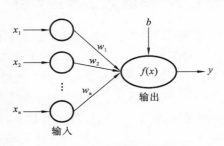

图 9-1 感知器模型结构图

由来。

从数学的角度,每一个输入相当于事物的一个属性,属性反映事物特性的程度用权重来表示,加上偏离程度就得到了输入 x,用函数作用于输入 x 就得到了输出 y,数学公式如下:

$$x = w_1 x_1 + w_2 x_2 + \cdots + w_n x_n + b \rightarrow y = f(x) \tag{9.1}$$

通常我们并不一定能得到理想的结果,严格意义上应该用 $\hat{y}$ 来表示感知器模型的输出结果,模型的数学表示为 $\hat{y} = f(\boldsymbol{w} \cdot \boldsymbol{x})$,其中 $\boldsymbol{w}$ 和 $\boldsymbol{x}$ 都是 n 维向量。

一般情况下,激活函数 $f(x)$ 使用 S 型函数 $\left(\text{Sigmoid}(x) = \dfrac{1}{1 + e^{-x}}\right)$ 或者双曲正切函数 $\left(\tanh(x) = \dfrac{e^x - e^{-x}}{e^x + e^{-x}}\right)$,图像如图 9-2 所示。

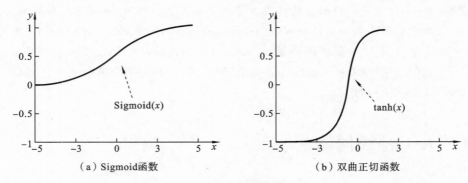

（a）Sigmoid函数　　　　　　　　　　（b）双曲正切函数

图 9-2　感知器激活函数

显然,想要得到好的结果,需要合适的权重,但是事先又无法知道权重为多少才算合适,因此必须在训练的过程中动态地调整权重。其权重更新公式如下:

$$w_j^{(k+1)} = w_j^{(k)} + \lambda (y_i - \hat{y}_i^{(k)}) x_{ij}, \quad j = 1, 2, \cdots, n \tag{9.2}$$

式中:$w_j^{(k)}$ 是第 k 次循环后第 j 个输入链的权值;x_{ij} 是第 i 个训练样本第 j 个属性值;参数 λ 称为学习率。

学习率反映了感知器模型学习的速度,一般取值在 $[0,1]$ 区间内,以便更好地控制循环过程中的调整量。$\lambda \rightarrow 0$ 时,新的权值主要受旧的权值影响,学习速率慢,但是更容易找到合适的权值;$\lambda \rightarrow 1$ 时,新的权值主要受当前的调整量影响,学习速率快,但是可能出现跳过最佳权值的现象。因此,在某些情况下,往往前几次循环让 λ 值大一些,在后面的循环里逐渐减小。

9.1.2　多层人工神经网络

感知器模型是没有隐藏层的人工神经网络,只包括一个输入层和一个输出层,而多层人工神经网络由一个输入层、一个或多个隐藏层和一个输出层组成,结构如图 9-3 所示。

人工神经网络的基本单元是神经元,它具有三个基本的要素。

（1）一组连接（相当于生物神经元的突触）:连接强度由各连接上的权值表示,权值为正表示激活,为负表示抑制,数学表达式为

$$\begin{cases} \boldsymbol{w} = (w_1, w_2, \cdots, w_n) \\ \boldsymbol{w}_i = (w_{i1}, w_{i2}, \cdots, w_{in}) \end{cases} \quad i = 1, 2, \cdots, n \tag{9.3}$$

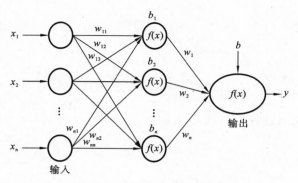

图 9-3　多层人工神经网络结构

（2）一个求和单元：用于求取各输入信号的加权和（线性组合），一般会加上一个偏置或者阈值，其数学表达式为

$$\begin{cases} \mu_k = \sum_{j=1}^{n} w_{kj}x_j \\ \nu_k = \mu_k + b_k \end{cases} \tag{9.4}$$

（3）一个非线性激活函数：起非线性映射作用并将神经元的输出幅度限制在一定范围内（一般限制在（0,1）或（-1,1）），其数学表达式为

$$y_k = f(\nu_k) \tag{9.5}$$

式中：$f(\nu_k)$ 为激活函数。

对于人工神经网络的隐藏层个数、输入/输出和隐藏层每层的神经元个数以及每一层神经元的激活函数如何选择，没有统一的规则，也没有针对某种类型案例的标准，需要人为地自主选择或者根据自己的经验选择。因此，网络的选择具有一定的启发性，这也是有些学者认为人工神经网络是一种启发式算法的原因。综合上述过程，可以得到人工神经网络模型的一般建模步骤，如图 9-4 所示。

图 9-4　通用人工神经网络建模步骤

9.1.3　人工神经网络前向传播和后向传播

与感知器模型一样，对于一个多层网络，如何求得一组恰当的权值，使网络具有特定的功能，这样的多层网络才具有实际应用价值。人工神经网络利用后向传播算法解决了这一问题。在介绍后向传播算法之前，我们需要先了解网络是如何前向传播的。

1. 前向传播

输入层输入数据之后向隐藏层传递，对于隐藏单元 i，其输入为 h_i^k。h_i^k 表示第 k 层的第 i 个隐藏单元的输入，b_i^k 表示第 k 层第 i 个隐藏单元的偏置，相应的输出状态是：

$$h_i^k = \sum_{j=1}^{n} w_{ij}x_j + b_i^k \rightarrow H_i^k = f(h_i^k) = f\left(\sum_{j=1}^{n} w_{ij}x_j + b_i\right) \tag{9.6}$$

为了方便表示，通常令 $x_0 = b$，$w_{i0} = 1$，则第 k 层隐藏单元到第 $k+1$ 层的前向传播

公式为

$$\begin{cases} h_i^{k+1} = \sum_{j=1}^{m_k} w_{ij}^k h_j^k \\ H_i^{k+1} = f(h_i^{k+1}) = f\left(\sum_{j=1}^{n} w_{ij}^k h_j^k\right) \end{cases} \quad i = 1,2,\cdots,m_{k+1} \tag{9.7}$$

式中：m_k 为第 k 层隐藏单元神经元个数；w_{ij}^k 为第 k 层到第 $k+1$ 层的权重向量矩阵元素。

因此，最终的输出为

$$O_i = f\left(\sum_{j=1}^{m_{M-1}} w_{ij}^{M-1} H_j^{M-1}\right), \quad i = 1,2,\cdots,m_o \tag{9.8}$$

式中：m_o 为输出单元个数（人工神经网络中可以有多个输出，但是一般都会设置成一个输出）；M 为人工神经网络的总层数；O_i 为第 i 个输出单元的输出。

案例 9.1　ANN 前向传播输出分类结果

在人工神经网络中，每一个数据集使用唯一的权重和偏差进行修改，如图 9-5 所示。

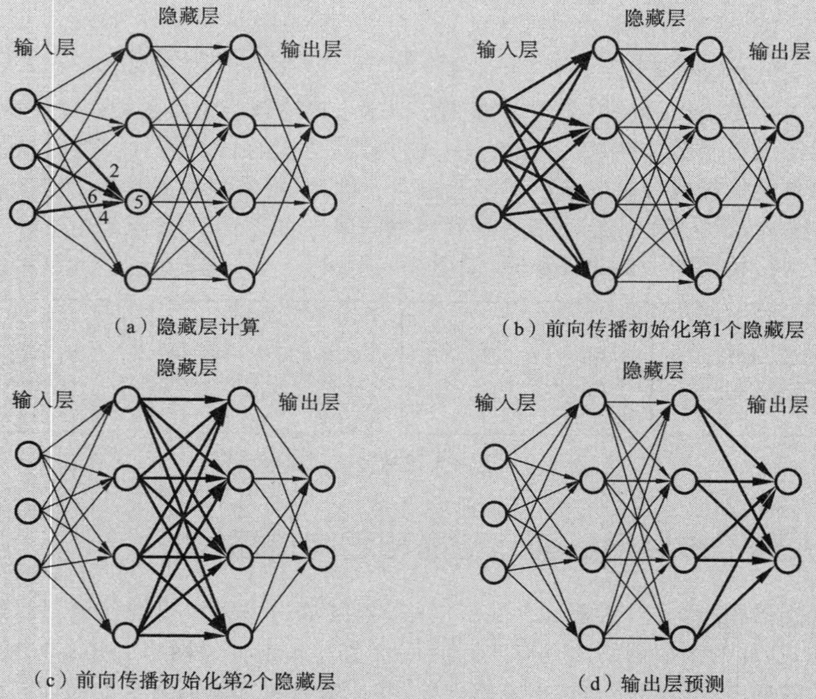
隐藏层
输入层
输出层
2
6
5
4
(a) 隐藏层计算
隐藏层
输入层
输出层
(b) 前向传播初始化第1个隐藏层
隐藏层
输入层
输出层
(c) 前向传播初始化第2个隐藏层
隐藏层
输入层
输出层
(d) 输出层预测

图 9-5　人工神经网络前向传播输出预测结果（两个隐藏层，每层 4 个神经元）

2. 后向传播

式(9.7)和式(9.8)描述了神经网络的输入数据是如何前向传播的，下面介绍神经网络的后向传播算法，以及如何通过学习或者训练过程更新权重 w_{ij}。我们希望人工神经网络的输出和训练样本的标准值一样，这样的输出称为理想输出。实际上要精确到这一点是不可能的，只能希望实际输出尽可能地接近理想输出。假设实际输出和理想输出之间的差值用 $E(W)$ 表示。那么，寻找一组恰当的权的问题，自然地归结为求适当 W 的值，使 $E(W)$ 达到极小的问题。O_i^s 表示训练样本为 s 的情况下第 i 个输出单元的输出结果。

$$E(W) = \frac{1}{2} \sum_{i,s} (T_i^s - O_i^s)^2$$

$$= \frac{1}{2} \sum_{i,s} \left[T_i^s - f\left(\sum_{j=1}^{m_{M-1}} w^{M-1} H_j^{M-1} \right) \right]^2 \to \min E(W), \quad i = 1, 2, \cdots, m。 \quad (9.9)$$

对于每一个变量 w_{ij}^k 而言，这是一个连续可微的非线性函数，为了求得其极小值，一般都采用最速下降法，即按照负梯度的方向不断更新权重直到满足用户设定的条件。所谓梯度的方向，就是对函数求偏导数 $\nabla E(W)$。假设第 k 次更新后权重为 $w_{ij}^{(k)}$，如果 $\nabla E(W) \neq 0$，则第 $k+1$ 次更新权重如下：

$$\nabla E(W) = \frac{\partial E}{\partial w_{ij}^k} \to w_{ij}^{(k+1)} = w_{ij}^{(k)} - \eta \nabla E(w_{ij}^{(k)}) \quad (9.10)$$

式中：η 为该网络的学习率，和感知器中的学习率 λ 起相同的作用。

当 $\nabla E(W) = 0$ 或者 $\nabla E(W) < \varepsilon$ 时停止更新，ε 为允许的误差。将此时的 w_{ij}^k 作为最终的人工神经网络权重。我们将网络不断调整权重的过程称为人工神经网络的学习过程，而学习过程中所使用的算法称为网络的后向传播算法。

案例 9.2 ANN 后向传播调整权重和偏差

当更新输出层第一个神经元到第二个隐藏层的权值以及第一个输出神经元的偏置时，需要计算出前向传播的输出结果和实际结果之间的误差，如 3。然后计算出每个权重和偏置的梯度，如权重和偏置为 5、3、7、2、6，对应的梯度为 -3、5、2、-4、-7，最后计算出更新后的权值和偏差，如 5-0.1×(-3)=5.3(0.1 为用户设置的学习率)，6-0.1×(-7)=6.7。

输出误差将后向传播到第二个隐藏层，更新输出层和第二个隐藏层的权重和输出层的偏置，如图 9-6(c) 所示。第二个隐藏层的误差将后向传播到第一个隐藏层，更新第二个隐藏层和第一个隐藏层的权重以及第二个隐藏层的偏置，如图 9-6(d) 所示。直到误差传播到输入层，更新第一个隐藏层和输入层的权重以及第一个隐藏层的偏置，这时整个网络的权重和偏置都被更新，如图 9-6(e) 所示。这种更新权值的过程在 ANN 中称为后向传播，这会在上一个权重更新中不断迭代。

神经网络的后向传播过程揭示了误差的传播是越来越小的，这就限制了网络中隐藏层的层数，如果隐藏层层数过大，在后向传播过程中，误差将不能传递到前几层，导致无法更新相应的权值和偏置。

案例 9.3 用人工神经网络诊断高脂血病

表 9-1 所示的是武汉市某二甲医院一些人体检数据中甘油三酯、总胆固醇、高密度脂蛋白、低密度脂蛋白含量以及是否患有高脂血病(1 为患病，0 为无病)的数据集合。试初步判断体检数据依次为 (3.16,5.20,0.97,3.49) 的体检者是否患有高脂血病。

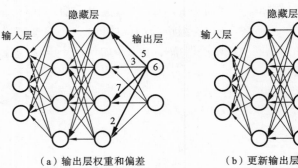

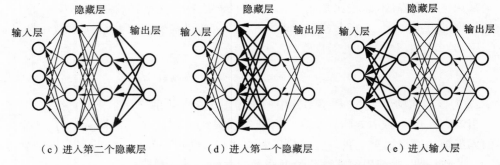

图 9-6　人工神经网络基于预测输出后向传播（两个隐藏层，每层 4 个神经元）

表 9-1　患者血脂检查数据表

标号	甘油三酯含量 /(mmol/L)	总胆固醇含量 /(mmol/L)	高密度脂蛋白含量 /(mmol/L)	低密度脂蛋白含量 /(mmol/L)	是否患 高脂血病
1	3.62	7	2.75	3.13	1
2	1.65	6.06	1.1	5.15	1
3	1.81	6.62	1.62	4.8	1
4	2.26	5.58	1.67	3.49	1
5	2.65	5.89	1.29	3.83	1
6	1.88	5.4	1.27	3.83	1
7	5.57	6.12	0.98	3.4	1
8	6.13	1	4.14	1.65	0
9	5.97	1.06	4.67	2.82	0
10	6.27	1.17	4.43	1.22	0
11	4.87	1.47	3.04	2.22	0
12	6.2	1.53	4.16	2.84	0
13	5.54	1.36	3.63	1.01	0
14	3.24	1.35	1.82	0.97	0

　　本案例需要判断一个未知的体检者是否患有高脂血病，根据表格数据，可以知道该问题是一个具有四个属性（特征）的二分类问题（1 为患高脂血病，0 为无病）。因此，我们可以利用人工神经网络预测和分类。

　　首先确定为分类问题,然后设置类标签(1为患高脂血病,0为无病)。其次,我们需要选择合适的人工神经网络模型。由于案例中的训练样本数据不多,因此没必要设计过多的隐藏层和神经元个数,在此设计一个隐藏层,每层的神经元个数为5。输入层到隐藏层的激活函数选择 tansig 函数,而隐藏层到输出层的函数选择 purelin 函数(选择其他函数对本案例的结果影响不大)。其网络参数列表如表9-2所示。

表 9-2　人工神经网络参数

输入层神经元	隐藏层	隐藏层神经元	输出层神经元
4	1	5	1
允许误差	训练次数	学习率	激活函数
10^{-3}	10000	0.9	tansig 和 purelin

　　利用表9-2的数据训练网络。利用 Matlab 软件编写程序,网络的训练过程如图9-7(a)所示。图中反映了网络在训练过程中输出与理想输出之间的误差在逐步减小,第三次后向传播后达到满意状态。该网络最终的训练结果如图9-7(b)所示。

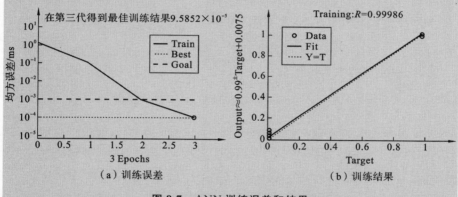

图 9-7　ANN 训练误差和结果

　　由图9-7可以看出,训练数据主要被分到两端,形成两类:接近0的是无病类,接近1的是高脂血患者类。分类结果为(1,1,1,1,1,1,1,1,0,0,0,0,0,0,0,0)。分类的准确率达到了100%,可以用该网络来预测。最后,利用上述人工神经网络预测指标为(3.16,5.20,0.97,3.49)的体检者判定是否患有高脂血病,其结果为:class=1,因此该体检者是高脂血病患者。

9.1.4　梯度下降法拟合参数

　　迭代能够起到重要作用的第一个层面是模型层面。任何模型,无论是回归模型、决策树还是神经网络,都是由许多(有时甚至数百万)模型参数定义的。神经网络由连接各层的权重表示模型,机器是使用梯度下降法或随机梯度下降法来拟合参数(各层的连接权重)的。

　　梯度下降法是一种迭代方法,用于找到函数的最小值。在机器学习中,该函数通常是损失函数或者说误差函数,损失指的是衡量预测错误代价的一个量化指标。训练神经网络时根据给定的一组网络参数,利用梯度下降法计算预测损失或者分类损失,然后调整这些参数以减少损失函数值。重复这一过程,直到损失不能进一步减少。最小化损失的最后一组参数就是最终的拟合模型。

直观的梯度下降法可以从以下几方面来理解,我们定义有若干个山谷和山峰的山脉,将其命名为函数,对应深度学习实现步骤的第 1 步;目标是小球滚动到山的最低点,对应深度学习实现步骤的第 2 步;将小球放在山脉的某个位置,小球滚下山坡直到停止滚动,对应深度学习实现步骤的第 3 步。

假设小球放在山脉的某个地方,我们认为是网络参数的初始化;山脉的每个位置(参数集)都有一个高度(损失);在任何时刻,球沿最陡的方向(梯度)滚动。小球不停地在山坡上滚动(迭代),就是神经网络参数的学习过程。小球不停地继续滚动(迭代),直到它卡在某个山谷底部(局部最小);理想情况下,小球停止在最低的山谷(全局最小)。

为了防止球被卡在最低的山谷(局部最小),可以使用如初始化多个球、给它们更多的动能以便球可以越过小山丘等。如果山地形状像碗(凸函数),那么球一定能到达最低点,也就是全局最小值。

9.2　堆叠自编码和深信念网络

认知系统中使用的数据包括有标签数据和无标签数据,当需要根据无标签数据建立预测分析模型时,需要选择合适的无监督学习的算法。堆叠自编码和深信念网络是深度学习中无监督学习算法的代表。

ANN 中代价函数表示预测的输出和实际输出之间的差,训练过程中用于调整权重和偏差。训练中使用梯度决定更新的方向,可以把梯度看作斜坡,训练的过程类似于石块滚下斜坡。如果梯度高,石块滚动得快,训练的过程就快;如果梯度小,石块滚动得慢,训练的过程就慢。训练中还可能会出现梯度消失的现象。通常在最早的几层梯度小,所以难训练。然而,特别是在图像识别中,前面的几层对应简单的模式并建立模块,ANN 中这个误差将会传播到后续的各层。2006 年以前,因为梯度消失的问题没有办法训练 DNN。这个问题通过使用自编码器替换原有的层来解决,通过重建输入而自动地发现模式。

第 9.2.1 小节和第 9.2.2 小节分别介绍自编码器和堆叠自编码器,第 9.2.3 和第 9.2.4 小节介绍了限制波兹曼机(RBM)和深信念网络(DBN)的结构、训练方法和应用。

9.2.1　自编码器

自编码器(autoencoder)可以看作一种特殊的人工神经网络,训练网络阶段只有输入样本数据,没有对应的标签数据。使用自编码器输出的重构输入数据与原始输入数据进行比较,经过多次迭代逐渐使目标函数值达到最小,也就是使重构输入数据最大限度地接近原始输入数据。自编码器是自监督学习,属于无监督学习。

图 9-8 所示的是使用监督学习方法学习一个圆由哪四个元素组成。已知一个圆 I,

对应的正确答案是 O,四个相同的扇形组成圆。第 1 次学习到的结果 O'_1 为四个矩形,O'_1 和 O 计算出的误差较大,误差用于在第 2 次学习时修改方案。第 2 次得到的结果 O'_2 为三个矩形加一个扇形,O'_2 和 O 计算出的误差减小,再次根据误差修改方案。重复前面的学习过程到第 n 次,得到的结果 O'_n 为四个扇形。

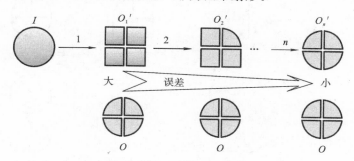

图 9-8　监督学习圆的组成

O'_n 和 O 误差达到最小,学习结束。学习的过程中,我们使用当前结果和正确答案计算误差,调整方案逐渐学习得到期待的答案:圆由四个相同的扇形组成,这就是监督学习方法。监督学习通俗点说就是已知问题(输入数据)和答案(标签),通过不断调整自己的答案最终达到接近或者等于正确答案的目的。

监督学习方法在训练神经网络时,所有的输入数据(样本)对应其期望值(标签),根据当前的输出值和期望值之间的差值去调整从输出到输入各层之间的参数,经过多次迭代,直到输出值和期望值之间的误差最小。图 9-9(a)所示的是 ANN 监督学习的神经网络工作流程,包括输入层、一个隐含层、输出层。输入数据 I 经过隐含层 h 得到输出值 O',计算 O' 与 I 的标签也就是期望的输出值 O 的误差,使用随机梯度下降法改变输入 I 与隐含层的参数和隐含层 h 与输出 O 之间的参数,减小误差,经过多次迭代最终使误差最小。

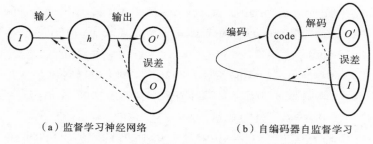

（a）监督学习神经网络　　　　　　　（b）自编码器自监督学习

图 9-9　ANN 监督学习和自编码器自监督学习

图 9-10 所示的为图 9-8 所示的自监督学习版本。已知输入数据 I,但是不提供参考答案。怎样才能知道我们的答案对不对呢?唯一的方法是找到一个答案,然后验证一下是不是能组成圆 I。第 1 次学习得到四个矩形,进行组合的结果为 O'_1,O'_1 和 I 计算出的误差较大,根据误差修改组成方案。第 2 次学习得到三个矩形加一个扇形,进行组合后的结果为 O'_2,O'_2 和 I 计算出的误差减小,再根据误差修改组成方案。重复学习过程到第 n 次,得到四个相同的扇形,进行组合后的结果为 O'_n,O'_n 和 I 误差达到最小,学习结束。在没有正确答案的情况下,找到组成圆的成分。自编码器是自监督学习,输

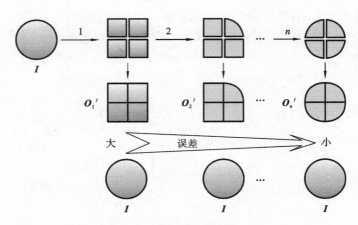

图 9-10   自监督学习圆的组成

入数据拥有双重角色：输入数据和标签数据。

图 9-9(b)所示的是自编码器自监督学习工作流程。输入数据 I 是 m 维向量，自监督学习包括两部分：encode 和 decode。encode 过程得到 code，code 是 n 维向量，code$\in$ $\mathbf{R}^n$，code 经过 decode 过程重构得到 O'，$O'\in\mathbf{R}^n$ 是 m 维向量。计算 O' 与 I 的误差，使用随机梯度下降法改变 encode 和 decode 的参数，减小误差。经过多次迭代最终使 I 与 O' 之间的误差最小，这时我们就可以认为 code 可以代表 I，也就是认为 code 是从 I 中提取到的一种特征表示。

```
Algorithm 9.1    Construction of An AutoEncoder
Input:    T: Sample set
Output:    Feature representation of input data
Procedure:
    1) Initialization parameter θ= {w₁,w₂,b₁,b₂}
    2) Encode:Calculate the representation of the hidden layer
    3) Decode:Use the representation of the hidden layer to re-
construct input
    4) Calculate Lᵣₑcₒₙ(I,O') and objective function value J(θ)
    5) Judge whether or not J(θ) meets end conditions?
            If yes, return 7), else return 6).
    6) Modify parameter with backward propagation and return 2);
    7) End
```

自编码器的构建算法如算法 Algorithm 9.1 所示，包括以下 3 个主要的步骤。

（1）encode：将输入 I 转换成隐藏层的表示 code，使用公式 $code=f(I)=s_1(\boldsymbol{w}\cdot\boldsymbol{I}+\boldsymbol{b}_1)$ 转换，参数 $\boldsymbol{w}_1\in\mathbf{R}^{m\times n}$，$\boldsymbol{b}_1\in\mathbf{R}^n$。激活函数 s_1 可以选择 element-wise logistic Sigmoid 函数或者双曲正切函数。

（2）decode：根据隐藏层的表示 code，使用公式 $g(code)=s_2(\boldsymbol{w}_2\cdot code+\boldsymbol{b}_2)$ 重建输入 I，参数 $\boldsymbol{w}_2\in\mathbf{R}^{n\times m}$，$\boldsymbol{b}_2\in\mathbf{R}^m$，激活函数 s_2 和 s_1 相同。

（3）计算误差：使用误差代价函数 $L_{recon}(\boldsymbol{I},\boldsymbol{O}')=\parallel\boldsymbol{I}-\boldsymbol{O}'\parallel^2$ 计算误差。误差最小

就是对于样本集最小化目标函数的值，$J(\boldsymbol{\theta}) = \sum_{I \in D} L(\boldsymbol{I}, g(f(\boldsymbol{I}))), \theta = \{\boldsymbol{w}_1, \boldsymbol{w}_2, \boldsymbol{b}_1, \boldsymbol{b}_2\}$。

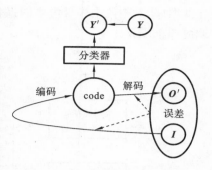

自编码器只是提取了原始数据的一种特征表达 code,这个特征可以最大限度地代表原输入信号。为了实现分类,还需要学习使用这些特征如何去连接对应的类别。在自编码器的编码层(隐含层)连接一个分类器(如 SVM、softmax 等),使用神经网络的监督训练方法如随机梯度下降法去训练分类器。如图 9-11 所示,将自编码器训练获得输出

图 9-11　自编码器分类示意图

作为分类器的输入,将分类器的分类结果(Y')和输入数据样本的标签(Y)进行比较,对分类器进行监督训练微调。

9.2.2　堆叠自编码器

堆叠自编码器是指输入层和输出层之间包含若干个隐藏层的神经网络,其中每个隐藏层对应一个自编码器。图 9-12 所示的为堆叠自编码器结构,包括多层的自编码器和分类器。

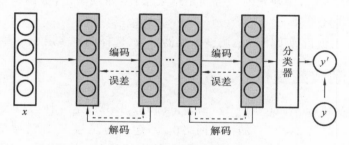

图 9-12　堆叠自编码器结构

1.　多层自编码器

原始输入数据输入第一层自编码器,通过若干次编码和解码,逐渐最小化重构误差,迭代更新编码和解码参数,最终获得第一层的 code,code 是原始输入数据的特征表示,第一层网络结构建立完成。第二层自编码器和第一层的训练方式完全一样,不同的是第一层的输出 code 作为第二层的输入数据。

训练多层编码器算法是 Algorithm 9.1 的迭代版本。使用 n 表示 SAE 的层数,T_n 表示样本集中的样本数,对于每一个样本数据 x_m,$m = 1, 2, 3, \cdots, T_n$,Algorithm 9.1 进行 n 次迭代。前一层的输出 code 作为后一层的输入,这样的多层训练将获得原始输入数据的多层特征表示,最后得到训练好的编码器的结构。

2.　有监督微调

图 9-13 所示的为堆叠自编码器训练示意图,在自编码器的最顶层添加一个分类器。实现的方法是将最后一个 AutoEncoder 层的特征 code 输入分类器,使用标签样本,通过监督学习进行微调。有监督的微调有两种实现的方法:只调整分类器的参数;调整分类器参数和所有自编码器层的参数。图 9-13 中标注的数据 1~5 代表训练中操

作的顺序,其中两个序号为 5 的操作分别代表不同的微调操作,只能二选一。SAE 微调的 5 个步骤如下。

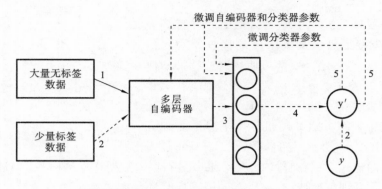

图 9-13　堆叠自编码器训练示意图

步骤 1:使用大量的无标签数据训练多层自编码器,建立多层特征提取结构。

步骤 2:获得顶层自编码器的输出 code。

步骤 3:使用少量的有标签数据,输入 SAE 得到分类结果 y',使用代价函数计算 y' 和 y 误差。

步骤 4:根据代价函数判断是否满足结束条件:如果满足,微调结束,SAE 结构训练完成;否则,转到步骤 5。

步骤 5:使用随机梯度下降法调整分类器参数(选择调整多层 AE 参数),转步骤 3。

9.2.3　限制波兹曼机

限制波兹曼机(restricted Boltzmann machine,RBM)是一种可以实现无监督学习的神经网络模型,包括可见层 V 和两层隐藏层 H,两层之间以无向图的方式连接,同层神经元之间没有连接。这里使用的 V 和 H 都是二值单元。RBM 的输入数据是 m 维向量 $\boldsymbol{V}$,$\boldsymbol{V} = (v_1, v_2, \cdots, v_m)$,其中 v_i 是可见层第 i 个神经元,输出数据是 n 维向量 $\boldsymbol{H}$,$\boldsymbol{H} = (h_1, h_2, \cdots, h_n)$,其中 h_j 是隐藏层第 j 个神经元,如图 9-14 所示。

图 9-15 给出一个简单的例子,介绍 RBM 的工作原理。通过 RBM 学习输入的图形由哪些形状组成。图形只能由正方形和三角形两种组成元素,分别用 1 和 0 编码。输入图形有四位编码,编码顺序假设为左上角、右上角、左下角、右下角。输入图形对应一个四位的整数编码,如 1011。使用 V 层到 H 层映射得到 H 层,然后使用对称的映射使用 H 层重建 V 层。

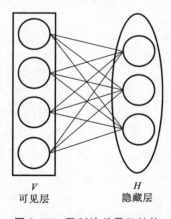

V
可见层　　H
隐藏层

图 9-14　限制波兹曼机结构

图 9-15 中,显示的流程如下:

(1) 得到 V 层的编码 1011,经过映射(或者某种分析或计算方法),得到 H 层的表示 01,也就是图形由三角形组成。再使用对称的映射获得 V 层,这里标记为 V_1 层的值 0011。

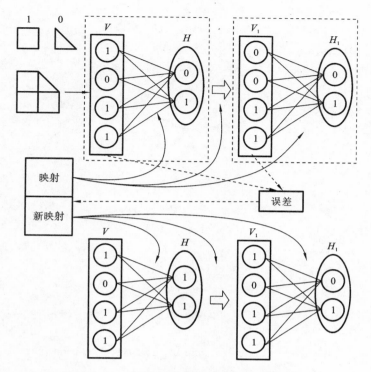

图 9-15 使用 RBM 学习图像构成原理图

（2）计算 V_1 和 V 之间的误差，根据误差修改映射。

（3）使用新映射重复（1）和（2）。使用包含多个图形的训练集进行训练，训练结束得到 RBM，包含 V 和 H 两层以及两层之间的映射。

根据图 9-15 所示，我们的目的是找到好的映射。使用 contrastive divergence（CD）算法可以快速获得好的映射，映射对应 RBM 的网络参数。我们定义 RBM 的网络参数，需要进行学习。其中，w 是可见层 V 和隐藏层 H 之间的连接权重，w_{ij} 表示可见层神经元 i 和隐藏层神经元 j 之间的连接权重，向量 bv 是可见层偏差，bv_i 表示可见层神经元 i 的偏差，向量 bh 是隐藏层偏差，bh_i 是隐藏层神经元 j 的偏差。学习 RBM 的任务是建立使用 CD 算法得到 RBM 网络结构和优化的参数 θ。

RBM 学习算法使用波兹曼分布和最大似然分布获得参数 θ，换句话说，$P(v|\theta)$ 符合波兹曼分布。

$$P(v \mid \theta) = \frac{\sum_h \mathrm{e}^{-E(v,h|\theta)}}{Z(\theta)} \tag{9.11}$$

式中：$E(v,h \mid \theta) = -\sum_{i=1}^m bv_i v_i - \sum_{j=1}^n bh_j h_j - \sum_{i=1}^m \sum_{j=1}^n v_i w_{ij} h_j$；$Z(\theta) = \sum_{v,h} \mathrm{e}^{-E(v,h|\theta)}$。

最大似然函数如下，可以使用梯度下降法解决。

$$L(\theta) = \sum_{t=1}^T \log_2 P(v^{(t)} \mid \theta) \tag{9.12}$$

使用式（9.13）计算隐藏层神经元 j 的激活概率，这里计算隐藏神经元 j 状态为 1 的激活概率，这样我们就得到了隐藏层的值。其中 σ 表示 Sigmoid 函数。

$$P(h_{1j} = 1 \mid v_1, \theta) = \sigma\Big(bh_j + \sum_{i=1}^{m} v_{1i}w_{ij}\Big) \tag{9.13}$$

Algorithm 9.2 Rapid learning algorithm based on Contrastive divergence

Input: X: a training sample —— original inputted datum x

m: number of neurons in hidden layer

λ: learning rate

P: iterative numbers of training

Output:

Establish RBM; network parameter θ= {w,bh,bv}.

Procedure:

　1) Initialization: initial state V₁ for neuron in visible layer; V₁= x; for initialization, θ= {w,bh,bv}

　2) for t= 1,2,3,···P

　3) Calculate activation probability for all neuron in hidden layer,

　4) Calculate activation probability for all neuron in hidden layer, V₂

　5) Calculate activation probability for all neuron in hidden layer,

　6) Renew weight:w= w+ λ(P(h₁= 1|v₁,θ)v₁ᵀ- P(h₂= 1|v₂,θ)v₂ᵀ)

　7) Renew deviation in visible layer: bv= bv+ λ(v₁- v₂)

　8) Renew deviation in hidden layer:bh= bh+ λ(P(h₁= 1|v₁,θ)- P(h₂= 1|v₂,θ))

　9) Endfor

将计算 $P(h_1 = 1|v_1, \theta)$ 总结为如下 5 个步骤。

步骤 1:输入可见层的状态 V_1、网络参数、可见层神经元数 m、隐藏层神经元数 n。

步骤 2:令 $j=1$。

步骤 3:使用式(9.13)计算隐藏层的激活概率。

步骤 4:根据均匀分布,产生一个 0~1 的随机数,如果随机数小于 $P(h_{1j}=1|v_1,\theta)$, h_{1j} 为 1;否则为 0。

步骤 5:$j++$,若 $j<m$,则转到步骤 3。

当获得所有隐藏层的状态后,使用式(9.14)计算得到可见层神经元 i 的激活概率, 第 i 个神经元的激活状态可以使用神经元的激活概率得到,$v_i \in \{0,1\}$。

$$P(v_{2i} = 1 \mid \boldsymbol{h}_1, \theta) = \sigma\Big(bv_i + \sum_{j=1}^{n} w_{ij}h_{1j}\Big) \tag{9.14}$$

计算可见层神经元激活概率的算法如下。

步骤 1:输入隐藏层的状态 H_1、网络参数、可见层神经元数 m、隐藏层神经元数 n。

步骤 2:令 $i=1$。

步骤 3：使用式(9.14)计算可见层的激活概率。

步骤 4：根据均匀分布，产生一个 0～1 的随机数，如果随机数小于 $P(v_{2i}=1|h_i,\theta)$，v_{2j} 为 1；否则为 0。

步骤 5：$i++$，若 $i<n$，则转到步骤 3。

案例 9.4　使用 RBM 推荐电影

我们可以使用 RBM 模型为用户推荐电影，使用已知的电影评分数据建立 RBM 模型，可以预测用户对所有电影的评分。对待预测用户的用户电影评分数据进行排序，我们将用户没有看过的评分最高的电影推荐给用户。

假设有四部电影，电影的评分等级是 1～5，0 表示用户没有给电影评分。表 9-3 给出了用户 1 和用户 15 对四部电影的评分数据。

表 9-3　用户电影评分数据样例

序　　号	电影 1	电影 2	电影 3	电影 4
用户 1	3	4	4	1
用户 15	3	5	0	0

使用 RBM 推荐电影的步骤如下。

步骤 1：创建数据集和 RBM 结构。

电影评分数据用 5×4 的矩阵 v 表示，$v(i,j)=1$ 表示用户为电影 j 评分为 i。用户 1 和用户 15 的评分矩阵如下：

$$v_1=\begin{pmatrix} 0 & 0 & 0 & 1 \\ 0 & 0 & 0 & 0 \\ 1 & 0 & 0 & 0 \\ 0 & 1 & 1 & 0 \\ 0 & 0 & 0 & 0 \end{pmatrix},\quad v_{15}=\begin{pmatrix} 0 & 0 & 0 & 0 \\ 0 & 0 & 0 & 0 \\ 1 & 0 & 0 & 0 \\ 0 & 0 & 0 & 0 \\ 0 & 1 & 0 & 0 \end{pmatrix}$$

设置 RBM 可见层和隐藏层神经元数分别为 20 和 5。我们将评分矩阵转换成 20 维的向量，按照先列后行的顺序转换。v_1 和 v_{15} 分别转换为 (0, 0, 1, 0, 0, 0, 0, 0, 1, 0, 0, 0, 0, 1, 0, 1, 0, 0, 0, 0) 和 (0, 0, 1, 0, 0, 0, 0, 0, 0, 0, 1, 0, 0, 0, 0, 0, 0, 0, 0, 0)。

步骤 2：训练。

输入用户的评分数据后，我们使用 Algorithm 9.2 训练 RBM。对应的可见层的偏差如下：

$$a=\begin{pmatrix} -0.6 & -0.6 & -0.3 & 0 \\ -0.3 & -0.3 & 0.6 & 0.3 \\ 0.6 & 0.3 & 0 & -0.6 \\ -0.3 & 0.3 & 0.6 & 0.0 \\ -0.3 & 0.3 & -0.9 & 0 \end{pmatrix}$$

隐藏层的偏差为：$b=(-1.2\quad -0.6\quad -0.6\quad -0.3\quad -0.3)$。

权重矩阵是一个 20×5 的二维矩阵，这里用 5 个矩阵对应隐藏层的 5 个神经元。每一个矩阵对应 20 个可见层神经元和 1 个隐藏层神经元。

$$
w(:,:,1)=\begin{pmatrix} -0.8388 & -0.1559 & -1.1827 & -0.2224 \\ -0.7873 & 0.0986 & -0.0791 & -0.8191 \\ -0.6809 & -1.0458 & -0.2480 & -0.3867 \\ -1.2027 & 0.0872 & -0.1243 & -0.5868 \\ -1.1445 & -0.6589 & -0.8836 & -0.1172 \end{pmatrix}
$$

$$
w(:,:,2)=\begin{pmatrix} -0.1580 & -0.6287 & 0.3352 & -0.2182 \\ 0.1031 & 0.0961 & 0.3511 & -0.2471 \\ 0.1854 & 0.6668 & 0.4663 & -0.1070 \\ -0.1052 & -0.2801 & -0.2151 & -0.7534 \\ -0.2325 & -0.0457 & -0.0993 & 0.4049 \end{pmatrix}
$$

$$
w(:,:,3)=\begin{pmatrix} 0.0467 & -0.2369 & -0.0054 & 0.5772 \\ -0.0050 & -1.1134 & 0.1793 & 0.0143 \\ 0.5374 & -0.2505 & -0.1696 & 0.2379 \\ 0.5298 & -0.1375 & 0.4546 & -0.8972 \\ 0.8843 & -0.2688 & -0.6814 & -0.3714 \end{pmatrix}
$$

$$
w(:,:,4)=\begin{pmatrix} -0.8423 & 0.0999 & -0.7604 & 0.0074 \\ -0.3207 & -0.6556 & 0.4505 & 0.2922 \\ 1.1088 & -0.1351 & -0.1854 & -0.2619 \\ 0.4764 & 0.2176 & 0.2992 & 0.0226 \\ 0.4378 & 0.1666 & -0.6949 & -0.2281 \end{pmatrix}
$$

$$
w(:,:,5)=\begin{pmatrix} -0.7458 & -0.5607 & -0.0101 & 0.1658 \\ -0.4698 & 0.0969 & 0.4129 & 0.7707 \\ 0.7059 & 0.7355 & 0.0868 & -0.3635 \\ 0.5583 & 0.2992 & 0.4809 & -0.1271 \\ 0.7589 & 1.2223 & -0.2460 & 0.3042 \end{pmatrix}
$$

步骤 3:电影推荐。

(1) 输入用户 15 的评分数据,使用式(9.15)计算隐藏层所有神经元的激活概率,$ph=(0.0214,0.0151,0.0453,0.1404,0.6583)$。权重和隐藏层的偏差通过训练获得。

$$
p(h_j=1\mid V)=\frac{1}{1+\exp\left(-b_j-\sum_{i=1}^{M}\sum_{k=1}^{K}v_i^k W_{ij}^k\right)} \tag{9.15}
$$

产生一个 $0\sim1$ 的随机浮点数,如果该随机浮点数小于 ph_j,则得到 $h_j=1$,否则 $h_j=0$。我们得到隐藏层 $h=(0,0,0,0,1)$。

(2) 使用前一步计算得到的隐藏层的激活概率 ph 和式(9.16)计算得到可见层的激活概率 pv。权重矩阵和可见层的偏差可以通过训练获得。我们计算得到可见层的激活概率对应每个电影 i 的 k 个评分,$k=1,2,3,4,5$,$pv(i,j)$ 表示电影 j 评分 i 的概率。

$$
p(v_i^k=1\mid h)=\frac{1}{1+\exp\left(-a_i^k-\sum_{j=1}^{F}W_{ij}^k h_j\right)} \tag{9.16}
$$

$$pv = \begin{bmatrix} 0.2066 & 0.2385 & 0.4231 & 0.5414 \\ 0.3165 & 0.4494 & 0.7336 & 0.7447 \\ 0.7868 & 0.7380 & 0.5217 & 0.2762 \\ 0.5642 & 0.6455 & 0.7467 & 0.4683 \\ 0.6128 & 0.8209 & 0.2412 & 0.5755 \end{bmatrix}$$

（3）我们为用户 15 对电影 i 选择每列的最高概率。例如，电影 1，评分为 1,2,3,4,5 的概率分别是 0.2066,0.3165,0.7868,0.5642,0.6128，其中最高的评分 0.7868 对应的评分是 3，也就是用户 15 对电影 1 的评分为 3 分。我们可以得到用户对 4 部电影的评分分别为 (3,5,4,2)。

（4）用户 15 没有对电影 3 和 4 进行评分，也就是我们认为用户没有看过这两部电影。所以按照预测结果电影 3 评分 4 分，电影 4 评分 2 分。因此，首先为用户推荐电影 3，其次推荐电影 4。

9.2.4　深信念网络

深信念网络（deep belief network，DBN）是 Hinton 等人在 2006 年提出的一种混合深度学习模型。图 9-16(a) 所示的 DBN 包括一个可见层 V、n 个隐藏层。DBN 由 n 个堆叠的 RBM 组成，前一个 RBM 的隐藏层作为后一个 RBM 的可见层。原始的输入是可见层 V，可见层 V 和隐藏层 H_1 组成一个 RBM。H_1 是第 2 个 RBM 的可见层 V_2，隐藏层 H_1 和隐藏层 H_2 组成一个 RBM，依次类推，所有相邻的两层组成一个 RBM。

如图 9-16(a) 所示，顶层的 RBM 中可见层和隐藏层之间是无向连接部分，称为联想记忆网络（associative memory）。顶层的 RBM 可见层由前一个 RBM 的隐藏层 H_{n-1} 和类别标签组成，可见层的神经元数是 H_{n-1} 层神经元数与类别数的和。DBN 的训练分为无监督的训练和有监督的微调两部分，无监督的训练部分采用大量无标签的数据逐个训练 RBM，有监督的微调部分使用少量的有标签数据微调整个网络各层的参数。

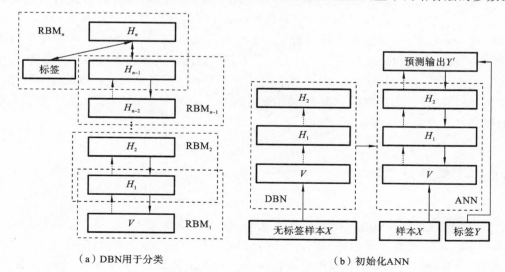

（a）DBN用于分类　　　　　　（b）初始化ANN

图 9-16　深信念网络结构

　　无监督训练以原始的输入 V 作为第一个 RBM 的可见层,使用第 9.2.3 小节中介绍的 RBM 的训练方法训练 RBM_1,训练结束固定连接参数,得到隐藏层 H_1。隐藏层 H_1 再作为第二个 RBM 的可见层 V_2,使用相同的方法训练 RBM_2,训练完成得到隐藏层 H_2。重复这个过程,直到所有的 RBM 训练完成。无监督训练多层 RBM 算法见 Algorithm 9.3。

　　有监督的微调使用样本数据作为 DBN 可见层的输入数据,样本的标签作为顶层 RBM 的可见层的一部分。样本类别标签数据 y 表示成神经元,换句话说,有 m 种类别用 m 个神经元表示,所属类别对应的神经元为 1。DBM 微调使用后向传播算法调整网络参数。

```
Algorithm 9.3 Unsupervised training of multi-layer RBM
Input:
    V:Training data
    rn:The number of RBM layers
Output:
    The activation status of each neurons in visible layer V
procedure:
    1) V1= V;
    2) for t= 1 to rn
    3) Initial parameter θt= {wt,bht,bvt} of the tth RBM network;
    4) Use contrast divergence algorithm to train tth RBM and get ht;
    5) t+ + ;
    6) Vt = Ht-1
    7) endfor
```

　　DBN 不仅可以直接用于分类,还可以使用训练好的网络参数进行神经网络初始化。这个应用主要包括两个部分:无监督的训练 DBN、有监督的微调神经网络。如图 9-16(b)所示,输入无标签的样本数据 X,使用前面介绍的无监督的训练算法训练 DBN,得到各层之间的连接参数。定义一个人工神经网络层数和各层神经元数与 DBN 完全相同,使用训练得到的 DBN 参数初始化神经网络。然后使用有标签的样本数据 X 输入神经网络,使用正确的分类 Y 和计算得到的分类 Y' 计算误差,使用人工神经网络的训练方法调整各层参数。

9.3　本章小结

　　人工神经网络是模仿人脑结构和功能的一种抽象的数学模型,使用后向传播算法学习网络参数,是深度学习的基础。自编码器是一种无监督的学习算法,深度学习算法中的堆叠自编码器由多层自编码器堆叠而成。深信念网络在 2006 年由 Hinton 提出,其基础算法是限制波兹曼机。

10

卷积神经网络与其他神经网络

摘要:目前常见的深度学习的架构——卷积神经网络(convolutional neural networks,CNN)是一种局部连接的神经网络,需要通过权重共享的方法减少网络连接的数量。本章首先介绍了 CNN 中的卷积和池化操作,随后介绍 CNN 的训练过程,最后简单介绍用于处理序列数据的递归神经网络和其他深度学习神经网络。

卷积神经网络是一种前馈神经网络,与传统的前馈神经网络相比,CNN 采用权值共享的方法减少网络中权值的数量,降低计算复杂度,这样的网络结构和生物神经网络相似。卷积神经网络属于监督学习方法,在语音识别和图像领域应用广泛。认知系统需要理解数据、描述一个数据集的特征、发现数据中存在的关系和模式、建立模型并作出预测。卷积神经网络在语音识别、图像领域表现优秀,认知计算操作的数据集是语音数据或者图像数据时使用卷积神经网络是一个很好的选择。

卷积神经网络由多层组成,通常包括输入层、卷积层、pooling 层、全连接层和输出层。根据具体的应用问题,像搭积木那样选择使用多少个卷积层和 pooling 层,以及选择分类器。LeNet-5 使用的卷积神经网络的结构如图 10-1 所示,由 3 个卷积层、2 个pooling 层、1 个全连接层、1 个输出层共 7 层组成。

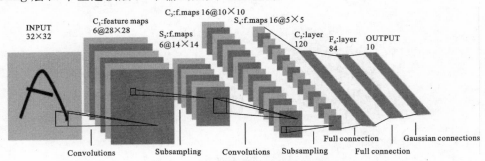

图 10-1 LeNet-5 使用的卷积神经网络结构

(Courtesy of Yann LeCun at Gradient-based learning applied to document recognition,1998)

10.1 CNN 中的卷积操作

建立一个处理 500×500 像素图像的人工神经网络,输入层需要设置 500×500 个神经元,假设隐藏层设置 10^6 个神经元。所有的隐藏神经元和输入神经元之间都存在连接,每一个连接设置一个权重参数。这里我们比较全连接的神经网络和部分连接神经网络权重参数的数量。

当建立全连接的神经网络处理图像时,输入层和隐藏层之间的权重参数需要 $500 \times 500 \times 10^6 = 25 \times 10^{10}$ 个,如图 10-2(a)所示。使用全连接的神经网络用于大图像的理解面临参数过多、计算量无法承受的问题。人在感受外界图像信息时每次只能看到部分图像的信息,但是却能通过每次感受的局部图像理解完整的图像。借鉴人理解图像的方法,设计滤波器提取图像的局部特征应用于理解整个图像。

下面介绍使用滤波器实现输入层和隐藏层之间的局部连接。设置 10×10 的滤波器模仿人眼感受局部的图像区域,这时,一个隐藏层的神经元通过滤波器和输入层中一个 10×10 区域连接。隐藏层有 10^6 个隐藏神经元,隐藏层和输入层之间的滤波器就有 10^6 个,所以输入层和隐藏层之间连接的权重数就变成了 $10 \times 10 \times 10^6 = 10^8$ 个,如图 10-2(b)所示。

全局连接改成局部连接已经将权重数量从 25×10^{10} 个减少到 10^8 个,但是权重过多计算量巨大的问题依然没有解决。因为图像有一个固有的特性,图像中的一部分统计特征与其他部分是一样的,也就是从图像的一部分学习得到的特征也能用在图像的其他部分,所以对于同一个图像上的所有位置,我们能够使用同样的学习特征。一个滤波器也就是一个权重矩阵,体现的是图像的一个局部特征。

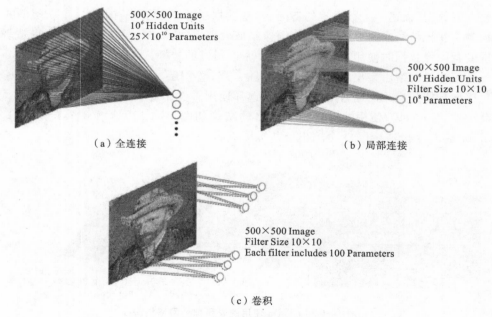

(a)全连接   (b)局部连接

(c)卷积

图 10-2 参数数量变化

(Courtesy of Yann LeCun and Marc'Aurelio Ranzato,ICML,2013)

同一个滤波器自然就可以应用于图像中的任何地方,10^6 个 10×10 滤波器对应的是图像中 10^6 个不同的 10×10 区域。如果这些滤波器完全相同,就是将局部特征应用于整个图像,这时隐藏层神经元和输入层神经元之间使用 1 个权重参数为 100 个的滤波器,如图 10-2(c)所示。通过所有滤波器共享权重,权重参数数量从 25×10^{10} 减少到 100 个,大大减少权重参数的数量及计算量。

这里使用的局部连接和权重共享的概念就是实现了卷积操作,10×10 的滤波器就是一个卷积核。一个卷积核表示图像的一种局部特征,当需要同时表示图像的多种局部特征时可以设置多个卷积核。图 10-1 中第一个卷积层使用了 6 个卷积核,通过卷积操作得到 6 个隐藏层的特征图。

案例 10.1　卷积神经网络中卷积操作

如图 10-3 所示,通过一个 8×8 的图像卷积操作示意图详解了解卷积如何实现的。卷积核大小为 4×4,对应的特征矩阵为

$$w = \begin{pmatrix} 1 & 0 & 1 & 0 \\ 0 & 0 & 1 & 1 \\ 0 & 1 & 0 & 1 \\ 1 & 1 & 0 & 0 \end{pmatrix}$$

图 10-3 中,首先在 8×8 的图像中提取 4×4 的图像 x_1 和特征矩阵进行卷积运算,使用公式 $y_i = w \cdot x_i$ 计算得到第一个隐藏层神经元的值 y_1。卷积的步长设为 1,继续提取 4×4 的图像 x_2 进行卷积运算,得到第二个神经元的值 y_2。重复直到图像遍历完毕,这时隐藏层所有神经元的值计算完毕,得到了对应一个卷积核的特征图。

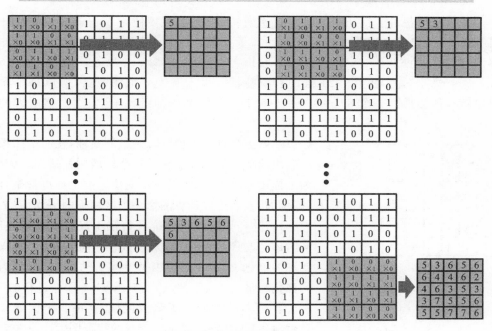

图 10-3　卷积操作示意图

(Source:http://ufldl.stanford.edu/wiki/index.php/UFLDL_Tutorial)

通常,计算隐藏层的输出特征图使用激活函数。常用的激活函数有 Sigmoid 函数 $\sigma(x) = \dfrac{1}{1 + e^{-x}}$,双曲正切函数 $\tanh(x) = \dfrac{e^x - e^{-x}}{e^x + e^{-x}}$,Relu 函数 $\text{Relu}(x) = \max(0, x)$。

假设卷积层 l 的输入特征图数为 n，使用公式 $y_j = f\left(\sum_{i=1}^{n} w_{ij} x_i + b_i\right)$ 计算卷积层 l 的输出特征图，其中 b 是偏差，w 是权重矩阵，f 是激活函数。卷积层 l 包含 n 个卷积核，每一个卷积核对应一个 $n \times m$ 维的权重矩阵 w，对应 m 个滤波器，卷积层隐藏层 l 有 m 个输出特征图。

隐藏层的神经元数为

$$n_y = \left(\left|\frac{n_{l-1} - n_k}{s}\right| + 1\right) \times \left(\left|\frac{m_{l-1} - m_k}{s}\right| + 1\right) \times m$$

其中输入数据的大小为 $n_{l-1} \times m_{l-1}$，滤波器的大小为 $n_k \times m_k$，卷积的步长设置为 s（卷积每次移动的距离），特征图的数量为 m。图 10-3 所示卷积的示意图中输入数据 8×8，卷积窗口 4×4，卷积步长为 1，特征图数为 1，隐藏层神经元数为

$$n_l = \left(\left|\frac{8-4}{1}\right| + 1\right) \times \left(\left|\frac{8-4}{1}\right| + 1\right) \times 1 = 5 \times 5$$

10.2　池化

通过卷积获得了特征图或者说图像的特征，但是直接使用卷积提取到的特征去训练分类器，仍然会面临非常巨大的计算量挑战。例如，对于一个 96×96 像素的图像，假设我们使用 400 个卷积滤波器，卷积大小为 8×8，每一个特征图包括 $(96 - 8 + 1) \times (96 - 8 + 1) = 89^2 = 7921$ 维的卷积特征。由于有 400 个滤波器，所以每个输入图像样本都会得到一个 $89^2 \times 400 = 3168400$ 个隐藏的神经元，这仍然面临巨大的计算量。

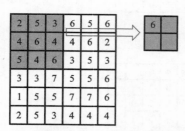

图 10-4　池化操作示意图
(source：http://ufldl.stanford.edu/wiki/index.php/UFLDL_Tutorial)

一般图像具有一种"静态性"的属性，在一个图像区域有用的特征极有可能在另一个区域同样适用。因此，为了描述大的图像，可以对不同位置的特征进行聚合统计，例如，人们可以计算图像一个区域上的平均值（或最大值）。这样聚合获得的统计特征不仅可以降低维度，同时还会改善结果（不容易过拟合）。这种聚合的操作就称为池化（pooling）。根据计算方法的不同，分为平均池化和最大池化。图 10-4 显示 6×6 图像进行的 3×3 池化操作，分为四块不重合区域，其中一个区域应用最大池化后的结果，池化后获得的特征图大小是 2×2。

案例 10.2　卷积神经网络中卷积和池化操作

近年来卷积神经网络发展迅速，卷积神经网络已经广泛运用在数字图像处理中。例如，运用这种 DeepID 卷积神经网络，人脸的识别率最高可以达到 99.15% 的正确率。这种技术可以在寻找失踪人口、预防恐怖犯罪中扮演重要的角色。图 10-5 是卷积神经网络的结构示意图。

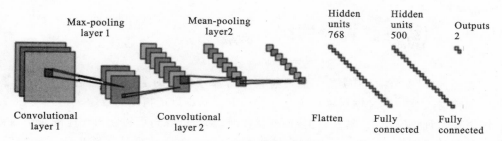

Max-pooling layer 1　Mean-pooling layer2　Hidden units 768　Hidden units 500　Outputs 2

Convolutional layer 1　Convolutional layer 2　Flatten　Fully connected　Fully connected

图 10-5　卷积神经网络示意图

如果输入图像如图 10-6(a)所示,图像的大小为 8×6。我们使用 3×3 卷积核进行卷积操作,Convolution layer 1 的一个特征图大小为 $[(8-3)+1]\times[(6-3)+1]=6\times4$。这里我们使用 3 个滤波器,对应的权重矩阵如下:

$$
w_1 = \begin{bmatrix} 1 & 0 & 1 \\ 0 & 0 & 0 \\ 1 & 0 & 1 \end{bmatrix}, \quad
w_2 = \begin{bmatrix} 0 & 0 & 1 \\ 0 & 1 & 0 \\ 0 & 0 & 0 \end{bmatrix}, \quad
w_3 = \begin{bmatrix} 0 & 0 & 1 \\ 0 & 1 & 0 \\ 1 & 0 & 0 \end{bmatrix}
$$

(a) 输入图像

4	3	1	6	8	0	0	0
0	0	0	5	3	2	1	0
0	0	0	4	5	7	9	1
0	0	0	0	0	0	0	0
1	2	6	2	1	6	3	1
0	0	0	0	0	0	1	1

(b) 卷积结果

0	3	4	7	12	8
0	0	0	0	0	0
0	0	2	9	8	5
0	0	0	0	0	0

(c) 增加偏差的结果

-5	0	4	7	12	8
-10	-5	-7	-3	-6	-8
-3	-2	2	9	8	5
-10	-10	-10	-10	-9	-9

(d) 第1个卷积层的特征图1

5	13	14	17	22	8
0	5	3	7	4	2
7	8	12	19	18	15
0	0	0	0	1	1

(e) 第1个卷积层的特征图2

0	0	3	0	0	0
0	0	0	0	0	0
0	0	0	0	0	0
0	0	0	0	0	0

(f) 第1个卷积层的特征图3

0	0	3	0	0	0
0	0	0	0	0	0
0	0	1	0	0	0
0	0	0	0	0	0

(g) 第1个Max-pooling层的特征图

1		2		3	
3	7	12	0	0	0	3	0
0	9	8	0	0	0	1	0

图 10-6　CNN 中卷积和池化实现步骤

假设偏差 $b=-10$,激活函数为 $\text{Relu}(x)=\max(0,x)$。按如下的几个操作步骤得到卷积层 1 的特征图。

步骤 1:使用第一个权重矩阵 w_1 对输入数据执行卷积操作,结果如图 10-6(b)所示。

步骤 2:图 10-6(c)是卷积结果加上偏差之后的值。

步骤 3:使用激活函数计算后,得到 Convolution layer 1 第一个特征图,如图 10-6(d)所示。

步骤 4:使用权重矩阵 w_2 和 w_3 重复上面的步骤,我们得到 Convolution layer 1 的第二个和第三个特征图,如图 10-6(e)和图 10-6(f)所示。

为了计算 Max-pooling layer 1 层的特征图,我们选择每个特征图中不重合的 2×2 区域选择最大值进行最大池化操作。图 10-6(g)所示的是 Max-pooling layer 1 层的 3 个特征图。

10.3   训练卷积神经网络

卷积神经网络的学习实质上是通过大量有标签数据的学习,得到输入与输出之间的一种映射关系。这种输入和输出之间的映射关系难以用精确的数学表达式表达。这种映射关系训练完成后,输入数据输入网络经过网络的映射可以获得相应的输出数据。

卷积神经网络的训练和 BP 网络训练相似,分为前向传播计算输出阶段和后向传播误差调整参数阶段。前向传播算法如 Algorithm 10.1 所示。在前向传播过程中,样本数据 x 输入卷积神经网络,逐层的对输入数据进行处理,前一层的输出数据作为后一层的输入数据,最终输出结果 y'。

```
Algorithm 10.1   Algorithm 6.4:Forward propagation in CNN
Input:     x:sample data
Output:   y':output through calculation
Procedure:
1)     Conduct initialization to all parameters in n layers
2)     p1= x
3)     for i= 1,2,…n
4)         if i is convolution layer
5)         Conduct convolution operation for pi, and output qi
6)         i+ + ;
7)         pi= qi- 1
8)         endif
9)         if i is pooling layer
10)            Conduct pooling operation for pi, and output qi
11)            i+ + ;
12)            pi= qi- 1
13)          endif
14)      endfor
15)    Output y' through calculation
```

后向传播阶段,计算输入数据 x 正确的标签 y 和输出结果 y' 的误差,将误差从输出层逐层的传递到输入层,同时调整参数。详细的步骤如下。

步骤 1:y 表示样本标签,y' 表示计算的输出,计算误差为 $O=y-y'$,计算代价函数值为 $E = \frac{1}{2} \sum_N \sum_K (y-y')^2$,其中 N 表示样本数,K 表示类别。

步骤 2:从输出层到输入层,逐层计算误差 E 对权重 w 的导数为 $\frac{\partial E}{\partial w}$,使用公式 $w= w+\Delta w=w+\lambda \frac{\partial E}{\partial w}$ 更新权重。

步骤 3:使用 Algorithm 10.1 中第 2~15 行计算 y'。

步骤 4：判断是否满足到后向传播的终止条件，如果满足终止训练，否则返回执行步骤 1。

LeNet-5 各层设置

如图 10-1 所示，输入数据是 32×32 的图像数据，C_1 层是卷积层，使用 6 个 5×5 滤波器进行卷积操作，卷积步长为 1，输出为 6 个 28×28 特征图。特征图中每个神经元与输入中 5×5 的区域相连。C_1 有 156 个可训练参数：每个滤波器有 $5 \times 5 = 25$ 个权重参数和一个偏差参数，一共 6 个滤波器，共 $(25+1) \times 6 = 156$ 个参数。

S_2 层是一个 pooling 层，对 C_1 输出的 6 个特征图进行 2×2 Max-pooling 操作，得到 6 个 14×14 的特征图。

C_3 使用 16 个 5×5 的卷积核对 S_2 层的输出卷积，得到 16 个 10×10 个神经元的特征图。C_3 中的每个特征图连接到 S_2 输出的所有 6 个特征图。

S_4 是一个 pooling 层，对 C_3 输出的 16 个特征图进行 2×2 Max-pooling 操作，得到 16 个 5×5 的特征图。

C_5 也是一个卷积层，包含 120 个 5×5 滤波器，得到 120 个特征图，每个特征图中的神经元与 S_4 层的全部 16 个特征图的 5×5 区域相连。

F_6 层有 84 个神经元（输出层的设计，神经元数量设置为 84），与 C_5 层全相连。如同经典神经网络，F_6 层计算输入向量和权重向量之间的点积，再加上一个偏置。然后将其传递给 Sigmoid 函数产生单元 i 的一个状态。

10.4 其他深度学习神经网络

深度学习架构具有输入层、输出层和多个隐藏层，具有前向传播和后向学习的深度神经网络。深度学习架构种类繁多，其中大多数的架构是常用架构的变化。这里按照深度学习架构中神经元的连接方式，将常用的深度学习架构分为三类：全连接、部分连接、其他，如图 10-7 所示。

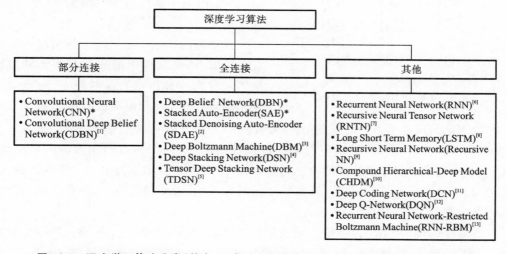

图 10-7 深度学习算法分类（其中，＊表示本书中详细介绍，上标标注对应参考文献）

10.4.1　深度神经网络的连接性

全连接网络：传统的神经网络中，输入层、隐藏层到输出层，层与层之间是全连接的方式。前一层的一个神经元和下一层的每一个神经元连接。深度学习架构中的深信念网络（deep Belief networks，DBN）、深度波兹曼机（deep Boltzmann machines，DBM）、堆叠自编码（stacked auto-encoders，SAE）、堆叠降噪自编码（stacked denoising auto-encoders，SDAE）、深度堆叠网络（deep stacking networks，DSN）、张量深度堆叠网络（tensor deep stacking networks，TDSN）都是全连接的网络。

部分连接：部分连接深度架构指输入层、隐藏层到输出层之间的连接采用部分连接的方式，这一类的深度学习的架构以卷积神经网络为代表。使用了卷积操作部分连接和权重共享的概念，使用局部特征描述整体，大大减少连接权重数量。卷积深信念网络（convolutional deep belief networks，CDBN）是局部连接网络。

其他：这种类别包括 Recurrent Neural Network（RNN）、Recursive Neural Tensor Network（RNTN）、Long Short Term Memory（LSTM）、Recurrent Neural network-Restricted Boltzmann Machine（RNN-RBM）、Deep Q-Network（DQN）、Compound Hierarchical-Deep Models（CHDM）、Deep coding network（DPCN），等等。

传统的 ANN 无论全连接还是部分连接的方式，在处理序列数据时表现欠佳或是无能为力。针对这个问题，我们介绍递归神经网络（recurrent neural networks，RNN）。

10.4.2　递归神经网络

递归神经网络（recurrent neural networks，RNN）每一个时间点对应一个三层的 ANN，所以 RNN 的训练类似于 ANN。RNN 是一种考虑时间序列数据特征的神经网络，能够记忆过去时间的信息并用于当前时间输出数据的计算中。训练一个 100 时间点的单层 RNN 相当于训练有 100 层的 ANN，如图 10-8 所示。

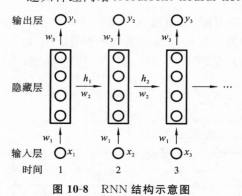

图 10-8　RNN 结构示意图

也就是说，RNN 使用过去的输出计算当前的输出，网络结构中的相邻时间点的隐藏层之间存在连接。在当前时间点，隐藏层的使用输入层的输出和隐藏层的迭代输出。

大多数的深度学习网络是前向传播网络，如 SAE、DBN，这就意味着信号流从输入到输出方向一次一层。RNN 不像前向传播神经网络，以序列数据作为输入和输出。RNN 是考虑到时间序列特征的神经网络，前一个序列的输出作为下一个序列的输入。RNN 用于语言或是语音识别。隐藏层之间是相关的，隐藏层的输入，不仅包括当前输入而且包括过去时间隐藏层的输出。

在每个时间点 t，RNN 对应一个三层的 RNN。RNN 在时间 t 的输入和输出分别用 x_t 和 y'_t 表示，隐藏层用 h_t 表示。所有的时间点使用相同的网络参数 $\theta = (w_1, w_2, w_3)$，其中输入层和隐藏层之间连接权重 w_1、时间点 $t-1$ 的隐藏层和时间点 t 的隐藏

层之间连接权重 w_2、隐藏层和输出层之间权重 w_3 如图 10-8 所示。

RNN 按时间顺序计算输出：时间点 t 输入为 x_t，隐藏层的值 h_t 根据当前输入层的值 x_t 和上一时间点 $t-1$ 隐藏层的值 h_{t-1} 计算得到，h_t 作为输出层的输入计算输出值 y'_t。图 10-9 显示了 RNN 和 ANN 结构对比。

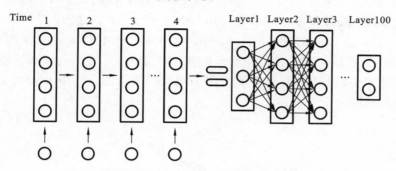

图 10-9 RNN 和 ANN 结构对比

10.4.3 不同神经网络的输入和输出的关系

RNN 以序列数据作为输入，产生序列输出。对于不同的应用来说，输入和输出具有不同的对应关系，如图 10-10 所示的四种应用。图 10-10(a)中，输入/输出结构是特别的图像捕捉应用。图 10-10(b)所示的为多输入单输出的结构，对应于文档分类应用。图 10-10(c)中，输入和输出都是序列数据，应用于视频流的逐帧应用。这种结构也适用于统计预测未来的状态。图 10-10(d)中，我们输入已知的时间 1 和时间 2 数据，从时间 3 开始预测。输入时间 3 数据后，我们得到输出结果 1。这意味着我们预测数据在下一个时间是 1；相同的方法，时间 4 我们输入数据 1 得到输出结果 2，预测时间 5 的结果是 2。

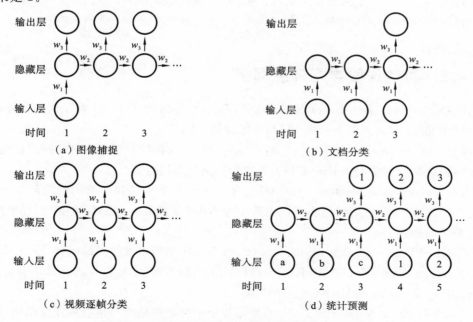

图 10-10 不同的深度学习应用中不同的输入和输出

10.4.4　结构递归深度神经网络结构

结构递归深度神经网络结构(recursive neural tensor network, RNTN)可以用于处理变长输入数据,或者进行多级预测。NTN 和 RNN 都属于递归的方式,不同的是 RNN 是时间序列的递归,Recursive Neural Networks 是结构递归。

图 10-11(a)给出了 RNTN 的基本结构,其中有 3 个叶子节点,包括两个 ANN 结构。一个 ANN 的输入是 b 和 c,用张量组合函数得到 p_1。另一个 ANN 使用 a 和 p_1 作为输入,使用张量组合函数得到 p_2。图 10-11(b)所示的是使用 RNTN 进行文本情感分析的树形结构。

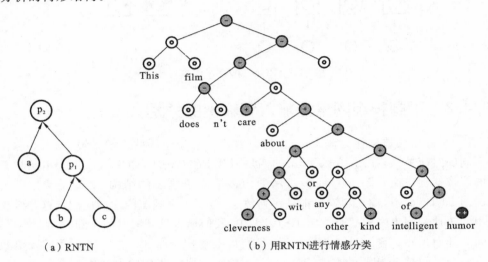

（a）RNTN　　　　　　　　　（b）用RNTN进行情感分类

图 10-11　Recursive neural tensor network(RNTN)和情感分类的应用

(来源: Socher R, Perelygin A, Wu J Y, et al. Recursive Deep Models for Semantic Compositionality Over a Sentiment Treebank[J]. Proceedings of the conference on empirical methods in natural language processing, 2013)

10.4.5　其他深度学习神经网络

Convolutional Deep Belief Networks(CDBN)是组合了 CNN 和 DBN 的网络结构。解决 DBN 扩展到图像 full-size 和高维度的问题。

Deep Q-Networks(DQN)是 Google Deep-Mind 提出的一种深度神经网络结构,是一种将强化学习方法 Q-learning 和人工神经网络分类组合的方法。

Deep Boltzmann Machines (DBM)包含一个可见单元层和一系列的隐藏单元层,同层之间没有连接。DBM 是真正的由若干个 RBM 堆叠在一起的深度架构,任意两层之间是无向连接。

Stacked Denoising Auto-Encoders (SDAE)结构类似于堆叠自编码器,唯一不同的是 AE 变成了 Denoising Auto-Encoder(DAE)。DAE 采用无监督的训练方法,包括 Corrupting、Encoder 和 Decoder 三个步骤。

Deep Stacking Networks(DSN)是使用简单的神经网络模块堆叠成深度网络,模块数量不定。每一个模块的输出是估计的类别 y,第一层的模块的输入是原始数据,以后各层模块的输入是原始输入数据 x 和前边各层输出 y 的串联。

Tensor Deep Stacking Networks（TDSN）是 Deep Stacking Networks（DSN）的扩展，包括多个堆叠块。每一个堆叠块包括三层：输入层 x，两个并行的隐藏层单元 h_1 和 h_2，输出层 y。

长短记忆网络（long short term memory，LSTM）是对 RNN 的改进，在基本的 RNN 结构基础上添加了记忆模块，解决了基本的 RNN 在训练时存在前边时间点隐藏层对后边时间点隐藏层的感知力下降的问题。

Deep Coding Networks（DCN）是一种分层的生成模型（a hierarchical generative model），可以通过上下文的数据进行自我更新的深度学习网络。

Compound Hierarchical-Deep Model（CHDM）是使用 Non-Parametric Bayesian 模型组合的深度网络，可以使用 DBN、DBM、SAE 等深度架构学习特征。

Recurrent Neural Network-Restricted Boltzmann Machine（RNN-RBM）是一种递归时序 RBM。

10.5　本章小结

卷积神经网络是最经典的深度学习算法，采用局部连接的方法连接神经网络，减少了网络连接数。CNN 应用广泛，特别是在计算机视觉领域表现突出。在处理序列数据时，合适的深度学习方法是递归神经网络。

第三篇　习　　题

3.1　什么是结构化数据？非结构化、半结构化数据及结构化数据有什么不同？

3.2　请探讨统计学、数据挖掘和机器学习之间的关系。

3.3　深度学习作为机器学习的一个分支，在认知系统中发挥着重要作用，被用来提高模型的准确率以做出更好的预测。深度学习具有数据特征的学习能力，特别是在处理大量的结构化和非结构化数据时表现出了突出优势，比如对图像数据、语音数据以及文本数据等数据的处理，它是认知学习的一种。在学完第 8 章内容后，基于对深度学习的了解和认识，请回答以下两个问题：

（1）深度学习与传统的机器学习或者浅层学习相比有哪些优势？

（2）深度学习的实现步骤有哪些？

3.4　图 1 给出一个多层前馈神经网络。设学习率为 0.9。该网络的初始值和偏倚值以及第一个训练样本 $X=\{1,0,1\}$（其类标号为 1）在表 1 中给出。通过后向传播算法计算新的权重和偏倚。其中前向传播的隐藏单元使用权值加偏差计算，输出单元使用 Sigmoid 函

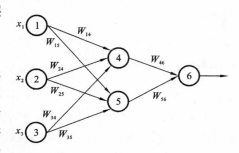

图 1　多层前馈神经网络

数,后向传播输出单元的误差为 $\text{Error}(j)=O_j\times(1-O_j)\times(T_j-O_j)$,其中 O_j 是实际输出,T_j 是计算出的输出;隐藏层单元的误差为 $\text{Error}(j)=O_j\times(1-O_j)\times\sum_k \text{Error}(k)\times W_{jk}$,其中 W_{jk} 是下一较高层 k 到 j 的连接权值,$\text{Error}(k)$ 是单元 k 的误差。$\Delta W_{ij}=\gamma\times\text{Error}(j)\times O_i$,$W_{ij}=W_{ij}+\Delta W_{ij}$,其中 γ 表示学习率。

表1 初始值、权值和偏倚值

x_1	x_2	x_3	W_{14}	W_{15}	W_{24}	W_{25}	W_{34}	W_{35}	W_{46}	W_{56}	θ_4	θ_5	θ_6
1	0	1	0.2	−0.3	0.4	0.1	−0.5	0.2	−0.3	−0.2	−0.4	0.2	0.1

3.5 人工神经网络(ANN)是反映人脑结构和功能的一种抽象数学模型,在模式识别、图像处理、智能控制、组合优化、金融预测以及专家系统等领域都得到了广泛的应用。深度学习的发展建立在人工神经网络的基础之上,随着深度学习领域的迅猛发展,人工神经网络也面临着新的挑战。结合第9章内容,请回答以下两个问题:

(1)神经网络的建模过程有哪些?

(2)神经网络中,激活函数的作用是给网络中加入一些非线性元素,使得网络的拟合效果更好,从而达到更好的识别率或预测率,那么神经网络中的激活函数有哪些选择呢?至少列出4个。

3.6 RBM可见层有5个神经元,隐藏层有3个神经元,假设可见层的输入向量是 $(1,0,1,0,1)$,连接权重如下:

$$w=\begin{bmatrix} -0.2 & -0.1 & -0.4 \\ -0.1 & -0.3 & 0.2 \\ 0.6 & 0.3 & 0 \\ -0.3 & 0.5 & 0.4 \\ -0.1 & 0.3 & -0.9 \end{bmatrix}$$

可见层偏差为 $b_v=(0.1,0.3,0.2,0,0.1)$,隐藏层偏差为 $b_h=(0.1,0.2,0.1)$,随机数为 0.5,可以使用随机数和神经元为1的概率计算神经元的状态。请根据可见层神经元的输入值计算隐藏层神经元的值。

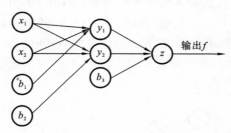

图2 神经网络模型

3.7 图2所示的是一种简单的神经网络模型,只有一个隐藏层,输入层有2个神经元,隐藏层也有2个神经元。初始输入为 $[1,3]$,x_1,x_2 和 y_1 之间的连接权重为 $[-2,1]$,y_1 的偏置单元为 -3;x_1,x_2 和 y_2 之间的连接权重为 $[0,2]$,y_2 的偏置单元为1。隐藏层与输出层的连接权重为 $[1,0]$,输出值的偏置参数为 -2,激活函数全都采用 Sigmoid 函数,即 $f(x)=\dfrac{1}{1+\text{e}^{-x}}$,请计算最终的输出值 z。

3.8 因视野局部受限视觉信息需经多次摄入与理解,受眼部仿生学启发卷积神经网络被计算机科学家提出并得以发展。卷积神经网络是一种前馈式神经网络,由多层组成,通常包括输入层、卷积层、池化层、全连接层和输出层,在语音识别、图像应用领域中表现优秀。学完第10章,你对卷积神经网络有了更深入的了解,请说明卷积神经网络和传统的前馈式神经网络相比有什么优势？

3.9　以图 3 所示的 LeNet-5 卷积神经网络结构为基础，现有一个输入为 8×8 大小的图片，像素矩阵如表 2 所示。假设 C_1 层的卷积核大小为 5×5，卷积核大小如表 3 所示，采用 ReLU 激活函数，偏置单元大小为 -5；S_2 层采用 2×2 最大值池化，请分别计算以下问题：

（1）输入图像经过 C_1 层的卷积操作后大小是多少，请给出 C_1 层的图像像素值；

（2）经过 S_2 层的池化操作后，图像大小是多少？

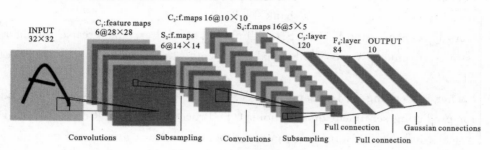

图 3　LeNet-5 网络结构

表 2　输入图像

1	1	0	0	1	1	0	0
0	1	1	1	1	0	0	0
1	1	0	0	0	1	1	1
0	0	1	1	1	0	0	1
1	1	0	1	1	0	1	0
0	0	1	1	0	1	0	1
1	1	0	1	0	0	0	1
1	0	0	1	1	1	0	0

表 3　卷积核大小

1	0	1	0	1
0	1	0	0	0
1	0	1	1	0
0	1	1	1	1
1	0	0	0	1

本篇参考文献

[1] Lee H, Grosse R, Ranganath R, et al. Convolutional deep belief networks for scalable unsupervised learning of hierarchical representations[C]// International Conference on Machine Learning, ICML 2009, Montreal, Quebec, Canada, June. DBLP, 2009:77.

[2] Vincent P, Larochelle H, Lajoie I, et al. Stacked Denoising Autoencoders: Learning Useful Representations in a Deep Network with a Local Denoising Criterion[J]. Journal of Machine Learning Research, 2010, 11(12):3371-3408.

[3] Hinton, Geoffrey, Salakhutdinov, et al. Efficient Learning of Deep Boltzmann Machines[J]. 2009, 3:448-455.

[4] Yu D, Deng L. Deep Convex Net: A Scalable Architecture for Speech Pattern Clas-

sification[C]// INTERSPEECH 2011,Conference of the International Speech Communication Association,Florence,Italy,August. DBLP,2011:2285-2288.

[5] Hutchinson B,Deng L,Yu D. Tensor Deep Stacking Networks[J]. IEEE Transactions on Pattern Analysis & Machine Intelligence,2012,35(8):1944-1957.

[6] Schmidhuber J. Learning complex,extended sequences using the principle of history compression[J]. Neural Computation,1992,4(2):234-242.

[7] Socher R,Perelygin A,Wu J Y,et al. Recursive deep models for semantic compositionality over a sentiment treebank[J]. 2013.

[8] Gers F A,Schraudolph N N,Schmidhuber J,et al. Learning precise timing with lstm recurrent networks[J]. Journal of Machine Learning Research,2003,3(1): 115-143.

[9] Socher R,Pennington J,Huang E H,et al. Semi-supervised recursive autoencoders for predicting sentiment distributions[C]//Proceedings of the Conference on Empirical Methods in Natural Language Processing. Association for Computational Linguistics,2011:151-161.

[10] Salakhutdinov R,Tenenbaum J B,Torralba A. Learning with hierarchical-deep models[J]. Pattern Analysis and Machine Intelligence,IEEE Transactions on, 2013,35(8):1958-1971.

[11] ChalasaniR,Principe J. Deep Predictive Coding Networks[J]. 2013:1-13.

[12] Mnih V,Kavukcuoglu K,Silver D,et al. Human-level control through deep reinforcement learning[J]. Nature,2015,518(7540):529.

[13] Boulanger-Lewandowski N,Bengio Y,Vincent P. Modeling temporal dependencies in high-dimensional sequences:Application to polyphonic music generation and transcription[J]. Chemistry A European Journal,2012.

[14] Hinton G E,Osindero S,Teh Y W. A fast learning algorithm for deep belief nets [J]. Neural computation,2006,18(7):1527-1554.

[15] LeCun Y,Bottou L,Bengio Y,et al. Gradient-based learning applied to document recognition[J]. Proceedings of the IEEE,1998,86(11):2278-2324.

[16] Hinton G. A practical guide to training restricted Boltzmann machines[J]. Momentum,2010,9(1):926.

[17] Sun Y, Wang X, Tang X. Deep learning face representation from predicting 10,000 classes[C]//Proceedings of the IEEE Conference on Computer Vision and Pattern Recognition. 2014,pp. 1891-1898.

[18] LeCun Y, Bengio Y, Hinton G. Deep learning[J]. Nature,2015,521(7553): 436-444.

[19] Rifai S,Bengio Y,Dauphin Y,et al. A generative process for sampling contractive auto-encoders[J]. Computer Science,2012.

[20] Bengio Y,Courville A,Vincent P. Representation learning:A review and new perspectives[J]. Pattern Analysis and Machine Intelligence,IEEE Transactions on,2013,35(8):1798-1828.

［21］Good fellow I,http://www. deeplearningbook. org/

［22］Fischer A,Igel C. Training restricted Boltzmann machines:an introduction［J］. Pattern Recognition,2014,47(1):25-39.

［23］Schmidhuber J. Deep learning in neural networks:An overview［J］. Neural Networks,2015,61:85-117.

［24］Rifai S,Bengio Y,Courville A,et al. Disentangling factors of variation for facial expression recognition［M］//Computer Vision-ECCV 2012. Springer Berlin Heidelberg,2012:808-822.

［25］Gers F A,Schmidhuber J. LSTM recurrent networks learn simple context-free and context-sensitive languages［J］. Neural Networks, IEEE Transactions on, 2001,12(6):1333-1340.

［26］Graves A,Mohamed A,Hinton G. Speech recognition with deep recurrent neural networks［C］//Acoustics,Speech and Signal Processing (ICASSP),2013 IEEE International Conference on. IEEE,2013:6645-6649.

［27］Wikipedia. http://en. wikipedia. org/wiki/Deep_learning

［28］http://ufldl. stanford. edu/wiki/index. php/UFLDL_Tutorial

［29］Salakhutdinov R,Mnih A,Hinton G. Restricted Boltzmann machines for collaborative filtering［C］//Proceedings of the 24th international conference on Machine learning. ACM,2007:791-798.

第四篇

认知云计算

11

云端认知计算

摘要：大型认知计算系统需要一个收敛的计算环境来支持不同类型的硬件、软件和大量的网络元素。该系统利用高效分布式计算服务，不仅能够转换软件管理和交付的方式，而且成为商业化认知计算的关键部分。因此，云计算和分布式架构成为大型认知计算不可或缺的底层设施。本章主要介绍分布式计算架构的特点以及其强大的功能。

11.1 云端认知计算

11.1.1 利用分布式计算共享资源

认知计算环境必须提供一个平台，以便汇总大量不同来源的信息，并以特定的方式处理这些数据。除此以外，系统还需要更深层的分析算法来处理复杂数据。很明显，集成化系统的做法是不切实际的，原因是整合不同种类的元素有一定的难度，这也体现了云计算的高度分布式特点。云提供了一系列共享计算资源，包括应用、计算服务、存储容量、网络、软件发展、不同的部署形式和业务处理过程。云计算允许开发者结合分布式计算系统整合一系列共享资源，以支持大型认知负载。为了达到这个目的，根据标准化接口部署云服务变得尤为重要。这些接口由标准化组织定义，它们提供了能被云提供商采用的一致规范。本章深入介绍分布式云服务在实现认知计算中的作用。

云服务消费者，包括建立认知计算应用的公司，都从共享资源模型中受益，这使用户愿意付费使用系统以实现效率最大化。持有这些资源需要持续性的固定费用来为最大负载分配容量。按需使用这些服务，使更多组织可以负担这些费用。

11.1.2 云计算是智能认知服务的基础

认知系统需要具备高效利用数据资源和实现复杂算法的能力。实现认知系统最有效的方法是利用云计算技术，因为根据设计，他们建立在分布式计算模型上。如果没有因特网的分布式计算，万维网（或者 Web）将永远不会存在。事实上，Web 只需要分配地址而不用考虑分享的内容，研究者能够分享文档、图片、视频或者声音文件。有了认知计算，环境可以被最优化以支持大量基于模式分析和组织的数据。比如，源数据可以分布于成百的不同的结构化和非结构化的信息资源中。为了协调这些资源的访问，云环境中会保存有一个目录、索引或注册表指针的数据以及与资源相关的元数据。这里对利用高性能计算能力进行分析可能也有要求。使用云计算和它的底层分布式模型的一个额外的好处是能够使用高性能的计算引擎来解决复杂的科学、工程和商业问题的需求。同样，一些组织不必购买高端的系统，而是只在需要的时候使用云计算服务。

11.1.3 云计算的特点

虽然本章只涵盖了部分云计算的模型，但其中包含云计算模型的共有特点。这些特点包括弹性和自助服务配置，服务使用情况和性能的测量，以及工作量管理。此外，支持分布式计算有助于云计算。因为云的动态本质，所有这些服务都是必需的。云的建立是针对具体的特点，如支持一些不同的工作负载和这些工作负载的特点。本节讨论这些功能和特点。

1. 弹性和自助服务配置

云服务的弹性为消费者提供了用来增加或减少需要完成一个任务的计算、存储或网络的数量的能力。虽然添加服务的概念在其他模式计算中是可用的，但是在云环境中，弹性倾向于自动化的服务，由一个自助服务功能控制。特别是当一个云服务的消费者需要增加计算服务数量时，如应用一个算法到复杂的数据集中，当计算完成时，可以自动减少计算资源的数量，在弹性范围内进行测量和分布式处理。

2. 扩展性

由于云具有弹性的特点，你可以扩展服务来转移工作负载。扩展的两个主要模型是水平缩放和垂直缩放。水平缩放(通常被称为横向扩展)意味着相同类型的服务基于工作负载的需求扩展；当需要更多相同的容量时，系统分配更多的资源。随着需求的减少，这些资源逐渐被释放到池中。使用横向缩放，可以添加额外的服务器以支持扩展的要求。相比之下，使用垂直扩展(通常称为纵向扩展)时，单个计算资源被扩展，从而实现负载和计算环境之间更好的匹配。除了增加更多的服务器，一个垂直扩展的环境能够在现有的系统中添加额外的内存或存储。垂直缩放是解决需要高度分布计算环境的应用的有效方案。例如，Hadoop被用来实现分布节点之间的计算。

3. 分布式处理

随着数据量的增长，更好地进行计算节点之间的分发处理以获得更好性能的能力变得越来越重要。即使分布式文件系统的思想不是最新的，但是在新的数据技术如NoSQL、Hadoop、HBase中，仍然证明这种能力的重要性。在云内使用机器集群处理复杂的算法是至关重要的。认知计算不仅需要摄取数据，还需要分析复杂的数据以提供对复杂问题的解决方案。

11.1.4 云计算模型

虽然云计算包含一些复杂的技术，但云计算的本质是一个服务供应模型，它正在改变企业访问和管理复杂技术的困难程度。云模型的经济效益是显而易见的，它通过提供一个共享服务模型，每个用户只需支付所使用的服务的费用。在云计算模型中，优化了一些不同的方法，为特定的工作负载执行特定的任务。这类似于电网运行的过程。例如一些大都会区没有单一的发电厂来支持所有的客户。相反，用一个系统或网格来协调一个高度分散的配电站,以支持不同的社区。精心设计的电网将根据环境条件、消费模式或灾难性事件建立分配电力模型。共享的服务模型使电网负担得起较大的负载。如果你进一步挖掘这个比喻,若公司和个人投资连接到电网的太阳能电池板,可能会得到与他们的投资量相当的电力网的电量。同样,在如世界社区网格的系统中,个人贡献计算资源以帮助解决重大的计算问题。在未来,有可能产生认知计算网格技术,其中公司、行业、地区和国家之间资源共享,没有一个单一的云计算模型;相反,有一些部署模型,包括公共、私有、托管服务和混合云,这些部署模型有软件即服务(SaaS)、平台即服务(PaaS)、基础设施即服务(IaaS)等。以下是对这些部署模型的描述。下一节提供了这些模型的基础技术概述,如图 11-1 所示。

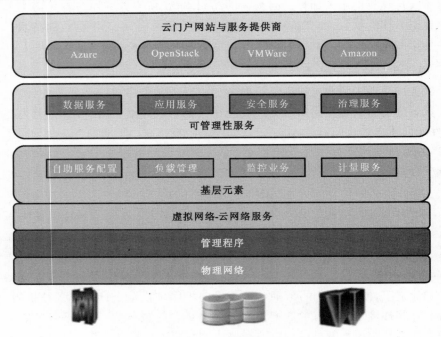

图 11-1　云架构模型

1. 公共云

公共云是一个计算效用模型,通常提供一个共享的多租户环境,其中多个用户在一个服务器内共享一个物理容器。多租户云是由第三方服务提供商操作,通过互联网连接访问的公共服务,客户基于计算、存储单元或者用途支付费用。因此,公共云通常被认为是一种商品服务。通常情况下,用户通过虚拟镜像访问服务,虚拟镜像是在物理硬件上独立运行的计算资源的结合。当他们支持共同的工作负载时,公共云是最有效的选择,以便系统能自动化和优化系统的工作量。这不同于一个数据中心,数据中心可能有多个操作系统和多个类型的应用程序和工作负载,因此,它对于少量简单的工作负荷难以进行优化。公共云是一个有效的经济模型,因为它建立在一个共享的服务模型上。对于公共云供应商如亚马逊、微软 Azure 和谷歌云服务来说,消费者越多,单位使用量的收费越低。典型的支付模型是基于每兆字节存储或一个单位计算费用。

公共云的一个关键特征是,它通过广义的服务级别协议(SLA)为所有用户提供了相同的服务水平和安全。因此,服务提供商将它的服务器、自动化和安全作为一个集成的环境。

精心设计的商业公共云服务往往提供一个合理的服务和安全等级,这种服务需要由规范的和政府担保的公司来提供,由于部分用户需要高私密性的服务,私有云服务对关键的客户和财务数据来说可能是一个更可行的选择。然而,对于其他商品服务,如电子邮件经常使用公共云服务来实现。一些公共的云服务提供商提供额外的服务,如虚拟专用网或专门的政府服务。

2. 私有云

私有云的数据与资源保存在数据中心中,而这些资源通常不与其他公司共享。类似公共云,私有云的目的是创建一个优化的环境,使它支持单一的具有优化管理和自动化服务的基本操作系统。同样,私有云还提供了针对工作量的优化方法,提高可管理性和性能。由于私有云由系统内部控制,它可以优化基于行业治理要求的安全性。此外,私有云还可以建立具有特定级别的服务,以满足客户和合作伙伴的需求。这样公司有能力部署工具和服务,以监控和优化安全和服务等级。

3. 托管服务提供商

除了由公司直接拥有和操作的私有云,托管服务提供商(MSP)还可以提供专用的云服务设计,特定客户的服务由第三方进行管理。

有些不适应公共云服务的公司不愿经营自己的私有云。还有一些公司只想利用一套复杂的服务,而不是驻留在自己的环境中。托管服务提供商(MSP)通常针对特定行业的云服务需求提供持续支持的云服务或需求服务,这些云服务在他们提供管理安全和自动化方面具有公共云或者私有云的特征。他们可能会提供一些服务作为多租户环境,还可以为客户提供他们自己的硬件环境,保证客户的使用。托管服务提供商可以提供一个特定行业的认知计算服务,例如通过使用机器学习算法分析零售环境中的客户流失。因此,MSP 也是一种私有云,因为一个客户可以在一个专用的物理分区的基础上使用它。然而,公共云可以服务于来自共同的物理分区基础设施的多个客户。

4. 混合云模型

一个混合云提供集成或连接到公共云、私有云和管理服务的功能。从本质上说,当一个混合云成为一个虚拟的计算环境,可以有效地结合公共云的虚拟化服务、私有云的服务、托管服务供应商和数据中心。例如,一个公司可以使用它的数据中心来管理客户交易。这些交易连接到一个公共云,在这个公共云中,该公司已经创建了一个基于Web 的前端和一个移动接口,使客户可以在线购买产品。这家公司还使用一个第三方托管服务,检查试图使用信用卡支付服务的顾客的信用。这里也可能是一系列基于公共云的应用程序,控制客户服务细节。此外,该公司在假期高峰期使用一个公共云服务提供商的额外的计算能力,以确保系统超载时网站不崩溃。虽然这些元素都是由不同供应商设计和运行的,但它们可以作为一个整体的系统来管理。混合云是高效的,因为作为一个分布式系统,它让公司使用一系列最适合当前任务的服务,如图 11-2 所示。

无论云模型是公共的还是私有的,它们都可以分配不同的认知计算工作负载给最佳的服务组件。由于认知系统的性能受益于部署在各种工作负载优化的服务,而不是一个统一的系统,混合云模型是最合乎逻辑的和实际的方法,因为这些系统在生产中成长。认知计算可以被设计为一系列的服务进行交互,通过应用程序编程接口(API)调用不同的服务,以高效率低成本的方式执行一个过程或计算算法的方法。当企业使用

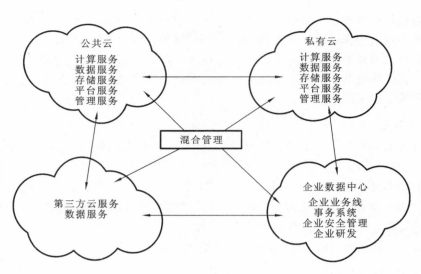

图 11-2   混合云架构

大数据集来计算复杂的算法时,合理的成本往往很难获得足够的计算资源。例如,在制药行业,发现药物需要对大量的数据进行分析,这些数据需要存储和处理。在云计算之前,这些公司不得不妥协,只选择数据的子集来分析。他们必须确保所选择的数据是正确的子集。虽然这是很可能的,但是模式或异常可能不会出现在他们能收集到的数据的子集或快照中。

案例 11.1   云计算在临床研究中的应用——癫痫分析

在 2013 年 12 月 10 日出版的美国医学信息学协会杂志上,研究人员讨论了他们如何利用基于云计算的大数据分析进行癫痫研究。

研究人员一直在进行研究,试图发现新的治疗癫痫(最常见的神经系统疾病之一)的方法。典型的数据源是脑电图(EEG)记录。此数据用于诊断和评估癫痫患者。如果这个数据的信号可以实时分析和实时可视化,研究人员可以更好地确定病人在治疗之前、期间和之后发生的事情。此外,该数据可以与本体设计一起支持事件和诊断之间的结论。

这个项目的工作人员发现,如果他们能从一个桌面上的集成的应用程序移动到一个基于云计算的数据管理系统,那么他们可以收集更多的数据,同时能实时分析数据。研究人员开发了 SUEDP 死亡预防与风险识别(PRISM)项目。这种基于网络的电生理数据可视化和分析平台称为 Cloudwave。这个公共云基础设施集成了病人的信息识别系统,并添加了一个查询系统。该系统的基础,包括使用 MapReduce 框架来解释使用并行算法计算海量的数据。数据可视化相关的结果与本体和其他研究相关,如其他危险因素的数据库。查询功能可以使研究人员访问结果。

没有云服务和先进分析的支持,研究人员将不能在合理时间内分析这些数据。它会花太长的时间,还需要购买不在组织预算的昂贵的硬件。更重要的是,实时服务是间歇性需要的,因此可以使用一个临时基础上的云服务以达到最佳项目的要求。该组织还发现了一个网络服务供应商,它支持健康保险流通与责任法案(HIPAA)标准。

11.1.5 云交付模型

无论是讨论公共云还是私有云部署模型,一些重要的服务交付模型定义了消费者和供应商利用这些方法计算的方式(见图 11-2)。这些模型分为四个不同的领域,因为每个领域都提供了一种不同的能力,这对实施复杂的服务很重要。

1. 基础设施即服务

顾名思义,基础设施即服务(IaaS)是基础性的云服务。IaaS 通过一个虚拟的图像或直接在计算机系统中定义计算、存储和网络服务,这被称为本地实施,典型的 IaaS 模型依赖于虚拟化。公共 IaaS 服务被设计为一个自助服务环境,客户可以购买服务,如计算或基于计算实例所需的存储;消费者可以根据指定时间内消耗的资源数量购买服务。当消费者停止支付服务时,资源就会消失。在一个由公司控制的私有 IaaS 环境中,这些资源将留在原地,并将由信息技术组织控制。

2. 虚拟化

虚拟化是将资源和服务从底层的物理传输环境中分离的技术。传统的模型使用虚拟机管理程序将硬件分区。虚拟机管理程序提供服务器之上的代码层,使系统资源共享。这意味着一个单一的系统可以支持多个操作系统、基础设施软件、存储、网络和应用程序。此外,虚拟机管理程序使一个物理基础支持更多的服务。IaaS 依靠镜像封装消费者需要的用来操作云服务的关键功能,如计算能力或存储能力,该镜像将包括管理这些资源的能力,如添加新的代码或平衡资源集。

3. 软件定义的环境

IaaS 的目标是优化系统资源的使用,使他们能够支持工作负载和使应用效率最大化。软件定义的环境(SDE)是一个抽象层,结合 IaaS 中虚拟化的组件使组件可以以一个统一的方式管理。实际上,SDE 的目的是为 IaaS 环境内的各种资源提供一个整体的业务流程和管理环境。因此,一个 SDE 汇集计算、存储和网络并创建一个更高效的混合云环境,使开发人员能够在相同环境中使用各种类型的虚拟化,而无需手工编码。

4. 容器

容器包括一个被设计运行在 IaaS 上的应用程序,和它的附属物封装在一起作为部署的轻量级包。它包括定义良好的和标准化的应用程序编程接口(API)。在软件定义的环境中经常使用容器,用于创建一个依靠虚拟化图像的方法。不同于虚拟化,容器不需要管理程序。过去几年已经出现了一些开源项目(如 Docker)促进这种计算方式的快速发展。

5. 软件即服务

软件即服务(SaaS)是一个定义的应用程序,允许用户在公共云服务中操作。今天,几乎所有的企业软件提供都可作为 SaaS,它现在与桌面应用程序和软件没有较大的差别。事实上,相比之下它难以购买,因为 SaaS 模式为供应商提供更加可预测的收入流。

SaaS 应用利用 IaaS 构建。因此,IaaS、SaaS 通常在多租户环境中提供负载平衡和自我服务。这意味着,多个用户和公司共享一个物理计算环境。SaaS 的一个好处是,消费者不负责应用软件的更新和维护。然而,不同于传统的本地应用程序,用户没有一个永久的应用程序许可证。每个用户按照每个月或每年支付费用。基于业务流程,许多 SaaS 应用程序被设计为打包的应用程序。这些应用程序以一个模块化的方式设计,使客户可以选择他们所需要的服务。例如,一些会计的 SaaS 应用程序不仅有一个记账过程的基础,还可以扩展到复杂的在线计费系统。多年来,越来越多的软件领域可以作为一个服务使用,包括合作、项目管理、营销、社交媒体服务、风险管理和商业解决方案。

SaaS 的实现超越了传统的软件包。渐渐地,大多数新兴的软件平台将云服务作为首选的部署模型实现。实现认知计算云的基础之一是大数据环境 Hadoop 和 MapReduce 的到来,这些环境依赖于高度分布式的云平台处理海量数据。云的分布式性质使复杂的计算迅速完成。

商业智能(BI)服务已作为云服务被使用若干年。然而,这些系统的目标是提供管理和查询历史业绩的业务报告。高级分析产品越来越多地被作为云服务,分析数据的复杂性和数量需要可扩展性类型和云的分布式属性。在机器学习和预测分析中使用的复杂的认知算法可以更好地服务于云基础设施。使用云的先进分析作为服务的好处之一是,它能解决复杂的问题。例如,一个分析师可能需要建立一个预测模型在短时间内解决一个特定的问题。此时,分析师可以利用云的复杂分析应用,而不需要购买所有的软件和硬件,只需要支付该项目的功能。项目完成后,不需要进一步支付费用。云利用大量的计算能力提供了解决问题的能力,同时也提供了充足的存储空间来放置数据。

分析作为一个云服务,使业务管理人员或业务分析师可以利用一个记录最佳做法的分析门户网站。渐渐地,市场上出现了一些产品,为用户提供数据科学家的知识,而不需要花费昂贵的费用雇用数据科学家。这些产品大多数来自数据科学家基于解决问题的优化算法。一些新兴的使用案例分析来自于零售行业,管理人员想了解在各种业务单位中什么能驱动利益。虽然这可能是一个简单的问题,但答案是非常复杂的。分析需要从一些内部和外部的来源摄入大量的信息、确定计算的模式,其次是下一步最好行动的建议。云解析服务可以将最好的算法应用于一个特定的分析目的,在未来,分析作为一种服务将产生新的模型,其中分析服务提供商将提供帮助分析客户的数据的服务。从长远来看,分析作为一种服务将使数据提供商提供新的认知计算产品。在这个十年结束时,主要的认知计算技术会逐渐成熟,如自然语言处理(NLP),假设生成/评价和问答系统将作为独立的服务。

6. 平台即服务

平台即服务(PaaS)是一个完整的基础设施包,用于设计、实施和部署在任何公共或私有云的应用和服务。PaaS 提供了一个基本等级的中间件服务,从开发商那里提取复杂度。此外,PaaS 环境提供了一组集成的软件开发工具。在某些情况下,将第三方工具集成到平台是可能的。一个设计良好的 PaaS 由一个精心策划的平台组成,同时支持开发和部署软件在云的生命周期中。PaaS 平台被设计用于建造、管理和运行在云中的应用。不同于传统的软件开发和部署环境,软件元素的设计是为了协同工作,通过应用程序编程接口,支持多种编程语言和工具。PaaS 环境内是一组预定义的服务,如源代码管理、部署的工作负载、安全服务和各种数据库服务。

11. 1. 6　工作负载管理

管理工作负载的能力是云计算的核心,它使一个组织能够结合在数据中心的应用程序与运行在公共云和私有云中的应用程序,这也是云计算如此强大的原因。为了行之有效,这些不同的工作负载必须作为一个单一的统一环境。换言之,这些服务需要以同种方式来被安排。用于实现这种一致性的基本方法之一是从底层的硬件环境中抽离工作负载。

在传统的数据中心环境中的工作负载管理通过作业调度程序集中控制,以串行和预定的方式安排工作负载。云环境是一个完全不同的动态,因为工作负载很少以可预测的方式安排。因此,云负载管理取决于负载平衡的设计过程,使完整的工作负载或工作量组件可以在云中分布在多个服务器内。

在混合云环境中,需要有管理整体性能的能力,对服务器、软件、存储和网络的整体服务水平进行监控。任何一个系统,无论是在本地还是在云中,都必须设法达到客户所要求的合同服务水平。然而,云环境比本地环境更加动态。因此,该系统具有监视性能并能预测计算需求、数据量和新的工作负载的变化。认知计算环境需要这种类型的灵活的工作负载管理,因为有复杂的分析工作负载的要求。数据不断被评估和扩大,同时作为新的数据来源被扩展。

11.1.7　安全和治理

由于认知解决方案成为企业的战略平台,安全的内容和结果的性能变得更加重要。如果信息不具备安全性的保障,没有一家公司会相信这样的系统会具有使用的潜力。因此,安全性必须在环境的每一个层次上分别定义。鉴于认知计算系统中的数据的性质,安全是至关重要的,这能使未经授权的人不能访问密钥数据。因此,身份管理将是关键,需要指定哪些角色有权访问或更改数据。

对于一个传统的数据中心,包括服务器、存储、网络、应用程序和数据的物理安全性的问题,任何云环境都需要相同级别的安全性。此外,还需要特定的技术用来处理突发事件、对特定应用的安全性、加密和密钥管理。

在一个数据丰富的环境中,需要认识到管理需要的重要性,以保护敏感的数据。针对不同的行业,国家对如何保障个人数据的安全性有特定的要求。例如,美国有一项规定称为 1996 年健康保险流通与责任法案(HIPAA),要求一个人的健康信息必须保密;法国和德国等国家对于人的数据存放在哪里也有具体的规定。因此,虽然云有一套内置到环境中的数据保护,但你的公司仍然需要对保护敏感数据负责。在一个混合的环境中,数据可能会被分布在一些不同的公共云和私有云中,这将使问题更复杂。

数据的全面治理需要制定一个法规,了解这些法规是如何在各种云应用和服务中实施和执行的。每个公司都会有自己的要求来审核自己的安全性,包括公共云和私有云的使用。因此,每一个组织都需要有一个管理机构,了解云服务的使用,以及这些公司如何遵守法规。因此,将您的组织所使用的每一个信息服务整合起来,创建一个整体的治理计划,需要谨慎的思考。

11.1.8　云数据集成和管理

云数据集成提供了巨大的潜力和巨大的复杂性。与本地部署应用相比,大多数组织有数百个不同的需要管理的数据源。虽然云数据的可用性在获得关键信息访问途径中起到了巨大的帮助,但这也意味着需要为集成数据资源提供连接和技术。简单的连接数据并不能解决问题。云中的数据源需要通过一个定义字段或数据源的目录来关联数据源之间的关系。

由于每个用例有不同的要求,所有的数据并不是平等地整合在一起。例如,有些情况下,因为来源是相互依存的,云数据源需要紧密联系在一起,这可以通过数据复制来实现。在某些情况下,出于速度考虑将一些数据源移动到同一个云环境中。在其他情况下,原始数据源需要保持在一个云数据存储库或数据中心内。在这种情况下,有必要提供数据源之间移动的指针。这通常发生在每个源都是独立的情况下。事实上,在大多数情况下,数据将会以一个分布式的方式来处理大量的信息源,这些信息源需要相互交流。

11.1.9　云端认知学习工具包简介

深度学习是机器学习研究中的一个新的领域,其目的在于通过组合底层特征形成高层的更加抽象的特征,发现数据的分布特征表示,建立、模拟人脑进行分析学习的神经网络。它模仿人脑的机制来解释数据,如图像、声音和文本。为了更加直观、容易地理解深度学习,建议使用一些深度学习工具包,通过实例演示和理论相结合的方式加深对深度学习的理解。表 11-1 所示的是几种常用的深度学习软件包或者平台。

表 11-1　几种常用的深度学习工具包或平台

工具包/平台	使用的语言	描　　述
Caffe	C++	是一个清晰而高效的深度学习框架,是纯粹的 C++/CUDA 架构,可以在 CPU 和 GPU 之间无缝切换
TensorFlow	C++	TensorFlow 是谷歌基于 DistBelief 进行研发的第二代人工智能学习系统,TensorFlow 可以模拟张量从图像的一端流动到另一端计算过程。TensorFlow 是将复杂的数据结构传输至人工智能神经网中进行分析和处理过程的系统
Torch	Lua	Torch 机器学习框架有很多开源的插件,包括 iTorch、fbcunn、fbnn、fbcuda 和 fblualib。这些插件能够在很大程度上提升神经网络的性能,并可用于计算机视觉和自然语言处理(NLP)等场景
Keras/Theano	Python	Keras 是基于 Theano 的一个深度学习框架,它的设计参考了 Torch,用 Python 语言编写,是一个高度模块化的神经网络库,支持 GPU 和 CPU 同时计算
Deeplearning4j	Java	顾名思义,Deeplearning4j 是"for Java"的深度学习框架,也是首个商用级别的深度学习开源库。
Brainstorm	Matlab/Java	来自瑞士人工智能实验室 IDSIA 的一个发展前景非常好的深度学习软件包,Brainstorm 能够处理上百层的超级深度神经网络
Chainer	Python	来自日本的深度学习创业公司 Preferred Networks,基于 Python 框架。Chainer 的设计基于 define by run 原则,也就是说,该网络在运行中动态定义,而不是在启动时定义

11.2　本章小结

对于认知计算中应用和数据，云计算是一个关键的部署和交付模型。分配大量数据的能力对于认知系统的发展是至关重要的，因为它取决于物理上驻留在一个混合环境中的正确数据源的可用性。认知系统需要有在它们需要的时候连接和管理正确的数据源的能力。云计算和分布式计算是一种基本的模型，它们属于认知系统的基础设施。

12

面向认知计算的云编程与编程工具

摘要：认知计算为了处理庞大数量的异构数据，必须有高效率的处理工具作为支撑。本章介绍几种云编程工具，包括谷歌公司提出的 MapReduce、Apache Hadoop 和 Spark 等，这些开源软件可以在大型集群服务器、云或超级计算机上运行。本章还对一些云编程应用中的开源商务软件库做出比较，并给出评价。

12.1 可拓展并行计算

12.1.1 可拓展计算的特点

由于处理可扩展并行编程中的所有数据流不仅需要花费较多时间，而且需要具备专业的编程知识，这些问题可能会影响程序员的效率，甚至影响程序的发布时间，它可能使程序员分心去考虑更多程序逻辑以外的内容，因此，从用户数据流中提取出部分并行分布式编程范例或模型是很有必要的。

换言之，这些模型旨在为用户提供一个抽象层，该抽象层可以隐藏用户的实现细节和数据流。因此，简化编写并行程序是并行和分布式编程范式的一个重要指标。使用并行分布式编程模型的其他原因有：① 改善程序员的效率；② 减短程序的开发时间；③ 更有效地利用潜在资源；④ 提高系统的吞吐量；⑤ 提供更高层次的抽象。考虑到分布式计算系统包含一组网络节点，一个典型的并行程序运行包含以下系统问题。

（1）分区：分为计算分区和数据分区。

计算分区将给定的工作或程序划分为更小的任务，分区很大程度上依赖于正确地识别程序中可以并行运行的部分。换句话说，根据识别程序中的平行结构，让不同的机器运行这些被划分的任务，不同的部分可能处理不同的数据或相同数据的拷贝。

数据分区是将输入或中间数据分为较小的部分。相似的，根据识别输入数据，使之可以被分为可以同时被多个机器执行的部分；数据分区可以是一个程序的不同部分，也可以是单一程序的拷贝。

（2）映射：映射将较小的程序分段或较小数据分段转化为潜在资源。这个过程主要将这些分段合适地分配到负责资源分配系统的并行机器上运行。

（3）同步：由于不同机器可能执行不同的任务，不同机器之间的同步与协调就变得尤为重要,这样就可以避免相互竞争。不同机器共享资源的多路访问会造成竞争,当一台机器需要处理其他机器内的数据时会造成数据依赖。

(4)通信:数据依赖是机器间相互通信的一个主要原因,当中间数据准备在不同机器间传输时引起通信。

(5)调度:在用户程序中,当计算部分或数据部分比可使用的机器数多时,调度器制定一个机器运行任务或数据分区的顺序,资源分配器将计算或数据分区映射给机器,调度器依据调度策略从未分配队列的任务中选择将要执行的部分。

对于多作业或程序,调度是非常重要的一部分,调度器制定程序在分布式计算系统中的运行顺序。Hadoop、Dryad 和 Spark 是三种流行的软件工具包,组件低耦合的特性使得他们非常适合实现虚拟化并且有很好的容错性,比传统模型如 MPI 有更好的可拓展性。

12.1.2　从 MapReduce 到 Hadoop 和 Spark

集群计算是为了促进通用应用而产生的,然而,MapReduce 和 Hadoop 被用于图计算。在速度方面,Spark 增加了 MapReduce 模型来支持使用内存计算来完成交互式查询和流水线处理,Spark 提供了内存计算的能力,提供了支持 Python、Java、Scala、SQL 等语言的简单 API,Spark 可以运行在 Hadoop 集群上并且使用任何 Hadoop 数据资源,如 cassandra。

MapReduce 是支持大型数据集并行分布式计算的软件框架,该框架通过提供给用户的两个函数接口(Map 和 Reduce)来将整个运行在分布式系统上的并行程序数据流进行抽象,用户可以重载这两个函数并在自己的程序中操作数据流。

集群中的机器安装在云集群的物理服务器上,它们可以是虚拟机实例或应用容器,这些虚拟机自动开启调度功能。在云中,单台机器或一群支持 MapReduce 调度的机器上具有显示调度情况的功能。队列提供了一种在容错分布式环境中管理任务分配的方法。

Map 和 Reduce 函数:MapReduce 将 Map 和 Reduce 函数作为流水线性的操作,在松耦合的集群或服务器上运行数据并行语言具有很高的实际利益。在运行过程中会产生许多同时执行的任务。MapReduce 具有动态执行、高容错和包含易于使用的 API 等特点。下面的例子分别介绍了 Map 函数和 Reduce 函数的具体概念。

案例 12.1　Map 函数应用

Map 函数统计了在每个词中词语 w 出现的次数(伪代码中用"1"代表)的功能。

```
map(String key,String value):
    //key:document name
    //value:document contents
    for each word w in value:
        EmitIntermediate(w,"1");
```

案例 12.2　Reduce 函数应用

Reduce 函数将由不同机器统计的词的个数汇总得到全部的数量作为输出。

```
reduce(String key,Iterator values):
    //key:a word
    //values:a list of counts
    int result= 0;
    for each v in values:
        result + = ParseInt(v);
    Emit(AsString(result));
```

MapReduce 范例是使用 C 语言编写的,它是由谷歌 appEngine cloud 的搜索引擎进化而来的。Hadoop 库是为 Java 环境中的 MapReduce 编程而设计的。原始 Hadoop 实现了 MapReduce 批处理的方式、分布式磁盘。为了实现基于 DAG 的计算范式以批处理和流模式的方式进行内存计算,又在 Hadoop 的基础上开发出了 Spark。

最初,谷歌的 MapReduce 仅仅用于搜索引擎中,随后才在云计算上有所应用。在过去十年中,Apache Hadoop 完成了在大型服务器集群中进行大数据计算的功能。伯克利 Spark 小组减少了在 MapReduce 和 Hadoop 中的许多与通用批处理或流应用相关的约束。

12.1.3　常用的大数据处理软件库

表 12-1 列出了一些开源软件工具和常用数据处理的项目,包括这些工具的名称、分类、URL、使用语言、主要功能、典型应用等。它们大多数都被用来进行学术或企业级的数据存储、数据挖掘和数据分析。

我们将这些软件库分为八类,即计算引擎(Hadoop、Spark)、数据存储(HDFS、Cassandra)、资源管理(YARN、Meso)、队列引擎(Impala、Spark SQL)、消息系统(StormMQ)、数据挖掘(WEKA)、数据分析(MLlib Mahout)以及图像处理(GraphX)。使用这些软件的细节会在随后的章节中提到。

表 12-1　典型的大数据处理和云计算软件库

名称,分类,语言,网页	功能、应用和使用社区
Hadoop,ComputeEngine,Java,http://Hadoop. apache.org/	处理大型数据集的分布式计算,主要用于云计算中批处理和大型集群服务器
Spark,ComputeEngine,Java、Scala、Python,https://Spark.apache.org/	主要用于批处理和流模式处理的计算引擎,在实时应用、云计算和大型网站中有所运用
HDFS,Datastorage,Java、C,http://Hadoop.apache.org	分布式文件系统,提供了高吞吐量数据的应用程序,属于核心部分
Cassandra,Datastorage,C/C++、Java、Python、Ruby,http://cassandra.apache.org	为满足线性可拓展和高容错的关键业务,数据提供分布式 NOSQL
YARN,ResourceManager,Java、C	Hadoop 的一种新型资源管理器,Job Tracker 有两个主要功能:资源管理和作业生命周期管理
Meso:Resource Scheduler developed by Googler,http://www.google.com	由谷歌开发的用于在 IaaS 云可扩展的集群计算的资源调度

续表

名称,分类,语言,网页	功能、应用和使用社区
Impala，QueryEngine，Java、Pathon；http://www.cloudera.com	利用 Hadoop 的灵活性和可扩展性所构建的分析数据库
Spark SQL：QueryEngine，Python、Scala、Java、R,https://Spark.apache.org/	在 Spark 库中结构化或关系型数据集的查询处理模块
StormMQ,MessageSystem,Java、C++,http://stormmq.com/	使用 AMQP 协议消息队列的平台,为 M2M 应用提供了主机,给出了云解决方案
Spark MLlib：Scala、Python、Java、R,https://Spark.apache.org/mllib	Spark 库中用于数据分析应用的机器学习模块
Mahout,Data Analytics,Scala、Java,http://mahout.apache.org/	用于快速创建可扩展高性能机器学习应用程序的软件库,它支持 Hadoop 和 Spark 平台
WEKA，DataMining，Java、Python，http://www.cs.waikato.ac.nz	由 Java 所编写的机器学习软件,它提供了数据处理和数据挖掘的机器学习算法
GraphX：Graph Proc.，Scala、Python、Java、R,https://Spark.apache.org/GraphX	在 Spark 库中的图形处理模块,主要用于社交媒体图像流媒体的实时处理模块

12.2　YARN、HDFS 与 Hadoop 编程

在这一节中,我们将学习 MapReduce 的基本概念。MapReduce 主要用于大型数据集的批处理,在批处理过程中将会使用在运行过程中不会发生改变的静态数据集。因为在原始 MapReduce 框架中批处理仅仅考虑静态数据集,所以流数据和实时数据不能使用批处理模式处理。

12.2.1　MapReduce 计算引擎

MapReduce 软件框架提供了数据控制流的抽象,具体过程如图 12-1 所示。数据流从左侧开始到右侧结束,对用户不可见。数据流的步骤是数据分区、映射和调度、同步、通信以及结果的输出。数据分区步骤包括用户编程指定分区块大小和数据抓取模式。

在 MapReduce 框架中已有预先确定的数据流,抽象层中提供两个定义明确的函数接口：Map 和 Reduce,用户可以定义 Map 函数和 Reduce 函数来达到特定目的。所以,用户重写 Map 函数和 Reduce 函数并且调用库中提供的 MapReduce 函数来开始执行数据流,Map 函数和 Reduce 函数接收一个特定对象,称为"Spec"。

Spec 对象在用户的程序中会第一个被初始化,之后用户编写代码,说明调用参数(名称、输入和输出文件)。这个对象也会编写好 Map 函数和 Reduce 函数。MapReduce 库是 MapReduce 流水线中最关键的控制器,控制器使得数据流的输入端和输出端互相协调完成同步工作。用户接口(API 工具)会被用来提供一种 MapReduce 软件

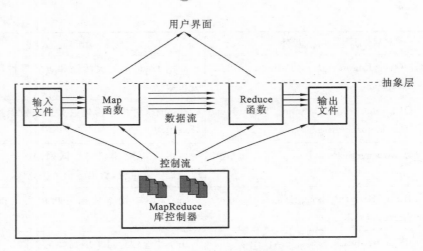

图 12-1　MapReduce **软件框架**

框架的抽象。

　　逻辑数据流：Map 函数和 Reduce 函数的输入、输出数据具有特别的结构。Map 函数的输入数据为键-键值对。键是指输入文件的行标题，值表示这一行的内容。Map 函数的输出数据也是键-键值对，也称为中间数值对。换句话来说，用户定义的 Map 函数执行每个输入数据对并且产生许多中间数值对，最终的目标是并行处理所有的输入数据。

　　Reduce 函数以键-键值对的格式按组接收中间数值对。实际上，MapReduce 框架为了简化合并过程，首先将中间数值对排序，然后将相同键的数据合并起来。Reduce 函数处理每个键、一组键值对产生一组键-键值对作为输出。

　　并行批处理：每个 Map 服务器使用程序员提供的 Map 函数来拆分输入数据，许多 Map 函数同时运行在成百上千个服务器或机器实例上，产生了许多中间数值对，中间数值对在磁盘中按照不同的用途进行排序。中间结果比 MapReduece 大型集群处理速度要慢的原因是这种操作基于磁盘。Reduce 服务器使用其他程序员提供的函数来合并数据，如 max 函数、min 函数、average 函数、向量点积等。

　　正式的 MapReduce 模型：Map 函数被并行地应用在每个输入数据对，并且产生新的中间数值对，如下式所示：

$$(\text{key}_1, \text{val}_1) \xrightarrow{\text{MapFunction}} \text{List}(\text{key}_2, \text{val}_2)$$

　　之后，MapReduce 库收集所有产生的中间数值对（键-键值对）组成输入对（键-键值对），并将它们按照键的顺序进行排序，把具有相同键的数据合为一组。最后，对每一个数据组并行地使用 Reduce 函数得到最后键值的集合并作为输出。

$$(\text{key}_2, \text{List}(\text{val}_2)) \xrightarrow{\text{ReduceFunction}} \text{List}(\text{val}_2)$$

　　在将所有中间数据编组后，有相同键的数值会被归为一组，这时每组的键变得唯一，查找唯一的键就是解决典型的 MapReduce 问题的出发点。之后，中间数值对（键-键值对）作为 Map 函数的输出函数可以很快地被查找到。

　　下面的例子阐明了在 MapReduce 问题中如何定义键-键值对。① 将在案例 12.1 中文件每个词出现的频率进行计数；② 将文件中拥有相同长度的词进行计数；③ 将文件中的颠倒字母顺序的词个数进行计数,颠倒字母顺序的词是指拥有相同字母但是顺序不同的词。例如,"listen"的颠倒字母顺序的词有"silent"。将唯一的键按照字母顺序进行排序,键值即为词出现的个数。

MapReduce 框架的主要责任是在分布式计算系统中有效地运行用户的程序,MapReduce 框架处理所有分区、映射、同步、通信和数据流调度的细节。MapRedece 架构如图 12-2 所示。

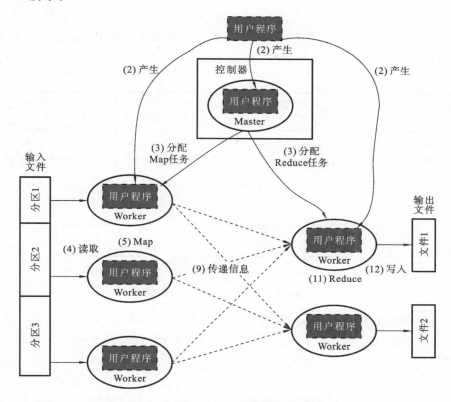

图 12-2 MapReduce **集群控制流的实现**

我们总结了有效地使用 MapReduce 引擎的 12 个步骤如下。

步骤 1:MapReduce 库将输入数据文件分为许多块,用来匹配之后运行该部分数据的机器。

步骤 2:将用户的程序交付于主机和从属机器,用户程序的一份拷贝会运行在主机上,Map 和 Reduce 任务会交付给相应的机器,主机选择空闲的机器并指派任务。

步骤 3:分派 Map 和 Reduce 任务。

步骤 4:每个 Map 机器会读入各自的输入数据块,一台机器可能会处理一个或多个输入数据块。

步骤 5:Map 函数接受输入数据块并产生中间数值对(键-键值对)。

步骤 6,7,8:MapReduce 库产生许多用户程序的拷贝并且将程序分派给可使用的机器,MapReduce 应用简单的同步策略来协调 Map 机器和 Reduce 机器。它们之间的通信会在 Map 任务完成时进行。

步骤 9,10:MapReduce 框架将中间数值对(键-键值对)进行排序和分组,之后转发给 Reduce 机器。拥有统一键的中间数值对（键-键值对）会被合并，这是因为每组的键值都应该被唯一 Reduce 函数处理并产生最后的结果。

步骤 11：Reduce 机器将数据组进行不断地迭代，对于每个不同的键，它会将键和对应的键值一起传给 Reduce 函数。Reduce 机器可能面临由 Reduce 操作和合并操作所引起的网络拥塞。

步骤 12：Reduce 机器将结果写入到输出文件中。

如图 12-3 所示，中间数值对（键—键值对）由每个 Map 机器产生并且在 R 区域内进行划分，这与 Reduce 任务的数量相同，保证了拥有相同键的数值对会被存储到相同的区域，使用了特定的哈希函数实现这种技术。

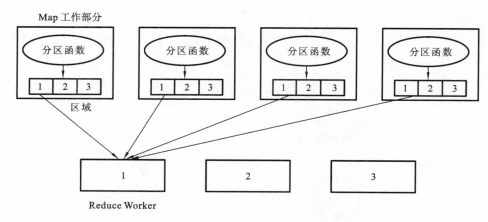

图 12-3　MapReduce 划分函数

计算数据局部性：MapReduce 软件的实现利用了谷歌文件系统作为底层工具。MapReduce 可以完美适配谷歌文件系统（GFS），GFS 是分布式文件系统，内部文件被分为固定大小的块并且存储到集群节点中。

MapReduce 库将输入数据（文件）划分为固定大小的块，并且使 Map 函数并行地处理每个数据块。在这种情况下，GFS 已经将文件进行了块排序，MapReduce 只需要将用户包含 Map 函数的程序传给已进行数据排序的节点，这就是发送计算给数据要优于将数据发送给计算的概念。

案例 12.3　利用 MapReduce 处理单词计数分区数据集

介绍一个最著名的 MapReduce 问题——单词计数问题，阐明 MapReduce 应用中的数据流，给出文件中每个单词所出现的次数。图 12-4 展示了下面两行输入语句的单词计数问题。

（1）"most people ignore most poetry"

（2）"most poetry ignores most people"

Map 函数同时为每一行内容产生中间数值对，中间数值键为单词本身，中间数据键值为 1，如（ignore,1）。紧接着，MapReduce 库收集所有产生的中间数值对，将它们排序并分组，如（people,[1,1]）。分组完成后会将组并行地发送至 Reduce 函数，Reduce 函数可以将"1"值相加并且得出实际上文件中每个单词所出现的次数。

图 12-4 MapReduce 单词计数问题中的数据流

12.2.2 MapReduce 在矩阵并行算法中的应用

在将两个 $n \times n$ 矩阵 $\boldsymbol{A} = (a_{ij})$ 和 $\boldsymbol{B} = (b_{ij})$ 相乘时,我们需要进行 n^2 次点积操作才能得到结果矩阵 $\boldsymbol{C} = (c_{ij})$,每次点积操作会计算 $c_{ij} = a_{i1} \times b_{1j} + a_{i2} \times b_{2j} + \cdots + a_{in} \times b_{nj}$,将 $\boldsymbol{A}$ 矩阵中第 i 行的向量和 $\boldsymbol{B}$ 矩阵中第 j 列的列向量进行相乘。每次点积会进行 n 次的乘法,所以整个矩阵乘法的复杂度为 $n \times n^2$。

理论上,n^2 次点积运算相互独立,并且它们可以在 n^2 台服务器上运行 n 个时间单元。然而当 n 值非常大,达到百万级别或更高时,建立 n^2 台服务器的集群开销过于昂贵。实际上,我们使用了 N 台服务器($N \ll n^2$)并行处理可以在 $n^3/(n^2/N) = N$ 时间单元内完成,理想值为 N。在下文中,我们阐明了使用 MapReduce 来执行并行矩阵乘法。为了更具体描述,我们令 $n = 2$,$N = 3$,使用两台 Map 服务器和一台 Reduce 服务器。

案例 12.4 使用 MapReduce 进行两矩阵相乘

在这个例子中展示了如何应用 MapReduce 方法进行 2×2 矩阵的乘法:$\boldsymbol{AB}$,使用了两台 Map 服务器一台 Reduce 服务器。我们将矩阵 $\boldsymbol{A}$ 的第一行和整个矩阵 $\boldsymbol{B}$ 放在一台 Map 服务器中。将矩阵 $\boldsymbol{A}$ 的第二行和整个矩阵 $\boldsymbol{B}$ 映射到第二台 Map 服务器上,分别使用四个键来标识数据处理中的 4 个部分。

$$\boldsymbol{A} \times \boldsymbol{B} = \begin{bmatrix} a_{11}, a_{12} \\ a_{21}, a_{22} \end{bmatrix} \times \begin{bmatrix} b_{11}, b_{12} \\ b_{21}, b_{22} \end{bmatrix} = \begin{bmatrix} c_{11}, c_{12} \\ c_{21}, c_{22} \end{bmatrix} = \boldsymbol{C}$$

MapReduce 的流程图如图 12-5 所示。在左侧,我们将矩阵 $\boldsymbol{A}$ 和矩阵 $\boldsymbol{B}^{\mathrm{T}}$ 按行分成两部分,$\boldsymbol{B}^{\mathrm{T}}$ 为矩阵 $\boldsymbol{B}$ 的转置矩阵,箭头表明了行数据块是如何被映射到两台 Map 服务器上的。所有的中间计算结果通过键-键值对来表示。四个键分别为:K_{11},K_{12},K_{21} 和 K_{22},即矩阵的下标。

通过使用两个 Map 服务器展示四个键-键值对的产生、排序和分组,每个短的键-键值对包含有局部数据结果,长的键-键值对包含两个局部结果,Reduce 服务器使用四个长的键-键值对将输出数组元素相加。

当矩阵规模变得非常大时,我们使用 AWS 云服务的 EMR 集群来计算两个 $n \times n$ 矩阵。每个机器实例会有 6 台 Map 服务器和 2 台 Reduce 服务器。每台 Map 服务器

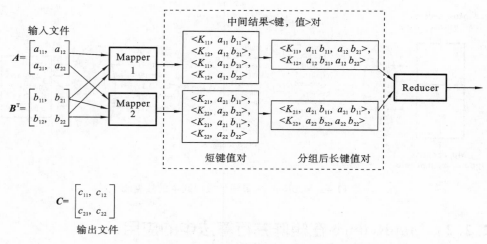

图 12-5　MapReduce 通过＜键-键值对＞处理并行矩阵乘法，
显示具体中间数据结果和分组前后数据

处理输入矩阵中 $n/6$ 个相邻行，每台 Reduce 服务器产生 $n/2$ 个输出矩阵 $\boldsymbol{C}$。在实际中，可以假定 n 远远大于 6，在之后的章节里有相关练习。

图 12-6 所示的是并行计算的三种模型，即映射模型、经典 MapReduce 模型和叠代 MapReduce 模型。我们在之后的应用中将介绍这些模型。

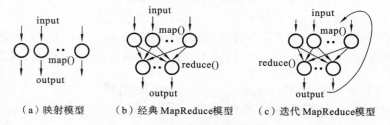

（a）映射模型　　（b）经典 MapReduce 模型　　（c）迭代 MapReduce 模型

图 12-6　三种 MapReduce 模型的比较

1. 映射模型

映射模型是简单的并行处理模型，将相互独立的任务不断细分进行并行计算，如图 12-6(a)所示。下面列出了适用于该模型的具体应用。

（1）文件格式转换（PDF->HTML）；

（2）暴力破解密码；

（3）参数扫描；

（4）基因拼装；

（5）PolarGridMatlab 数据分析。

2. 经典 MapReduce 模型

经典 MapReduce 模型如图 12-6(b)所示，并行处理任务可以被描述为两级图。适合此模型的计算任务包括：高能物理学直方图、分布式搜索、分布式排序、信息检索、序列对比（BLAST）、期望最大化算法、数据挖掘、聚类、k-means 算法、确定性退火算法、多维排列（MDS）等。

3. 迭代 MapReduce 模型

模型如图 12-6(c)所示。迭代 MapReduce 最有代表性的例子就是印第安纳大学所开发的 Twister 软件,该模型已被微软公司商业化。印第安纳大学在许多其他生物信息学应用上也使用了 Twister 技术。期望最大化算法、线性代数、数据挖掘、聚类、k-means 算法、确定性退火算法、多维排序(MDS)等使用该技术。

在表 12-2 中,我们从四个不同的技术层面对比了使用 MapReduce 技术的三种软件包,它们在数据处理、作业调度和高级语言支持等领域可能会与执行模型有很大的差异。谷歌 MapReduce 使用 C 语言编写并且主要使用基于二分图的批处理技术。它强调数据局部性,并且使用了高级语言 Sawzall、GFS、Big Table 和谷歌云等技术。

表 12-2 MapReduce、Hadoop、Twister 的区别

特　　点	Google MapReduce	Apache Hadoop	Twister
运行模式 与运行平台	批处理 MapReduce, Linux 簇	批处理 MapReduce, Linux 簇	迭代 MapReduce EC2, Linux 簇
数据处理	谷歌文件系统	Hadoop 分布式文件系统	本地磁盘和数据管理工具
作业调度	数据局部性	数据局部性,动态作业调度	数据局部性,静态任务划分
支持高级语言	Sawzall	Pig Latin	Pregel

Apache Hadoop 不仅支持批处理模型还支持实时应用,Hadoop 使用了 HDFS、YARN 和 Pig Latin 语言。Twister 基于迭代 MapReduce 并且可以处理由无向图表示的并行任务。本地磁盘用来处理分布式数据,并且使用了 Pregel 语言,这也是由微软公司所推出的商用版本 Twister。

12. 2. 3　Hadoop 架构和扩展

Apache Hadoop 是分布式存储和分布式处理的开源软件库,该软件包在计算集群上应用了大量数据集。所有的 Hadoop 组件设计的理念是所有的硬件故障应该被框架自动识别并修正。Apache Hadoop 的核心由 Hadoop Distributed File System 存储部分和处理引擎 MapReduce 组成,Hadoop 将文件划分为块并且将它们分发到集群中的节点上,将打包代码传递给并行处理节点。这种方法利用数据的局部性有效地加快了处理数据集的速率,这比常规的超计算机花费更少的时间。

1. 架构

图 12-7 所示的是 Apache Hadoop 的基本架构,该框架由 Hadoop Common Package、MapReduce 引擎(MapReduce/MR1,YARN/MR2)和 Hadoop 分布式文件系统组件组成。Hadoop Common Package 包含关键的 Java ARchive(JAR)文件和开启 Hadoop 的脚本,用来提供文件系统以及操作系统层面的抽象。

(1) Hadoop 基本包:包含库文件其他 Hadoop 模块所需的公共组件。

(2) Hadoop 分布式文件系统:在常规机器上保存数据,为集群提供很高的聚合带宽。

(3) Hadoop YARN:资源管理平台,负责管理集群中的计算资源,并且调度管理用户应用。

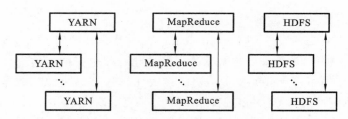

图 12-7   Hadoop 执行环境中三种主要功能性模块

（4）Hadoop MapReduce 引擎：实现 MapReduce 大规模数据处理的编程模型。

为了更有效地调度作业，每个 Hadoop 兼容文件系统会提供位置识别功能：用户可以查询到计算节点的名字。Hadoop 应用可以使用这个信息来在有数据的机器上运行代码，减少骨干网上的流量。HDFS 使用数据冗余的方法保存数据，这种方法减少了由于机器断电或交换机故障引起的损失。如果其中某台硬件发生了故障，数据依然不会受影响。

Hadoop 框架大多数是由 Java 编程语言完成的，还用了少数本地 C 代码和 Shell 脚本命令行公用程序。尽管 MapReduce Java 代码很普通，但任何编程语言都可以用来实现 Map 和 Reduce 部分。其他 Hadoop 项目有更多的用户接口。

Hadoop 中的 MapReduce 引擎管理数据流并且控制云集群中 MapReduce 中的作业流。MapReduce 引擎架构与 HDFS 相互协作。图 12-8 所示的是 Hadoop MapReduce 引擎与 HDFS 交互的主要组件，引擎为主从架构，拥有一个 Job Tracker 作为管理机器和许多个 Task Tracker 作为从属机器。Job Tracker 管理整个 MapReduce 作业，并且负责监控作业和分配任务。Task Tracker 管理 Map 和 Reduce 任务在单一计算节点上的执行。

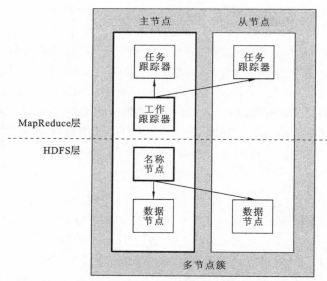

图 12-8   Hadoop MapReduce 引擎与 HDFS 交互的主要组件

如果任务无法在数据保存的实际节点上运行，会给出拥有相同结构的替代机器，这大大降低了主干网络的流量。如果 Task Tracker 失效或超时，那么这部分任务会被重新安排和分配，每个节点的 Task Tracker 会产生 Java 虚拟机来处理，并且会防止 Task

Tracker 失效或运行的任务使 JVM 崩溃。每几分钟 Task Tracker 就会查看 Job Tracker 的状态是否正常,Job Tracker 和 Task Tracker 的状态信息可以通过网络浏览器查看。

每个 Task Tracker 节点有许多同时执行的槽用于执行 Map 或 Reduce 任务,槽是指一系列由 CPU 支持同时运行的线程的任务跟踪节点。例如,一个有 N 个 CPU 的 Task Tracker,每一个都支持 M 个线程同时运行,即拥有 $M×N$ 个运行槽。一个槽会使用一个数据块运行一个 Map 任务。然而,Map 任务和任务追踪器、数据块和每个数据节点都是一一对应的。

一个小型的 Hadoop 集群包括一个主节点和多个工作节点。主节点由 Job Tracker、Task Tracker、名称节点和数据节点组成。从属节点由数据节点和 Task Tracker 组成,负责数据节点的计算任务。Hadoop 要求 Java 1.6 及以上版本运行环境。标准启动和终止脚本要求在集群中节点间建立安全外壳(SSH)。

大型集群中,HDFS 节点使用专用名称服务器来管理文件系统索引,二级名称节点可以生成名字节点内存结构的快照,防止文件系统崩溃并且丢失数据。相似的,单独的 Job Tracker 服务器进行节点的作业调度。当 Hadoop MapReduce 使用替代文件系统时,名称节点、二级名称节点和数据节点架构会被特殊文件系统所代替。

Hadoop 库可以通过传统的数据中心或云完成部署。云系统部署 Hadoop 时不需要硬件和专家支持,微软、亚马逊、IBM、谷歌和甲骨文公司等云服务商现在提供 Hadoop 服务,以下是它们的介绍。

(1) 微软 Azure 服务器上 Hadoop:Azure HDInsight 是部署在 Azure 云上的 Hadoop 服务。HDInsight 使用 Hortonworks 中的 HDP,HDI 允许使用.NET 编程。HDInsight 也支持使用 Linux 和 Ubuntu 创建 Hadoop 集群,可以在 Azure 虚拟机上运行 Cloudera 或 Hortonworks Hadoop 集群。

(2) 亚马逊 EC2/S3Hadoop 服务:Hadoop 可以在 EC2 或 S3 上运行,例如,纽约时报使用 100 台亚马逊 EC2 实例处理 4 TB 原始图像的 TIFF 数据,数据存储在 S3 中,转化为 1100 万个 PDF 文件需要花费 24 小时和 \$240。

(3) 亚马逊可伸缩 MapReduce(EMR):亚马逊 EMR 运行 Hadoop,该系统使用 Hadoop 集群负责数据在 EC2(VMs)和 S3(Object Storage)中的传输。这些任务由 EMR 自动完成,Apache Hive 部署在 Hadoop 顶部并且提供 EMR 中数据仓库服务。

(4) CenturyLink Cloud(CLC)云中的 Hadoop:CLC 云提供的 Hadoop 包括管理与非管理模块,CLC 也为用户提供了几种 Cloudera 模板,这些最新的管理服务使用 Cassandra 和 MongoDB 等大数据模板库。

2. 扩展

近期 Hadoop 扩展部分如表 12-3 所示,表中总结了最近 Hadoop 中扩展的部分和用户。Hadoop 库已经成为云用户使用的最热门的软件,HDFS 是 Hadoop 中的分布式文件系统,也是 Hadoop 生态系统中的核心组件。Yami 负责新版 Hadoop 中的资源管理。Cloudera Impala 提供了基于 SQL 的数据分析功能。Spark 是使用内存计算处理大数据的数据分析平台。Mahout 和 Weka 提供几种机器学习算法的开源工具。

表 12-3　Hadoop 最新版本的扩展部分

Hadoop 核心	HLL 拓展	SQL 分析	处理模块	数据库和资源管理
HPDS、YARN、MapReduce	Weave、Scalding、Cascalog、Crunch、Caseading、Pig、Sawzall、Dryad	Impala、Hive、R、RHadoop、Rhipe、Malout	Spark、Storm Summingbird、ElephantDB、HBase、Hive	Ambari、HBase、Sqoop、Zookeeper、Cassandra

　　Zookeeper、StormQM、Mesos 和 Nagios 提供大数据的底层支撑环境，Hadoop 最初由 Java 编写，使用其他高级语言是为运行 Hadoop 程序而开发的。例如，PigLatin 是用来编写应用和识别 Hadoop 程序的，Sazallis 是为了使用 GoogleApp 引擎云运行 MapReduce。以下是 Hadoop 中的部分扩展介绍。

　　(1) Ambari 是一种基于 Web 工具，支持 Hadoop 集群的供应、管理和监控。它们还支持 HDFS、MapReduce、Hive 和 Sqoop，以及观测集群运行情况和诊断的交互界面。

　　(2) ZooKeepeer 为分布式应用提供高性能服务工具，Pig 是使用 AWS Hadoop 运行框架的高级数据流语言。

　　(3) Spark 是为运行 Hadoop 数据和图计算而设计的表述性编程模型。Hive 在数据分析应用中提供数据概括和随机查询功能的数据仓库设施，R、RHadoop 和 Rhip 提供支持分析功能。

　　高级语言为云计算的扩展包括 Pig、Sawzall、Drtad、Weave、Scalding、Cascalog、Crunch 和 Cascading。Summingbird、Storm 和 ElephantDB 提供现有 Hadoop 处理模型的扩展，Cassandra 和 HBase 提供可扩展数据库应用。

12.2.4　Hadoop 分布式文件系统(HDFS)

　　HDFS 是受 Google GFS 启发而产生的分布式文件系统，它将文件组织起来并且将数据存储在分布式计算系统中，系统结构如图 12-9 所示。HDFS 采用主从式架构，包含单个主节点 Name Node 和一系列 Data Node 作为工作节点。为了在这种结构中存储文件，HDFS 将文件划分为固定大小的块，如 64M，之后将块存储至工作节点(data nodes)。Data Nodes 的映射块由 Name Node 决定。主节点 Name Node 也负责文件系统元数据和命名空间的管理。

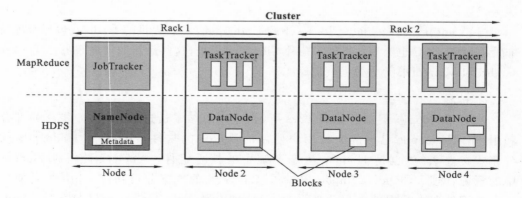

图 12-9　Hadoop 服务集群中 HDFS 和 MapReduce 引擎结构

在这种系统中,命名空间是指维护元数据的空间,元数据是指文件系统中负责文件的整体管理的信息。例如,元数据中的 Name Node 保存着关于输入块在所有 Data Nodes 中的定位信息。通常一个集群中有一个 Data Node 节点,每个 Data Node 管理着附属于节点的存储空间,每个 Data Node 负责文件块的存储与恢复。一个 Hadoop 集群名义上有单个 Name Node 和一群 Data Nodes,冗余情况的选择可以根据 Name Node 的危险程度而决定。每个 Data Node 使用 HDFS 协议数据块的网络服务。文件系统使用 TCP/IP 套字节用于传输。客户端使用 RPC 协议(remote procedure call)完成信息传输。

HDFS 跨多台机器存储 GB 或 TB 数量级的文件,它通过在多台主机上进行数据冗余来保证可靠性,因此理论上不需要主机上的 RAID 存储(但是为了增加 I/O 性能,配置 RAID 还是有用的)。默认将数据复制 3 份,数据会分别存储在 3 个节点上,其中两节点位于相同机架,另一节点位于不同机架。数据节点可以和其他节点进行交流,通过调整数据,移动数据拷贝和延长数据拷贝来保持数据平衡。

HDFS 文件系统包括二级 Name Node,很容易让人误以为该节点是 Name Node 的备用节点,当主节点下线时会作为备份。实际上,二级 Name Node 与主 Name Node 相连接并且建立主节点信息的快照,之后系统会将这些信息保存到本地或远程文件夹中。这个镜像可以用来重启失效的主 Name Node 并且不需要重写整个文件系统操作日报,修改 log 文件创建最新的文件结构。

使用 HDFS 的优点是 Job Tracker 和 Task Tracker 的数据通信,Job Tracker 调度 Map 和 Reduce 工作和数据地址至 Task Tracker。例如,如果节点 A 包含数据(x, y, z)和节点 B 包含数据(a, b, c),Job Tracker 调度节点 B 执行(a, b, c)数据的 Map 和 Reduce 操作,节点 A 会被调度来执行(x, y, z)数据的 Map 和 Reduce 操作。这种方法减少了网络中的数据流量并且避免了无关数据的传输。

在 Linux 和其他 Unix 操作系统中,HDFS 是与 FUSE(filesystem in use space)的虚拟文件系统一起安装的。文件访问时通过本地 Java API 完成的,Thrift API 产生用户选择的语言的客户端(C++、Java、Python、PHP、Ruby、Erlang、Perl、Haskell、C♯、Cocoa、Smalltalk 和 OCaml),命令行界面客户端,基于 http 协议浏览 HDFS-UI Web 应用客户端或者基于第三方网络客户端库客户端。HDFS 中的关键函数如图 12-10 所示。

(1)读取文件:为了在 HDFS 中读取文件,用户发送"Open"请求至 Name Node 获取文件块的地址,对于每个文件块,Name Node 返回一组包含请求文件副本信息的 Data Nodes 地址。地址的数量由副本块的数量决定。收到信息后,用户发送"Read"命令与包含文件第一块部分的 Data Node 相连,当第一块数据从 Data Node 发送至用户后,终止已建立的链接并且对所有的块做相同的处理直至用户获取所有文件。

(2)写数据:在 HDFS 中写文件时,用户发送"Create"请求至 Name Node 在文件系统命名空间创建一个新文件。如果文件不存在,则 Name Node 将提醒用户并且允许用户开始对文件写数据,成为"Write"函数。文件第一块会被写入称为数据队列的内部队列,然而数据流会监控该队列将数据写入 Data Node。

当每个文件块需要被预先定义的元素备份时,数据流第一次发送请求至 Name Node 来获取一系列合适的 Data Nodes 来存储第一块的复制。数据流接着将这些块存

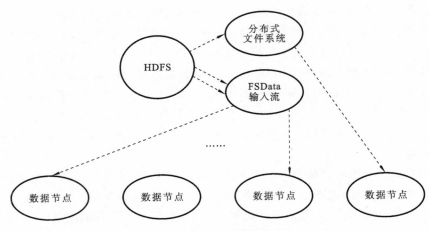

图 12-10   HDFS 中关键函数

储至第一次分配的 Data Node 中,接着块会从第一个 Data Node 被传递至第二个 Data Node,当所有分配的 Data Nodes 都从前一个 Data Node 接收到第一块的备份时该过程结束。备份过程完成后,会对第二块进行相同的处理。

（3）块备份:为了保证 HDFS 的可靠性,文件块在系统中也会进行备份,换句话说 HDFS 将文件存储为一系列块,并且每块都会备份并且分发至整个集群,备份参数可以由用户设置,默认值为 3。

（4）复制选址:复制选址是影响 HDFS 容错性的另一元素。尽管在分布于所有集群不同机架中不同的 Data Nodes 会更具有可靠性,但是它有时会忽略节点间的交流成本,位于不同机架的两个节点的交流成本比位于同一机架的节点昂贵得多。因此,HDFS 降低了部分可靠性来换取低的交流成本。例如,HDFS 存储默认的备份参数为 3,因此,① 一份备份数据与原始数据所在节点;② 一份备份存储在相同机架的不同节点中;③ 另一份备份存储在不同机架的不同节点中。

（5）Heartbeat 与块报告信息:Heartbeat 与块报告是由集群中每个 Data Nodes 周期性发给 Name Node 的消息。收到 Heartbeat 消息说明 Data Node 正常工作,每个块报告包含 Data Node 中所有块。Name Node 收到这样的消息是因为它是系统中所有备份的唯一决策者。

12.2.5   Hadoop YARN 资源管理

YARN 是允许分布式处理使用简单编程模型集群中大量数据集的资源管理器,它用来将一台服务器等比例放大至上千台服务器,每台服务器提供本地计算和存储。该模块通过对应用层的智能故障检测和管理保障了系统的高可用性。

图 12-11 所示的是 YARN 的三个管理层。最高级的资源管理（RM）负责全局资源,并且监控底层的节点管理（NM）和应用管理（AM）。NM 管理虚拟机和容器,AM 处理各种应用。YARN 可以使用 MPI（message-passing interface）、Hadoop 和 Spark 库。

默认 Hadoop 使用先进先出策略（FIFO）在工作队列中随机地选择五个调度优先级策略调度,作业调度器会由 Job Tracker 重构并且可以使用替代的调度程序。两种

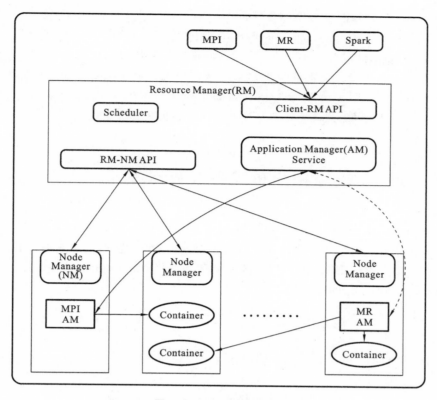

图 12-11 YARN 架构图

调度策略都提供了可替代的选择。

公平调度器由 Facebook 首先提出,公平调度器的目标是为小型作业提供快速回应并且保障生产作业的质量。公平调度器有三个基本概念:① 作业按组存放在作业池中;② 每个作业池都分配了最小共享部分;③ 超出的部分会被划分。未分类的作业会被划分至默认池。作业池指定了 Map 槽、Reduce 槽和运行作业数量限制的最小值。

Capacity Scheduler 由雅虎公司提出,支持多个与 Fair Scheduler 相似的特点。队列分配了一小部分资源能力。自由资源会分配给队列,在一个队列中拥有高优先级的作业可以访问队列资源,一旦作业被 Hadoop 运行则失去优先级。

案例 12.5 通过 Hadoop 实现 MapReduce WebVisCounter 程序

用 Hadoop 编程的 MapReduce WebVisCounter 程序。这个样本程序对使用特定操作系统(Win XP 或 Linux Ubuntu)对给定网页浏览的次数进行统计。输入数据如下:

每一行中是由空格或 tab 分隔的日志文件信息。

(1) 176.123.143.12 (机器所连接的 IP 地址)

(2) -- a separator

(3) [10/Sep/2010:01:11:30-1100] (访问时间戳)

(4) GET /gse/apply/int_research_app_form.pdf HTTP/1.0 (获取文件请求)

(5) 200 (表示用户请求成功的状态码)

(6) 1363148 （传输的比特数量）

(7) http://www.eng.usyd.edu.au （访问服务器）

(8) Mozilla/4.7[en](WinXp；U) （浏览器获取网址）

因为输出用户使用特定操作系统访问给定网站的次数，Map 函数解析每行的信息提取出使用的操作系统(如 Win XP)作为键并且分配键值(此例中为 1)。Reduce 函数反过来把拥有相同键的键值相加。

12.3 Spark 核心和分布式弹性数据集

Apache Spark 是开源集群计算框架，由加利福尼亚大学 AMPLab 开发，使用流水线中二分图代替了两级批处理和基于磁盘的 MapReduce 范例，接下来我们将用 Spark 提供内存范例来讲述 Hadoop 延伸出的流处理和迭代 MapReduce 处理 DAG(directed acyclic graphs)所描述的任务流功能。

12.3.1 Spark 核心应用

Spark 核心组件和集群计算中的内存计算模型如下。

1. Spark 核心

如图 12-12 所示，Spark 核心提供了分布式任务的调度和基本 I/O 功能，这些是以 RDDs 为中心并且提供 Java、Python、Scala 和 R 语言的 API。Spark 需要集群管理和分布式存储系统。对于集群管理来说，Spark 支持它独有的调度器：Hadoop YARN 和 Apache Mesos。对于分布式存储而言，Spark 可以调用 Hadoop Distributed File System（HDFS）、MapR File System（MapR-FS）、Cassandra、OpenStack Swift 和 Amazon S3 等接口。

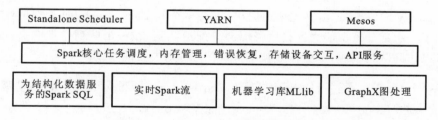

图 12-12　Apche Spark 软件系统核心架构

Spark 也支持伪分布式本地模型，主要是针对开发与测试阶段。Spark 不要求分布式存储，可以使用本地文件系统替代。换句话说，Spark 可以运行于单核 CPU 处理器的机器上。总而言之，SparkSPQ 可以处理结构化数据。Spark Streaming 可以处理实时流数据，MLib 库包含普通机器学习函数，GraphXis 用于操作社会网络图。我们会在后来的章节中学到这些特性。

2. Spark 分布式处理模型

为了使用 Spark，开发者编写了连接集群中工作节点的驱动程序，如图 12-12 所示。

驱动程序定义了一个或多个 RDDs 并且使用它们。Spark 在驱动中编码并且追寻 RDD 的轨迹。工作节点为集群中服务器，它们可以在 RAM 中存储 RDD 的划分。用户可以通过提供参数的方法来调用 RDD 操作，就如 Map 函数传递闭包一样。

Scala 标志着每个闭包都为 Java 对象，而且这些对象可被序列化，并通过在网络中传递加载入另一节点。Sacla 还可以保存闭包中任何参数的范围。模型从磁盘和分布式文件系统读取数据块并且在本地 RAMs 上缓存它们作为持续性的 RDDs。这是有效利用 RAMs 来存储中间计算结果。相比于传统 Hadoop 使用分布式本地磁盘，在 Spark 编程中最大化地提升了计算速率。

迭代数据挖掘需要用户在数据的相同子集上运行多个随机查询，传统意义上来说，唯一的在两个 MapReduce 工作中多次使用数据的方法是将其通过分布式文件系统写到外部磁盘存储中。数据拷贝、磁盘 I/O 和序列化会引起大量的时间开销。在 Spark 中这些开销由于使用本地 DRAMs 缓存技术得到显著地降低。

在使用 Pregel 用于迭代图计算时，必须保证中间数据位于内存中，Hadoop 提供了一个可迭代的 MapReduce 接口。数据隐式地进行了共享，它们不提供多次使用的抽象，而是让用户在内存中加载多个数据集并且对它们调用随机访问。Spark 运行环境克服了这些问题。

12.3.2 弹性分布式数据集中的关键概念

传统意义上来说，MapReduce 程序从磁盘读入数据，对数据进行 Map 函数处理，再使用 Reduce 函数处理 Map 函数的结果，最后将 Reduce 函数的结果保存至磁盘，Spark 的 RDDs 则在分布式编程中使用了工作集，该做法有分布式共享内存的优点并且没有潜在的问题，模型如图 12-13 所示。RDDs 促进迭代算法有效性的实现。算法包也支持交互式和试探式的数据分析。这对执行重复数据集类型的数据查询有特别的帮助，一个计算范式经常遇到机器学习操作。

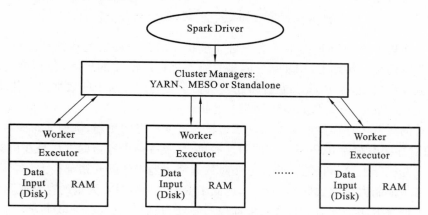

图 12-13 **使用 Worker 模块设计集群的分布式 Spark 处理模型**

事实上，Spark 是为了呼吁在机器学习应用训练流程中使用迭代算法而开发的。MapReduce 和 Dryad 采用大规模并行计算和数据分析。用户使用编程工具中一些高级操作编写并行计算程序。驱动程序调用并行操作，如在 RDD 中通过给 Spark 传递 Map、Filter 和 Reduce 函数。Spark 调度器有助于集群中函数的并行运行。RDDs 帮助实现了结合操作,如在现有的 PDDs 中产生新的 RDDs。

RDDs 和它们的操作具有不变性,RDDs 为 Spark 提供了动态数据类型,它们能缓存和分配集群中的持久数据块,新数据块可以通过加入 Map 和 Reduce 转换操作产生。如果没有 RDDs,很难在 Spark 中去实现 MapReduce 的内存计算操作。

容错是通过追踪每个 RDD 的轨迹和重组 RDDs 实现的,防止数据丢失。RDDs 可以处理 Python、Java 或 Scala 对象的任何类型。RDDs 使用分布式内存抽象,这样程序员可以在大型集群上执行容错的内存计算。RDDs 是为了优化两类应用而产生的:迭代算法和迭代数据挖掘工具这两种无效的计算框架。在所有情况下将数据保存在内存中可以迅速地提高效率。

Spark 提供一种受限格式的共享变量:广播变量,在该模式中需要给所有节点提供的只读数据。典型例子就是下面的 RDD 功能型编程的 Scala 程序。Spark 编程抽象可以有效利用 RDDs。

案例 12.6   使用 RDDs 处理文本的 Scala 程序

　　程序功能是计算在一系列文本文件中词语出现的次数并且打印出最常见的词。每个 Map、FlatMap 和 ReduceByKey 使用了匿名函数来完成一些简单的操作。下面列出了从 RDD 转变至新 RDD 的程序的参数。

```
valtextFiles= Spark.wholeTextFiles("somedir")
        //从"somedir"中读取文件,并且输入到 RDD(文件名,内容)中
val contents = textFiles.Map(_._2)        // 删除文件名
val tokens = contents.flatMap(_.split(""))
        // 将每个文件划分为一系列词
valwordFreq= tokens.Map((_,1)).ReduceByKey(_+ _)
        //对每个词的数量加 1,将每个词的计数汇总
wordFreq.Map(x = >  (x._2,x._1)).top(10)
        //找出出现频率最高的十个词,按词频大小输出
```

为了实现容错,RDDs 提供了基于对共享状态的粗粒度转换和细粒度更新的受限格式的共享内存。实际上,RDDs 有足够的能力进行广泛类的计算,包括最近的、专业迭代作业编程模型,如 Pregel,在许多迭代机器学习和图算法中的数据二次使用已经变得普遍,包括 PageRank、K-means 聚类和逻辑回归。

现有的集群内存存储抽象提供基于细粒度可变状态的更新,例如分布式共享内存,键-键值对存储数据库和 Piccolo。使用这些接口,唯一提供容错的方法是在机器进行数据备份或在机器上更新日志。两种方法对数据密集型工作的开销都很大。它们需要在集群网络中复制大量的数据,当带宽远远低于 RAM 时会引发大量的存储瓶颈。

为了理解 RDDs 作为分布式内存抽象的好处,我们将它与分布式共享内存(DSM)做了比较。在 DSM 系统中,应用可以读写全局地址空间中的任意位置。DSM 是一种极为普通的抽象,但是这种普遍性使得集群的有效性和容错性很难实现。RDDs 与 DSM 的主要区别在于 RDDs 只能创建粗粒度的转换,而 DSM 允许读取任意内存空间,这约束了 RDDs 执行 Bulk Writes 操作,但是允许更有效的容错。特别的,RDDs 不需要引发检查点的极值,如同它们可以使用父节点恢复一样。此外,只有 RDD 丢失的部

分需要在故障后验算,并且它们可以在不同的节点上进行分布式验算,而不需要去回滚整个程序。另一个 RDD 的优点是可以让系统在 MapReduce 中运行慢任务的备份来减轻慢速节点的负担。在 DSM 中备份任务很难实现。

12.3.3　Spark 中 RDD 和 DAG tasks 编程

形式上,RDD 是数据文件的只读划分,RDD 只能通过任一稳定存储的或其他 RDD 数据的确定性操作才能被创建,可以区分它们与其他 RDD 操作的操作被称为"转换",如 Map、Filter 和 Join 操作。RDD 有他的父子节点关系,记录了它在其他数据集中的起源,这是非常有用的一个属性,因为程序无法参考在发生故障后重构的 RDD。

持续性和分区是 Spark 用户无法控制 RDD 的两个方面。用户可以指出他们将要重新使用和选择内存中的哪一个 RDD 来存储。RDD 中元素可以基于在任一记录中的键进行分区,这使得对两个将要合并的数据集进行哈希分区操作会有空间上的优化。

Spark 中 RDDs 集合语言的 API 和 Azure 使用的 DryadLINQ 和 FlumeJava 十分相似。在这些情况中,每个数据集会被表示为一个对象,在这些对象之间会进行转换。程序员开始通过稳定存储数据的转换定义一个或多个 RDD。它们可以在行为操作中使用这些 RDD,向应用返回一个数值或向存储系统输出数据。类似的行为包括 Count(返回数据集中元素的个数)、Collect(返回数据本身)和 Sava(向存储系统输出数据集)。Spark 计算 RDD 是被动的,第一次会在操作中使用它们,之后就可以对随后的转换做管道操作处理。表 12-4 所示的是 RDD 在 Spark 编程中所用到的主要转换和操作。

表 12-4　Spark 编程中 RDD 的转换和行为

Transformations	map(f:T⇒U) : RDD[T]⇒RDD[U]
	filter(f:T⇒Bool) : RDD[T]⇒RDD[T]
	flatMap(f:T⇒Seq[U]) : RDD[T]⇒RDD[U]
	sample(fraction:Float) : RDD[T]⇒RDD[T](Deterministic sampling)
	groupByKey() : RDD[(K,V)]⇒RDD[(K,Seq[V])]
	reduceByKey(f:(V,V)⇒V) : RDD[(K,V)]⇒RDD[(K,V)]
	union() : (RDD[T],RDD[T])⇒RDD[T]
	join() : (RDD[(K,V)],RDD[(K,W)])⇒RDD[(K,(V,W))]
	cogroup() : (RDD[(K,V)],RDD[(K,W)])⇒RDD[(K,(Seq[V],Seq[W]))]
	crossProduct() : (RDD[T],RDD[U])⇒RDD[(T,U)]
	mapValues(f:V⇒W) : RDD[(K,V)]⇒RDD[(K,W)](Preserves partitioning)
	sort(c:Comparator[K]) : RDD[(K,V)]⇒RDD[(K,V)]
	partitionBy(p:Partitioner[K]) : RDD[(K,V)]⇒RDD[(K,V)]
Actions	count() : RDD[T]⇒Long
	collect() : RDD[T]⇒Seq[T]
	reduce(f:(T,T)⇒T) : RDD[T]⇒T
	lookup(k:K) : RDD[(K,V)]⇒Seq[V] (On hash/range partitioned RDDs)
	save(path:String) : Outputs RDD to a storage system,e.g.,HDFS

说明:Seq(T)代表类型 T 元素的序列。

Spark 默认将 RDD 保存在内存中,但是当 RAM 不足时会溢出至磁盘。用户也可以使用其他存储策略。例如,只在磁盘上存储 RDD 和在机器间进行备份,通过标记值来保存。用户可以为每个 RDD 设置存储优先级,来指定哪些内存数据是优先被存储在磁盘的。表 12-4 中使用了标注来区分不同的操作。它们在方括号中显示类型参数。Transformations 是定义新 RDD 的懒惰操作。Action 开始计算操作并且向程序返回一个值或在外部存储中写数据。在 Join 操作中,RDDs 以键-键值对的方式出现。函数名与 Scala API 相匹配。例如,Map 与 Mapping,FlatMap 将每个输入值映射到多个输出中。RDD 分区顺序被认为一个分区类。操作 GroupByKey、ReduceByKey 和 Sort 自动地在分区的 RDD 中产生结果。

案例 12.7 使用 Spark 在 PageRank 中 RDDs 的系谱图

假定一个 Web 服务遇到了故障,并且想要在 TB 字节的日志文件中找到引发的原因。使用 Spark,操作中可以从日志文件向 RAM 中加载故障信息并且交互式地查询它们。这是第一类 Scala 代码,尽管 RDD 个体是不变的,可以通过使用多个 RDD 来代表多个版本的数据集实现可变的状态。

PageRank 算法迭代地更新 Rank 值,输入文件 Map 包含连接的权值,Sum 为得到的总分,N 是文档的数量,我们编写的代码如下。

```
//以(URL,outlinks)的形式载入图
//以(targetURL,float)的形式建立 RDD
//每个页面都会有所贡献的值
val contribs= links.join(ranks).
flatMap{(url,(links,rank))=> links.Map(dest=> (dest,rank/
links.size))}
ranks=contribs.ReduceByKey((x,y)=> x+y).MapValues(sum=> a/N
+(1-a)*sum).
```

图 12-14 显示了 RDD 的系谱图,每次迭代中我们都基于之前迭代和静态链接的 Contribs 和 Ranks 创建了一个新的 Rank 数据集,图中一个有趣的特性是它与数量成正比的关系。程序中 Rank 和 Contribsde 变量每次迭代指向不同的 RDD:

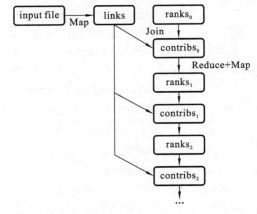

图 12-14 PageRank 算法中 RDS 数据块的系谱图

```
val links= Spark.textFile(...).Map(...).persist()
                    //RDD(URL,rank)(i 从 1 开始迭代)
```

在很多迭代作业中,通过备份一些版本的 Rank 值可以有效地减少错误恢复的时间。用户可以使用 Reliable 标志来工作。由于 Linkdataset 的分区可以对输入文件块运行 Map 函数得到快速重建,所以 Linkdataset 不需要备份。数据集会比 Ranks 大很多,这是因为每个文件都有许多连接但是只有一个数值作为 Rank,所以使用系谱图来恢复可以为系统节省大量的时间并且保证了程序完整的内存状态。

最终,我们可以使用 RDD 的 Partitioning 优化 PageRank 中的通信。如果我们指定 Links 的分区(例如,对节点的 URL 连接表进行哈希分割),我们可以对 Rank 进行同样的分区并且保证 Link 和 Rank 之间的 Join 操作不进行通信(每个 URL 的 Rank 操作会在它的连接表中同一台机器上进行)。我们可以对群组页面编写自定义划分器类实现。这些优化都可以通过调用以下 Partition 和 Links 来表示。

```
links= Spark.textFile(...).Map(...)
           .partitionBy(myPartFunc).persist()
```

调用之后 Links 和 Ranks 之间的 Join 操作将自动地合计每个 URL 到其连接列表上的机器的贡献值并计算它的新 Rank 值,再添加至连接表中。这种类型的迭代一致性分区是像 Pregel 专业框架所定义的优化。

图 12-15(a)所示的是分别使用 Spark 和 Hadoop 进行 PageRank 算法的性能表现。在比较试验图中有三个柱状,分别代表 Basic Spark、Hadoop 和优化后的 Spark+Controlled Partition,Y 坐标表示迭代时间(s),X 坐标表示机器的数量。使用 30 台机器时,Hadoop 花费 171 s,Basic Spark 花费 72 s 而优化后的 Spark 使用 23 s,速度增长率为 7.43。当使用 60 台机器时速度增长率变少为 $90/14=5.7$,这是因为当集群数量翻倍时会花费更长的时间。图 12-15(b)表示的是使用 Hadoop 和 Spark 运行逻辑回归应用的相关表现。使用 Spark 比 Hadoop 的速度要快一百多倍。在 SepartTerasort 实验中,Spark 小组拥有使用 Spark 编程比使用 Hadoop 速度快上百倍的世界纪录。

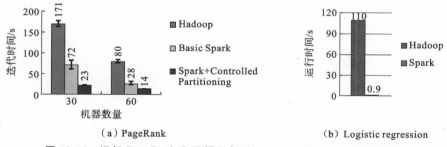

图 12-15　运行 PageRank 和逻辑回归时 Hadoop 和 Spark 的相关性能

12.4　Spark SQL、流处理、机器学习和 GraphX 编程

本节介绍 Spark 云计算软件库,首先介绍结构化数据 Spark SQL,测试了 Spark 流

模型处理数据的生命周期,其次介绍 Spark 用于机器学习的 MLlib,最后对用于社交媒体应用中负责图像处理的 Spark GraphX 进行了评估。

12.4.1　结构化数据 Spark SQL

Spark API 介绍了称为 DataFrames 的数据抽象 API。这个包提供了结构化处理和相关查询处理。结构化数据大多出现在关系数据库中,一些半结构化数据会部分地结构化或将一系列数据结构进行混合。Spark SQL 提供一种领域特定语言来操作 Scala、Java、Python 和 R 语言的 Data Frame。它将 SQL 查询与 Spark 编程相结合。Spark 可以使用现有的 Hive Matastoresm、HiveQL、SerDes 和 UDFs,而且还支持 SQL 语言,包括命令行界面和 ODBC JDBC 来使用现有 BI 工具去进行大数据查询。Impala 和 Spark SQL 都可以用来进行大数据查询处理。使用 Spark SQL 进行查询处理的秘诀是探索内存中缓存数据集进行交互式地数据分析。Data Frame 可以提取工作集用于反复地缓存和查询。Spark SQL 官网是 https://Spark. apache. org/sql. 。典型的代码应用函数和 SQL 查询结果如下:

```
context= HiveContext(sc)
results= context.sql("Select* from people")
names= results.Map(lambda p:p.name)
```

Spark SQL 包含一种优化程序,柱状存储和代码生成来快速地回应查询,可以放大至上千个工作节点。使用 Spark SQL 的第一步是下载 Spark 工具包(/downloads. html),包括 Spark Sql 模块。接着读取 Spark Sql 和 Data Frame 指导来学习相应 API。

案例 12.8　使用 Data Frame API 来处理文本计数搜索和聚合操作

给出了三个 Spark 样例代码。以下的 Spark Python API 用来计数并且使用 Json 格式保存至 S3。

```
//对相同年龄的人进行计数
countsByAge= df.groupBy("age").count()
countsByAge.show()
//将结果使用 json 格式保存至 s3
countsByAge.write.format("json").save("s3a://...")
```

以下的 Spark 代码用于文本搜索操作

```
//创建有单一项"line"的 DataFrame
textFile= sc.textFile("hdfs://...")
df= textFile.Map(lambdar:Row(r)).toDF(["line"])
//对所有错误计数
errors= df.filter(col("line").like("% ERROR% "))
//对 MySQL 中错误计数
errors.count() errors.filter(col("line").like("% MySQL% ")).count()
//抓取 MySQL 错误作为 string 的数组
```

```
errors.filter(col("line").like("% MySQL% ")).collect()
//以下的代码用于结合资源文件：
    context.jsonFile("s3n://...")
    registerTempTable("json")
    results= context.sql(
    """SELECT *
        FROM people
        JOIN json ...""")
```

12.4.2　使用实时数据流的 Spark Streaming

Spark Streaming 是设计用来处理绝大多数云上数据流的高级库，库利用 Spark 核心快速调度的能力来执行数据流分析。Spark Streaming 接收数据，系统在那些迷你批数据执行 RDD 转换，这种设计使那些用于批处理分析的代码也可以用来进行数据流分析。这些包可以应用于大型集群或单一机器上。

Spark Streaming 数据可以处理批处理和交互式查询，它重用批处理的代码，加入数据流修改历史数据或者运行随机查询。这使得建立有效的交互式数据分析应用成为可能。数据流引擎的模型如图 12-16 所示。Spark 将 Hadoop 进行扩展，使得不仅仅可以执行批处理模式，也可以进行数据流和实时应用的内存计算。

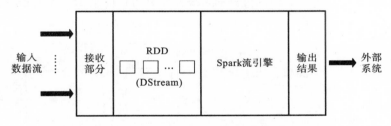

图 12-16　Spark Streaming 引擎的概念

数据流模块使得建立大规模和容错应用变得简单，它支持 Java、Scala 和 Python 语言。流引擎在图 12-16 中显示，输入数据流从左侧进入，收集器接收它们并且将它们转化成 RDD 中的特殊类型 DStreams。这些 DStreams 跟随 MapReduce 和 DAG 模型注入流引擎。最终查询的结果在右侧输出。Spark Streaming 允许重用相同代码进行批处理，在历史数据中加入流并且在流状态中进行随机查询。

Streaming 包可以在 HDFS、Flume、Kafka、Twitter 和 ZeroMQ 等资源上部署读取数据。流引擎可以单独运行在 Spark 集群模式上或在 EC2 集群上。在生产模式中，Spark Streaming 使用 Zookeeper 和 HDFS 实现高可用性。Spark Streaming 的官网为 http://Spark.apache.org//streaming，使用 Spark Streaming 遵循以下三个步骤。

步骤 1：在网站 http://Spark.apache.org//downloads.html 中下载 Spark 所有库。Spark Streaming 是库中的工作模块。

步骤 2：阅读 Spark Streaming 的编程指导(/docs/latest/streaming-programming-guide.html)，这些指导包括教程。它描述了整个系统的架构、配置以及高可用性。

步骤 3：检查使用 Scala 编程的样例(https://github.com/apache/incubator-Spark/

tree/master/ examples/src/main/scala/org/apache/Spark/streaming/examples），JAVA streaming 访问（https:// github. com/apache/incubator-Spark/tree/master/examples/src/ main/Java/org/apache/Spark/streaming/examples）。

案例 12.9　两个 Spark streaming 应用

下面的代码用于计算滑动窗中的推文：

```
TwitterUtils.createStream(...)
.filter(_.getText.contains("Spark"))
.countByWindow(Seconds(5))
```

下面的代码可以查找历史数据中的高频词：

```
stream.join(historicCounts).filter {
    case (word,(curCount,oldCount)) = >
        curCount>oldCount}
```

12.4.3　用于机器学习的 Spark MLlib Library

机器学习（ML）使用计算机学习大数据的特性，目的是为了寻找其中潜在的特性、模式和知识。在这里我们介绍 ML 程序的基本概念和使用 Spark 编程库所开发的 MLlib 模块。图 12-17 所示的是 ML 有监督机器学习应用流程中的关键部分，我们假定云平台已安装四个主要组件。机器学习操作流程可以概括为以下五步骤。

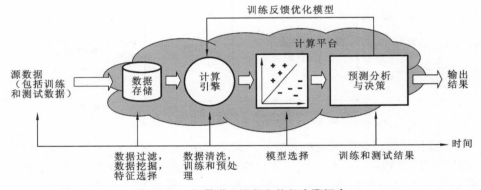

图 12-17　机器学习流程和执行步骤概念

步骤 1：输入数据被分为训练数据集和测试数据集两个子集，它们在进入计算或学习引擎前都被存储起来。

步骤 2：预处理操作，如过滤、挖掘、数据聚合、提取特征、模式识别和其他转换操作。

步骤 3：学习引擎使用云计算和存储资源，主要操作包括数据清理、模型训练和监督模型开发的转换。

步骤 4：建立学习模型和处理问题环境与学习目标。

步骤 5：训练和测试步骤负责做决策和预测。训练步骤会做出反馈，不断优化模型。如果结果符合要求，则输出预测。

MLlib 为 Spark 的机器学习库，Spark MLlib 是顶层 Spark 核心的分布式机器学习框架。分布式内存 Spark 架构,由 Apache Mahout 实现的 MLlib 比基于磁盘的版本快 9 倍。这是基于 MLlib 开发者在 Mahout 增加 Spark 接口之前使用交替最小二乘法实现的基准。通常,MLlib 比 Mahout 和 Vowpal Wabbit 使用范围要广泛,许多普遍机器学习和统计算法都是由 MLlib 实现的。

表 12-5 所示的是由 Spark 机器学习库实现的算法,表中列出了一些由 Spark ML-lib 实现的重要的机器学习算法,总结策略、相关分析、分层抽样、假设检验、产生随机数是机器学习和数据分析应用中经常出现的。协同过滤技术包含 ALS 经常在数据预处理阶段使用。特征提取和转换函数也有使用。在计算阶段,Spark 用户通常使用分类、聚类、支持向量机、决策树和朴素贝叶斯分类器。

表 12-5　由 Spark 机器学习库实现的算法

算　　法	简　　介
协同过滤	交替最小二乘法（ALS）
基本统计	概括统计量、相关分析、分层抽样、假设检验、随机数据生成
分类与回归	线性模型（支持向量机、逻辑回归、线性回归）、决策树、随机森林、朴素贝叶斯分类器、梯度升高树、保序回归
降维	奇异值分解（SVD）、主成分分析（PCA）
聚类技术	K-means、高斯混合、幂迭代聚类（PIC）、潜在狄迪克雷分布（LDA）、Bisecting K-mean、Streaming K-means
特征提取与模式挖掘	特征提取与转换、Feature extraction and transformation、频繁模式增长、关联规则、PrefixSpan 算法
评估与优化	评价指标、PMML 模型输出、随机梯度下降、限制内存 BFGS（L-BFGS）

对于无监督学习,我们考虑到使用的集群分析模型包括 K-means 和 LDA。降维技术也在奇异值分解 SVD 和主成分分析 PCA 中使用到。优化算法用来优化机器学习预测模型,如随机梯度下降和有限内存 BFGS 方法（L-BFGS）。

案例 12.10　使用 MLlib 预测逻辑回归

以下代码是用来使用逻辑回归方法预测应用。

```
//每个 DataFrame 的记录包含标签和矢量代表的特征。
df= sqlContext.createDataFrame(data,["label","fea-
tures"])
//为算法设置参数,我们将迭代次数设置为 10
lr= LogisticRegression(maxIter= 10)
//对数据使用模型
model= lr.fit(df)
//对于数据集预测标签并显示
model.transform(df).show()
```

12.4.4　图像处理框架 Spark GraphX

GraphX 是由 Spark 核心支撑的分布式图像处理框架,它提供了可以将 Pregel 抽象进行建模表达图像计算的 API,它也提供了对抽象运行时间的优化。如 Spark 的诞生,GraphX 最初作为加州大学伯克利分校 AMPLab 和 Databricks 公司的研究工程,之后这些模块成为 Apache 软件基础和 Spark 项目。

Spark GraphX 将数据抽取、转换和装载、探索性分析、迭代图像处理统一于单一系统中。用户可以查看图像和文件的相同数据,库包能有效地支持 RDD Transform 和 Join 操作,用户可以使用 Pregel API 自定义编写图迭代算法。访问 Spark 官网(/docs/latest/grapx-programming-guide.html♯pregel-api)可以查阅 API 细节。Spark 用户可以选择 GraphX 图算法库。GraphX 突出了一系列如 PageRank、连通分支、标签传播、奇异值分解、强连接分值和三角计算等图算法作为高灵活性 API 的补充。

Property Graph 用于描述图处理应用的特点,图 12-18 所示的社交图谱包含四个社交实体,由数字 2,3,5,7 表示。Vertex Table 描述他们由个体选择的位置。Edge Table 描述了来源和目的实体的工作关系。我们用一个例子来解释 Property Graph 的作用。

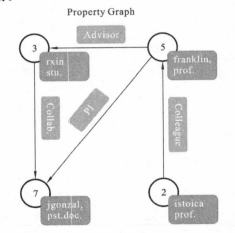

Vertex Table

Id	Property(V)
3	(rxin,student)
7	(jgonzal,postdoc)
5	(franklin,professor)
2	(istoica,professor)

Edge Table

SrcId	DstId	Property(E)
3	7	Collaborator
5	3	Advisor
2	5	Colleague
5	7	PI

图 12-18　使用 Spark GraphX 编程的 property graph 例子

案例 12.11　Spark GraphX 应用中 PageRank 图计算

PageRank 计算了社交图中每个节点的重要性,假定从 u 到 v 的边代表了 u 对 v 的认可程度。例如,由很多人关注的 Twitter 用户会得到很高的分数,GraphX 在 Apache PageRank 对象中静态和动态地实现了该算法。

静态 PageRank 运行固定数量的迭代,而动态 PageRank 运行至 Ranks 值收敛。Graph Ops 直接调用该算法。Spark GraphX 提供了一个在社交网络数据集中我们可以运行 PageRank 的例子。在 GraphX/Data/Users.txt 给出了一批用户的信息,在 GraphX/Data/Followers.txt 中给出了用户之间的关系。Spark 计算每个用户的 PageRank 值代码如下:

```
val graph= GraphLoader.edgeListFile(sc,"GraphX/data/fol-
lowers.txt"),                              //加载图的边信息
val ranks= graph.pageRank(0.0001).vertices, //运行 PageRank
val users=sc.textFile("GraphX/data/users.txt").Map{line=>
val fields=line.split(",") (fields(0).toLong,fields(1))},
```

```
                                          //向用户名中添加 ranks
valranksByUsername = users.join(ranks).Map{case (id, (user-
name, rank))
=> (username, rank)},                     //向用户名中添加 ranks
println(ranksByUsername.collect().mkString("\n")),
                                          //输出结果
```

为了运行 GraphX，第一步需要下载 Spark，其中包含了 GraphX 模块。接着阅读 GraphX 编程指导，其中包含了应用样例。如果想要运行分布式模型，可以学习如何在集群中部署 Spark，也可以直接在本地的多核机器上运行。GraphX 使用现有的 GraphLab 和 Giiraph 图系统计算性能。使用 GraphX 运行 PageRank 提高了 1.5～2.7 倍速度，如图 12-19 所示。

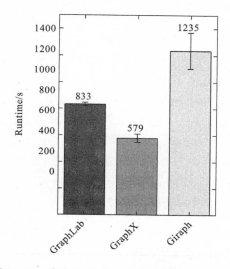

图 12-19　迭代 20 次和 3.7 倍边缘的 PageRank

12.5　本章小结

要想灵活运用大型认知计算系统来处理各种大数据问题，必须对云编程工具有一定的了解。本章对 MapReduce、Hadoop 和 Spark 均做了基本的介绍，使用具体的问题来分析 MapReduce 的工作流程，剖析 Hadoop 的架构与扩展，详细描述了分布式文件系统 HDFS 和资源管理 YARN 的内部结构。本章还介绍了开源集群计算框架 Apache Spark 的核心部分与两种编程方法（RDD 和 DAG tasks），此外还通过案例来分析 SparkSQL、Spark Streaming、Spark MLlib Library 和 SparkGraphX。

13

TensorFlow

摘要：TensorFlow 是由 Google Brain 团队开发的进行机器学习与深度神经网络研究的软件库，于 2015 年 11 月开源并托管在 github 上。其利用数据流图进行数值计算具有灵活、易用、可移植性、性能好的特点，短时间内迅速蹿红。50 多个谷歌团队和多种产品都使用 TensorFlow 进行开发，其不仅在语言识别、机器人、信息检索、自然语言处理等领域具有广泛的应用，认知计算研究在跨学科交叉领域也具有重要作用。2017 年 1 月底，斯坦福大学的研究者在《Nature》上发表了一篇论文《Dermatologist-level classification of skin cancer with deep neural networks》，以 TensorFlow 为工具，使用深度神经网络，对皮肤癌进行诊断，达到了专家水平。截至 2016 年 11 月，在 Github 上已有超过 3000 个与 TensorFlow 相关的开源项目，收到超过 10000 次的代码提交，受到超过 30000 次的关注，被评为 Github 上最受欢迎的项目。可以说，TensorFlow 是目前进行深度学习研究与应用最流行的机器学习库。

13.1 TensorFlow 的发展

TensorFlow 的发展大致经历了两个阶段。

DistBelief 阶段：DistBelief 是谷歌于 2011 年开发的第一代机器学习系统。超过 50 个谷歌团队和其他 Alphabet 公司在商业产品中使用 DistBelief 深度学习网络，包括谷歌搜索、谷歌语音搜索、广告、谷歌图片、谷歌地图、谷歌街景、谷歌翻译和 YouTube 等。

TensorFlow 阶段：谷歌指定计算机科学家 Dr. Geoffrey Hinton 和 Dr. Jeff Dean 致力于简化和重构 DistBelief 的代码库，使之成为更快、更健壮的软件库，即 Tensor-Flow。神经网络中执行多维数据数组操作，目的是为了训练神经网络、解读模式和统计，这些数组称为"tensor"，这与数学概念上的 tensor 有所区别。早期的 TensorFlow 使用单一机器运行，现在的 TensorFlow 可以在具有多核 CPU 或者 GPU 的计算机上运行，也可以便捷地在大型数据中心和云集群中运行。

TensorFlow 支持 CUDA 编程的软件平台，是通用的 GPU 计算。TensorFlow 可以在 64 位 Linux 或 Mac OS X 桌面或服务器系统运行，也可以在移动计算平台运行，包括安卓和苹果 iOS 系统。目前谷歌许多团队都将从 DistBelief 迁移至 TensorFlow

进行研究和生产。

13.2　TensorFlow 基本概念和 Data Flow Graph 模型

13.2.1　TensorFlow 基本概念

TensorFlow 是一个数据流形式的编程系统，TensorFlow 程序通常分为两个阶段，包括构建阶段和执行阶段。其中，构建阶段只负责构建 Graph，并不真正执行计算，真正执行计算是在执行阶段。

在构建阶段，TensorFlow 将计算过程表示为 Graph（图）。图中的数据用 Tensor 表示，每个 Tensor 是一个多维数组。例如，一组图像集可以表示为一个四维浮点数数组，这四个维度是[batch,height,width,channels]。图中的节点称为 op（operation 的缩写），一个 op 是一个数据处理操作，它可以获得零个或多个 Tensor 来执行计算，并产生零个或多个表示结果的 Tensor；节点之间的连线表示将一个操作的结果作为另一个操作的输入。一个 TensorFlow 图描述了计算的流程，但是并没有真正执行计算。

在执行阶段，为了执行计算，需要在一个 Session（会话）中启动图。会话将图的 op 分发到诸如 CPU 或 GPU 之类的设备上，同时提供执行 op 的方法。这些方法执行后，将产生的 Tensor 返回。在 Python 语言中，返回的 Tensor 是 Numpy Ndarray 对象。这样通过会话的启动和执行，数据就可以根据构建的图来进行处理和流动。

TensorFlow 中包括以下几个基本概念。

- Graph：表示计算流程。
- Session：执行 Graph 计算。
- Tensors：表示数据。
- Variables：保持状态信息。
- Feeds：用来填充数据。
- Fetches：用来取得操作结果。

下面，通过代码来一一介绍这几个基本概念。

1. Graph

在执行计算前，首先需要构建计算图，该图由一个个节点组成，节点的值可以作为另一个节点的输入。示例如下。

```
import tensorflow as tf
constant1= tf.constant(1)      //创建一个常量，值为 1
constant2= tf.constant(2)      //创建另一个常量，值为 2
sum= tf.add(constant1,constant2)
                               //创建和操作，输入为以上两个操作结果
```

现在图中包含了三个节点，两个 constant 节点与一个 add 节点。两个 constant 节点的值作为 add 节点的输入。这只是构建阶段，为了真正执行计算，需要将该图加载到 Session 中。

2. Session

首先需要创建一个 Session 对象，然后由该 Session 对象执行之前构建的图。客户端程序与 TensorFlow 系统通过创建 Session 交互。为了创建计算图，Session 接口支持扩展方法增大由 Session 和额外节点与边管理的图。假定 Session 创建时原始图是空的。其他由 Session 接口支撑的主要操作为 Run，该操作进行一系列提取需要进行计算的输出名称或代替某输出节点的可选 Tensors 集注入图。示例如下。

```
sess= tf.Session()              //创建 Session 对象
result= sess.run(sum)           //执行先前构建的图并打印出结果
print(result)
sess.close()                    //使用完后，需要关闭 session
3                               //结果
```

注意：Session 使用完后需要关闭，以释放相关的资源。

3. Tensors

TensorFlow 中使用 Tensor 来表示图中节点之间传递的数据。可以将 Tensor 看作一个多维的数组。在上面的例子中，Constant(1)，Constant(2)，Sum 表示操作的结果，都是 Tensor。我们支持许多 Tensor 元素数据，包括 8 位到 64 位的有符号和无符号整数，IEEE Float 和 Double 类型，复数类型和 String 类型（任意的字节数组）。后备存储的容量由 Tensor 所存储的装置的分配器管理。Tensor 后备存储器在有参考时缓冲，无参考时释放。

4. Variables

Variables 在图计算的过程中维护状态信息。下面的示例展示了利用 Variables 作为一个计数器的过程。

```
//创建一个变量值为 0
counter= tf.Variable(0)
//创建一个加一的操作
one= tf.constant(1)
plus_one= tf.add(counter,one)
update= tf.assign(counter,plus_one)
//变量必须先被初始化，添加一个初始化操作
init_op= tf.initialize_all_variables()
sess= tf.Session()
//执行初始化操作
sess.run(init_op)
//执行 update 操作并打印 state 的值
for_in range(3):
  sess.run(update)
  print(sess.run(counter))
```

```
//结果
//1
//2
//3
```

5. Fetches

为了得到某一操作的结果，需要执行 Session 的 Run 方法,并传入想要得到的 Tensor。如 Session 中的代码示例中取得两者加的结果。

```
//执行先前构建的图并打印出结果
result= sess.run(sum)
print(result)
```

6. Feeds

上面的示例中将 Tensor 保存在 Constants 和 Variables 中。TensorFlow 也提供了一种填充机制,首先为操作数据设置一些占位符,并没有具体的 Tensor,然后在执行过程中,通过参数的形式将 Tensor 填充到操作当中。示例如下。

```
//创建两个占位符
input1= tf.placeholder(tf.int16)
input2= tf.placeholder(tf.int16)
output= tf.mul(input1,input2)
sess= tf.Session()
result= sess.run([output],feed_dict= {input1:1,input2:2})
print(result)
//结果
```

以上只是对 TensorFlow 中的关键概念作了简单介绍,详细信息请参见官方文档。

13.2.2　Data Flow Graph 模型

TensorFlow 计算由图的节点和边直接描述。图代表了数据流计算,扩展中允许部分节点保持更新持续的状态和分支循环控制结构。典型的客户端使用 C++或 Python 搭建。使用 Python 前端搭建和执行 TensorFlow Graph 操作。

在 TensorFlow 图中,每个节点都有零个或多个输入与零个或多个输出,这表示一个操作的实例化。从普通边到图的数据流称为 Tensors。这些是在图构造时指定或推断元素类型的多维数组。特殊的边称为 Control Dependencies,存在于图从源到目的节点的适当的执行时间。这些模型包括可变状态,控制依赖可以由客户端直接使用。

操作与核心:Operation 代表一种抽象计算(如"矩阵乘法"和"加法")。一个 Operation 有对应的属性并且所有的属性都提供或推测图建造时间来实例化节点执行相应操作。属性的共同用法是操作多态不同 Tensor 的元素类型,如两个 Float 类型的 Tensors 与两个 int32 类型的 Tensors 相加。谷歌提供了特定的基于云的 API 用于翻译、语言、视觉和文字应用。

　　Kernel 是一种特定实现的操作,可以运行在特定类型装置上,如 CPU 和 GPU。TensorFlow 库通过注册机制定义一系列操作和核心程序。操作可以扩展为附加运算和核心定义、注册。表 13-1 显示了 TensorFlow 库中核心操作类型。

表 13-1　TensorFlow 核心操作类型

种　　类	示　　例
单元数学运算	Add、Sub、Mul、Div、Exp、Log、Grater、Less、Equal 等
数组操作	Concat、Slice、Split、Constant、Rank、Shape、Shuffle 等
矩阵操作	MatMul、MatrixInverse、Matrix Determinant 等
状态操作	Variable、Assign、Assign Add 等
神经网络单元	SoftMax、Sigmoid、ReLU、Convolution2D、MaxPool 等
检查点操作	Save、Restore
队列和同步操作	Enqueue、Dequeue、Multex Acquire、MutexRelease 等
控制流操作	Merge、Switch、Enter、Leave、Next Iteration

　　使用 Run 参数,TensorFlow 可以实现计算所有节点的传递闭包,为了计算它们需要的输出,这些闭包必须及时被执行。根据依赖性按次序处理合适的节点,我们大多数使用 TensorFlow 立即为 Graph 创建 Session,然后通过调用 Run 执行整个图或者一些明显的子图成千上万次。下面是一个 TensorFlow 代码段示例。

```
import TensorFlow as tf
b= tf.Variable(tf.zeros([100]))              //用 0 初始化矢量
W= tf.Variable(tf.random_uniform([784,100],- 1,1))
                                             //784×100 矩阵 w/rndvals
x= tf.placeholder(name= "x")                 //输入占位符
relu= tf.nn.relu(tf.matmul(W,x)+b)           //执行矩阵操作(Wx+b)
C= [...]                                      //计算 Relu 函数代价
s= tf.Session()
for step in xrange(0,10):
input= ...construct 100- D input array...    //创建输入向量
result= s.run(C,feed_dict= {x:input})
                                             //抓取代价,使 x= input 输出结果
```

　　图 13-1 所示的操作执行了多次,大多数张量在图进行一次计算后会被删除。然而,Variable 是一种特别的操作,它会返回处理可变的在执行后存在的 Tensor。处理这些永久可变 Tensor 可以传递到少数特定操作,如 Assign 和 AssignAdd(相当于＋＝)改变参考 Tensor。对于 TensorFlow 机器学习应用,模型参数会有代表性地存储到 Tensor 变量中,并且作为模型训练图 Run 的一部分进行更新。

　　工作者(CPUs)和装置(GPUs):装置是 TensorFlow 的计算核心,每个工作者负责一个或多个装置,每个装置有特定的类型和名称,装置的名称由装置类型和装置附

属的标志组成。在分布式设置中,该标志可以鉴别工作者中的任务和作业(工作者还可以是本地主机,当装置进行本地处理)。

装置为 CPUs 和 GPUs 提供了接口,一台其他类型的新装置可以通过注册机制实现。每个装置对象负责管理分配和回收装置内存,实现任何 TensorFlow 中更高级别安排的核心的执行。使用 GPU 加速可以提高性能。

执行机器架构:TensorFlow 系统中的主要组件是客户端,客户端使用了 Session 接口来与主机、其他工作者通信,每个工作者负责处理仲裁其他计算装置和在得到主机命令执行图的节点的装置。谷歌有本地和分布式 TensorFlow 接口的实现,两种不同的处理模式如图 13-2 所示。

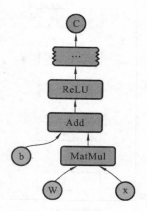

图 13-1 代码所对应的计算流程图

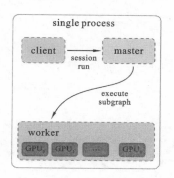

(a)单一机器(工作者)

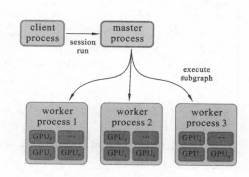

(b)多台机器(多工作者)

图 13-2 执行环境:单一机器处理方式与多机器的分布式处理方式

本地实现是指客户端主机和工作者全部运行在单一操作系统的单一机器上(可能是多台装置,机器安装了多块 GPU)。分布式实现是与本地实现共享代码功能,但是对其进行了扩展,得到了相应的环境支持:客户端、主机和工作者可以在不同机器上处理不同进程。在分布式环境中,不同的任务由集群调度系统管理。

13.2.3 机器学习系统中数据流图

在机器学习或深度学习系统中经常使用到数据流图,来源于 Jeff Dean 的演示(http://TensorFlow.org/white paper2015.pdf)。图 13-3 所示的是 TensorFlow 操作中的四个主要步骤。TensorFlow 把计算作为数据流图,其中 Tensors(多维数据数组)在多种执行状态下跟随指定边完成连续的计算步骤。分布式处理可以在多台装置(进程、机器或 GPU)上运行。

图 13-3 中,TensorFlow 指定的边可以在多种执行状态下进行连续的计算,分布式计算在多台装置上执行如图 13-3(d)所示,其中设备可以是进程、机器或 GPU。

谷歌提出了学习机器学习的四种方法:① 使用基于云的 API(视觉、语言等);② 训练模型;③ 使用现有的模型对数据集做调整;④ 对新的问题开发机器学习模型。谷歌 Brain 团队开发出了 TensorFlow 并且强调处理大型数据集需要大量的计算。

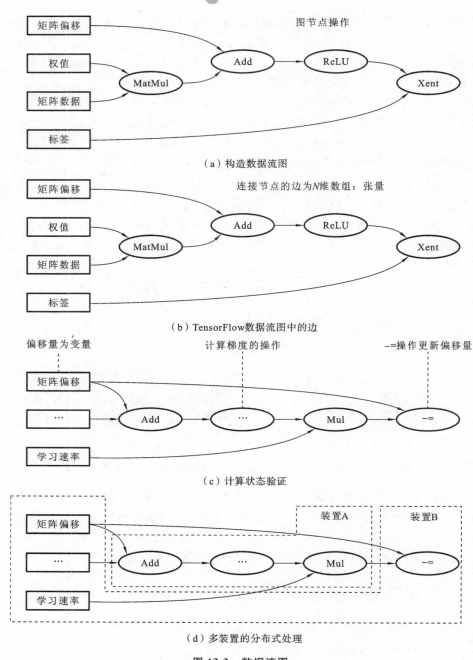

（a）构造数据流图

（b）TensorFlow数据流图中的边

（c）计算状态验证

（d）多装置的分布式处理

图 13-3　数据流图

13.3　图像识别系统中 TensorFlow 的使用

1. 图像识别模型

TensorFlow 是用于简易编程的开源软件库，允许用户将计算任务表示为数据流图。图中的节点称为 ops，数据流经图表示代表多维数组的 Tensor。我们需要创建

Session 在图中执行 ops。在图执行的过程中使用变量来保存状态,我们使用 Fetch 和 Feed 机制对 Tensor 进行 Fetch 或 Feed 操作。

TensorFlow 编程的第一步是使用 ops 构建图,一个 ops 携带零个或多个 Tensors,执行计算任务将产生零个或多个 Tensors。为了在图中执行 ops,我们需要 Session 来启动图,即 TensorFlow 编程的第二步。Session 将图 ops 放入装置,如 CPU 或 GPU,提供将要执行的算法并返回产生的 Tensor。

图 13-4 所示的是 TensorFlow 中的图计算。首先需要改造 ops 使输入数据可以在 TensorFlow 中训练,接着对 W_1 和 b_1 分别进行 MatMul 和 BiasAdd 操作。使用交叉熵来计算输出和原始标签的损失,通过梯度下降找到最小损失并更新 W 和 b 的值。所有的 ops 为计算单元。我们设置这些单元并且确认它们连接的方式,像把一串门一个接一个连起来。使用 Session 执行图计算和电路的方式相同,将数据传给运算单元,形成数据流。

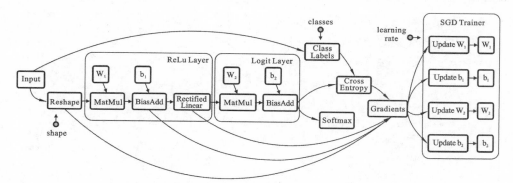

图 13-4　图像识别模型的 TensorFlow 图

2. 使用 TensorFlow 的图像识别示例

使用 GoogleNet Inception-v3 (网址:http://arxiv.org/pdf/1512.00567v3.pdf) 来训练 ImageNet (网址:http://www.image-net.org/),有 1000 种图像集。使用预训练 Inception-v3 作为模型,数据集中图像作为测试案例,使用 TensorFlow 进行图像分类。图 13-5 所示的是 800×608 RGB 图像作为输入的图像,以下为使用 TensorFlow 进行处理的C++代码。

图 13-5　图像识别系统中样本图像

(1) 创建对象 GraphDefBuilder,用于指定模型方便运行和加载。

```
Status ReadTensorFromImageFile(string file_name,const int
input_height,
const int input_width,const float input_mean,const float
input_std),
td::vector< Tensor> *  out_tensors)
TensorFlow::GraphDefBuilder b;
```

(2) 为模型创建节点,对这些节点加载、调整大小、比例像素值,使得原始图像与模型输入条件适配。创建的第一个节点为 Const op，用于保存加载图像，图像的文件名为 Tensor。

```
string input_name = "file_reader";
string output_name= "normalized";
TensorFlow::Node* file_reader= TensorFlow::ops::ReadFile
(TensorFlow::ops::
Const(file_name,b.opts()),b.opts().WithName(input_
name));
```

（3）添加更多的节点来解码文件数据，将整形数据转化为浮点数，调整大小，最后对像素值进行减法和除法运算。

```
const int wanted_channels= 3;
TensorFlow::Node* image_reader;
if (TensorFlow::StringPiece(file_name).ends_with(".png")) {
    image_reader= TensorFlow::ops::DecodePng(
    file_reader,
    b.opts().WithAttr("channels",wanted_channels).WithName
("png_reader"));
} else {
    image_reader= TensorFlow::ops::DecodeJpeg(
    file_reader,
    b.opts().WithAttr("channels",
wanted_channels).WithName("jpeg_reader"));
}
TensorFlow::Node* float_caster= TensorFlow::ops::Cast(
    image_reader,TensorFlow::DT_FLOAT,b.opts().WithName
("float_caster"));
TensorFlow::Node* dims_expander= TensorFlow::ops::Expand-
Dims(
    float_caster,TensorFlow::ops::Const(0,b.opts()),b.opts());
TensorFlow::Node* resized= TensorFlow::ops::ResizeBilinear(
    dims_expander,TensorFlow::ops::Const({input_height,
input_width},
                                b.opts().WithName("size")),
    b.opts());
TensorFlow::ops::Div(
    TensorFlow::ops::Sub(
```

（4）模型的所有信息会保存在 b 变量中，我们使用 ToGraphDef 函数来将它变成一个完整图形的定义。

```
TensorFlow::GraphDef graph;
TF_RETURN_IF_ERROR(b.ToGraphDef(&graph));
```

（5）创建 Session 对象作为运行图计算的接口,同时需要指定获取输出的节点,输出数据的位置。

```
std::unique_ptr< TensorFlow::Session> session(
    TensorFlow::NewSession(TensorFlow::SessionOptions()));
TF_RETURN_IF_ERROR(session-> Create(graph));
TF_RETURN_IF_ERROR(session-> Run({},{output_name},{},out_
tensors));
return Status::OK();
```

在这个例子中,获取 Tensor 对象的矢量仅为输入图像,有 609 像素高,800 像素宽,3 颜色通道的多维数组。下载 GraphDef 文件来定义模型,编译、加载和运行 C++代码,可以获取最后预测分类。

```
Wget https://storage.googleapis.com/download.TensorFlow.
org/models/inception_dec_2015.zip -O
TensorFlow/examples/label_image/data/inception_dec_2015.zip
unzip TensorFlow/examples/label_image/data/inception_dec
_2015.zip -d
TensorFlow/examples/label_image/data/
bazel build TensorFlow/examples/label_image/...
bazel-bin/TensorFlow/examples/label_image/label_image
```

最后的结果为菜粉蝶(644):0.908836 图像,这代表着最佳的分数分别来自所有种类的指数。从结果上来看,该模型正确识别菜粉蝶图像的成绩可以高达 0.9。这个示例显示了使用 TensorFlow 图像识别和预先训练的样本工程,也可以应用其他模型训练进行类似的操作。除了图像识别系统中的使用,我们将在第 18 章详细介绍 TensorFlow 在医疗图像分析中的应用。

13.4　本章小结

本章对 TensorFlow 不同阶段的发展分别进行了介绍,解释了 TensorFlow 中的多种基本概念,并且分析了 Data Flow Graph 模型和机器学习系统中数据流图的工作流程;然后,结合具体的事例说明了 TensorFlow 在图像识别系统中的关键作用。

第四篇　习　　题

4.1　请讨论云计算与认知计算的关系,并比较以下 3 种云服务模式:IaaS、Paas 和

SaaS。

4.2 以下不是云计算特点的选项是（　　）。

A. 高可扩展性　　B. 弹性和自我服务配置　　C. 私有性　　D. 分布式处理

4.3 云计算带来了网络资源商业模式的改变。凭借虚拟化等技术，在云计算环境下无需自行采购组建底层 IT 基础设施，只需根据实际需求向云计算 IaaS 服务提供商购买相关资源，并通过向云计算 PaaS 和 SaaS 服务提供商按需定制相关信息服务系统，即可完成 IT 系统的部署与应用。下列选项中关于云计算交付模型的理解不正确的是（　　）。

A. 基础设施即服务依赖于虚拟化，公共的 IaaS 服务可以根据是否购买而存在或者消失

B. 虚拟化的传统模型虚拟管理程序，使一个单一的系统可以管理多个操作系统

C. 软件即服务（SaaS），允许用户在公共云中操作，消费者不用负责维护和更新，与本地应用程序类似，容易购买

D. 平台即服务（Paa）可以用于任意公共云和私有云中的应用和服务

4.4 MapReduce 是支持大型数据集并行分布式计算的软件框架，基于它写出来的应用程序能够运行在由上千个商用机器组成的大型集群上，并以一种可靠容错的方式并行处理 T 级别的数据集。在日常生活中，大量的天气信息使用 MapReduce 的方式进行分析最合适不过了。假设你有如下格式的天气信息，简述如何利用 MapReduce 方式求每年最高气温。

天气信息格式：2017010114（表示 2017 年 1 月 1 日气温为 14 ℃）

4.5 HDFS 是 Hadoop 的分布式文件系统。HDFS 设计理念之一就是让它能运行在普通的硬件之上，即使硬件出现故障，也可以通过容错策略来保证数据的高可用。HDFS 体系结构中有两类节点：一类是 NameNode，又称"元数据节点"；另一类是 DataNode，又称"数据节点"。请简述两种节点的作用。

4.6 Apache Spark 开发人员声称 Spark 是"一种用于数据大规模处理的快速通用引擎"。在实践中，许多工程师发现 Spark 比 Hadoop 的 MapReduce 要快。深入了解 Spark 架构，试分析为什么 Spark 比 MapReduce 快。

4.7 TensorFlow 利用数据流图进行数值计算，灵活易用、可移植性好且性能高，目前已经成为最流行的机器学习系统。MNIST 是一个入门级的计算机视觉数据集，采用卷积神经网络，对 MNIST 数据集实现识别。

4.8 TensorFlow 不仅可以用于机器学习，在数学上也有广泛的应用。请用 TensorFlow 对偏微分方程进行建模。

本篇参考文献

[1] Yahool Pig Tutorial. http://developer.yahoo.com/Hadoop/tutorial/modulo6.html. 2010.

[2] TensorFlow 白皮书. https://www.tensorflow.org/

第五篇

认知计算与机器人技术

14

基于机器人技术的认知系统

摘要：本章首先对机器人相关内容进行了介绍，从机器人的发展历程、机器人种类的划分、机器人的技术核心和未来机器人发展的方向进行了说明。随后对认知系统的技术核心进行了介绍，并以此为基础介绍了机器人系统和认知系统有机融合的方案。最后列举了两个典型的应用实例。

14.1 机器人系统

经过半个多世纪的发展，机器人技术已经对人类的生产和生活方式产生了深远影响，并成为衡量一个国家科技创新和高端制造业水平的重要标志。根据机器人的发展历程，机器人技术新的发展趋势是什么？机器人的基本概念及内涵是什么？机器人技术发展又面临哪些机遇与挑战？这些问题亟待思考和解决。

14.1.1 机器人发展历程

机器人诞生于20世纪中期，机器人技术经历了半个多世纪的发展，已经深入到人类生产、生活的各个方面，给人类社会发展带来重大变革。进入21世纪后，在科技水平的快速发展以及人们日益增长的需求的共同作用下，机器人技术得到了空前的关注，被认为是新技术革命的核心。"制造出像人一样的机器"几千年前就已经是人类的伟大愿望，但目前，人和机器人仍然是一种使用和被使用，替代和被替代的关系，机器人更多的是作为一种功能替代工具出现。新的社会发展趋势表明：未来新一代机器人系统将从更多的方面模仿人，尤其是，机器人与人之间应更多地表现出一种和谐共存、优势互补的合作伙伴关系，与人共融是新一代机器人系统的重要特征。

日本机械学会将机器人作为其十个重点发展方向之一，并把机器人的智能划分为五个等级。级别1为非自主运动；级别2为弱自主运动；级别3为部分自主运动；级别4为半自主运动；级别5为完全自主运动。1990年以前的机器人处于级别1，只是简单的"示教再现"，几乎没有智能；1990—2000年，机器人的进步主要体现在开始使用视觉传感器以及离线示教技术，其智能水平处于级别2～3级；2000—2010年，随着视觉技术的进一步发展以及部分环境认知技术的采用，机器人智能开始突破第3级；2010—2020年，机器人将有望完全突破并进入第4级范畴，即认知能力与灵活的物体操作、与人的合作交互;在 2020—2030 年,有望重点突破无示教作业、完全环境认知,推进机器人突破级别 4。

截至目前,大部分机器人系统遵循一个基本的设计宗旨:在人类不可达以及不适合于人类生产生活的环境中,代替人高效率、高精度、高可靠地完成使命。传统的工业机器人,以及以空间、深海探测为代表的专业服务机器人,很好地贯彻了上述宗旨。工业机器人在汽车生产线上的大规模应用,极大地提升了生产效率,降低了成本,为缔造以汽车为代表的当代物质文明做出了重大贡献;机器人代替人登上了火星、月球,深入万米的海底,为人类探索不可到达的未知世界,发挥了不可替代的作用。到目前为止,机器人的设计更多的是代替人完成某种类人的功能。然而,进入 21 世纪,环境、资源、人口老龄化等关乎人类可持续发展的重大问题,正在迫使人们重新思考机器人在人类生产、生活中的地位。

然而,机器人技术一直未能脱离自动化机器的范畴,机器人在设计过程中很少考虑与人在同一空间的紧密协调合作,使得如本质安全、人机协同认知和行为互助等基本认知问题,都没有得到很好地解决。综上分析,现有机器人技术与亟待实现的对机器人的需求之间的差距如表 14-1 所示。目前被广泛使用的机器人是一种与人隔离的、几乎不具备人的智能能力的自动化机器;而下一代机器人将是可以融入人的正常生产生活环境、可以与人合作交互、具备人的灵巧作业以及智能决策能力的智能化载体。机器人与人之间的关系会摆脱使用与被使用、替代与被替代的禁锢;我们应从机器人融入人的生产、生活环境,与人优势互补、合作互助的角度,重新审视机器人核心技术的发展理念,研究、发展新的机器人理论与技术。

表 14-1　机器人技术新需求

	当前实现方式	亟待的需求
工作空间	物理空间隔离	同一自然空间
工作方式	与人无直接接触	紧密协调合作
作业工具	机器人专用工具	共同使用工具
自主能力	预编程自主能力	自主提高技能
交互方式	示教盒、遥控器	与人自然交互
安全保障	刚性本体非本质安全	确保本质安全

14.1.2　机器人分类

如今,随着科学技术在广泛交叉和深度融合中不断创新,机器人技术也日益精进,本节将对机器人技术的进展进行分类介绍。

专业机器人:专业机器人种类繁多,如服务于军事领域的侦察机器人、服务于安防领域的警用机器人、服务于救灾领域的搜救机器人和服务于科研领域的科考机器人等。图 14-1 展示了不同应用领域的几种专业机器人。

工业机器人:在工业机器人系统中,机器人的任务是完成高质量、高一致性的生产任务。工业机器人通常工作在有人的空间或者同人类协作工作。工业机器人具有工作效率高、稳定可靠、重复精度好、能在高危环境下作业等优势,在传统制造业,特别是劳

（a）战术机器人

（b）物流机器人

（c）管道检测机器人

图 14-1   专业机器人

动密集型产业具有广阔的应用场景。工业机器人的应用领域不断得到拓展,所能够完成的工作日趋复杂。其主要应用行业是汽车和摩托车制造、金属冷加工、金属铸造与锻造、冶金、石化、塑料制品等。工业机器人已经可以替代人工完成装配、焊接、浇铸、喷涂、打磨、抛光等复杂工作。一般来说,工业机器人由 3 大部分 6 个子系统组成:3 大部分是机械部分、传感部分和控制部分;6 个子系统可分为机械结构系统、驱动系统、感知系统、机器人-环境交互系统、人机交互系统和控制系统。常用的工业机器人有船舶焊接机器人、车身焊接机器人、装配/拆卸双功能机器人、搬运机器人、打磨抛光机器人、移动式工业机器人等。图 14-2 显示了几种常用的工业机器人。

（a）焊接机器人

（b）装配机器人

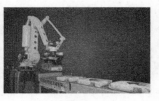
（c）搬运机器人

图 14-2   工业机器人

个人服务机器人:个人服务机器人是一类用以辅助人们日常工作、生活、休闲,以及帮助残疾人与老年人的机器人系统。个人服务机器人在家庭中用以协助普通人的日常生活,或用以补足相关人士的生理和心理缺陷。到目前为止,最大数量的个人服务机器人是家用真空清洁机器人(扫地机器人),此外,越来越多的机器人正用于个人娱乐,如人工宠物(AIBO)和玩偶等。提高生产率和降低成本成为服务机器人的关键特征,针对市场特定问题或需求,满足特定功能的服务机器人系统能提供独一无二的、有竞争力的解决方案。图 14-3 展示了几款处于应用阶段的个人服务机器人。

（a）扫地机器人

（b）医疗机器人

（c）泳池清洁机器人

图 14-3   个人服务机器人

仿人机器人:仿人机器人是模仿人类形态、运动、感知和交互功能的机器人系统。通过研发,典型的仿人机器人有波士顿动力公司开发的液压驱动双足步行机器人 Atlas

等,其行走过程具有良好的柔性和环境适应性,可完成上下台阶、俯卧撑、跨越障碍、跳跃、在室外行走等。本田研制的仿人机器人 ASIMO,可完成行走、上下台阶、弯腰、小跑、端水等动作,还能够与人进行对话,手势交流,视觉识别出人和物体、辨别说话人等。NASA 开发了具有灵巧手指的双臂机器人宇航员并将用于空间站。Aldebaran 机器人公司开发仿人机器人 NAO,集成了视觉、听觉、压力、红外、接触等多种传感器,通过编程可实现舞蹈、与人交互等功能,可用于很多研究和娱乐展示。该公司还开发了仿人机器人 pepper。日本大阪大学石黑浩教授开发了外形与人高度相似的高仿真人形机器人,并能够进行人机对话。图 14-4 展示了几款流行的仿人机器人。

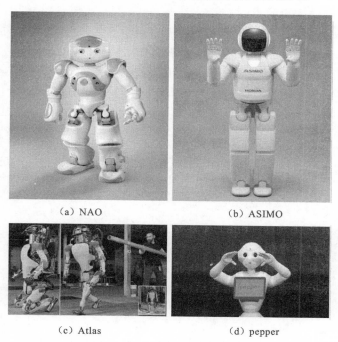

(a) NAO   (b) ASIMO

(c) Atlas   (d) pepper

图 14-4   仿人机器人

仿生机器人:结合数学、力学、电子学、计算机和控制科学等多学科,机器人功能和性能得到极大提升,但机器人和自然生物之间在系统自主性、环境适应性等诸多方面还存在着巨大差距。因此,通过仿生机器人的设计希望机器人能够复现生物的某种自然功能和效果,或完全复现其自然功能、效果和内在运行机制,从而大幅提高机器人的环境适应能力、感知能力、自主控制与智能决策能力、交互能力,乃至协作能力。波士顿动力公司研制的 Big Dog、Alpha dog、LS3 等系列液压驱动四足仿生机器人,机器人具有负载能力高、环境适应性好、行走速度快、续航能力强等特点。该公司还研制了 Cheetah、Wildcat 等四足机器人,可实现高速奔跑。仿生飞行机器人主要考虑模仿鸟类和昆虫飞行的高效率、高机动性等性能,如德国 Festo 公司的 Smartbird、多伦多大学的 Mentor。绝大部分仿生机器人还处于研发阶段,但其应用前景广阔。图 14-5 展示了几款仿生机器人。

自主交互机器人:自主交互机器人是一种典型的智能交互机器人,具有相应的认知功能,以后台强大的认知分析能力为依托,实现同人的自主交互。目前自主交互机器人的功能性和智能化程度都比较局限,后续的发展路径如图 14-6 所示,包括:灵活的感

（a）Big Dog　　　　　　（b）Wildcat　　　　　　（c）Smartbird

图 14-5　仿生机器人

知（二岁儿童的目标认知能力）、人与机器人之间的主动交互（四岁儿童的语言理解能力）、通过触觉和力觉反馈实现灵巧/细致的操作（六岁儿童的灵巧操作能力）、与人的安全交互以及理解知识（八岁儿童的社会理解能力）、人-机器人和谐工作。下一代自主交互机器人是具有人的能力的机器人，能够实时感知人的情感并基于此实现同人的动态交互。

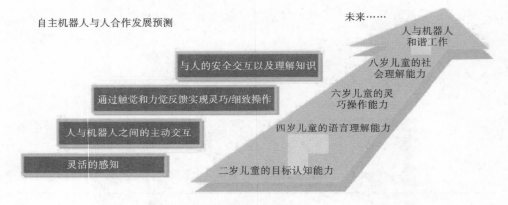

图 14-6　自主交互机器人

　　无人机：目前无人机主要分为小型消费级无人机和重型专业级无人机两种。Amazon 的 Prime Air 计划利用重型送货无人机实现无人全自动物流，而 Google X 的 Project Wing 则专注于救援无人机，计划生产承重量高的救援无人机。小型消费级无人机的代表则以本土的 DJI（大疆创新）无人机为典型代表，主要服务于普通消费者。一般来说，消费级无人机上搭载的多为相机、摄像头一类拍摄设备，根据需要会配有云台和图传电台。而工业级无人机一般会根据行业需求不同搭载各种专业探测设备，如热红外相机、高光谱相机、激光雷达、大气探测器等。消费级无人机大多针对普通消费者或者航拍爱好者，强调飞机的便携性和易操作，用户通常对售价敏感。工业级无人机则主要面向行业用户优化定制生产，强调解决方案的整体性，售价普遍较高。消费级无人机主要的作用是满足消费者的娱乐需求。工业级无人机主要服务于各行各业的日常工作中，作为一种高效便捷的辅助手段来替代原有工具。因此使用环境不仅复杂多变，还要求无人机本身具有一定的防护措施来降低意外带来的自身损害和连带伤害。一般来说，要求专业无人机拥有尽量长的航时，尽量远的通信距离，有足够的可靠性来满足长年累月的重复使用，更要求针对可能面临的各种危险对无人机进行优化。图 14-7 显示了 Amazon 和 Google 的重型专业无人机。

（a）Amazon无人机

（b）Google X无人机

图 14-7　亚马逊和谷歌的送货无人机

14.1.3　机器人技术发展核心

当前机器人技术发展的几个关键核心如下。

体系构架与表达：在过去的 20 年间，一些系统组织建立的模型已经出现，然而并没有协议或者系统组织的总体框架被落实。对于自主导航、灵活性以及操控，已经有一些建立的方法，如 4D/RCS 和混合协商架构，但是一旦添加相互作用组件，如人机交互（HRI），很少有一个共同的模型协议。在过去几年中，认知系统领域已经尝试研究这一问题，但目前为止，尚没有一个统一的模型。对于机器人系统的广泛采用，建立便于系统集成、构件模型和形式化设计的架构框架是很有必要的。适当的架构框架在本质上依赖于任务应用程序域、机器人或者各种其他因素。

控制和规划：由于服务机器人需要动态解决现实世界中的问题，无组织的开放环境的出现是在机器人控制算法和运行规划等领域的新奇挑战。这些挑战源于机器人的动作和任务执行中的自主权和灵活性需求的增加。控制和运动规划的充分算法，将捕获适应传感器反馈的高层次的运动策略。相应的研究挑战包括：传感方式和规划、控制算法中不确定性的考虑；合并反馈信号的陈述和运动策略能力的发展；受约束的运动，产生于运动学、动力学和非完整系统；解决动态环境下的对象特性；为混合动力系统开发控制和规划算法；理解这些算法的问题在控制和运动规划中的复杂性。

认知能力：在过去的几十年中，知觉和感觉处理方面已取得了巨大进步。比如基于 Web 的搜索，如谷歌图像和安全应用程序中的人脸识别。在自然环境中的定位和本地化，在工程环境中也是有可能实现的。在过去十年里，特别是激光扫描仪和 GPS 的使用已经改变了导航系统的设计并促成了新一代的解决方案。在过去 5 年中，RGB-D 传感器技术和机器人软件框架已取得巨大的进步。虽然如此，常见的无 GPS 环境中的定位和规划，仍然是一个重要的研究领域。此外，图像识别与大数据方面，当前已取得了巨大进步。在未来，将有大量的机器人依赖其自身感官反馈进行认知与交互。因此，有必要对多个传感器的依赖和传感信息的融合提供鲁棒性。特别是基于图像信息的使用是值得期待的，将在机器人技术中扮演重要角色。在新的映射方法、捕获新型对象、对象的分类和基于超越实例的识别和灵活的用户界面设计上，视觉将起到至关重要的角色。

可靠的高保真传感器：在过去十年中，微电子和封装上的进展，已导致了一场感官系统革命。图像传感器已经超越广播质量，可提供百万像素的图像。MEMS 技术使得新一代惯性传感器封装成为可能，RFID 使更高效地跟踪包裹和人成为可能。由于加宽了操作域，我们将会需要新型的传感器，以保证系统的稳健运行。同时需要提供强大的数据传感器,以适应显著的动态变化和数据分辨率。新方法、新材料和 MEMS 新一代传感器,将成为未来机器人发展的关键方面。

新型机械架构与高性能执行器:在机械装置、制动和依据函数使用的算法复杂性的发展之间,存在错综复杂的相互作用。一些算法问题的解决方案,可能会极大地促进智能机械设计。因此,机械设计和高性能驱动器的发展,很可能在其他基础研究领域和线路图所列功能中,取得突破性进展。重要的研究领域包括机械设计、高度灵巧的机械手、机械结构的节能性和安全性、高性能驱动器、高效能动态步行者等。我们更应该感兴趣的是"智能"的机构设计,"智能"的机构设计可以归入一个只通过显式控制来完成的函数。这样的例子包括自我稳定机构,或者是不需要显式控制就可以实现结构吻合的特殊的机械手。

学习和自适应:许多基础研究领域都获益于学习和适应技术的进步和应用。服务机器人控制着复杂的环境,处在一种高维的状态空间中。关于环境和机器人状态的知识,实质上是不确定的。机器人的动作往往是随机性的,其结果可以用分散性来描述。许多决定机器人动作结果的现象很难描述,甚至不可能建模。机器学习技术,提供了一个有前途的工具来解决上述困难。这些技术可以用于机器人任务或环境学习模型的建立、更深层次的传感器和抽象任务的描述、仿真和强化学习、控制政策的学习、有控制架构的整合学习、多传感器信息(如视觉、触觉)的概率推理方法和结构性时空陈述,可以加快机器人学习与适应技术的发展。

物理上的人机交互:普遍存在于工业机器人领域的安全壁垒已逐渐消除,机器人将更大程度地与人类合作,执行特定任务和实施动态学习。作为这项工作的一部分,机器人将与用户有直接的物理接触。首先需要有安全方面的慎重考虑,另一个需要考虑的因素是如何设计这些机器人的交互模式,使之能很自然地被用户感知。这涵盖了各个方面的交互,从机器人直接的物理运动,到通过最小惯量感知和流体控制的物理交互。另外,考虑设计和控制之间的相互作用,以优化其功能。

社交交互机器人:对于机器人与人交互,赋予系统与人交互的设施。这种交互,对于系统分配任务、新技能和任务的教学、联合任务的执行等,都是必须的。当前社会交互模型包括手势、语音、运动、姿态及物理位置。将技能和人类试图解释的现有和新的活动任务模型结合起来,在服务机器人领域,对社交互动都具有广泛需求。

14.1.4 机器人的未来

欧盟第七框架计划归纳了未来机器人的核心特征:安全、自主的"人-机器人-物理世界"的交互,并给出了其所包含的 7 个方面关键技术:柔顺机电系统设计、实时认知、交互式控制、人类行为的学习与理解、反应式行为产生、适应人的任务规划、安全技术。未来机器人可能从以上几个方面取得突破。

14.2 认知系统

机器是否可以在未来某天像人类那样思考?从 IBM 的 Watson 首次参加电视智力竞赛开始,人工智能开始为更多研究领域以外的人所关注。计算机已经从传统的数据处理工具发展成为具有认知系统的复合型机器,它们开始具有感知、听觉、视觉、嗅觉,甚至能适应人类,自己学习。认知计算离我们遥远吗?事实上已经有大量的手机应用开始使用认知计算解决难以攻克的大数据难题。例如,基于认知计算的智慧医疗已经有了重大的突破,未来或将成为医生的得力助手。在预测重大天气情况,为城市制定更合理的规划等领域,认知计算也有了最新进展。下一代计算机将如何改变我们的生活和工作方式,我们应该为之做哪些准备?本节将认知系统带到大众眼前,并打开了一扇展望未来计算的窗户。

14.2.1　认知计算

认知计算代表一种全新的计算模式,它包含信息分析、自然语言处理和机器学习领域的大量技术创新,能够助力决策者从大量非结构化数据中揭示非凡的洞察。认知系统能够以对人类而言更加自然的方式与人类交互;认知系统专门获取海量的不同类型的数据,根据信息进行推论;从自身与数据、与人们的信息交互中学习。结合认知计算的泰斗 IBM 公司并从历史上看,认知计算是第三个计算时代。

第一个时代是制表时代(tabulating computing),始于 19 世纪,进步标志是能够执行详细的人口普查和支持美国社会保障体系。

第二个时代为可编程计算时代(programming computing),兴起于 20 世纪 40 年代,支持内容包罗万象,从太空探索到互联网都包含其中。

第三个时代是认知计算时代(cognitive computing),与前两个时代有着根本性的差异。因为认知系统会从自身与数据、与人的交互中学习,所以能够不断自我提高。因而,认知系统绝不会过时,它们只会随着时间推移变得更加智能,更加宝贵。这是计算史上最重大的理念革命。随着时间推移,认知技术可能会融入许多 IT 解决方案和人类设计的系统之中,赋予它们一种思考能力。这些新功能将支持个人和组织完成以前无法完成的事情,比如更深入地理解世界的运转方式、预测行为的后果并制定更好的决策。

认知计算不是制造"为人们思考"的机器,而是与"增加人类智慧"有关,能够帮助人类更好地思考和做出更为全面的决定。认知计算的目的并不是为了使机器取代人,而智能行为也只是认知计算的一个维度。认知计算除了要能够表现人和计算机的交互更加自然流畅之外,还会更多地强调推理和学习,以及如何把这样的能力结合具体的商业应用、解决商业的问题。

认知计算的三个核心特点如下。

理解:通过感知和互动快速理解结构化数据和非结构化数据,能够实现与用户之间的交互,从而理解、回答用户的问题。

推理:凭借假设生成(hypothesis generation)技术,透过数据揭示洞察力、模式和关系,以多种方式进行认知,产出多种而不仅仅是一种结果。

学习:凭借以证据为基础的学习能力(evidence based learning),能够从所有文档中快速提取关键信息,像人类一样学习和认知。通过追踪用户反馈和专家训练,不断进步,提升解决方案和解答的能力。

系统进行认知转型是趋势,商业机构要想变为认知银行、认知零售商、认知医院以及构建认知供应链,需要通过以下 5 个步骤,梳理利用现有业务资源和部署云、分析、移动、社交和安全技术,从而成功实现认知转型。

制定认知策略:首先需要决定所需数据;系统培训专家;增强与人类互动的领域;融入认知技术到产品、服务、流程和运营环节;明确在非结构化数据中,哪些是未来最有可能需要的数据。

数据与分析能力:能够收集和分析适当数据的商业机构才能取得成功,包括结构化和非结构化的内部、外部及公共数据。机构可通过对这些数据运用认知技术获得感知、学习和调整能力,从而取得竞争优势。

优化用于行业、数据和认知 API 的云服务,打造面向新型开发的平台:技术人员是新型建造者,他们建造能够创造新型价值的新产品和新服务。他们的构建块是代码、API 和各类数据集。选择合理的开发平台以及敏捷的开发文化和方法都是关键要素。

优化用于认知工作负载的 IT 基础架构:构建一种新的 IT 基础架构,通过协调来自公共、私有及混合云的技术,与分散各处的设备、物联网工具和现有系统,快速而经济地达成新 IT 基础设施建设的目的。

确保认知时代的安全:随着认知技术进入汽车、建筑物、道路、业务流程、车队、供应链,保障每一次交易、每一笔数据以及互动的安全,成为确保整个系统可信度的关键。

14.2.2　基于认知计算的认知系统

认知计算系统能够学习并与人类自然地交流,以扩展人类或机器可执行的操作。通过洞察大数据的复杂性,它们可以帮助人类专家制定更有效的决策。而人工智能是智能机器所执行的通常与人类智能有关的智能行为,如判断、推理、证明、识别、感知、理解、通信、设计、思考、规划、学习和问题求解等思维活动。认知计算更多强调其大数据分析能力,认知系统与其他编程系统一样,基于算法、数据(包括结构化数据和非结构化数据)、软件、硬件来实现,认知计算的应用与物联网、云计算和大数据技术的发展与应用密切相关。

认知系统理解能力强,它基于数据来获取这种理解能力,不仅是文本、语音、图像和视频数据,还有感知数据,另外还有涉及情绪方面的数据。数据是根本,系统对数据进行处理,根据算法进行计算,从而获取用户期待的认知智能。认知系统还可以提出一些假设进行推理,根据可信度的指数来提出相应的建议,需要建立相应的算法和模型的基础上通过软件来实现。此外,通过与数据的持续交互,认知系统的认知能力会越来越强,系统不断学习和迭代,其数据愈加丰富,其能力则不断地提高。未来的时代将有更多代表人类进步的特征,认知计算系统作为技术进步和技术应用的方向之一,将对整个人类社会产生重大影响。

14.2.3　机器人与认知系统的融合

本节基于 EPIC-Robot 仿人机器人设计实现了一个融合了机器人技术的情感认知交互系统,系统架构如图 14-8 所示。智能终端实时收集用户的音视频数据并借助于 LTE 基站接入 Internet 传输数据到认知平台,认知平台通过机器学习算法进行实时的情绪分析得出用户当前情绪状态,同样认知平台通过 Internet 和 LTE 基站将情绪结果反馈到智能终端,智能终端实时解析情绪结果并控制 EPIC-Robot 行为,实现机器人同用户的实时情感交互。

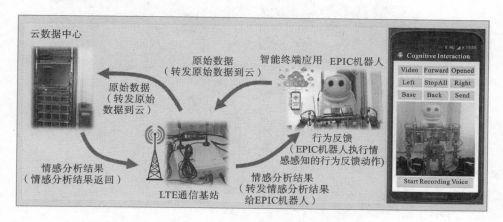

图 14-8 基于机器人技术的认知系统

同样融合了 CP-Robot(基于云计算的抱枕机器人)和认知系统的方案为健康监护领域提供了一个可行的解决方案,如图 14-9 所示。方案中处于两地的母亲和小孩各有一个抱枕机器人,机器人作为两者的交互终端提供了实时的语音和视频通话功能,同时抱枕机器人还具有模拟心跳和拥抱的功能,母亲对身边抱枕机器人进行安抚,而机器人将该安抚行为传递到远端小孩身旁的抱枕机器人上,该抱枕机器人模拟母亲的行为对小孩执行安抚动作。同时结合实时传输的语音和视频,母亲可有效地对远端的小孩进行相应的情绪安抚。

14.2.4 基于认知计算的多机器人协作的情感交互

与人工智能技术发展相比,情感技术应用于智能机器人领域所取得的进展微乎其微,情感始终是横跨在人脑与计算机之间一条无法逾越的鸿沟。如何为机器人赋予类人的情感并实现多机器人之间的情感交互和情感决策,成为当今人工智能领域研究的一大热点。而认知计算的深入研究为机器人的情感认知与交互提供了一种可能的途径。多机器人情感交互和行为决策的一个关键问题是情感的概念和模型,另一个关键问题是怎样在认知系统中应用情感评价机制来优化决策系统。而情感机器人技术最根本的是要发挥情感对于机器人在人-机、机-机交互过程中自主学习和行为决策上的重要作用,人工情感建模和情感决策两个方面则是实现机器人情感的关键。

人工情感建模:构建可计算情感模型是情感机器人研究的基础,是建立机器人情感内部逻辑系统的关键。主要研究内容包括:① 模拟人类情感的内部逻辑系统,建立人工情感、认知和决策之间相互作用模型;② 研究机器人价值认知体系的演化过程,结合人类外部刺激—需求满足情况的相关数据建立价值—情感认知演化模型,机器人价值是指事实本身相对于人的生存与发展所体现的作用在机器人身上发生的转移,生存与发展是一切人类以及智能体价值关系的根本目标;③ 建立多层次需求的可计算情感模型,具有情感转移、知识学习和行为决策等功能。

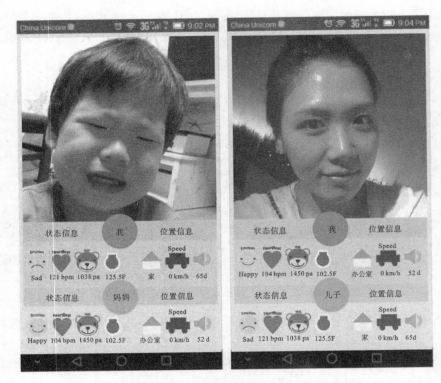

图 14-9　基于抱枕机器人的情绪安抚手机 App 界面

人工情感建模尚无统一定论,已有研究强调情感模型的组成结构及情感状态的转移过程,侧重分析单智能体在若干数理函数主导和基本情感元框架下情感或情绪的定性产生,将情感、价值、决策作为情感模型输入/输出必要因素且考虑情感强度对决策影响的深度研究尚未应用于机器人,而此方向的研究对于情感机器人是必要的且意义重大,将真正实现机器人情感决策的定量化。另外对于人工情感模型的层次化建模,主要研究机器人安全、健康类情感等低层次的需求,很少研究机器人的高层次情感需求,对于情感如何分层,如何将分层结果体现在决策中,形成多层次需求模式下的机器人情感建模也尚未深入研究,此方向研究将使机器人情感决策更加拟人化、合理化。

情感决策:多机器人协作行为领域的研究大多是在某种人为设计的协作算法的框架下进行如任务分配、合作追捕、合作防守等群体行为,该模式对于已知结构化环境下的行为协作而言具有相当的有效性,然而其灵活性、环境适应性、系统鲁棒性却不尽如人意,对于复杂环境下的复杂任务往往不能很好实现。将情感因素引入到多机器人行为决策中建立多层次需求的情感计算模型,研究情感、认知、决策在机器人行为决策过程中的内部逻辑机理,分析机器人价值评价体系的演化,建立情感驱动下的机器人进化决策系统的理论基础,对于提高机器人的环境适应力、系统协作能力,建立真正的情感机器人系统具有重要的学术价值和良好的应用前景。情感决策研究的主要方向应包括:① 从演化角度引入情感因素对机器人的行为规则进行学习,形成行为知识规则库,并重点对高层次情感需求下的群体决策问题进行研究;② 从情感因素入手,模拟人类群体复杂决策过程,建立针对不同环境和任务下的协调与合作模式,将情感需求定量化,结合强化学习、演化博弈、群优化算法等理论方法。

通过对多机器人系统协作过程中的情感交互机制及行为决策的演化研究,设计基于认知计算的多机器人协作的多层次可计算情感模型,研究机器人价值体系的演化规律和情感转移规则,模拟机器人情感、认知和决策之间的相互作用过程,分析得到多机器人协作过程中情感对决策的影响机理及演化过程,在此基础上,提出多机器人行为决策模式,使多机器人系统的环境适应能力、群体协作能力和自主决策能力得到有效提升。

情感驱动下的多机器人协作的行为框架如图 14-10 所示,以情感决策为核心,围绕影响情感决策的主要因素展开,其中情感交互机制和人工情感的产生模型是关键。下面将对各部分进行展开介绍。

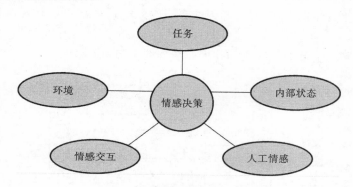

图 14-10　多机器人情感协作框架图

(1) 对于机器人情感建模,如图 14-11 所示,分析当前主流模型的优缺点,然后将人工情感的马斯洛需求理论与效用理论相结合进行需求分析,选择可将人类情感的社会化需求转化机器人情感需求的部分,并筛选出以机器人系统协作最优化为目标的情感因素,如同情、信任等,再确定出模型的整体结构,结合计算机建模相关理论建立可计算情感模型。对于模型中关键参数的确定,以现有认知科学、心理学和脑科学的最新成果为依据,进行初步确定,并随着研究的逐步推进而完善。

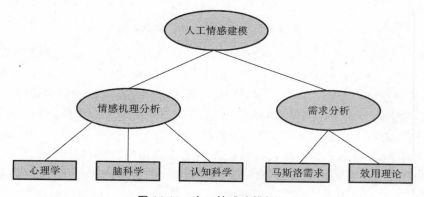

图 14-11　人工情感建模框架

(2) 对于多机器人价值体系的演化,首先分析机器人关于客体价值表现方式,探索非独立意识条件下的基本的价值评价类型和标准,纳入到价值模块的知识库中,然后以神经网络、模糊推理等为工具构建多种价值标准下多目标多属性的混合价值输入/输出模型,并采用进化算法进行模型参数的实时调整,最后与情感模型相结合,模拟仿真输

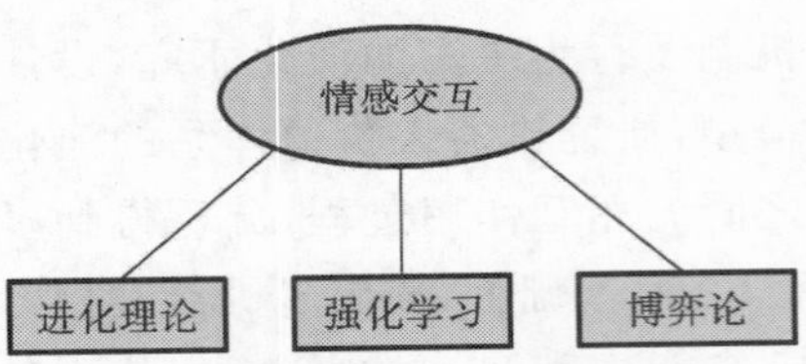

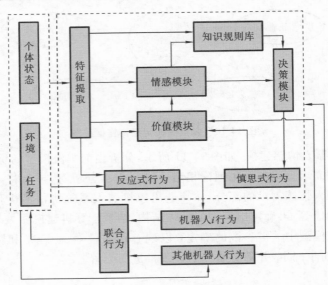

图 14-12 情感交互模式研究框架

入-价值-情感的耦合机理,该演化过程动态发生在图 14-11 所示的需求分析阶段。

（3）对于多机器人的情感交互模式如图 14-12所示,以进化理论、强化学习、博弈论为交互过程中的理论支撑,首先确定不同情感以及不同强度的情感对于个体利益的定量化,然后以博弈论为基础进行利益协调,在利益的协调过程中,将情感因素转化为可计算的利益部分,比如良好的信任虽然在当前不产生利益,但长远来看却带来丰厚的预期收益,同情心理下的帮助可能会让目前利益受损,却会带来良好声誉。对于价值认知体系不一致的个体或认知不完善的个体,通过知识共享、迁移学习、内部再认知再协调等方式来实现交互与协调。

多机器人情感交互研究采用的技术路线如图 14-13 所示。

图 14-13 多机器人协作技术路线图

以机器人情感模块和价值模块为核心,研究多机器人联合行为对机器人决策的支持作用,行为本身带有价值属性,且研究重点为复杂决策,即行为作为决策方案具有多属性、多选择性、多目标性的特点,不同行为能够引起不同的价值评价和情感输出。

具体技术路线为通过多模态的输入装置、输入环境、任务和个体内部状态等信息,经过特征提取后,对于应激行为,机器人直接由应激模块生成反应式行为,如防碰撞。对于复杂行为,如果该行为决策可以由已有的知识规则库产生,则经知识库产生;如果现有的知识库无法进行有效决策,属于待学习知识,则进行需求分析、情感识别和价值评判;经价值评判或识别后的信息送到情感计算处理子系统,根据目前的需求层次将情感信息、个体内部状态以及个体的情感经验(情感知识库),进行综合比较、判断,得出当前的情绪状态刺激模式,进行情感计算,产生人工情感;情感行为决策系统根据当前的情感状态、个体的情感行为特征以及与其他机器人之间的情感交互和协调,进行决策判断,得到情感行为控制命令,作为慎思式行为送给情感行为决策输出,同时从情感行为规则知识库中取出表达某种情绪的动作序列,实现多种形式情感输出,完成机器人之间的情感交互。多机器人行为构成了联合行为,引起环境状态、任务状态和机器人个体状态的改变,如果改变结果是不可预期的,则根据对行为结果的重新价值评价对机器人的评价体系和知识库进行修改。

14.3 典型应用

融合机器人技术的认知系统为医疗领域提供诊疗方案,帮助企业从大量数据中发掘、洞察增强预测和决策能力。在旅游、美食等领域帮助人们获得更好的生活体验,使得机器人更加接近于人类的需求。认知系统在传媒、AI、医疗、教育、零售、财经等领域都有广阔的应用前景,这些应用将造福于人类。现选择两个典型应用进行介绍。

14.3.1 基于机器人认知能力的工业 4.0

对于工业 4.0,当前世界范围内主要的经济体,包括美国、日本、法国、德国、中国,都提出了相应的概念和规划。工业史经过了大概四个阶段。

第一个阶段是蒸汽机的发明,是机械化。当电力发明的时候,规模化的生产成为可能。这两个过程使得当时很多的产业工人失业,造成了很大冲击。工业 3.0 则是将计算机技术应用到工业制造中,使生产加工过程变得自动化和工业化。到了工业 4.0 时代,实际上是通过人工智能、物联网、认知计算技术,使整个制造过程变得更加智能化。从工业 4.0 的意义上来讲,智能制造应该涵盖整个制造的产品全生命周期,工业 4.0,不是 3.0 时代 MES、ERP、SCM、PLM、CRM 等系统的简单集成或更新换代,而是借助新技术(机器人、认知计算、物联网、大数据等)在多个维度对企业及价值链的革命性整合、重塑与创新。工厂不再是"黑盒子",而是清晰透明的服务提供方——不只是工厂,各参与方的各种能力都以 API 的方式来发布、被调用、接受监管,从而形成一个开放、灵活、自主、优化的合作体系。

工业 4.0 产品意味着产品全生命周期乃至价值链、全生态系统的变革,在变革的过程中,最重要的是数据的洞察过程。企业做认知计算和人工智能的分析要依赖于数据,数据是基础。然后通过一些技术,包括大数据分析、云计算、物联网、移动互联网,包括安全相关的管理方案等来帮助企业管理人员作决策。只有通过大数据、认知计算、移动互联网、物联网等新技术的共同作用,实现跨界和全球化互联互通的协同,形成集制造和服务为一体的智慧工厂价值网络。利用机器人技术具备的自动化执行能力和认知计算所带来的认知能力,可以轻松地解决工业 4.0 时代智慧工厂的如下问题。

(1)加快生产周转速度:通过认知技术对于智慧工厂的生产现状进行分析,保留关键必要的环节,淘汰掉冗余的环节并针对一般的环节进行效率提升和有效监控,从而大大提高现有生产环节的利用效率,进而加快生产的周转速度。

(2)提高产品质量:通过认知技术对生产过程、设备工况、工艺参数等信息进行实时采集;对产品质量、缺陷进行检测和统计;在离线状态下,利用机器学习技术挖掘产品缺陷与物联网历史数据之间的关系,形成控制规则;在在线状态下,通过增强学习技术和实时反馈,控制生产过程减少产品缺陷,同时集成专家经验,改进学习结果。

(3)预测性维护:提前达到预见性维护,通过认知技术提前预测故障的发生,及时干预避免业务中断；维修成本低，同时有效减少故障，保障业务连续。

随着认知技术不断发展，不断演化出的新应用可以被用来配合工作，帮助工人提高生产效率并得到更好的结果。认知技术的应用可以同人类劳动互补，发掘出一些能有效弥补人类技能短缺的认知技术能力来实现智慧工厂的生产效率的提升和成本的降低。

14.3.2 基于机器人的情感交互

近年来，机器人研究已经成为工业和学术界中最受欢迎的研究领域之一，特别是人形智能机器人领域，引起了极大的关注。在推动工业机器人发展的同时，世界各国正在越来越多地关注智能服务机器人的发展。机器人的应用领域正逐渐从工业扩展到家庭和个人服务。随着对具有自主能力和智力的机器人产品研究的发展，人类将从简单、单调和危险的劳动中解放出来。

人形机器人取得了很大的进步，为了使机器人完全融入人类生活，也面临了许多技术挑战。其中，为类人机器人装备情感交互能力是最具挑战性的问题之一。在过去，大多数机器人根据预先编写的程序执行重复工作，通常没有自主能力，无法理解人的情感。

采用基于云的认知计算技术后，用户不再需要了解"云"中基础设施的细节，不必具有相应的专业知识，也无需直接进行控制。传统的机器人往往局限在机器人本身的软硬件功能，在硬件处理能力和软件智能方面存在严重的不足。而认知计算的兴起，为机器人技术提供了很好支撑，可以很轻松地把认知系统与机器人技术相结合，构建出"认知机器人"。机器人作为前端设备，负责采集信号、执行特定的动作，进行一些简单的分析和处理任务，复杂的需要借助大规模计算集群完成的任务则由认知系统完成，认知系统则利用自身强大的存储和计算能力，借助先进的机器学习算法进行训练和学习并建立有效的模型，最终将计算或分析后的结果回传到机器人。这样，借助认知系统强大的分析和处理能力，使机器人具备"智慧大脑"。

我们通过将认知计算技术与仿人机器人相结合，训练具有情感交互能力的机器人。智能感知和认知被集成到机器人中以提高其智能水平。采用多种无线通信技术，保证机器人和认知系统通信的稳定性和可靠性。机器人是与人沟通的媒介，为了确保人机交互的高质量，机器人必须具有平易近人的人形外观与基本的人类行动和表情。

为了使人形机器人具有情感交互的能力，我们需要分析与情感（如在社交网络中使用的人的表情、语言、动作、词语和图片等）相关的数据，而机器人由于其有限的处理能力和存储容量不能完成资源分析的任务。基于云的认知计算则改变了传统的处理模式，它以一种服务的形式为用户提供计算、存储和网络资源。

系统架构分为三层，即用户、机器人和认知云服务（见图14-14）。为了提高情绪识别的准确性，用户需要佩戴可穿戴设备（如智能手表或智能手环）来收集用户的生理指标（如体温、心率和步态等）。这些可穿戴设备获取的数据通过机器人发送到后端认知云平台。由于大量的计算和存储任务由认知云平台完成，机器人和认知云平台之间的网络通信质量显得尤为重要。为了保证机器人与云平台的通信畅通，机器人需要借助各种无线通信模块（如4G-LTE、3G、WiFi），并可以在不同的通信模块中自动切换网络连接。为了实现情感交互，机器人需要配置音频和视频传感器，以及LED灯等组件。机器人必须足够灵活以完成各种拟人的行为。为了感知用户所处位置的环境信息，机

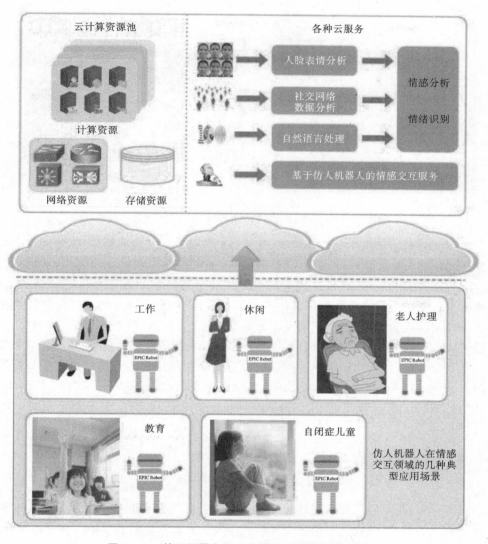

图 14-14 基于机器人与云计算技术的情感交互系统

器人还需要集成各种环境传感器。

认知云平台可以采用基于 Hadoop 和 Spark 的大数据存储和计算引擎,在基于深度学习的情感分析算法的帮助下,能够整合机器人收集的数据和用户的社交网络数据,完成用户情绪状态的分析和预测。云平台向机器人发出情感分析结果和情感交互指令,并指导机器人完成特定的交互任务。在情感交互期间,机器人将向认知云平台实时报告情感交互的效果。云平台根据机器人的反馈及时调整情绪交互。如图 14-15 的所示,机器人组件包括头部、上肢、腿部、感应装置、通信设备等。

认知系统是人形机器人智力和数据存储中心的大脑。认知系统从机器人和社交网络接收稳定的数据流。来自机器人的数据包括机器人对周围环境的感知、人类的生理信号和其他相关数据(诸如人类表情、声音、运动等)。社交网络数据源包括用户的微博、共享的照片、视频等。由于存在各种各样的数据,需要根据数据的类型和情感分析的要求将数据分发到相应的存储引擎中去。

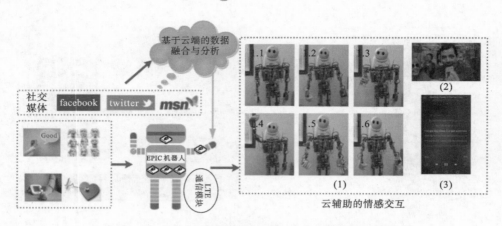

图 14-15　基于云端情绪识别的仿人机器人情感动作反馈

　　机器人通过摄像机实时捕获视频,并通过捕获的视频定位人脸表情,然后将表情图像发送到认知云平台以进行表情识别。机器人通过摄像机实时捕获视频,从捕获的视频中定位出人类的表情,然后将表情图像发送到远程的认知云平台进行表情的识别。认知云平台基于大量人脸数据训练出人脸表情的模型,基于训练的模型可以识别出机器人传输来的人脸表情,从而识别出人的情感状态(如高兴、沮丧等情感)。同时,机器人还可以接受用户的语音和生理信号(如心率、血压)和周围环境信号,然后将数据发送给认知系统。最后,认知系统通过数据融合分析来预测用户的情绪状态。认知系统基于情感预测的结果向前端机器人发送情感交互指令,指示机器人采取如图 14-14 所示的适当行为动作。

14.4　本章小结

　　在本章中,我们对机器人和认知系统融合的途径进行了相应的说明。首先对两者进行了独立的解释,然后基于情感交互的应用对机器人和认知系统的融合进行了介绍,以此建立完整的应用解决方案。最后介绍了两个独立的基于机器人技术和认知系统融合方案的典型应用。

15

机器人的认知智能

摘要：机器人技术的研究传统上强调低层次的感知测量和控制任务，包括感知处理、路径规划及操纵器设计和控制。近年来，物联网、大数据、云计算和人工智能等技术的发展，为机器人的认知智能提供了非常好的技术和平台支持。随着与人类的相互作用增强，对于复杂性和高级认知功能相关联的复杂机器人能力的需求也在不断增加。将传统机器人与人工智能和认知科学相结合，推动实现机器人的认知能力，将是机器人发展的重要方向。这一章将介绍机器人的认知智能的支撑技术，然后以一个例子来说明具有认知智能的机器人的一般构架，接着说明机器人认知技术研究的重要性，最后给出一些在各个领域内的机器人研究成果。

15.1 机器人认知智能支撑技术

近 20 年来，随着微电子、通信、计算机、人工智能、自动控制和图像处理等技术的突飞猛进，极大地推动了机器人技术在工业领域的发展和普及。特别是近几年，机器学习、大数据、云计算等方面取得了较大的进展，为机器人向家用和消费市场拓展铺平了道路。越来越多的研究机构和高科技企业持续增加在机器人领域的研发投入，试图借助新技术的进展，开发出具备友好的人机交互功能（如自然语音交互、动作/手势识别、表情识别）的新型智能机器人（例如，具备识别人的情感，能够进行情感照护的机器人；通过对人类日常活动、饮食和运动分析，能够指导人们日常饮食、健康生活的机器人），将机器人市场推广到家用和个人消费市场，在获得高额利润的同时，使机器人能够更好地为人类服务，提高人类的生活品质。这一节我们将介绍支持机器人认知智能的一些重要技术。

15.1.1 传感器等感知技术的发展

机器人要想与人类无缝互动或者像人类一样能够感知和理解周围的环境，至少应该拥有像人类一样的听力、视力和触觉。随着光学、声学、触感以及超声传感器的发展，机器已经获得越来越接近于人类的感知能力。以最近最火的软银旗下 Pepper 机器人为例，Pepper 拥有 2 个 RGB 相机助其获得类似人眼的观察能力；通过 4 个麦克风获得立体声，它不仅能"听"到声音，更可以辨别声音产生的方向；位于下肢的 2 个声呐传感器、6 个激光传感器和 3 个保险杠传感器可以支持 Pepper 进行 360°的实时测距，防止撞上障碍物；2 个陀螺仪传感器和 1 个 3D 加速度传感器可以帮助机器人实时掌握自已的运动和平衡状态;位于头部和手部的 5 个触控传感器能感受人类触碰,让人机交互过程显得更加温馨。

另外,日本 Touchence 公司已设计出由聚氨酯材料 ShokacCube 制成的软式触摸传感器,这种传感器能检测到来自三个层面的接触和压力,触觉灵敏度进一步提高。斯坦福大学研究人员最近通过将刚性半导体聚合物与较软的材料结合在一起,制备出一种可用于制作晶体管的弹性聚合物,这种聚合物在受损后能自我愈合。这种能够像人体皮肤一样可以拉伸、形成褶皱、自我愈合的半导体,能够用于可穿戴设备、电子皮肤乃至柔性机器人。这是科学家第一次制作出弹性半导体,为新一代可穿戴设备开辟了道路,相关论文目前在《Nature》发表。两位从事软物质物理研究的科学家在《Nature》同期评论文章中表示,该研究是在让复杂有机电子表面模仿人类皮肤的发展中的一座里程碑。这些新型材料和技术将极大促进机器人的感知能力。

图 15-1 所示的是 EPIC 实验室三代的机器人,其中低成本家用健康监护机器人如图 15-1(a)所示,它可以通过超声波感知障碍物距离来决定行动,底座采用了扫地机器人;为了让机器人从移动方式上更加像人,我们开发了半直立行走机器人,如图 15-1(b)所示,可以通过 Android App 上的控制功能按钮或者语音来控制机器人的行走;第三代机器人,即 EPIC 直立行走机器人如图 15-1(c)所示,它身高 1.5 米,不仅有腿、双臂、双手和头的动作功能,有相应传感器持续采集环境数据,更可以通过相机来检测人的图像进而通过与云端情感识别引擎通信来决定对人的安抚动作。

（a）家用健康监护机器人　　　（b）半直立行走机器人　　　（c）EPIC直立行走机器人

图 15-1　EPIC-Robot 的感知及与用户交互

15.1.2　大数据、机器学习和深度学习等数据处理技术的发展

当前我们正处于数据爆炸的阶段,数据越来越多,而人类的解读能力相对固定,人会累,会无法完全理性地处理数据。但是计算机不会,计算机可以帮助人类找到自己的盲点。IBM Watson 实验室的首席工程师 Bowen Zhou 说,在 Watson 的医疗项目中,人类要阅读十年的论文,计算机只需要 30 分钟就可以读完。因此将大量的数据给予机

器人进行处理,机器人将会比人类具有更大的知识储备,也将有更大的可能产生智能。

机器学习使得认知系统所需要的认知智能的实现成为可能,机器学习有着广泛的应用范围,其种类丰富的算法可以应用于不同的场景。以数据为驱动、监督学习或非监督学习为模型建立的解决方案使得系统具备一定的认知智能。

深度学习可以从视觉、听觉等方面很好地模拟人对外部环境的认知过程。深度学习是人工神经网络的一种,其算法模拟了人脑神经网络中信号处理的机制。深度学习需要以海量数据为基础,数据的量级直接影响了学习算法的准确度。同时深度学习在可视化、自然语言处理和多媒体数据处理方面都有着很好的处理效果。

当前大数据技术与深度学习技术的结合可以充分发挥计算机对于数据处理的优势,使机器人能够拥有处理复杂信息和数据的能力,从而使机器人具有更好的智能性。

15.1.3　云机器人

云计算是一种基于互联网的新型计算和服务模式,通过这种方式,池化的软硬件资源和信息可以按需求提供给服务请求者。采用云计算技术后,用户不再需要了解"云"中基础设施的细节,不必具有相应的专业知识,也无需直接进行控制。传统的机器人往往局限在机器人本身的软硬件功能,在硬件处理能力和软件智能方面存在严重的不足。而云计算的兴起,为机器人技术提供了很好的支撑,可以很轻松地把云计算与机器人技术相结合,构建出"云机器人"。机器人作为前端设备,负责采集信号、执行特定的动作,进行一些简单的分析和处理任务,那些更加复杂的需要借助大规模计算集群完成的任务则由云端完成,云端则利用自身强大的存储和计算能力,借助先进的机器学习算法进行训练和学习并建立有效的模型,最终将计算或分析后的结果回传到机器人端。这样,借助云端强大的分析和处理能力,使机器人具备第二个"智慧大脑"。图15-2展示了在多机器人和云环境下的基于机器人社交网络的认知智能体系结构。

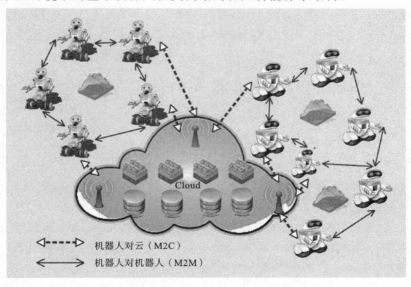

图 15-2　基于机器人社交网络的认知智能体系结构

(引自:Hu G,Tay W P,Wen Y. Cloud robotics architecture,challenges and application[J].
IEEE Network,2012,26(3):21-28.)

15.1.4　机器人通信技术

早期的机器人技术以自动化技术和计算机技术为主体,将各种现代信息技术有机地融合与集成,操作模式以单机操作为主,主要应用于工业控制领域。由于受到硬件资源和软件的智能化程度低的限制,只能实现一些简单的控制功能。随着需求的变化,出现了一些具备联网功能的机器人,可以构成一个简单的机器人控制网络,机器人之间实现简单的通信。但是,由于受到通信链路的稳定性、通信带宽和通信距离等诸多因素的制约,以长距离的无线方式通信的机器人并不是很常见。随着 4G-LTE(Long Term Evolution)技术的推广和普及,使具备远距离无线通信能力的机器人成为可能。

借助 LTE 的优势可以实现采用传统无线通信技术的机器人无法实现(或者很难实现)的功能。例如,具有无线视频实时传输功能的移动机器人,这种机器人的典型应用有:能够实现家庭健康照护的健康监护机器人,在实现采集和传输监护对象的生理指标的同时,还可以满足突发情况下的实时视频通信(如远程急诊);危险场景的特殊作业需求,在无需铺设专用通信网络的情况下完成特殊任务(如火灾救助)。总之,LTE 技术很好地解决了远程移动机器人面临的通信难题。

随着通信技术的发展,未来 5G 将是一个具有多态性的通信网络,由新的无线接入技术、可灵活部署的网络功能和高效的端到端通信机制组成。5G 将运行于高度异构的环境中,这些环境包括繁多的接入技术、多层网络、种类丰富的接入设备和各种各样的用户交互方式等,因此 5G 能够突破时间和空间的限制为用户提供无缝的、一致的和可靠的用户体验。这将为机器人提供高可靠、低延时、高带宽的通信保障,解决认知智能所需的通信问题。

综上所述,传感技术的发展促进了机器人能够像人一样去感知外界信息,大数据、机器学习、深度学习等信息处理技术促进了机器人具有更好的思考(运算)能力,而云计算为这些数据处理提供了良好的平台,通信技术的发展解决了认知机器人对高带宽、低延迟的通信需求。这些技术的发展为机器人的认知能力提供了非常好的保障。

15.2　具有认知智能的机器人的体系架构

本节将以我们提出的一种采用基于 4G-LTE 技术并整合了云计算和大数据等最新技术的移动机器人系统为例,介绍具有认知智能的机器人的一般架构。

15.2.1　机器人系统架构

随着移动通信技术和人工智能领域取得的进展,网络化、移动化和智能化成为机器人的发展趋势。本节在整合 4G-LTE 移动通信技术、云计算、大数据和机器学习的基础上,提出一个智能移动机器人架构。整体架构如图 15-3 所示。

机器人系统架构包括人形机器人、4G-LTE 网络、支持 LTE 通信的机器人智能控制终端、云平台等四个组成部分。其中,机器人是与用户交互的前端,包括机器人物理结构、用于控制机器人的 ARM 微型处理器、各种传感器、4G-LTE 通信模块以及提供

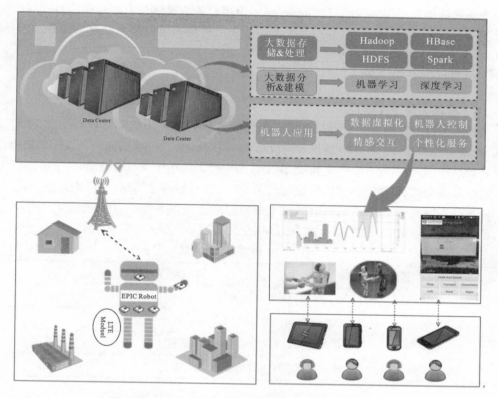

图 15-3　基于 LTE 与"云-端"融合的机器人系统架框

更高级机器人功能的 Android 开发平台。Android 开发平台通过蓝牙与 ARM 开发板进行数据传输,它们之间的通信采用自主研发的 Robot Message Protocol 通信标准,以实现高层应用软件向机器人发送硬件控制指令,接收机器人身上的传感器采集的传感数据。通过 LTE 通信模块将机器人与远程的机器人控制终端和云平台连接起来。由于使用了 LTE 通信技术,通信带宽得到了保证,用户可以通过自己的 LTE 终端打开机器人身上摄像头,以实时视频的方式观察机器人周边状况。同时也可以通过安装在用户终端上的应用程序查看机器人采集的传感数据以及向远程机器人发送控制指令。

我们通过将云计算技术与人形机器人相结合,训练具有情感交互能力的机器人。智能感知和认知被集成到机器人中以提高其智能水平。采用多种无线通信技术,保证机器人和云平台通信的稳定性和可靠性。由于机器人是与人沟通的前端,为了确保人机交互的高质量,机器人还必须具有平易近人的人形外观与基本的人类行动和表情。

为了使人形机器人具有情感交互的能力,我们需要分析与情感(如在社交网络中使用的人的表情、语言、动作、词语和图片等)相关的大量数据,但是机器人由于其有限的处理能力和存储容量而不能完成资源分析的任务。云计算改变了传统的软件交付模式,它以一种服务的形式为用户提供计算、存储和网络资源。

本机器人架构整合了云平台的数据分析和学习能力,提升了机器人的人机交互能力,使整个机器人系统拥有更多的"智能"。此架构适用于多种机器人应用场景,例如,开发出能够识别人类情感的机器人应用。云平台通过记录机器人的传感器采集的环境信号、音频视频信息、整合用户的社交网络动态和用户的主动反馈,根据情感识别与反馈算法智能地向机器人发出反馈的命令(如为用户播放缓解压力的音乐、对环境状况发出预警、主动与用户进行互动等)。下面详细介绍机器人架构的主要组成部分。

15.2.2 机器人硬件架构

1. 机器人的硬件组成

机器人部分我们采用人形机器人。机器人身体的主要组成部分包括头部、手臂、腿部、控制部件 4 部分。各部分的硬件组成如表 15-1 所示。其中,头部包括 5 个 LED 灯、2 个转动马达;每个手臂有 7 个电动机,用于控制手臂上的 7 个关节的转动,每个电动机由 2 个继电器进行控制;腿部使用固定比例的关节,模仿人的行走动作,并且脚部使用信号控制磁场位置完成行走的动作;控制系统中的控制芯片使用 STM32 高性能低功耗芯片,配合蓝牙模块实现 Robot Message Protocol 指令的接收和机器人硬件的控制。

表 15-1 机器人硬件组成

机器人组成部分	主 要 部 件
头部	5 个 LED 灯、2 个转动马达
上肢	每个手臂有 7 个关节、7 个电动机、28 个继电器
腿部	每条腿有 2 个关节(包括脚部关节)
控制部件	核心控制芯片 STM32

2. LTE 通信系统

LTE 技术具有更少的网络时延、更高的传输速率、更大的系统容量以及更好的安全措施等优点。因此,我们采用 LTE 通信系统作为整个机器人架构的通信传输网络。机器人身上带有支持 LTE 的通信模块,通过租用电信运营商的 LTE 服务实现机器人和远程用户的机器人终端以及云平台的网络通信。借助成熟稳定的 LTE 技术,在机器人身上安装高清晰摄像头,从而实现具有自由移动功能实时视频监控系统,机器人端通过 LTE 网络将监控视频实时传输到远端的控制端或云平台,此应用可用于安防和健康监护等领域。LTE 的高带宽也使需要传输大量数据的数据分析任务(如实时视频分析、人类情感分析)成为可能。

为了方便验证系统的可行性和进行性能评估,我们采用 Amari LTE 测试系统作为 LTE 通信网络测试平台。Amari LTE 用纯软件的方式实现了 LTE 系统的整个通信过程,系统包括硬件和软件两个部分。其中系统硬件部分主要包括射频单元、高性能计算机和 LTE 终端,如图 15-4 所示。软件部分包括实现了 LTE 接入网的 lteenb 和实现了 LTE 核心网的 LTE 移动管理实体(LTE MME)软件。LTE 核心网实现的功能包括:SGW(服务网关)、PGW(Packet Data Network Gateway)和 HSS(归属用户服务器)。由于系统具有良好的兼容性,可以兼容绝大多数的现有 LTE 终端设备,因此可以很好地与我们提出的机器人架构进行整合,快速搭建测试网络,验证我们提出的系统架构的可行性和正确性。

3. 机器人控制系统

机器人控制部分的 ARM 开发板采用 STM32 为核心的 RISC 超低功耗控制芯片,

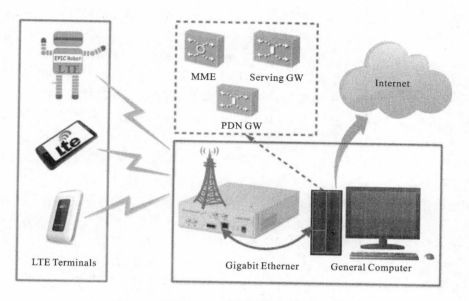

图 15-4　基于 4G-LTE 的机器人通信测试平台

使用继电器组控制机器人身上的电动机。为了减少机器人内部线路的复杂性和出错概率，机器人上位机和底层控制各种电动机部件的主控芯片之间采用蓝牙的通信方式，如图 15-4 所示。

　　机器人的运动通过直流电动机驱动，直流电动机的通断电则由电磁继电器控制。继电器是具有隔离功能的自动开关元件，电磁继电器一般由铁芯、线圈、衔铁、触点簧片等组成，如图 15-5 所示。当电流流经继电器线圈时，通过线圈产生的电磁效应控制触点的吸合，实现控制电动机供电，从而达到对机器人动作的控制。由于机器人身上的电动机数量较多，因此我们采用两个继电器组来实现对电动机的控制，继电器组中暂时未使用的继电器为后续增加新的功能预留。

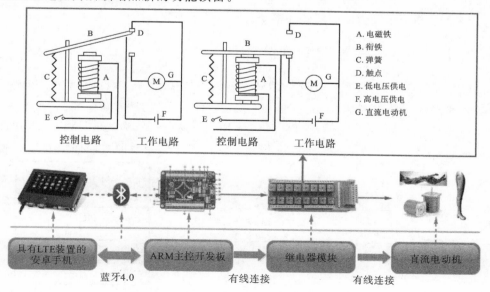

图 15-5　机器人控制系统

　　蓝牙模块安装在机器人主控制器上,用于和具有 4G-LTE 通信模块的机器人上位机通信。为了降低开发的复杂度,提高开发效率,我们采用 LTE Mobile Phone 充当机器人上位机。由于采用的 LTE Mobile Phone 具有 4 核心的 ARM 处理器和 LTE 通信模块,可以满足机器人对处理器能力和网络通信能力的要求。同时,采用的 LTE Mobile Phone 还自带高清晰度摄像头,可以充当机器人的视频捕获模块。最后,采用的 LTE Mobile Phone 运行的是 Android OS,可以使用由 Google 公司提供的开发工具和 SDK 进行相关软件的开发。

　　LTE Mobile Phone 接收来自 LTE 网络的控制指令,然后将控制指令通过蓝牙发送给主控制器,从而实现对机器人的远程控制。蓝牙是一种短距离无线通信技术,可实现固定设备、移动设备和个人局域网之间的短距离数据交换,特别适合机器人内部部件之间的短距离通信,可以减少机器人内部布线。本实现中,蓝牙模块与控制芯片 STM32 通过通用串行输入输出外设完成数据通信,蓝牙模块只需在与 STM32 通信之前通过标准化的 AT 控制命令设置,设置完成后即可像操作普通串行外围设备那样完成通信任务。

15.2.3　软件开发平台

　　机器人软件系统包括底层控制软件和上层应用软件。我们在 μC/OS-II 嵌入式系统上实现机器人底层控制软件。μC/OS-II 被广泛地应用于军事国防、消费电子、网络通信、工业控制等各个领域,具有可移植、可固化、可裁剪、占先式多任务实时内核等特点,它适用于多种微处理器、微控制器和数字处理芯片,可以很好地满足开发机器人底层控制软件对性能上的要求,同时又具有类似操作系统的底层硬件抽象,可以缩短控制软件的开发周期。

　　我们基于 Android 平台开发出机器人系统的上层应用和远程机器人控制终端的控制软件。由于 Android 平台具有开放源码,基于 Linux 操作系统具有很好的移植性等特点,为开发机器人平台的底层硬件驱动和应用提供便利。

15.2.4　机器人底层控制软件实现

　　机器人底层控制的核心功能在 ARM 开发板上实现,用于接收蓝牙数据、控制机器人运动和传感器数据的采集与处理。机器人控制程序的工作流程如图 15-6 所示。Task_Daemon 首先通过蓝牙给 LTE Mobile Phone 发送一个确认信号,用于告知机器人的控制系统正常启动,LTE Mobile Phone 接收到此信号后即可向底层发送控制信

图 15-6　机器人控制程序的工作流程

号,否则处于等待状态。之后任务进入一个死循环,查询蓝牙接收数据的缓冲区是否接收到完整的报文,然后根据该报文的内容判断是控制机器人的哪部分信号,在执行完相应的机器人控制任务之后就会进入下一次循环,详细过程如图 15-7 所示。

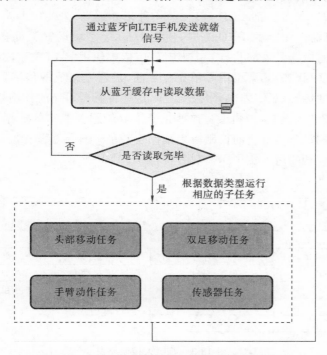

图 15-7　机器人手足及头部动作的任务进程模型

LTE Mobile Phone 与 ARM 主控板之间的通信遵循 Robot Message Protocol(见图 15-8),主要用于上位机向 ARM 主控板发送控制指令,ARM 主控板向上位机返回传感器数据等。Robot Message Protocol 报文由 6 个字节组成,如图 15-8(a)所示。协议格式中的 Message Type 由类别(ClassCode)和命令(CmdCode)两部分组成,每一部分各占 4 b。ClassCode 用于标识所发送的指令类别,目前支持的指令类别包括:双足行走、头部运动、传感器、双手运动,对应的 Message Type 分别为:0x10、0x20、0x30、0x40。CmdCode 用于标识 ClassCode 下的具体指令,详情如图 15-8(b)所示。

8 b	32 b	8 b
消息类型	数据	校验位

(a)

消息类型（8 b）	描述
0001xxxx	双足行走控制
0010xxxx	头部运动控制
0011xxxx	传感器控制
0100xxxx	双手运动控制

数据	描述
32 b	传感器数据或者具体命令

校验位	描述
8 b	消息总校验

(b)

图 15-8　机器人通信协议

双足行走控制报文支持的指令编码为:0x10(停止)、0x11(前进)、00x12(后退)、0x13(向左转)、0x14(向右转)。报文中的 DATA 字段未使用,用全零填充。头部运动支持的指令编码分别为:0x20(停止)、0x21(抬头)、0x22(低头)、0x23(向左转头)、0x24(向右转头)、0x25(设置头部 LED 灯)。前 4 种指令编码,未使用 DATA 字段,用全零填充。在设置机器人头部的 LED 灯时,使用 DATA 字段设置头部各个 LED 灯的状态。目前,我们的机器人头部共有 5 个 LED 灯,依次使用 DATA 字段的最右边的 5 个二进制位设置灯的状态,其余位用零填充。目前,机器人集成的传感器有烟雾传感器、温度传感器、湿度传感器、红外热释传感器等,这些传感器对应的控制指令编码依次为:0x30、0x31、0x02、0x33。上位机通过这些指令读取传感器感知的数据。由于机器人上肢需要控制的关节较多,对应的控制指令编码也较前 3 种指令复杂。DATA 字段中的前 8 位用于控制左臂,后 8 位用于控制右臂,如图 15-9 所示。

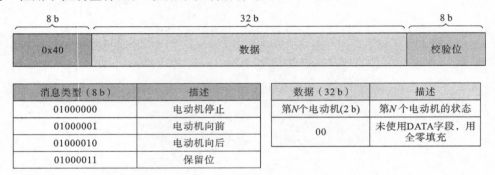

图 15-9　机器人控制消息

为了获取控制指令执行效果,主控板必须将指令的执行结果通过响应机制将执行效果发送给上位机。Robot Response Message 的格式如图 15-10(a)所示,具体的 Response Type 如图 15-10(b)所示,ErrorCode 如图 15-10(c)所示。

15.2.5　机器人应用软件实现

我们基于 Android 平台开发机器人相关的应用软件。本地应用软件运行在机器人身上的 LTE Mobile Phone 上,用户的 LTE 智能移动终端运行机器人远程管理软件,通过电信运营商的 LTE 网络建立和机器人的网络通信。云平台则运行与机器人智能有关的应用。本部分所介绍的机器人的远程控制软件的设计和实现,主要包括如下几个功能模块:UI 模块、机器人控制模块、语音识别模块、传感器数据处理与显示模块、远程视频传输模块。

1. UI 模块

UI 模块完成与用户的交互和远程通信,根据用户的操作调用其他各功能模块。如图 15-11 所示,Open 按钮用于建立与云平台或机器人的网络连接;Hold and Speak 按钮负责打开语音识别功能,用语音对机器人进行控制;Video 按钮用于打开 Camera,实现远程实时视频传输;Forward、Left、StopAll、Right、Back 按钮用于控制机器人运动。Base 按钮用于切换程序控制的机器人部件,当其为 Base 时,负责控制机器人的行走,为 Head 时控制机器人头部运动。Send 按钮负责手动向云平台发送机器人的当前

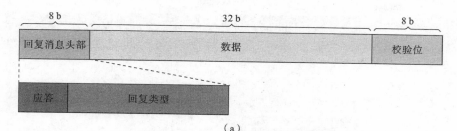

应答（1 b）	**回复类型（7 b）**	**数据**	**描述**
0	0000001	Integer	红外传感器
1	0000000	All-Zero	命令成功执行（没有错误和数据）
1	0000001	Float	温度传感器
1	0000010	Float	湿度传感器
1	0000011	Int	烟雾传感器
1	1111111	错误码	发生错误

（b）

错误码	**错误名字**	**描述**
0	ERROR_UNKNOWN_CLASS_CODE	命令类型码错误
1	ERROR_UNKNOWN_CMD_CODE	命令码错误
2	ERROR_INVALID_CHECK_SEQ	校验码错误
3	ERROR_OSSEM_PEND_FAULT	系统错误（请求信号错误）
4	ERROR_OSSEM_POST_FAULT	系统错误（发送信号错误）
5-11	ERROR_INTERNAL_FAULT_{5-11}	内部错误

（c）

图 15-10　机器人消息响应协议

状态。

2. 机器人控制模块

机器人控制模块实现通过用户的 LTE 移动智能终端远程控制机器人，与此同时，用户也可以登录云平台实现对机器人的控制（如机器人手臂、头部、腿部的控制）。通过云平台实现对机器人控制的具体流程如下：

（1）LTE 移动智能终端建立与云平台的网络连接；

（2）云平台建立与目标机器人的网络连接；

（3）用户通过控制软件将控制指令传送到云端；

（4）指令通过云平台传输到机器人身上的 LTE Mobile Phone；

（5）机器人身上的 LTE Mobile Phone 通过蓝牙将指令传输到机器人主控板；

（6）机器人主控板根据 Robot Message Protocol 解析出具体的指令，控制机器人电动机完成相应动作。

3. 语音识别模块

语音识别模块实现用户与机器人的语音交互和对机器人的控制。我们整合了本地离线语音识别和云语音识别，机器人的基本控制指令在本地以离线语音识别的方式实现。复杂的自然语言识别任务被卸载到云端（如 Google 的云语音识别服务）实现，语音

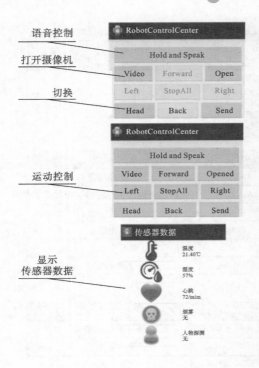

图 15-11　机器人手机控制端 APP

识别模块接收到云端反馈的语音识别结果后,进行必要的分析和处理,并与本地语音指令集和交互操作指令集比对,找出最优的结果(云端返回多个语音识别结果),最终实现和用户的语音交互。

4. 数据显示模块

机器人可以持续采集环境数据,并通过蓝牙传输到机器人控制程序,机器人控制程序可以将感知数据在本地显示(见图 15-11),也可以通过 LTE 网络将采集到的数据传输到云平台并存储起来,远程的用户通过应用程序中的数据显示模块获取并显示存储在云平台中的实时数据,也可以查询保存的历史数据。

5. 视频传输模块

实时视频传输在机器人领域中有很多重要的应用场景(如急救、情感交互)。在 LTE 网络环境中,常常花费一定的开销用于保证视频流的连续性,实际对于用户体验而言,视频的实时性比连续性的要求更高,往往不需要确保每一视频帧的发送接收。为了满足高效传输的需求,我们使用面向无连接的 UDP 传输协议,在 UDP 协议的基础上添加了控制模块和图像压缩模块,来保证控制视频发送的实时性要求,图像压缩模块对图像进行的不同程度的压缩,控制模块实时地监测缓存队列的信息,并发送控制报文来实现数据发送与接收的协同,实现了基于同步和异步的传输方式。运行效果如图 15-10所示。

6. 基于云端的人机交互

本节中我们提出了融合实现云端强大处理能力的机器人架构,我们基于此架构实现了一个 LTE-controlled 情感交互机器人 Demo 应用,如图 15-12 所示。机器人通过 Camera 实时捕获视频,从捕获的视频中定位出人类的表情,然后将表情图像发送到远程的云平台进行表情识别。云平台基于大量人脸数据训练出人脸表情的模型,基于训练的模型可以识别出机器人传输来的人脸表情,从而识别出人的情感状态(如高兴、沮丧)。云平台基于表情识别的结果,向前端机器人发出控制指令,使机器人与用户进行有针对性的互动。例如,当用户沮丧时,通过实现编排的机器人动作与人进行沟通,播放欢快的音乐;或者根据用户的喜好,进行语言交流,最大限度地对用户进行情感照护。具有情感照护功能的机器人可以应用在空巢老人的照护、病人恢复、在工作压力大的职业中(缓解职员的压力,提高工作效率)、安全监控、辅助医疗和安全驾驶方面。

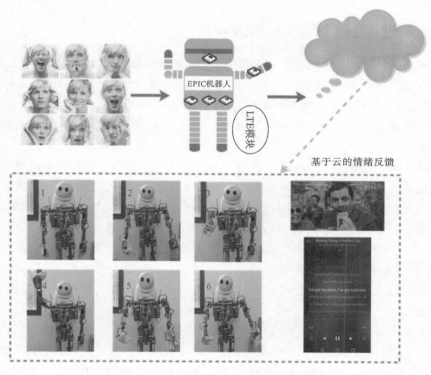

图 15-12 基于云端情感识别的机器人动作反馈

15.2.6 总结

本节详细介绍了一种采用人形机器人的基于 LTE 的移动机器人架构,详细介绍了机器人架构的各个组成部分,并设计和实现了一个基于所提架构的机器人系统,最后基于所提出的架构实现了一个情感交互机器人,验证了所提出的机器人架构的可行性和可扩展性。

由介绍可知,机器人通过传感器技术来采集信息,通过无线通信技术来传输数据与云端进行交互,在云端的机器学习算法让机器人具有智能的认知处理能力,最后通过数据传输将操作指令传输给机器人。这是一个典型的认知智能机器人架构,它综合运用了大数据、物联网、通信技术、机器学习技术,使机器人具有了感知、通信和认知的智能。

15.3 认知智能机器人的重要意义及发展趋势

随着全球机器人产业,特别是与 AI 技术结合的智能机器人的飞速增长,机器人技术在保障国家安全、推动国民经济转型、改善人民生活水平,以及引领科学技术发展等方面发挥着越来越重要的作用。制造模式、生活方式、军事作战形态的颠覆性变化,推动机器人技术迅猛发展,使之成为一种面向未来的战略性技术,已成为未来国与国之间竞争的焦点。

15.3.1 发展智能机器人的重要性

从未来 10 年乃至 20 年的发展角度看,机器人将越来越深入地融入社会,在更加动态和不确定的环境下,完成复杂和精细的操作任务。同时,我们也必须认识到,机器人无论如何发展,都只能是人类生活和工作的工具和帮手,辅助人类完成一些复杂、危险的工作。机器人将在人类的控制之下自主地执行任务,最终形成人和机器人协同工作的和谐环境。

目前人类生活的空间,是完全根据人类的认知能力和物理限制而建造的。未来人类建造或改造环境时,必须考虑人类和机器人之间的相互关系,使得未来人类生活和工作的环境适合机器人辅助人类生活、人和机器人协同工作。因此,机器人一方面需要借助脑科学和类人认知计算,通过云计算、大数据处理技术提高自身的认知能力;另一方面也需要在环境建造或改造中提出和研制易于人类和机器人操作的接口、设备等,研究新的机器人操作系统和操控技术,提高机器人的精细与灵巧作业能力,最终实现机器人和环境、设备的相互适应和共同进化,创造人和机器人和谐、协同工作的新空间。

综上所述,新一代机器人要求借助脑科学和类人认知计算方法,通过云计算、大数据处理技术,增强机器人感知、环境理解和认知决策能力。通过对人和机器人认知和物理能力、需求的深入分析和理解,构造人和机器人的共生物理空间,使得机器人能够完成复杂、动态环境下的主动服务和自适应操作。

作为机器人领域的后发国家,我国在智能机器人领域相比于欧美日等先进国家还有相当大的差距。然而,大数据、云计算与物联网带来的变革,以及脑科学研究和类人认知计算技术的兴起,给机器人领域带来了新的跨越式发展机遇。目前,认知机器人及人与机器人共生物理空间研究仍然是国际上的空白,它的研发、制造和应用是衡量一个国家科技创新、高端制造业水平和综合实力的重要标志,必将是国家安全的基石和形成支柱产业的战略引擎。抓住这个重大的历史机遇期,增强我国在机器人领域的自主创新能力,是我国机器人研究和发展赶上和超越国际水平的重要途径。

15.3.2 智能机器人的发展方向

尽管人工智能和云计算目前已经取得显著进展,智能机器人的研究依然面临巨大挑战。为了应对这些挑战,应该从以下方面开展深度研究。

1. 智能机器人系统的体系结构

通过视觉、听觉、触觉等多模态感知信息完成对作业环境的认知并对操作目标进行精细与灵巧操作是智能机器人必备的能力。拟突破该体系中网络与机器人、机器人与机器人之间的感知运算存储等资源的配置、角色分配、任务分工、协作方式以及人机情感交互,以及基于类人认知的机器人精细与灵巧操作等问题。研制认知专用加速芯片,实现高性能功耗比的复杂认知功能。研究支持多机器人协作的云端融合体系结构,根据任务复杂度、数据量、网络状况以及机器人的电源状况等自动选取优化的云端任务划分和机器人间任务划分机制,降低总体成本、功耗,提高任务执行效率。突破云端融合的智能机器人编程方法、编译器和运行系统,实现智能机器人性能的整体跨越。研究超智机器人与智能家居环境和智能制造环境进行信息交互和操作控制的方法与体系结构。基于新型器件和新型认知计算模型的研究,研究新一代认知加速芯片。

2. 智能机器人的类人认知

机器人在感知外界事物时,需要从多个感官模态获取信息,对这些信息有效整理用于认知过程、指导后续行为,并可通过云计算和云存储延伸感知能力。为此,需要发展智能机器人的类人认知基础理论和方法,解决多模态信息"如何表达、如何处理、如何使用"以及类人认知与现有信息处理系统如何高效融合等问题。

3. 智能机器人的智能控制

智能机器人需要高效处理来自网络空间、物理空间和人类社会空间的跨时空复杂信息。因此,如何在与环境交互和共同进化过程中实现自适应的决策与控制是智能机器人必须具备的能力。为此,需要研究跨时空复杂环境下的智能控制理论、方法与系统,包括:① 智能控制的分层递阶结构;② 智能控制的认知机理;③ 面向智能控制的人机交互;④ 智能协调多任务规划与决策;⑤ 智能机器人核心功能部件,包括多模态、高分辨率阵列传感装置、仿生肌肉纤维和记忆合金协同驱动装置以及关键传动与控制器件等。

4. 智能机器人的大数据处理与分析

智能机器人需要高效处理来自于网络空间、物理空间和人类社会空间的跨时空大数据。如何智能地从与环境交互的海量历史数据及实时数据中自适应学习与决策是智能机器人必须具备的能力。为此,需要研究跨时空大数据环境下的智能信息处理理论、方法和系统,包括:① 跨时空大数据的统一表达以及数据、属性和语义的交互机制建模;② 跨时空数据的变粒度结构挖掘及其高度耦合机理;③ 知识与数据驱动相结合的学习理论和高效算法;④ 开放式动态复杂环境下的隐含结构识别、异构推理与融合;⑤ 不确定环境下的高效智能决策与自适应学习;⑥ 支持智能机器人数据计算的大数据分析处理系统架构、质量控制模型与高效算法,实现跨时空大数据并行处理机制及知识管理模式。

5. 应用示范

建立在智能机器人基础之上的服务机器人在未来养老服务中应逐渐扮演起重要角色,利用多感觉整合与视觉注意脑机制及其与人情感关系、人-机器人的友好交互、技能学习与智能决策等关键技术,提高机器人的认知能力,提升服务机器人的智能化程度,承担起养老服务,解放劳动力,带动整个服务产业新发展,解决国家重大社会问题。另一方面,智能工业机器人在新工业时代大背景下,利用自主协同操控,面向复杂加工任务的自主制造,群组工业机器人的智能规划、决策,基于网络的人机共融操作等关键技术,进一步提高工业技术水平,同时结合服务机器人生产、制造,进行应用示范。

15.3.3　总结

科大讯飞董事长刘庆峰指出,未来人工智能有三大趋势值得关注:一是在万物互联的浪潮下,以语音为主、以键盘触摸为辅的人机交互时代已经到来,在未来 3 到 5 年,生活中 90％的设备将不是手机,而是智能家居产品以及服务机器人;二是人工智能一定会像水和电一样无所不在;三是以语音和语言为入口的认知革命,将推动人工智能梦想成真。这总结出了人工智能对于认知能力的推动性意义,也说出了智能机器人在整个智能产业中的重要地位。

未来机器人技术将与人工智能和认知智能紧密结合,给我们的生活带来翻天覆地的变化。我们也要抓住这一机遇,发展自己的认知智能机器人技术。

15.4　当前认知智能机器人的应用与发展

AI 技术的发展大大促进了智能机器人的发展,智能机器人被认为是机器与人类交流互动的很合适的平台。目前,机器人技术研究已经成为各国在高科技领域竞相争夺的制高点之一,机器人在医疗服务、野外勘测、深空深海探测、家庭服务和智能交通等领域都有广泛的应用前景。具有认知智能的机器人大多是服务型机器人,本节我们将介绍几个在各个领域很著名的机器人。

15.4.1　情感交互机器人

随着计算机、电子、控制、材料、传感器、信号处理、生物等技术的发展,目前的机器人正从简单的再现示教型及感觉型机器人向智能型机器人的方向发展,赋予计算机或机器人以类人式的情感,使之具有表达、识别和理解喜乐哀怒的能力是许多科学家的梦想。这类机器人不再面向简单环境中的给定任务,而是面向与复杂环境(未建模、多目标、动态、非结构)的交互,强调智能和个性化的情感表达,能够适应非结构化环境。与人工智能技术发展相比,情感技术应用于智能机器人领域所取得的进展微乎其微,情感始终是横跨在人脑与计算机之间一条无法逾越的鸿沟。如何为机器人赋予类人的情感并实现多机器人之间的情感交互和情感决策,成为当今人工智能领域研究的一大热点。

下面将介绍近两年很著名的人机交互机器人:软银 Pepper,如图 15-12 所示。

日本软银公司 2014 年公开人形机器人 Pepper,并于 2015 年 6 月 20 日上午 10 点正式在市场推出。软银在公开发布 Pepper 时表示,Pepper 旨在扮演一个家庭伙伴的角色,可以与使用者交流,能读懂人类情感并作出相应的反应,支持声音指令。Pepper 会根据人类如何与它交流而表现出自己的情感,如当它被关注时会表现出开心,反之会表现出烦躁。Pepper 需要配置一个平板电脑来显示它的情感,还需每月 24600 日元(相当于 200 美元)的保险费用。

Pepper 机器人是全球首款以非协助人类处理一般性事务为设计目的,具有人类情感、可提供建议的生活陪伴机器人,同时也是实际投入一般消费市场的人形机器人。虽然 Pepper 机器人本身价格低廉,而且并非万能,但透过其本身的人工智能与越来越多新开发的 App,使得 Pepper 可加入更多情绪、更懂得如何判断人类的想法与情绪,进一步判断如何进行反应与动作。拓墣公司预估这次 Pepper 的上市将会带来另一场影响力不亚于计算机、网络与手机产业的新产业革命。

2016 年 1 月 7 日,软银和 IBM 在 CES 上联合推出 Watson 版人形机器人 Pepper,软银机器人部门旨在把 Pepper 打造成"全球首款拥有自己表情的个人机器人"。Pepper 主要用于企业、零售和客户服务领域,例如,Pepper 可在店铺内欢迎顾客。通过与 IBM 的合作,Pepper 的事务处理能力将大幅提升。

Watson 是 IBM 的人工智能计算机,并非机器人。Watson 能够分析数据、提供建议、理解人类语言等,开发者可以把 Watson 集成到自己的应用和设备,让自己的产品更加智能。集成 Watson 的 Pepper 能够分析社交媒体、视频、图像、文字等数据。IBM 表示,Watson 可以让 Pepper 实时理解更多类型的问题,因此 Pepper 能够处理更多类型的事务。同时,IBM 旗下的销售团队将面向 IBM 企业客户销售 Watson 版 Pepper。机器人通常用于清理、生产、会议等领域,但 Pepper 将拓展人工智能机器人的服务领域,让它们与人类协同工作。

表 15-2 所示的是软银 Pepper 的感知及交互模块,可以看到,Pepper 具有多种方式的感知,同时经过情感的认知,可以通过多种方式与人进行情感互动。

表 15-2   软银 Pepper 的感知及交互模块

软银 Pepper 机器人	部　件	介　绍
	1. 麦克风	Pepper 在头顶与头侧共有 4 处内置麦克风,这让它能感应到来自不同方向的声音
	2. 头部触摸感应器	头部前端、头顶、头部后端分别设置了不同的触摸感应器,Pepper 会根据不同的情景做出应对
	3. LED 灯	眼睛和耳朵搭载 LED 灯,启动时、识别声音时、设定感应器时,这些 LED 灯会做出反馈。LED 灯也能配合 Pepper 的工作反映它的情感
	4. 摄像机	额头与嘴巴里是 2D 摄像机,眼部搭载了 3D 感应器与摄像头,用于识别物体,判断距离
	5. 显示屏	胸部搭载 10.1 英寸液晶显示屏,解析度为 1280×800,界面类似手机操作界面,可以加载包括第三方开发的各类应用
	6. 手部触摸感应区	左右手的手臂内设有触摸感应器,Pepper 因而能够识别你触摸它手的动作,并对此有反馈
	7. 声呐感应区	脚部有两个声呐感应器,可感知前后障碍物的距离
	8. 充电口	脚部背后配有充电口,充满一次最多可以运行 12 小时

15.4.2　智能家居

在今年 Computex 2016 开展前的华硕主场 Zenvolution 发布会中,总裁沈振来亲自在台北展示了旗下首款智能家庭助理机器人"Zenbo",如图 15-13 所示。

图 15-13   外观呆萌的 Zenbo

Zenbo 的头部显示面板上有两只大眼睛,外观呆萌,整体呈现洁白色,个头小巧,仅有成人膝盖的高度,滚动式前进。

Zenbo 的工作方式与亚马逊 Echo 类似,可以和传统设备、智能家庭设备连接,具有接收语音指令,提供智能家居控制、智能家庭安保、厨房助手、拍照摄影、网络购物、语音输入密码、登录账户、声纹加密等功能,还可以为家中儿童或者老人提供唱歌、播放音乐、讲故事等陪伴功能,并实时监控家中儿童或者老人的状况,及时预警。

Zenbo 可以通过定制的 App 来延展相关的应用性,现阶段 Zenbo SDK 已开启免费的开发者计划,开发者可以自由发挥。

15.4.3   其他智能机器人

1. 亚马逊 Echo

2016 年 9 月 14 日,亚马逊 Echo 智能家居助理在英国正式发售,如图 15-14 所示。亚马逊的 Alexa 软件让用户能够与这台名为 Echo 的智能音箱聊天,要求它播报新闻和天气预报,甚至能让它帮你叫出租车。

2. DJI Mavic Pro

DJI Mavic Pro 如图 15-15 所示,是一台可折叠的无人机,具有观察并避开飞行中遇到的障碍物,如树木和建筑物的能力。它还能够跟踪特定对象,如跟踪一位正在下坡的滑雪者。

3. Fetch Robotics

如图 15-16 所示,这个灵巧的拣货机器人用于仓库,它能够代替仓库工人,从货架上挑拣物品,然后运回打包,减轻工人负担。

4. Anki Cozmo

这台名为 Cozmo 的配备摄像头的机器人玩具可以识别主人的面孔并作出反应,甚至能够说出他或她的名字,如图 15-17 所示。

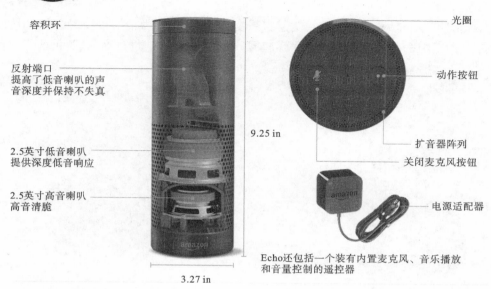

图 15-14 亚马逊 Echo

图 15-15 DJI Mavic Pro

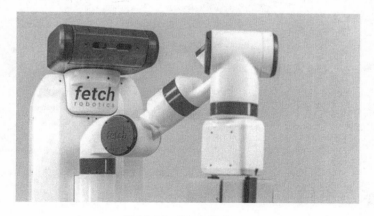

图 15-16 Fetch Robotics

5. iRobot Roomba

如图 15-18 所示,iRobot Roomba 扫地机器人中内置许多传感器,采用声学和光学双系统探测污垢,如人的听觉和视觉感官系统,能让它们在做清洁工作时"看到"地板,以清洁得更彻底;机身装有六个悬崖感应器,通过感应器感应周边高度,防止跌落。

图 **15-17**　Anki Cozmo　　　　　　　　　　图 **15-18**　iRobot Roomba

6. Aethon Tug

Aethon Tug 如图 15-19 所示,目前已经投入使用。它在正面安装了激光雷达、红外传感器、超声波传感器等,用来感知医院走廊上的障碍物以及行走的人,同时依靠存储的地图和智能感知来在医院中自主移动;Aethon Tug 24 小时与医院的 WiFi 相连,通过 WiFi 信号,自动命令开门。这样 Aethon Tug 能够用于处理递送药品、医疗用品、实验室标本等任务,让医生和护士有更多的时间专注于病人的治疗。

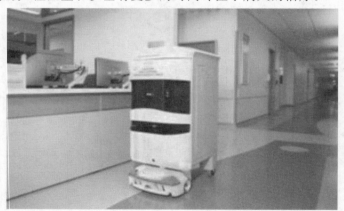

图 **15-19**　Aethon Tug

15.5　本章小结

随着传感器技术、物联网、大数据、云计算以及人工智能等计算机技术的发展,机器人将表现出越来越强的认知能力,也将真正改变我们的生活。本章第一节介绍了机器人认知能力的支撑技术,第二节介绍了机器人的一般架构,第三节介绍了智能机器人的发展方向和重要性,第四节介绍了在各个领域内很著名的智能机器人。正如软银公司董事长兼总裁孙正义所言:未来机器人数量和智能化程度将决定 GDP 的全球排名。未来将会有更多的智能机器人问世,将会把机器人的认知能力与机器人与人的交互推向新的高峰。

第五篇 习 题

5.1 下列关于机器人的描述,试判断对错。

(1)生产生活中,只需要研究开发出可以替代人类体力劳动的,可以不具备智能化能力的自动化机器即可大幅度提高生产力。( )

(2)仿生机器人已经处于比较成熟的阶段,结合数学、力学、电子学、计算机和控制科学等多学科,机器人和自然生物之间已经不存在系统兼容性、环境适应性等诸多问题。( )

(3)机器人技术发展核心包括以下几点:控制与规划、认知能力、高保真传感器、新型机械结构和高性能执行器、学习和自适应、物理上的人机交互、社交交互机器人。( )

(4)机器人的动作是特定的,与数据输入有线性的输入-输出函数关系,亟待解决的问题是如何研究出这样一种函数可以高精度地处理大量数据输入,得出正确的输出姿态。( )

5.2 从发展角度看,机器人将越来越深入地融入社会,在更加动态和不确定的环境下,完成复杂和精细的操作任务。同时,我们也必须认识到,机器人无论如何发展,都只能是人类生活和工作的工具和帮手,辅助人类完成一些复杂、危险的工作。机器人将在人类的控制之下自主地执行任务,最终形成人和机器人协同工作的和谐环境。新一代机器人要求借助脑科学和类人认知计算方法,通过云计算、大数据处理技术,增强机器人感知、环境理解和认知决策能力。通过对人和机器人认知和物理能力、需求的深入分析和理解,构造人和机器人的共生物理空间,使得机器人能够完成复杂、动态环境下的主动服务和自适应操作。请仔细阅读题干内容,结合本篇的知识点和自己的认识,从下列选项中选择正确的答案(一个答案可能包含多个选项)。

(1)实现机器人情感的关键问题是( )。

A. 人工情感建模 B. 情感决策 C. 机械控制 D. 传感器的选取

(2)面向情感交互的认知计算的核心特点有( )。

A. 理解 B. 推理 C. 学习 D. 建模

(3)情感决策主要从( )角度入手。

A. 演化 B. 情感 C. 用户 D. 硬件

(4)情感驱动下的多机器人协作的行为框架中,情感决策主要包括( )几部分。

A. 任务 B. 环境 C. 内部状态 D. 人工情感

E. 情感交互

（5）对于多机器人的情感交互模式，首先，确定不同情感以及不同情感的强度对于个体利益的定量化，然后以（　　）为基础进行利益协调；在（　　）的协调过程中，将情感因素转化为可计算的利益部分。

①　A. 博弈论　　　　B. 强化学习　　　　C. 进化学习　　　　D. 模糊推理

②　A. 情感　　　　　B. 利益　　　　　　C. 价值　　　　　　D. 知识

（6）机器人动作反馈作为决策方案具有（　　）的特点。

A. 多属性　　　　　　B. 多选择性　　　　　C. 单目标性　　　　D. 多目标性

（7）为了使机器人具有情感交互的能力，需要分析与情感相关的大量数据，但是我们希望使用的终端机器人能够尽量轻便，同时能够希望其具有类人的应激反应能力和某些特定情境下的快速决策能力。而目前由于其有限的处理能力和存储容量不能完成资源分析的任务。基于（　　）的认知计算则改变了传统的处理模式，开拓了一种新思路为用户提供计算、存储和网络资源。

A. 云平台　　　　　　B. 4G LTE 网络　　C. 神经网络　　　　D. 机器学习

5.3　在过去，大多数机器人根据预先编写的程序执行重复工作，通常没有自主能力，无法理解人的情感。而认知计算的兴起，为机器人技术提供了很好支撑，可以很轻松地把认知系统与机器人技术相结合，构建出"认知机器人"。认知系统是人形机器人智力和数据存储中心的大脑，它是怎么像大脑一样控制机器人的？

5.4　机器人指一切模拟人类行为或思想、模拟其他生物的机械（如机器狗、机器猫等）。对机器人的定义还有很多分类法及争议，有些计算机程序甚至也称为机器人，比如机器人玩 FlipBird。在当代工业中，机器人指能自动执行任务的人造机器装置，用以取代或协助人类工作，一般是机电装置，由计算机程序或电子电路控制。理想中的高仿真机器人是整合控制论、机械电子、计算机与人工智能、材料学和仿生学的产物。阅读完第 14 章的内容，相信你对云平台下的机器人的硬件及软件开发都有了比较深入的理解，请简述基于云平台的认知智能机器人的系统架构和其数据流与控制流。

5.5　自机器人诞生之日起人们就不断尝试着说明到底什么是机器人。而随着机器人技术的飞速发展和信息时代的到来，机器人所涵盖的内容越来越丰富，机器人的定义也不断被充实和创新。1886 年法国作家利尔亚当在他的小说《未来的夏娃》中将外表像人的机器起名为"安德罗丁"（android），它由四部分组成：生命系统（平衡、步行、发声、身体摆动、感觉、调节运动等）；造型解质（关节能自由运动，由一种金属盔甲覆盖）；人造肌肉（在上述盔甲上有肌肉、静脉、性别特征等人身体的基本形态）；人造皮肤（含有肤色、机理、轮廓、头发、视觉、牙齿、手爪等）。请你根据第 15 章的内容，设计一个机器系统，并简述其硬件架构。

5.6　我国科学家对机器人的定义是"机器人是一种自动化的机器，所不同的是这种机器具备一些与人或生物相似的智能能力，如感知能力、规划能力、动作能力和协同能力，是一种具有高度灵活性的自动化机器"。1967 年日本科学家森政弘与合田周平提出"机器人是一种具有移动性、个体性、智能性、通用性、半机械半人性、自动性、奴隶性等 7 个特征的柔性机器。"现在，对人类来说，太脏太累、太危险、太精细、太粗重或太反复无聊的工作，常常由机器人代劳。从事制造业的工厂里的生产线就应用了很多工业机器人。其他应用领域还包括射出成型业、建筑业、石油钻探、矿石开采、太空探索、水下探索、毒害物质清理、搜救、医学、军事领域等。随着科技不断发展，人类的认知水平不断提高,深度学习算法的发展使得智能机器人再次以不容抗拒的姿态出现在人类的视野中。请你根据自己的生活体验谈谈未来机器人的发展方向以及你期待出现在你生活中的机器人。

5.7　请下载挂壁式机器人导航数据集。SCITOS G5 机器人沿着墙壁顺时针方向导航 4 次通过房间,使用 24 个围绕其腰部圆周布置的超声传感器来收集数据。尝试使用非线性神经分类器,如 MLP 网络,结合你学到的知识对这些数据集进行分析和处理。然后将结果与使用回归神经网络(如 Elman 网络)的分类进行比较。为了让挂壁式机器人成功完成这些任务,您应该根据两种方法的优点尽可能提高神经分类器的精度。挂壁式机器人导航数据集的下载地址:

http://archive. ics. uci. edu/ml/datasets/Wall-Following＋Robot＋Navigation＋Data。

本篇参考文献

[1] 何玉庆,赵忆文,韩建达,等. 与人共融——机器人技术发展的新趋势[J]. 机器人产业,2015(5):74-80.

[2] 卢川. 美国服务机器人技术路线图(上)[J]. 机器人产业,2016(4):92-100.

[3] 王颖,王硕. 仿生机器人技术发展概况[J]. 高科技与产业化,2016(5):44-47.

[4] 计时鸣,黄希欢. 工业机器人技术的发展与应用综述[J]. 机电工程,2015,32(1):1-13.

[5] Chen M,Zhang Y,Li Y,et al. AIWAC:affective interaction through wearable computing and cloud technology[J]. IEEE Wireless Communications,2015,22(1):20-27.

[6] Zhou P,Hao Y,Yang J,et al. Cloud-assisted hugtive robot for affective interaction[J]. Multimedia Tools & Applications,2016:1-16.

[7] Ma Y,Liu C H,Alhussein M,et al. LTE-based humanoid robotics system[J]. Microprocessors & Microsystems,2015,39(8):1279-1284.

[8] Chen M,Ma Y,Hao Y,et al. CP-Robot:Cloud-Assisted Pillow Robot for Emotion Sensing and Interaction[C]// Industrial IoT Technologies and Applications. Springer International Publishing,2016:81-93.

[9] Chen M,Ma Y,Song J,et al. Smart Clothing:Connecting Human with Clouds and Big Data for Sustainable Health Monitoring[J]. Mobile Networks & Applications,2016:1-21.

[10] Ma Y,Liu C H,Alhussein M,et al. LTE-based humanoid robotics system[J]. Microprocessors & Microsystems,2015,39(8):1279-1284.

[11] Ma Y,Zhang Y,Wan J,et al. Robot and cloud-assisted multi-modal healthcare system[J]. Cluster Computing,2015:1-12.

[12] Dyumin A A,Puzikov L A,Rovnyagin M M,et al. Cloud computing architectures for mobile robotics[C]// IEEE NW Russia Young Researchers in Electri-

cal and Electronic Engineering Conference. IEEE,2015:65-70.

[13] 孙富春,刘华平,陶霖密. 新一代机器人:云脑机器人[J]. 科技导报,2015,33 (23):55-57.

[14] 佚名. Pepper 一个比你对象更深情的机器人[J]. 计算机应用文摘,2016(15): 70-70.

[15] Hu G,Tay W P,Wen Y. Cloud robotics:architecture,challenges and applications[J]. IEEE Network,2012,26(3):21-28.

[16] De M M A G,Allouch S B. The evaluation of different roles for domestic social robots[J]. 2015 24th IEEE International Symposium on Robot and Human Interactive Communication,2015:676-681.

[17] Jin Y O,Rondeaugagné S,Chiu Y C,et al. Intrinsically stretchable and healable semiconducting polymer for organic transistors[J]. Nature,2016,539(7629): 411-415.

第六篇

认知计算应用

16

Google 认知计算应用

摘要：随着 2016 年 3 月 AlphaGo 打败李世石，"人工智能"再次被推向风口浪尖，怎么让机器拥有人类的智能？在这一话题上，认知计算成为行业关注的焦点，而人工智能发展了这么多年，其关键的突破口就在于认知计算。深度学习的能力有限，它主要用于人工智能和控制上，解决输入和输出之间的映射问题，而认知计算能解决更多的问题，因为认知计算侧重于理解、反馈和学习问题，对应于人脑当中比较抽象的推理部分。本章将研究 Google 在认知计算领域的应用，其中最具有代表性的是 DeepMind 团队开发的 AlphaGo，AlphaGo 采用的是基于增强学习的深度神经网络算法来学习评估棋局（通过学习一个深度神经网络的估值函数）和做出最优决策（通过学习一个深度神经网络的策略），这一章我们将详细介绍 AlphaGo 的核心技术——深度增强学习。

16.1 DeepMind 的 AI 程序

2010 年，英国人工智能公司 DeepMind 成立，并获得了由剑桥大学计算机实验室颁发的"年度最佳公司"奖项。紧接着在 2014 年，谷歌以 5 亿英镑的价格收购 DeepMind。DeepMind 致力于研发自主学习 AI 系统，目前主要采用深度增强学习模仿人类大脑的短期记忆功能来玩游戏，其中最为典型的是围棋游戏。

围棋游戏是在一个 19×19 的网格板上玩的游戏，只有黑子和白子，两个玩家分别选择白子和黑子，交替落子，一旦棋子被对手的棋子完全围住，这些被围住的棋子将会从棋盘上移除，最后占有区域面积大的人获胜。它实际上是一个围住棋子控制区域的游戏。虽然游戏规则简单，但是它涉及的搜索空间非常大。设 b 是游戏的广度（在每个状态可以下棋的位置的数目），d 是深度（在游戏结束前的动作总数），则游戏搜索树的复杂度是 b^d。巨大的搜索空间意味着计算机不可能通过穷举来判断胜者。事实上，围棋比任何其他游戏（如象棋）都要复杂得多，这是因为围棋棋盘上的可能性要大得多，即使专业的玩家也不能完全估算每一步并精准地预测出胜负。

1997 年 5 月，IBM 的计算机程序"深蓝"在正常时限的比赛中首次击败了等级分排名世界第一的象棋棋手加里·卡斯帕罗夫，意味着机器在智力上有超越人类的可能性。2016 年 3 月，DeepMind 开发的 AlphaGo 在与韩国职业九段棋手李世石的五番棋比赛中，以 4：1 获胜，引起了媒体和公众的极大关注，在此之前，没有机器能完全打败职业围棋选手。此后，AlphaGo 不断改进。2016 年 7 月，AlphaGo 在 GoRant-ings 世界围棋排名中超过柯洁，成为世界第一。2016 年年底至 2017 年年初，Alpha-Go 以"Master"为名在网络围棋平台对战数十名中日韩职业围棋选手取得 60 胜 0 负的成绩。

AlphaGo 证明了计算机可以被训练用来模拟人类智力发展过程，像人一样思考问题。除了围棋比赛，google 还将 AI 程序应用到了多种 Atari 游戏中进行测试。所有这些游戏都涉及不完善或不确定性信息内容的战略思考。DeepMind 公司声称他们的 AI 程序不事先编程，只能选择游戏动作，通过不断地尝试和观察，积累经验，学习游戏。

这些 AI 程序的核心是一个名为深度增强学习（DRL）的算法。DRL 发源于 Deep-Mind 团队在 NIPS 2013 上发表的 Playing Atari with Deep Reinforcement Learning 一文。2015 年，DeepMind 在 Nature 上发表论文，让 AI 程序玩 49 个经典的 Atari 游戏，结果证明结合深度学习和增强学习的 DRL 可以实现人类级别的控制。

AI 程序与人类接收相同的信息，甚至少于人类，经过充分的学习之后就学会了玩游戏，这不可不说是机器的一大进步。但对于大多数的游戏，DeepMind 智能程序的水平还无法打破当前世界纪录。例如，DeepMind 程序在 3D 视频游戏（如 Doom）上的应用，还需要发展。根据 DeepMind 创始人之一 Mustafa Suleyman 的介绍，DeepMind 团队准备将他们的应用推广到 DeepMind 健康计划上，该计划主要是为医疗保健社区提供门诊服务。这将开放智能医疗服务，造福于所有的患者。接下来，我们介绍 AlphaGo 的核心思想——将深度学习与增强学习结合的深度增强学习。

16.2 深度增强学习算法

深度增强学习过程主要是由增强学习和深度学习组合而成。其中增强学习是用于解决序列决策问题的算法，通过在一个工作环境中连续选择一系列的行为，使这些行为完成后得到最大的收益。在事先不了解任何规则的情况下，一个智能体先观察当前的环境状态，并尝试一些行动，以改善收益。奖励是智能体调整其行动策略的反馈。通过不断调整，算法能够学习到在什么样的情况下选择什么样的行为可以得到最好的结果。

图 16-1 显示了学习过程中一个智能体和它的环境的交互作用。在每个步骤 t，智能体接收当前状态 s_t，执行某个行动 a_t，然后接收当前环境的一个观察 o_t 以及执行某个行动之后的奖励 r_t。而环境是智能体交互的对象，它是一个典型的马尔科夫决策过程。整个增强学习的目标就是最大累积奖励。一个观察、行动、奖励的序列 $\{o_1, r_1, a_1, \cdots, a_{t-1}, o_t, r_t\}$ 形成一次试验，状态是试验的汇总，即

$$s_t = f(o_1, r_1, a_1, \cdots, a_{t-1}, o_t, r_t) \tag{16.1}$$

2016 年第 33 次 ICML 上，Silver 等人提出了 DeepMind 使用深度增强学习的应用细节。具体而言，一个深度神经网络由价值函数、策略和模型表示组成。在一个深度增强学习方法中，AI 通过增强学习和深度学习共同实现。一个智能体可以使用增强学习

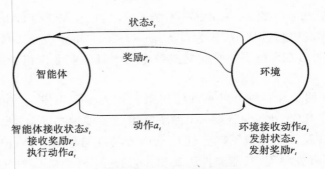

图 16-1　深度学习中智能体和环境的交互

来实现深度学习设立的目标，解决人脑级别的任务。当智能体选择了一次行动，策略、价值函数和模型对性能起着重要的作用。

（1）策略是给定状态下的行为选择函数。有两种典型的策略：一种是决定性策略，在特定状态下是明确执行一些动作，即 $a=\pi(s)$；另一种是随机策略，即 $p(a|s)=P[a|s]$，它表示在某种状态 s 下执行某个动作 a 的概率。

（2）价值函数预测未来的奖励，并评价一个动作或状态的期望值，$Q^\pi(s,a)$ 是指在策略 p 的条件下，从状态 s 与行动 a 中预测到的总奖励。它计算当前状态下未来可获得总奖励的期望值，即 $t+1,t+2,t+3,\cdots$ 未来所有时刻奖励之和。然而，未来的奖励根据时间的流逝会产生折扣效果，因为没有一个完美的模型能完全预测未来发生的事情。折扣系数 $\gamma\in[0,1]$ 用来降低未来状态的奖励。

$$Q^\pi(a|s)=E[r_{t+1}+\gamma r_{t+2}+\gamma^2 t_{t+3}+\cdots|s,a] \qquad (16.2)$$

最优价值模型的目标是使 $Q^\pi(a|s)$ 取最大值，一旦获得最优化 Q^*，就可以获得最优策略 $\pi^*(s)$。最优值的函数为

$$Q^*(s,a)=E[r_{t+1}+\gamma\max_{a_{t+1}}Q^*(s_{t+1},a_{t+1})|s,a] \qquad (16.3)$$

公式（16.3）就是著名的贝尔曼方程，运用动态规划的思想，通过不断迭代得到最优值。在状态 s 下给定一个动作 a，并在状态 s_{t+1} 获得奖励 r_{t+1}，要使 Q 值最优，则要使状态 s_{t+1} 最优，要使状态 s_{t+1} 的 Q 值最优，则要保证 s_{t+2} 的 Q 值最优，依此类推，直到最终状态。当状态及行动的个数较少时，可以使用状态动作表来记录最优 Q 值，但是当状态的个数是无限多时，我们已经不可能用表格来表示策略了，这时我们只能用一些函数拟合（function approximation）的方法把状态、动作、价值这三者的关系表示出来。神经网络是目前最佳的选择。

虽然之前有人也提过深度增强学习，但是都不具有稳定性，而 DeepMind 提出的 DQN 采取三种方法来解决这些问题：① 使用回放池打破数据之间的相关性，使数据独立相等的分布，我们将过去的试验存放在回放池，然后从中进行学习；② 固定目标 Q 值神经网络来避免波动，打破 Q 值神经网络和目标之间的相关性；③ 将奖励或网络标准调整到一个合理的范围，这需要一个强大的梯度方法。

与传统的增强学习相比，DQN 采用了神经网络来计算 Q 值。状态作为输入对每个可能的行动输出一个 Q 值。经过一次神经网络的正向传播，更新所有行动的 Q 值。给定转移 $<s,a,r,s'>$，Q 值表更新规则变动如下：

- 对当前的状态 s 执行前向传播,获得对所有行动的预测 Q 值;
- 对下一状态 s' 执行前向传播,计算网络输出的最大 Q 值,即 $\max Q(s',a')$;
- 设置行动的目标 Q 值为 $r+\gamma\max Q(s',a')$,这里的 max 值在第二步已经算出,预测值为第一步计算出的 $Q(s,a)$;
- 使用反向传播算法更新权重,损失函数为

$$L=\frac{1}{2}\big[\underbrace{r+\max Q(s',a')}_{\text{目标值}}-\underbrace{Q(s,a)}_{\text{预测值}}\big]^{2} \tag{16.4}$$

(3) 模型是智能体在环境中的表示,从试验中进行学习,设计者能够与模型互动。智能体的每一个动作都基于一定环境。在某个环境中,智能体的下一个状态有许多可能,它很难确定到底哪个是下一个状态,也就是说,不能完全确定智能体下一个状态的概率和可能的奖励。只要环境发生变化,智能体就必须遍历所有可能的下一个状态,这会导致学习效率的下降。因此,智能体必须基于当前环境和过去的经验,采取合理的策略,特别是环境未知或不断变化的情况。

如果智能体只通过值迭代而没有从模型中进行学习,那么学习的经验将不会被充分利用,这会导致相对较慢的收敛速度和一个次优的解决方案,而不是最佳的解决方案。虽然增强学习的应用是成功的,但它的功能状态需要手动设置。因此,它很难满足复杂的场景,有时会遇到维数灾难的问题。DQN 中,深度学习用来自动学习特征。因此,增强学习和深度学习的结合能够在动态场景中自动学习特征,而学习的决策,即行动,由增强学习进行优化选择。

16.3　机器人玩 Flappybird

人类擅长于解决一系列具有挑战性的问题,从低级的运动控制到高级的认知计算。DeepMind 的目的是开发类似于人类的、具有高级认知计算能力的机器。与人类相似,机器需要从数据(如视频、文字、声音等)中提取特征,进行学习,这可以通过深度神经网络实现。与人类相似,还可以给机器奖励,让它们往好的方面学习,这就是增强学习。DeepMind 把这两种方法结合成深度增强学习,目前运用到多个领域,都能达到人类级别的性能。

2013 年,DeepMind 在 NIPS 提出了 DQN,DQN 的原理在 16.2 节中已经介绍过了。他们把 DQN 运用到 50 个不同的 Atari 游戏中,事先不让机器知道游戏规则。Atari 2006 是一些流行的计算机游戏的集合,它包括 49 个独立的游戏,如打砖块等经典游戏。机器只接收游戏屏幕的图像和游戏的得分,在不知道游戏规则的情况下,机器自己学会了游戏的玩法,并使用最合理的策略去玩游戏。如图 16-2 所示,展示了 Atari 游戏设置,包括控制杆和控制按钮。学习状态、行动和奖励之间的关系通过箭头指示。

DeepMind 发现机器的性能超乎预期结果,大部分结果都远远好于之前的学习器,半数游戏达到了人类级别的性能,如表 16-1 所示。目前 DeepMind 已经公开 DQN 的源码。

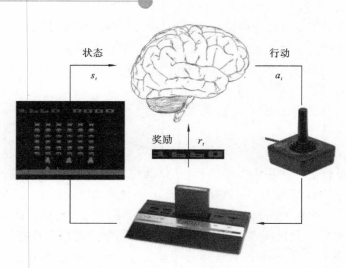

图 16-2　玩 Atari 过程中的增强学习

表 16-1　DQN 应用到 50 款不同的游戏与人类学习比较

游 戏 名 称	线性学习 最强增益	DQN 增益	游 戏 名 称	线性学习 最强增益	DQN 增益
Video Pinball	59%	2539%	Up and Down	103%	92%
Boxing	1045%	1707%	Ice Hockey	35%	79%
Breakout	12%	1327%	Q * bert	14%	78%
Star Gunner	4%	598%	H. E. R. O	3%	76%
Robotank	273%	508%	Asterix	22%	69%
Atlantis	308%	449%	Battle Zone	9%	67%
Crazy Climber	51%	419%	Wizard of Wor	38%	67%
Gopher	50%	400%	Chopper Command	34%	64%
Demon Attack	6%	294%	Centipede	8%	62%
Name This Game	11%	278%	Bank Heist	68%	57%
Krull	12%	277%	River Raid	25%	57%
Assault	223%	246%	Zaxxon	5%	54%
Road Runner	32%	232%	Amidar	36%	43%
Kangaroo	1%	224%	Alien	6%	42%
James Bond	53%	145%	Venture	11%	32%
Tennis	46%	143%	Seaquest	3%	25%
Pong	6%	132%	Double Dunk	177%	17%
Space Invaders	7%	121%	Bowling	16%	14%
Beam Rider	10%	119%	Ms. Pac-Man	9%	13%
Tutankham	66%	112%	Asteroids	2%	7%
Kung-Fu Master	86%	102%	Frostbite	4%	6%
Freeway	65%	102%	Gravitar	9%	5%
Time Pilot	7%	100%	Private Eye	1%	2%
Enduro	42%	97%	Montezuma's Revenge	0%	0%
Fishing Derby	2%	93%			

接下来,DeepMind 在很多方面改进了 DQN 算法:进一步稳定学习过程;考虑回放池;归一化、聚合和重新缩放输出结果。将其中一些改进措施结合,应用到玩 Atari 游戏中,能够提升 300% 的性能。他们甚至可以训练一个单独的神经网络去学习多种 Atari 游戏。DeepMind 还建立了一个大规模分布式深度增强学习系统 Gorila,它利用谷歌云平台加速训练时间,该系统已经被应用于 Google 内部的推荐系统。图 16-3 所示的是 Gorila 的架构,在谷歌的大集群服务器上实现。它与 Dean 的 MapReduce 或者 Chang 的 BigTable 有很多相似之处。在这两种情况下,一个很艰难的问题(有效利用异构计算集群对非常大数据集的存储和查询)以起初从未有过的规模和水平被新的设计良好的网络解决了。Gorila 由四个关键组件组成:Actor、Distributed memory、Learner 和 Q-network。其中,Actor 和游戏玩家相对应,Distributed memory 是提高增强学习系统性能的关键,Learner 是并行的,可以产生比之前迭代更多的梯度渐变,而分布式的 Q-network 使用 DistBelief。

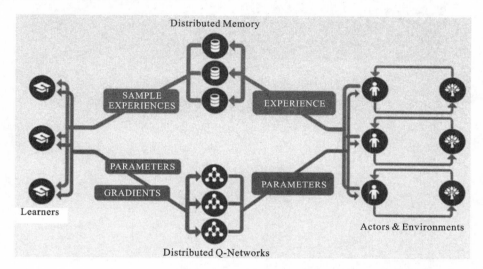

图 16-3　Gorila 架构

(来自 Google DeepMind 的 David Silver,http://icml.cc/2016/tutorials/deep_rl_tutorial.pdf)

虽然 DQN 算法在 Atari 游戏中取得了很好的游戏性能,但这些都是 2D 游戏,DeepMind 提出将深度增强学习算法用到 3D 的迷宫游戏中,在这个游戏中,智能体通过观察周围的环境,获得像素的输入,如图 16-4 所示,寻找游戏的宝藏。DeepMind 基于异步评价器的 A3C 算法,把深度神经网络和用于选择行动的策略网络进行结合,在很多迷宫游戏中都取得了很好的效果。

2016 年 12 月,DeepMind 宣布开放其用于众多实验的迷宫类游戏平台,把训练环境的整个源代码发布至开源社区 GitHub,并将其名称由 Labyrinth 更改为 DeepMind Lab。该平台将不同的人工智能研究领域整合至一个环境下,所有开发者都能下载源代码并对其进行个性化设置,以此训练和测试原有的人工智能系统。

接下来我们以一个简单的例子——机器人玩 Atari 游戏,讲解 DeepMind 的核心技术——深度增强学习。

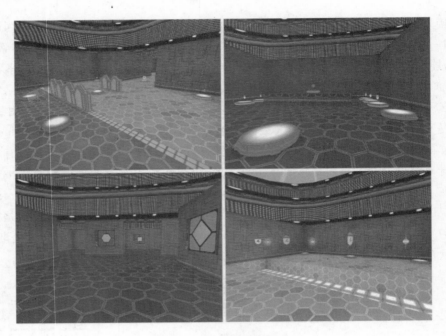

图 16-4　机器人观察到的环境

案例 16.1　机器人玩 Atari 游戏中的深度增强学习

　　Flappybird 是一款简单的 Atari 游戏，流程图如图 16-5 所示。玩家必须控制一只小鸟不能飞太高也不能飞太低，且恰好通过管道之间的空隙。

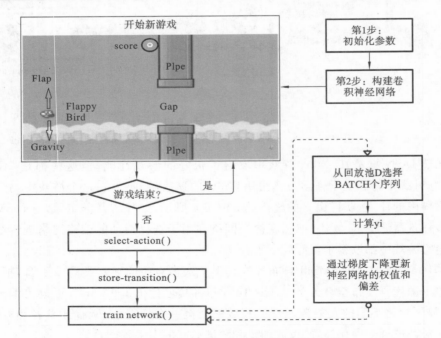

图 16-5　玩 Flappybird 的 DQN 算法的流程图

　　该卷积神经网络包括 3 个卷积层和 1 个全连接层。在这个游戏中，玩家可采取两种行动：向上或者不采取行动。向上会让小鸟跳高，而不采取行动会让小鸟以恒定的速度下降。创建卷积神经网络的伪代码如下：

```
def createNetwork():
    # Weight of neuralnetwork
    # Input layer
    # Hidden layer
    # Output layer
    Qvalue= tf.matmul(h_fc1,W_fc2)+ b_fc2      //预测 Q 值
    return s,Qvalue,h_fc1
a= tf.placeholder("float",[None,ACTIONS])    //给行动分配空间
y= tf.placeholder("float",[None])            //y 是目标 Q 值
Qvalue_action= tf.reduce_sum(tf.mul(Qvalue,a),reduction_
indices= 1)                    //神经网络预测的 Q 值
cost= tf.reduce_mean(tf.square(y- Qvalue_action))
                               //损失函数
train_step= tf.train.AdamOptimizer(1e- 6).minimize(cost)
                        //最小化损失函数来优化神经网络
```

该卷积神经网络的结构如图 16-6 所示，输入 4 张图像、3 个卷积层和 1 个全连接层，输出行动。设置 ACTIONS＝2 意味着 FlappyBird 只有两种行动：上或者下。为了解决同步问题，算法设置 FRAME_PER_ACTION 作为每一次行动之前跳过的样本。参数 GAMMA 是未来奖励的打折系数 γ。REPLAY_MEMORY 表示回放池的容量。收集的样本是时序数据，样本之间存在重复。如果每接收一个样本就计算 Q 值，那么效率较低。

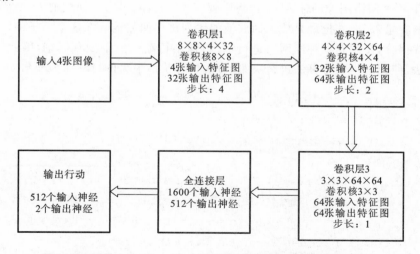

图 16-6 机器人玩 FlappyBird 游戏中的卷积神经网络的构建过程

这些样本以序列（$\phi_t, a_t, r_t, \phi_{t+1}$）的格式存放在回放池，在训练阶段每次从回放池中随机取出 BATCH 个序列进行训练。一般情况下，游戏进行画面计算的时间是相当短的，然而深度学习编码出特征并用增强学习找出策略的这个过程要长得多。因此，游戏运行的每一帧都要停下来看看智能体算完了没有。

　　游戏画面每 4 帧合在一起当作一次训练样本,得到新图像后,下一个状态就往前移动一帧,依然是 4 帧的图像,训练样本得到操作集合。对于每个样本,首先初始化状态 s_1。现在开始玩游戏,网络接收到样本之后,有两种方式选择行动 a_t:① 根据概率 epsilon 随机选择行动 a_t,概率 epsilon 本身会根据时间逐步下降;② 根据当前状态输入到当前卷积神经网络计算接下来选择每个行动对应的 Q 值,选择最优值 Q 对应的行动 a_t。伪代码如下:

```
def select_action():
    Qvalue_t= Qvalue.eval(feed_dict= {s:[s_t]})[0]
                                          //通过神经网络得到 Q 值
    a_t= np.zeros([ACTIONS])              //为行动分配空间
    action_index= 0                       // 行动的索引
    if t% FRAME_PER_ACTION= = 0:          //每个行动跳过几帧
        if random.random()< = epsilon: //随机选择一个行动
            action_index= random.randrange(ACTIONS)
            a_t[random.randrange(ACTIONS)]= 1
        else:                             //基于最佳策略选择行动
            action_index= np.argmax(Qvalue_t)
                         //预测每个行动的 Q 值,选择 Q 值最大的行动
            a_t[action_index]= 1
    else:
        a_t[0]= 1                         //什么都不做
```

　　深度卷积神经网络的训练过程如下列伪代码所示。在模拟器执行动作 a_t,得到奖励 r_t 和下一个网络图像的输入 x_{t+1},将序列$(\phi_t, a_t, r_t, \phi_{t+1})$存入回放池 D。如果超出了回放池的容量,那么就把最早放入回放池的序列挤出回放池。在这个例子中,只输入图像和游戏得分,使用卷积神经网络进行训练,输出行动。由于没有标签,因此结合增强学习算法,使用增强学习算法进行决策,每次选择价值最大的行动作为输出。

```
def train_network():
    if t> OBSERVE:
        minibatch= random.sample(D,BATCH)
                               //从 D 中选择 BATCH 个序列
        s_j_batch= [d[0] for d in minibatch] //序列中的状态
        a_batch= [d[1] for d in minibatch]   //序列中的行动
        r_batch= [d[2] for d in minibatch]   //序列中的奖励
        s_j1_batch= [d[3] for d in minibatch]
                                         //序列中的下一个状态
        y_batch= []                          //为 y 分配空间

        Qvalue_j1_batch= Qvalue.eval(feed_dict= {s:s_j1_batch})
                                  //计算下一个状态的最大 Q 值
```

```
for i in range(0,len(minibatch)):
    terminal= minibatch[i][4]//序列的下一个状态
    if terminal:
        y_batch.append(r_batch[i])
    else:
        y_batch.append(r_batch[i]+GAMMA×np.max
        (Qvalue_j1_batch[i]))
    train_step.run(feed_dict= {
    y:y_batch,
    a:a_batch,
    s:s_j_batch})
```

16.4　使用深度增强学习的 AlphaGo

2016 年 1 月,DeepMind 在《Nature》上发表了一篇论文,描述了 AlphaGo 实现的细节:将蒙特卡洛搜索树和深度神经网络结合,从棋谱中进行学习,并且使用增强学习通过自我对弈进行学习。虽然 Google 目前还没有公开 AlphaGo 的源代码,但是一些学生根据这篇论文复现了 AlphaGo,这可以从 github 上下载。AlphaGo 程序有两个深度神经网络:策略网络(Policy Network)和估值网络(Value Network),并使用蒙特卡罗树搜索(Monte Carlo Tree Search,MCTS)进行搜索。

1. AlphaGo 的策略网络和估值网络

首先,AlphaGo 使用监督学习从当前已有的棋局数据中进行学习,构建基于深度卷积网络的策略网络。策略网络的输入是棋局状态,如表 16-2 所示,预测每一个合法的下一步的概率,选择概率较大的位置落子。这一步是模仿人类,寻找和高手最相似的落子。策略网络从网上围棋对弈平台 KGS 上的 3 千万个位置中进行学习,训练出一个13 层的深度卷积神经网络。

表 16-2　策略网络的输入

特　　　征	维数	描　　　述
执子颜色(Stone colour)	3	玩家的棋子/对手棋子/空
常数 1(Ones)	1	常数 1
回合(Turns since)	8	开局以来经过的回合数
围棋的气(Liberty)	8	气的数量
围住的棋子数(Capture size)	8	会围掉对方的多少棋子
被围住的棋子(Self-atari size)	8	自己的棋子会被围掉多少
行动之后的气(Liberties after move)	1	做出行动之后棋子的气
征住棋子(Ladder capture)	1	该点的行动是否是一次成功的征

续表

特　征	维数	描　述
逃离征（Ladder escape）	1	该点的行动是否成功逃离征
合法性（Sensibleness）	1	一个行动是否合法，不能下在围棋的眼里
0（Zeros）	1	常数 0
玩家颜色（Player color）	1	当前棋子是否是黑色的

注：征（ladder）是一种提子技术，强迫有两口气的一子或者一块棋走之字形直至棋盘的边界而被提。

　　虽然策略网络的精度高，但是速度比较慢，在实际对弈中往往有对速度的要求，因此，又训练了一个速度快、精度低的快速走棋网络。输入如表 16-3 所示，使用较少的特征进行训练，该网络达到了 24.2% 的准确率，2 微秒内选择一个动作，而策略网络的准确度大概为 57%，需要 3 毫秒选择动作。

表 16-3　快速走棋网络的输入

特　征	维数	描　述
响应（Response）	1	该行动是否和一个或多个响应模式特征匹配
拯救棋子（Save atari）	1	行动将棋子从围困中解救出来
邻域（Neighbour）	8	行动是之前行动的 8 个相邻区域中的一个
点杀（Nakade）	8292	行动和被困棋子的点杀模式匹配
响应模式（Response pattern）	32207	行动匹配之前行动的 12 个点的 diamond 模式
非响应模式（Non-response pattern）	69338	行动和行动周围的 3×3 模式匹配
自我打吃（Self-atari）	1	行动让棋子被困住
最后行动距离（Last move distance）	34	之前两步的 Manhattan 距离
非响应模式（Non-response pattern）	32207	行动和行动周围的 12 个点的 diamond 模式匹配

　　策略网络和快速走棋网络都是模拟人类专家的落子行为，而专家的落子也有可能出现失误，因此通过自我对弈使用增强学习进一步加强训练。增强学习的目的是"赢"，每次总是选择获胜概率最大的一步。增强学习基于之前的策略网络和快速走棋网络，结构与监督策略网络的相同，初始权重也与监督策略网络的相同。让增强策略网络作为游戏的一方，另一方每次从之前训练的策略网络中随机选择一步，随机选择可以避免当前策略网络的过拟合。最终奖励值用 +1 或 -1 表示，当在某个位置落子后的最终结果是胜时，奖励值为 +1，若最终结果是负时，奖励值为 -1。通过随机梯度上升的方式往奖励最大的方向更新权值。增强策略网络输出行动的概率分布。

　　策略网络、快速走棋网络和增强策略网络关注的是每一步怎么下，是局部的，然而围棋是个需要大局观的游戏，常常会有"牵一发而动全身"的情况，因此使用估值网络，它侧重于对全局形势的判断。价值网络的结构与策略网络的相似，但是输出单个预测结果而不是概率分布，通过随机梯度下降法最小化预测值和实际值的均方根来训练网络。但是由于胜的位置往往具有很强的相关性，每次估值网络都记住了游戏结果，但不会将它一般化到全局，这就会导致过拟合的问题。因此，再次使用自我对弈，让增强策略网络和自己玩游戏，得到如图 16-7 所示的是策略网络和估值网络中的价值网络。案例 16.2 解释了监督学习和增强学习。

图 16-7　策略网络和估值网络

案例 16.2　自我对弈数据输入价值网络之前的策略网络的监督学习和增强学习

这个例子展示了策略网络中增强学习之后的监督学习的具体训练细节,之后训练机将结果输入价值网络以评估回报。价值网络使用一个 12 层的卷积神经网络和自我对弈的游戏作为训练数据。增强学习过程的训练算法试图通过梯度增强学习最大化 z,即

$$\Delta\sigma \propto \frac{\partial \log p_\sigma(a|s)z}{\partial \sigma}$$

其中,s 表示状态,a 表示行动,a 表示奖励。策略网络在谷歌云上使用具有 50 个 GPU 的服务器训练了一周。通过训练测试,策略网络在测试中表现出了 80% 的胜率,相当于一个业余 3 段选手。

价值网络使用一个 12 层的卷积神经网络来进行增强学习。卷积神经网络与策略网络中使用的类似。使用的训练数据是棋盘的 3 千万次落子的位置(KGM 5+dan)。使用随机梯度下降法最小化最小平方差 θ:

$$\Delta\sigma \propto \frac{\partial v_\theta(s)}{\partial \theta}(z - v_\theta(s))$$

价值网络的训练过程与策略网络的类似。经过策略网络和价值网络之后,机器具有很强的位置价值评估能力,这是之前其他围棋程序没有达到过的。

2. AlphaGo 的蒙特卡洛搜索树

前面讲的是 AlphaGo 的线下训练部分,然而这是远远不够的,当进行线上对决时,需要采用蒙特卡洛搜索树将策略网络和估值网络结合起来进行选择动作。蒙特卡洛树搜索是一种用于某些决策过程的启发式搜索算法,每个循环包括四个步骤:① 选择,从根节点 R 开始选择连续的最优节点到叶子节点 L;② 扩展,如果 L 不是一个终止节点,就创建一个或更多的子节点,选择其中一个子节点 C;③ 模拟,从 C 开始运行一个模拟的输出,直到游戏结束;④ 反向传播,用模拟的结果输出更新当前的行动序列。

AlphaGo 的每个节点 (s,a) 都存储了一个行动估值 $Q(s,a)$,经过次数 $N(s,a)$ 和先验概率 $P(s,a)$。首先,AlphaGo 基于策略网络输出当前局面 s 的下一步走棋 a 的概率分布,使用估值网络选择赢棋概率较高的位置。然后再按照这种思路选择接下来棋局最有可能的下一步,一直走到叶子节点 L。如果该节点 L 访问次数大于某个阈值,就扩展下一个节点。对每个落子 a,有两种评价方式:通过估值网络判断赢的概率;使用快速走棋网络模拟接下来的走棋,得到模拟的结果,对模拟结果进行评估。AlphaGo 使用权重结合这两种方法对预测到未来 L 步进行评估。评估之后,更新经过 Q 值和次数 N,更新分数,$V^* = Q + u(P)$,即调整后的初始分加上通过模拟得到的赢棋概率。如果

某一步被随机分到很多次,那么初始分就会被打个折扣,这样主要的依据就是模拟得到的赢棋概率,而不是开始的初始分。这样既可以选择比较好的落子方案,又可以遍历其他未经过的节点位置,如图 16-8 所示。

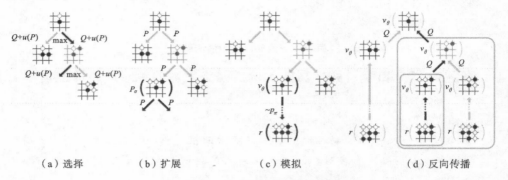

（a）选择　　　　　（b）扩展　　　　　（c）模拟　　　　　（d）反向传播

图 16-8　AlphaGo 蒙特卡洛树搜索

案例 16.3　蒙特卡洛树搜索

这个例子展示了蒙特卡洛树搜索的具体训练细节。

（1）选择。根据下列公式选择行动:

$$a^* = \arg\max_a (Q(s,a) + u(s,a))$$

其中,s 表示当前状态,a 表示选择的下一步行动,$u(s,a)$ 表示奖励,Q 表示行动估值。$u(s,a) = cP(s,a)\dfrac{\sqrt{\sum_b N_r(s,b)}}{1 + N_r(s,a)}$,$p(s,a)$ 是状态 s 下选择行动 a 的概率,$N(s,a)$ 表示经过状态 s 选择 a 行动的次数。

（2）扩展。如果经过某个节点 (s,a) 的次数 N 大于某个阈值,则插入后继节点 s'。

（3）估值。通过策略网络估计 s' 的值 $v_\theta(s')$,根据快速走棋网络模拟接下来的行为直到游戏结束或达到某个时间限制,计算奖励值。

（4）反向传播。更新经过的节点的参数。

3. AlphaGo 程序中的深度增强学习系统架构

我们将之前讲的两部分内容结合,即为 AlphaGo 系统框架,如图 16-9 所示。从图

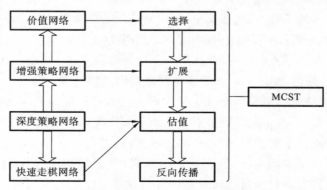

图 16-9　AlphaGo 系统框架

16-9 可以看到，AlphaGo 首先使用深度学习训练策略网络，然后利用之前深度学习的结果经过自我对弈训练出增强策略网络，接着在之前的基础上训练出增强价值网络，训练的网络用在蒙特卡洛树上，如此层层递进，实现了准确的预测。

案例 16.4　蒙特卡洛树搜索的性能

　　蒙特卡洛树基本上遍历了所有的行动和奖励，构建一个大型的前向搜索树来搜索成千上万种可能。图 16-10(a) 列出了 AlphaGo 使用蒙特卡洛树的准确率。使用大量专业棋盘训练价值网络来预测专业棋手的行动。图 16-10(b) 比较了 AlphaGo 和四类围棋程序比赛的胜率。

程序	准确率
人类6段	约52%
12层卷积网络	55%
8层卷积网络	44%
之前最好的程序	31-39%

程序	胜率
GnuGo	97%
MoGo(100k)	46%
Pachi(10k)	47%
Pachi(100k)	11%

（a）准确率比较　　　　　　　　（b）4种围棋程序的胜率

图 16-10　不同程序的性能

(Courtesy David Silver, Google DeepMind,
http://www0.cs.ucl.ac.uk/staff/d.silver/web/Resources_files/deep_rl.pdf)

　　12 层卷积神经网络的预测准确率达到了 55%，这与之前围棋程序 31% 和 39% 的预测准确率相比，是一次重大进步。神经网络比传统的基于搜索的程序 GnuGo 更强健，它的性能与每次搜索 10 万步的 MoGo 相似。Pachi 每次搜索 1 万步，它和每次搜索 10 万步的 Pachi 对弈，胜率约为 11%。

16.5　本章小结

　　许多有趣的认知功能可以通过各种类型的人工神经网络的深度学习工具来构建。本章主要围绕 Google 的认知计算应用展开介绍。第 16.1 节介绍了 Google 最为出名的应用 AlphaGo。第 16.2 节介绍了 AlphaGo 的关键技术——深度增强学习。第 16.3 节就 DeepMind 团队目前在认知计算取得的进展做了大致的总结，并以一个简单的例子解释深度增强学习。第 16.4 节介绍 AlphaGo 的实现原理。

17

IBM 认知计算应用

摘要：理解认知计算的潜力的最好方法之一是看看认知系统的早期实现。IBM 开发 Watson 作为它的一个新的基础产品，旨在基于获取的新内容帮助客户建立不同的系统类型。IBM Watson 设计的重点是基于利用从机器学习到自然语言处理（NLP）和高级处理等技术所聚合的数据来创建解决方案。

Watson 的解决方案包括一组基础服务与行业集中的最佳实践和数据。通过一个迭代的训练过程，并结合学科专家的知识与特定领域的数据的语料库，认知系统结果的准确性不断提高。机器和人类交互的一个重要的能力是能够利用自然语言处理理解多种非结构化和结构化的数据组合而成的语义环境，不断吸收并学习占全球数据总量大部分的非结构化数据正是 Watson 成为全球医疗健康认知系统的秘诀所在。此外，认知系统并不被限制为面向固定的应用领域，而是能够在使用过程中不断演进的系统。

17.1 IBM 的语言认知系统

Watson 是一个结合了 NLP、语言分析和机器学习技术的认知系统具有强大的理解能力、智能的逻辑思考能力、优秀的学习能力以及精细的个性化分析能力。Watson 在与每个用户的交互过程中变得更加聪明而有见识，并且每次都能获取到新的知识。通过结合自然语言处理、动态学习、假设生成和评价，Watson 旨在通过帮助专业人士创建数据，加快研究假设，确定证据的可用性来解决问题。IBM 将 Watson 视作一种通过让人与机器以一种自然的方式进行交流来提高商业成果的方案。

人们已经习惯了利用先进的搜索引擎或数据库查询系统来发现信息以支持决策。Watson 采用一种不同的方法促进数据驱动的搜索，这将在本章中进行详细讨论。在本质上，Watson 利用的是机器学习、DeepQA 和先进的分析方法。IBM Watson 的 Deep-QA 架构，如图 17-1 所示，在本章中有描述。

17.1.1 Watson 的语言天赋

不同的认知系统能模仿人类的各种认知能力。其中，一些对人类情感的变化敏感，一些对触觉敏感或是可以模仿人类的身体运动，同时实时将这些动作映射到远程

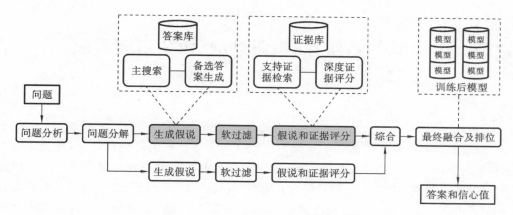

图 17-1　IBM Watson DeepQA 架构

机器人。相比之下，Watson 在机器学习、自然语言处理（NLP）和高级数据分析的支持下被设计成为一个可以获取新知识的高级问答系统。为了提高 Watson 提供的答案的准确性，需要将专家知识和特定数据的大量语料库相结合来进行迭代训练处理。通过 NLP 和各种结构化和非结构化数据源组合，Watson 拥有理解复杂上下文的能力。

作为具有 NLP，分析和学习天赋的认知系统，Watson 有一个独特的认知引擎，它不同于搜索引擎。对于搜索引擎，在输入主题的关键词之后，将为用户提供排序的结果列表。然而，Watson 将继续进行单向对话以改进结果，以使用户获得有指导意义的结果，要么是对问题的回答，要么是通过后续问题来问清楚用户的意图。通过使用 NLP 技术，它更像一个具有强大的语言和理解能力的人类专家。通常，一个问题将被分解为多个子问题，每个子问题将被单独评估以获取可能的答案和解决方案。

17.1.2　具有语言认知智能的搜索引擎

理解这个具有语言认知智能的搜索引擎就要考虑 Watson 作为一个认知系统是如何不同于其他搜索引擎的。使用搜索引擎时，你输入关键字，并根据适当的排名得到主题的结果。你也可能会问一个具体的问题并收到排名的结果；然而你不能创建一个对话继续完善这个结果。一个典型的搜索引擎基于关键字的相关性来对结果进行排名。次要的排名方式是基于价格或评论等因素。此时，用户会得到一个结果列表，并对最符合预期的结果或链接进行评估。

而使用 Watson，人们能够得到一个直接的结果，或者是问题的答案或者是一个后续问题帮助阐明用户的意图。因此，该机器试图表现得更像一个人类专家。例如，用户可能会问 Watson"什么是我最好的退休计划？"或"减肥的最佳方法是什么？"如果 Watson 有足够多的数据和足够多的与该主题相关的知识，系统就能够理解问题背后的含义。这种深层次的理解是通过使用统计分析和开发预测模型的算法进行的。Watson 并不是简单地寻找一个搜索引擎的关键字。此外，使用 NLP 技术的 Watson 能够将问题分成多个子问题，并寻找每个子问题可能的答案。这种能够获取一个问题准确而及时的答案是认知系统问答处理与众多搜索引擎根本的不同。

17.2 IBM 认知系统在"极限挑战"中的语言天赋

17.2.1 Watson 养成记

计算机科学家们经常使用游戏作为一种方法来推进他们的研究议程,并公开展示创新的计算机技术。为了保持这一传统,IBM 已经有很长的历史将游戏融入它的研究团队的"极限挑战"中。IBM 两个广为人知的"极限挑战"是 20 世纪 50 年代的跳棋比赛和其后 90 年代的象棋比赛。人工智能(AI)的一个先驱设计了 IBM 701 计算机来玩跳棋并击败了美国顶尖的跳棋冠军之一,同时,这也成为了验证计算机能力的里程碑。20多年后,IBM 的深蓝计算机击败了国际象棋世界冠军。"极限挑战"的目的是采取一个理论概念,并证明它在实际中是可行的。

IBM 在象棋挑战中的成功是以计算机在数学领域中击败人类为基础的。IBM 的研究人员认为接下来的挑战应该是探索和推进计算机在人类自然语言和知识的能力。在 2006 年,IBM 提出了一个巨大的挑战,能够有助于商业决策方式的转变。IBM 的一位研究人员建议公司建立一台能够与人类冠军竞争并且在 Jeopardy! 中取胜的计算机。最初的重点是通过回答跨越不同领域的问题判断一个系统是否能够与人类竞赛。IBM 的研究人员在完成该大挑战中面临的最大问题是如何在处理速度和结果的准确性之间建立一个平衡。大挑战的目标是在游戏中打败人类,IBM 希望能够使用 Jeopardy! 挑战作为一种方式来探索创建一个可以支撑复杂行业的认知系统的可能性。

Watson 初次亮相就打败了 Jeopardy! 游戏的连胜纪录保持者和最高奖金得主。这是 IBM 历史上继"深蓝"计算机打败国际象棋大师卡斯帕罗夫后,又一次成功地挑战人类。赛后,IBM 将 Watson 提升到公司级战略地位并专门组建了 Watson 部门。Watson 的技术有潜力应用到商业发展上,推动各行各业的转型。事实上,IBM 并没有打算让以 Watson 为代表的人工智能系统远离公众生活,这已经充分表露了 IBM 对Watson 商业化的信心。其中,医疗健康是 Watson 目前最强的领域,Watson 的计算能力和对数据的分析能力,使得医疗行业最有可能先被颠覆。

17.2.2 "危险挑战"对语言能力的要求

IBM 成立了一个由机器学习到数学、高性能计算、自然语言处理和知识表达的专家和研究人员组成的内部团队将这个大挑战变成一个平台。为了在 Jeopardy! 中获胜,该团队需要建立一个系统能够比人类顶尖的竞争对手更快、更准确地回答人类语言中提出的问题。IBM 确定 Watson 需要在 3 秒内回答一个问题,并在规定时间里回答大约 70%的问题且达到 80%的准确率。

为了实现这些目标,Watson 被设计成一个使用连续获取的知识来决定问题的答案以及与这个问题相关的可信分数的问答系统。Watson 通过分解句子中的每一个元素,与先前获取的知识比较,并推论出其意义的方式来理解每个句子的背景。

Jeopardy! 挑战的复杂度是以问题类型的多样性和游戏中广泛的主题范围为基础

的。此外,在 Jeopardy! 中的问题总有一个准确答案。你不能回答一个需要额外信息的问题。参赛者需要在一组线索的基础上识别这个问题。线索可能是技术信息,或者可能是双关语、拼图、文化参考。为了以足够快的速度找到线索赢得比赛,Watson 需要像人类一样,天生就有能力来理解自然语言的各个方面。

为了确保响应是高度精确的,在一个并行计算环境中,Watson 同时产生许多假设(潜在的答案)。这些假设会生成一个足够宽的数据网络,以确保产生正确答案。采用复杂的算法排名可确定每一个假设的置信水平。自然语言处理技术的进步有助于使这种方法成为现实。IBM 建立一个能够支持使用机器学习做大量实验来持续推动 Watson 认知能力的架构。

计算速度的需要导致了 IBM 使用极其快速和强大的硬件。在电视 Jeopardy! 竞赛之夜,Watson 作为一个包含服务器、存储器和网络设备的超级计算机系统来参加竞赛。Watson 包括 90 台 IBM Power750 服务器,每台服务器有四个处理器,而每个处理器有 8 个逻辑核。这意味着总共有 2880 IBM Power750 处理器内核。2880 个核使 Watson 能够在 3 秒内得到一个问题的答案。此外,Watson 被设计成在随机访问存储器上存储其完整的知识而不是在磁盘上,这进一步加速了处理速度。而快速的网络技术则有助于在计算节点之间以极快的速度传输大量数据。

17.2.3　面向商业智能应用的 IBM 认知系统

与 Jeopardy! 提供一个问题的准确答案不同,商业应用需要更复杂、多维的答案。为行业建立的商业应用(如医疗保健和金融业)需要支持一个持续的人类和机器之间的对话,将有助于发掘出最有意义的一套问答。此外,当需要帮助企业用户获得最有用的和准确的响应时,预计将要求更多的信息。

Jeopardy! 的典型问题与一个商业医疗应用中的问题区别如表 17-1 所示。Jeopardy! 中的问题包括关于实例或概念的主题域或状态。声明中未确定实体或概念。这个问题的主题领域是"美味佳肴",身份不明的实体是"猪"。在 Watson 的商业应用中,已推出的产品有 Watson 发现顾问、Watson 分析顾问等。例如,表 17-1 所示的问题要求一个病人的治疗计划,意图是为医生与 Watson 进行一次合作对话。

表 17-1　对比 Jeopardy! 问题的回答与 Watson 发现顾问问题的回答

Jeopardy! 标准问答	Watson 发现顾问的问答
问题:美味佳肴:星级厨师 Mario Batali 给来自一种动物脖子后部的肥肉(lardo)上调料,猜一种食物	问题:肿瘤学家正在评估癌症患者的治疗方案,并询问 Watson,推荐给患者 X 的治疗方案是什么?
回答:问题的答案是"猪"	回答:这个问题的答案是多方面的,需要与肿瘤学家进行持续对话。答案可能包括额外的检查建议并提供多种诊疗方案

先进的机器学习技术被用来训练 Watson 以提供各种类型问题的正确答案,包括列举在表 17-1 中的这些问题。Watson 通过考虑许多基于知识本身可能的回答得到问题的答案。每一个可能的答案是由 Watson 给予置信值。Watson 提供给 Jeopardy! 样本问题的答案是"猪",因为这是最高的置信水平的答案。相比之下,在治疗方案的问

题上，可以提供几个备选的答案，并显示每一个答案的置信水平。

　　IBM 正在运用更多先进技术以帮助 Watson 赢得 Jeopardy! 认知系统的商业应用。这些系统使用基于证据的学习方式，以使它在每个新的交互中变得更加聪明。训练是在商业环境中实现一个 Watson 系统的一个重要方面。训练数据包括特定行业的问题和答案。Watson 也能够通过获取资源为一个新的行业训练。例如，在一个 Watson 的医院应用中，这种训练包括获取具体的医疗诊断技术的深层本体论或编码系统。本体论提供了一种机制，它通过声明和定义术语以及对不同系统资源之间创建准确的映射关系来确定上下文。此外，还包括治疗具体疾病的标准治疗方案。额外的训练可能是基于知识和经验丰富的临床医生的专业知识。公司可以使用这些认知系统来回答新的问题，作出更准确的预测并优化业务结果。

17.3　IBM 医疗认知系统

　　为了让 Watson 有出息，IBM 这几年几乎从不吝惜资金。

　　2014 年 1 月初，IBM 宣布投资 12 亿美元在全球新建云数据中心，同时重点强调成立 IBM Watson 集团，作为一个新的业务部门，用于支撑"云交付的认知计算"和大数据创新领域的开发和商业化。之后，基于 Watson 认知计算的研究实验室落地非洲，IBM 在未来十年将花费一亿美元在非洲开发基于 Watson 的认知计算。

　　进入 2015 年后，IBM 直接开启了"买买买"模式。4 月初，宣布了两宗初创公司收购案，一家是可以查看 5000 万份美国患者病例的分析公司 Explorys，另一家是提供云计算软件，可以把各种类型的健康数据进行处理，为医生提供数据方面的分析的 Phytel。意图很明显，就是为了加强 Watson 在健康数据分析方面的业务能力。

　　但 IBM 觉得这还远远不够，于是，又分别斥资 26 亿美元和 10 亿美元，给 Watson "投食"了医疗数据公司 Truven、医疗影像与临床系统提供商 Merge Healthcare Inc.。目前，包括 Truven 在内的几家大数据公司，已经开始为 IBM 创收。

　　IBM 在医疗大数据方面的布局如图 17-2 所示。

17.3.1　Watson 语言认知在医疗领域的应用

　　IBM Watson 开发的关键之一是分析主题要求，以了解将要提出的问题类型。为了验证其能力，Watson 参加了一个美国电视游戏节目"Jeopardy!"，该游戏是一个测验比赛，参赛者不仅要提供答案的知识线索，而且必须要以短语的形式来进行回答。

　　鉴于 Jeopardy! 所需的知识范围广泛，Watson 的语料库包括了百科全书、维基百科、词典、历史文献、教科书、新闻文章、音乐数据库和文学等多种文本集合。

　　IBM Watson 是基于云和 AI 的计算机系统，而 Watson Health 基于 Watson 构建。为了增强它的认知能力，使其成为世界上最聪明的医学专家，IBM 收购了大量的医疗健康大数据，通过学习大量的医疗健康大数据，Watson Health 有希望成为世界上最强大的医疗健康认知系统。

　　如图 17-2 所示，通过收购四家医疗健康大数据分析公司，Watson Health 已经吸收了数千万份肿瘤学论文和国际研究机构提供的大量白血病数据。

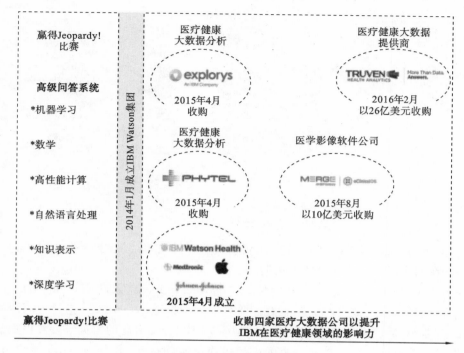

图 17-2　IBM Watson 医疗健康之路

Watson 使用的大多数信息源都是各种格式的非结构化文档。该系统为文档创建索引并将其存储在分布式文件系统中。Watson 语料库提供了答案来源和证据来源，答案来源提供主搜索和候选答案生成，证据来源提供答案评分、证据检索和深入的证据评分。

17.3.2　医疗认知系统发展历史

Watson 刚开始着眼医疗的时候，有人说这有点传统巨头没抓住移动互联网机遇，"病急乱投医"的意思。殊不知，其实 IBM 涉足医疗行业，是有悠久历史的。

20 世纪 50 年代，IBM 就开始开发医疗硬件和软件，比如人工心肺机、听力受损的信号处理等。60 年代就开始钻研医疗数据采集，同时还对影像信息访问的计算机自动化有所涉猎，这与今天 Watson 着眼的领域有很强的关联，图 17-3 列举了 IBM 20 世纪的重要医疗举措。

进入 21 世纪后，IBM 在医疗行业的脚步迈得更大，开始涉猎遗传生物信息学系统、病患管理等多个领域。随着"智慧地球"概念的提出，IBM 针对医疗行业倾注了大量的精力，布局了一系列重大措施，加速在医疗学术、解决方案上的合作。

2009 年 2 月，IBM 和 Google Health 联合开发一款健康软件，即将偏远的个人医疗装置中的数据传输到 Google Health 软件及其他个人健康记录（PHRs）软件之中，病人便可以与医生及其他健康服务人员进行实时的病情信息交流。这可以算是移动医疗很早期的一种尝试。

同年，IBM 又与诺华、沃达丰一起，通过移动电话和电子地图技术管理坦桑尼亚 135 个村庄的药品供应，大大改善了当地抗疟药的获得条件。

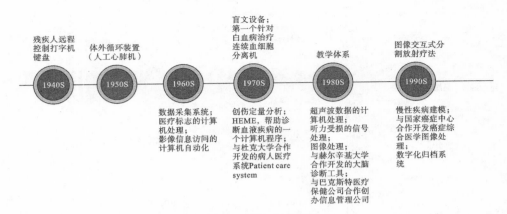

图 17-3　IBM 20 世纪的重要医疗举措

一系列的探索和实践，其实都为 IBM 打下了一个不错的医疗行业基础，同时也为 Watson 在如今医疗行业深耕埋下伏笔。

Explory、Truven、PHYTEL 和 Merge Healthcare Inc. 将促进 Waston Health 在医疗健康领域具有令人惊叹的认知能力。据东京大学报道，Watson 只花了 10 分钟就成功诊断一名 60 岁的女性患有一种由骨髓增生异常综合征引起的罕见继发性白血病，骨髓增生异常综合征是一种骨髓产生太少健康血细胞的疾病，并且 Watson 还给出了个性化治疗方案。相比之下，这个病人在几个月前还被其他医院误诊过。

但是，Watson Health 仍然有很大的发展空间。首先，语料库需要不断地微调和更新，以确保结果的准确性。例如，每周有大约有 5000 篇新文章涉及癌症，因此，Watson 语料库需要不断更新相关信息，否则数据很快就会过时。Waston 认知系统不是静态的，相反，它的模型会基于新的数据、分析和与人类专家的互动而不断更新。

17.4　IBM Watson **核心组件——"深度问答"**（DeepQA）

17.4.1　Watson **软件架构**

Watson 设计结构包括构建问答系统的软件架构和研究、开发以及整合算法技术到系统中。虽然速度和功率对于 Watson 而言是至关重要的元素，但设计团队最初专注于实现系统的准确性和可信度。达不到准确度和可信度的要求，速度将是毫无意义的。因此，一个关键的设计元素包括用于评估和提高精度的算法。众所周知的纳入到 Watson 架构的自然语言处理技术 DeepQA 包括如下内容：

- 问题解析和分类；
- 问题分解；
- 自动源获取与评价；
- 实体和关系检测；
- 逻辑形式生成；
- 知识表达和推断；

　　DeepQA 软件架构是根据非结构化信息管理架构（UIMA）标准建立的。UIMA 是最初由 IBM 创建的，然后开源到 Apache 软件基金会。它之所以被选作 DeepQA 中数百个分析组件的框架，是因为它能达到大量分布式机器之间的速度、可扩展性以及准确性的要求。通过实验，IBM 改进了 DeepQA 算法的精度和 Watson 得到的结果的可信度。下列是 DeepQA 的核心设计准则：

　　■ 大规模并行处理——大量的计算机并行处理工作，以优化处理速度和整体性能。使用这种技术，Watson 能分析巨大的信息来源，并以非常快的速度评估不同的解释和假设。

　　■ 概率问题和内容分析的整合——算法和模型被开发，使用机器学习提供正确的答案，假设多个领域的深层次的专业知识。语料库提供了知识和分析估计的基础，并了解信息中的关系和模式。

　　■ 可行度评估——该架构以一种对一个问题有多种解释的方式被设计。从来没有保证有单一答案。以置信水平对不同答案持续评分的方式是 Watson 准确度的关键。该技术分析并组合不同解释的评分以理解哪种解释是最相关的。

　　■ 浅层和深层知识的整合——浅层知识本质上是程序性的，而且没有为一个特殊主题范围中的不同元素建立联系的能力。你可以用浅层的知识来获得某些类型的问题的答案，但有很多的局限性。更加深入而不是字面或浅层地理解问题或者答案，你需要做出关联和推论。要实现这一层次的复杂性，你需要有深厚的知识，这些知识是关于理解一个特定学科领域的核心基础概念，如投资银行或医疗肿瘤学。有了深厚的知识，你可以为那些核心概念做出复杂的连接和关联。

　　开发和整合核心算法技术的方法论称为 AdaptWatson。该方法创建核心算法，测量结果，然后提出了新的想法。AdaptWatson 快速管理核心算法组件的研究、开发、集成和评价。算法的组件有许多角色，包括：

　　■ 理解问题；

　　■ 创建答案的置信水平；

　　■ 评估和排序结果；

　　■ 分析自然语言；

　　■ 识别源；

　　■ 寻找和生成假设；

　　■ 为证据和答案打分；

　　■ 对假设合并和排序；

为确定关系和推论，Watson 使用机器学习和线性回归基于相关性对数据排序。

17.4.2　DeepQA 组件语言分析架构

　　Watson DeepQA 架构的基本组件包括一个管道处理流，该流以一个问题开始，以一个答案和置信水平结束（参考图 17-1）。各种各样的答案来源提出了备选答案，然后对每个备选答案成为一个正确答案的可能性进行评估和排名。一个迭代的过程需要在几秒钟内发生，但是允许在最佳答案确定之前收集和分析证据。DeepQA 的组件被用作 UIMA 注释器，这些注释器是用来分析文本以创建该文本断言（或注释）的软件组件。在每一个阶段，UIMA 的注释器的一个作用就是帮助推动处理这一进程。Watson 有成百上千的 UIMA 的标注。需要在管道内发生的不同类型的功能如下：

问题分析——每个问题被分析以提取主要的特征，并开始处理理解问题的内容。这种分析决定了问题是如何被系统处理的。

主要搜索——内容从"证据"和"答案"源中检索。

候选答案生成——各种假设（候选答案）从内容中提取。每个潜在的答案被认为是一个正确的答案的候选。NLP 解释和分析文本搜索结果，将对答案和证据来源进行检查，以对如何回答这个问题提供深入了解。通过这种分析产生假设或候选答案。每一个假设被独立地考虑和审查。

浅显答案打分——该答案的不同候选根据许多方面（如地理空间相似性）进行打分。

软件过滤——在为每个候选答案打分后，过滤过程得分，并选择约前百分之二十的得分候选进行额外的分析。

证据搜索支持——额外的证据被研究和应用到靠前的答案候选的分析中。NLP 分析在额外的支持证据上执行，对各种假设进行测试。

深度证据打分——使用多种算法对每项证据进行评估，以确定证据对候选答案正确的支持程度。

最终合并和排序——每个候选答案的所有证据被组合，分配排名并计算置信分数。

该过程流取决于答案和证据源，以及模型（参考图 17-1）。这种架构的主要组成部分列举如下，并将在本章的其余部分进行更详细地描述：

- 建立 Watson 语料库
- 问题分析
- 假设产生
- 评分和置信度估计

17.4.3 IBM 认知系统搜索引擎特点——对问题的语言分析

1. 建立 Watson 语料库

Watson 语料库提供了被系统用来回答问题的基础知识以及查询响应。语料库需要提供一个广泛的基础信息作为参考源，而不添加不必要的信息，这可能会使性能下降。IBM 查看了 Jeopardy! 中问题的范围以及需要用来回答这些问题的数据源。硬件性能的提升让系统得以在规定时间内回答约 70% 的问题，并答对 80% 的问题。语料库被开发以提供在广阔的范围内访问大量信息的能力。Watson 被用来满足商业应用领域需求，如医疗和金融服务，语料库和本体论还需要开发以提供更多的特定领域的信息。因此，IBM 开发了一种方法，通过数据量合适、广度相同的相关资源来构建 Watson 语料库，以提供准确和快速的反应。这种方法包括三个阶段：

问题、答案与证据数据源的采集——确定特定任务的正确资源集。

DeepQA 数据的预处理——优化文本信息的格式以进行有效搜索

语料库的扩充——扩展算法是用来确定哪些额外的信息会更好地完成填补空白和

添加细节到 Watson 语料库的信息源中。

接下来将对三个阶段逐一详述。

■ 问题、答案与证据数据源的采集

根据 Watson 的应用情景，建立 Watson 语料库的来源也会不同。第一步是分析主题要求，以了解将被问的问题类型。鉴于 Jeopardy! 需要广泛的知识，Watson 的来源包括多种多样的文本，包括百科全书、维基百科、词典、历史文献、教材、新闻、音乐数据库和文献。信息来源还包括学科专题数据库、本体和分类。其目标是收集跨越多个领域丰富的知识基础，包括科学、历史、文学、文化、政治。为医疗或金融商业应用领域建立的 Watson 语料库是与 Jeopardy! 不同的，例如，肿瘤参考语料库建设需要摄入大量的相关科学研究、信息源的医学教科书和期刊文章。

信息来源的大多数是各种不同的格式非结构化的文档，如 XML、PDF、docx 或任何标记语言。这些文件需要被吸收到 Watson 中。该系统旨在为文档创建索引，并将它们存储在一个分布式的文件系统中。该实例可以访问共享的文件系统。Watson 语料库同时提供了答案来源和证据来源。答案来源提供主要搜索和候选答案生成（可能的答案的选择）。证据来源提供答案评分、证据检索和深度证据评分。

■ DeepQA 数据的预处理

文本信息源以多种形式出现。例如，一个百科全书的文档通常是以标题为导向的，这意味着文档的标题确定了在该文档中所覆盖的主题。其他文件，如新闻文章，可能包含一个标题来表明一个观点（即 NonTitle 型或意见标记），同时可能不标有这一段的明确对象。搜索算法通常能根据标题做出更好的文件信息定位。因此，可以转化一些NonTitle 型文章来帮助提高上下文的关联度，以更容易地确定潜在答案。

■ 语料库的扩充

如何决定 Watson 语料库合适的内容量呢？需要有足够的信息，使 Watson 可以识别模式，并对信息的各种元素进行关联。IBM 确定的主要信息来源如百科全书和字典提供了一个很好的基础知识，但也留下许多空白。为了填补这些空白，开发的团队开发算法，搜索网页的附加信息与正确的上下文，以扩大在基础或种子文件中的信息。这些算法的目的是为了与原始种子文件相关的新信息的每一个元素进行评分，并只出现最相关的新的信息。

Watson 语料库还需要不断微调和更新，以确保结果的准确性。例如，每周大约有5000 篇关于癌症的新文章。因此，一个应用于肿瘤方面的 Watson 语料库需要根据新的、相关的信息不断更新，否则它会很快过时。增量摄取的机制是这样的，大量的文件需要被访问，并不断地加入到 Watson 中，同时又不使系统准确性变差。此外，需要监控获取信息的质量，以消除错误的信息导致不好结果以至于破坏语料库的可能性。例如，考虑一个问题，"什么是减肥的最佳方法？"这个问题有很多不同的观点。是减少摄入碳水化合物、糖和脂肪，还是增加运动？是最新的期刊文章更重要，还是基于其他评级因素，如作者的专业知识、信息质量和价值更重要？

为了在游戏中获胜而微调的过程中，总是有一个正确的答案需要以极限速度来持续评估并满足 Watson 的精度。IBM 使用算法来检验和完善，增加到 Watson 中的新资源，以确保它们能够在不增加延迟的情况下来提高 Watson 的精度。由 IBM 开发用来增加 Watson 的速度和精度的方法已经用于商业应用，如 Watson 参与顾问和 Watson

发现顾问。

2. 问题分析

问题分析确保 Watson 学习被问的问题,并确定系统如何处理问题。问题的分析过程的基础是基于自然语言处理技术,并集中于句法分析、语义分析和问题分类。所有这些技术都汇集在一起,使 Watson 能理解问题的类型和性质,并检测问题中实体之间的关系。例如,Watson 需要识别名词、代词、动词和句子的其他元素,以了解答案应该是什么样子的。Jeopardy! 游戏领域知识的多种多样帮助 IBM 提升了在 NLP 中的研究。此外 Jeopardy! 需要许多不同类型的问题的理解,包括辨别幽默、双关、隐喻等。IBM 多年来提炼了用于 Watson 问题分析的算法。

问题分析需要先进的问题解析,从一个语法和语义的角度来提取一个逻辑形式。在连接的解析,句法角色识别和标记的算法,确定主题、对象和其他组件的句子。此外,语义分析可以确定短语和整个问题的含义。解析的结果有助于 Watson 学习在语料库中搜索信息,这是计算能力与联系和模式匹配的重点所在。问题会通过基于数据结构的模式来进行语法和语义分析。文本中的模式可以预测内容的其他方面的意义。你需要一个足够大的数据库来存储不同类型的问题,以确定模式,并认识到不同的逻辑形式的相似性。

成功的问题分析需要检测的四个关键要素如下。

焦点——代表答案的问题的一部分。为了能够正确回答,你需要了解问题的焦点。确定焦点取决于对焦点类型的模式的识别。例如,一个常见的模式由带有限定词"this"或"these"的名词短语组成。以下 Jeopardy! 线索说明了这种模式。"THEA-TRE:A new play based on this Sir Arthur Conan Doyle canine classic opened on the London stage in 2007"线索的焦点是"this Sir Arthur Conan Doyle canine classic"解析器需要连接"this"和中心词"classic"。解析器需要能够识别一个名词短语问题和动词短语的区别。

LAT(词汇的答案类型)——Watson 使用 LAT 帮助找出什么类型的答案是需要的。例如,Watson 是寻找一个电影、城市或人的名字?

问题分类——Watson 使用问题分类来确定它需要回答的问题的类型。例如,问题是以事实为基础的,它或是一个谜,或是一个双关语。了解问题的类型是很重要的,这样,就可以选择正确的方法来回答这个问题。

QSection——问题片段需要一个独特的方法来找到答案。QSection 可以确定答案的词汇限制(例如,答案就只有三个字),并且将一个问题分解成多个子问题。

3. 语义分析

Watson 运用了一系列的深层句法分析和语义分析的组件,提供了问题的语言分析和参考内容。槽语法(SG)分析器构建一棵树映射出逻辑和语法结构。有许多语言的槽语法,包括英语、法语、西班牙语、意大利语。Watson 使用的解析器是英语语法(ESG)槽。Watson 的解析器根据 Jeopardy! 游戏的具体需求被增强。解析器的作用是将一个句子分解成一个句子的语义短语。这些语义角色或短语被称为"插槽"。此外,术语插槽也可以引用表示词义的谓词的参数位置的名称。一些插槽的例子如表 17-2 所示。

表 17-2 插槽的命名语法成分对应表

subj	主　语
obj	直接宾语
iobj	非直接宾语
comp	谓语补足语
objprep	介词的宾语
ndet	名词短语限定语

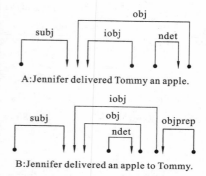

图 17-4　使用 English 解析两个句子

为了推断问题的含义，Watson 需要一个方法来识别许多不同的句法结构的相似性和差异性。相同的思想或行动以稍微不同的方式表达是相当普遍的。例如，图 17-4 显示了两个具有相同含义的不同语法组件的句子。Watson 使用 SG 解析器识别句子的主体，宾语，间接宾语和其他句子成分。在句子（A）中，Jennifer 填补了动词"delivered"的主语槽，Tommy 填充了间接宾语槽。每个槽表示句子中的一个句法作用。在句子（B）中，Jennifer 仍然为填充了动词"delivered"的主语槽，然而，在这个句子的另一个句子结构中，"to Tommy"填充了间接宾语槽。换句话说，间接宾语槽或者在句子 A 中被名词短语"Tommy"填充，或者在句子 B 中被介词短语填充。SG 句法组成部分需要明白这两种句法的例子都有相同的意义。此外，SG 的解析树需要显示表层句法结构和深层逻辑结构。然后，在分析评分系统的基础上，将各种各样的解析树排列在一个分析的基础上，并选择了最高级别的解析。

除了 ESG，Watson 使用几个其他成分的句法分析和语义分析：

谓词参数结构生成器通过将语法中的差异映射成常用形式来简化 ESG。它是构建在 ESG 的顶部，以支持更先进的分析。

命名实体识别器查找名称、数量和位置，并确定短语中的术语是参考人或组织的专有名词。

联合参考分辨率组件将引用的表达式连接到它们的正确的主题，并确定代词所涉及的实体。

关系提取组件寻找文本中的语义关系。这是重要的，如果不同的术语有类似的意义，并有助于映射问题或线索中名词或实体之间的关系。

4. 问题分类

问题分类是问题分析过程中的一个重要元素，因为它有助于确定什么类型的问题被问。这个过程被开发以提高 Watson 理解许多 Jeopardy! 中许多不同类型的线索的能力。你可以通过主题，难度等级，语法结构，回答类型，以及解决线索的方法来描述 Jeopardy! 中的线索。基于用来回答问题的方法描述线索在开发问题分类的算法中获得了巨大的成功。用来寻找正确答案的三种不同方法如下：

■ 基于事实信息回答问题

- 通过分解线索寻找答案
- 通过完成谜题寻找答案

确定问题类型将在以后的处理步骤中触发不同的模型和策略。在问题分析过程中,还使用了关系检测来评价问题中的关系。Watson 最大的优势之一是深入分析问题的方式,包括识别细微差别,并在不同可能的答案语料库中搜索(见表 17-3)。

表 17-3　回答不同类型的 Jeopardy! 线索

线 索 类 型	示　　例	如何解开线索
依据事实做出判断	向北:如果你正在穿越湖北省北部,那你可能会到达的两个省份。 答案:陕西和河南	该类问题基于有关一个或多个实体的事实信息,充分了解问题和线索中出现的事物会有助于你找到答案
分解线索做出判断	地理关系:在与湖北省相邻的六个省份和直辖市中,哪一个是面积最小的省份或直辖市。 答案:重庆市	问题里面隐藏了一个子问题,回答子问题之后,整个问题就变得简单了。在这个例子中,子问题是"与湖北省相邻的六个省份和直辖市",其答案是陕西省、河南省、安徽省、江西省、湖南省、重庆市。这样问题就成为"陕西省、河南省、安徽省、江西省、湖南省、重庆市中,哪一个是面积最小的省份或直辖市"
谜语解答	之前和之后:以牡丹花闻名的中国千年古都。 答案:洛阳	两个子线索的重叠部分就是答案

为什么了解问题中被问的是什么是非常重要的? Watson 需要基于问题和答案资源中的模式和关联进行学习。该系统并没有真正的理解那些能够被一个孩子轻易掌握的概念。例如,一个孩子能够学到两种不同类型的狗,虽然其中一只是达尔马提亚犬,另外一只是金毛猎犬。机器学习将帮助 Watson 以许多不同的方式分析信息以识别达尔马提亚犬和金毛猎犬同样是狗。或者,你可以使用 Watson 成千上万的问答组合,但如果没有机器学习,Watson 将无法回答那些与原始集合某些程度上不同的问题。Watson 需要学会正确回答新类型的问题。

5. 假设产生

Watson 是如何找到一个问题的正确答案的? Watson 在问题分析过程中成功的关键是基于大量被纳入考虑中的候选答案。假设生成(图 17-5)可以确定各种假设来回答一个问题,期望他们中的一个将是正确的答案。虽然正确的答案需要在候选答案中,你不希望在选择中有太多的噪音。如果有太多的错误的答案,它降低了问题分析过程的整体效率。DeepQA 使用搜索和生成候选的组件生成假设。

下列是两种组件:

搜索——与问题相关的内容使用如 ApacheLucene 的搜索工具在 Watson 的语料库中被检索出。IBM 开发出了高效的用这些文件的文件内容和标题之间的关系搜索策略。IBM 通过提取问题和资源来源之间的句法和语法关系增强了搜索引擎中的母语能力以提升搜索效率;

候选生成——一个问题的数百个潜在的候选答案从搜索结果中被确定。Watson

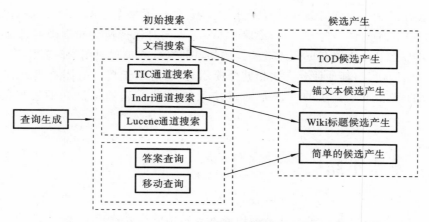

图 17-5 Watson DeepQA 架构中的假设产生

使用了由人产生的文本和元数据中的知识,以及搜索结果中的句法和词汇线索。

参照图 17-5,可以看到,DeepQA 架构依赖于多个搜索引擎,包括 Indri、PRIS-MATIC 和 Lucene 来搜索非结构化的文本文件并建立索引,然后生成候选答案。每种方法都有一定的好处,而且 IBM 已经通过组合不同的方法优化了结果。例如,在 Watson 中使用 Apache Lucene 进行搜索的一个关键的好处是其架构中的灵活性,这使得它的 API 与文件格式独立。Apache Lucene 是一个由 Java 语言开发的开源的全文索引和搜索引擎,在 Watson 中由不同来源得到的文本(PDF、HTML、微软的 Word 等)都可以被索引。这种方法适用于为 Jeopardy! 以及商业应用开发的语料库。

6. 评分与置信度评估

评分与置信度估计是流程中的最后阶段。Watson 在实现高水平的准确性中使用置信估计的方法是一个关键因素。系统中没有任何组件是完美的。所有候选答案都基于证据分数进行了排名,这些分数是用来以最大的可能性选择正确的答案。Watson 使用的各种评分方法被组合起来提升准确性。分数会被分配到相匹配的问题和文章。用这种方法来评价和排名这些答案的结果是确保最佳答案出现在顶部。

有两种方法被用作了 DeepQA 的关系提取和评分:模式规范手册和模式规范统计方法。手动的方法有一个高的准确率,但需要更长的时间,因为需要找到人类的领域知识和统计经验,创造新的关系的规则。Watson 通过滤除噪声寻找候选答案。有许多不同的模型,包括隐马尔可夫模型,被用来过滤掉不适合模式的噪声。

有许多评分算法。在这个过程中使用的四通道评分(深度证据评分)算法描述如下:

通道项匹配——该算法通过匹配问题项与通道项分配一个得分,忽略语法顺序或单词顺序;

Skip-Bigram——该算法基于问题中的特定项和证据通道中的项观察到达关系分配一个分数;

文本对齐——该算法通过查看通道的单词和单词顺序和问题之间的关系,分配一个得分。焦点被替换为候选答案。

逻辑答案候选评分器——该算法根据问题的结构和通道结构之间的关系,分配一个得分。焦点与候选答案对齐。

候选答案在一大群机器中并行评分,这显著加速了整个过程。这是 DeepQA 架构中并行发挥作用的许多地方之一,确保了 Watson 同时保持速度和准确度;同时实施这些评分策略比单独使用有更好的效果。例如,LFACS 在单独使用的时候比其他算法效果更差。然而,当与其他评分方法相结合使用时,它有助于提高整体效能。最终,Watson 结合的多个评分算法的方法是通过使用机器学习和训练已知的正确的答案的问题。

17.5　本章小结

IBM 的 Watson 是一个旨在帮助拓展人类认知的边界认知系统。它代表了一个计算技术的新时代,使人们开始更自然地与计算机进行交互。在这个新的时代,人类可以以新的方式利用和分享知识。Watson 使人类以自然语言的方式问问题并得到答案成为可能,这也使人类从大量信息中获得了新的见解。Watson 的研究是建立在 IBM 的 NLP、AI、信息检索、大数据、机器学习和计算语言学的丰富经验基础之上的。

认知计算系统不是一个简单的自动处理系统。它的目的是创造人与机器之间的新的合作水平。虽然人类已编码信息很长一段时间,但是在对使用传统计算形式收集到的信息的见解和分析上仍然存在局限性。对于一个像 Watson 这样的认知系统,它能够以非常快的速度在大量结构和非结构的信息中发现模式或异常。一个认知系统变得更聪明,因为每一个连续的互动能够提高精度和预测能力。人与机器的关系是一种认知系统中的共生关系。从认知系统获得良好的结果,需要人类使用机器学习技术做一些映射和培训。人类通过构建一个具体领域,如医药或金融的知识库来训练 Watson。语料库中包含的信息来源于书籍、百科全书、研究和本体论。Watson 通过大量的信息进行搜索并分析这些数据以提供置信水平内的准确答案。

Watson 认知系统通过获取海量的不同类型的数据,根据信息进行推论,从自身与数据、与人们的交互中进行学习,并以对人类而言更加自然的方式与人类交互。它最重要的目的是如何整合这些能力,并结合具体的商业应用场景,来解决商业上的问题,帮助企业实现商业变革。IBM 将 Watson 技术应用到多个行业的解决方案,如医疗保健、金融和零售领域等。但是像 Watson 这样的认知系统还处在发展壮大的阶段,随着技术的进步以及越来越多的数据"投食"给 Watson 认知系统,它一定会变得更加智能与完善。

18

医疗认知系统

摘要:本章介绍认知计算在医疗健康领域的应用。首先,介绍医疗认知系统和医疗认知系统中的数据模式学习。其次,介绍医疗认知系统中使用机器学习方法进行慢性疾病预测的方法,深度学习文本医疗数据疾病风险预测的方法。这1章和第三篇中提到的机器学习算法和深度学习算法有非常高的关联性,在这一章我们没有再重复这些算法,只讨论医学和医疗健康应用,包括系统建立和性能报告等。

18.1 医疗认知系统

18.1.1 概述

医疗认知系统使用认知计算的方法,包括机器学习和深度学习方法建立医疗健康数据预测分析模型。医疗认知系统能够获取和整合新一代基于传感器的数据,以及医疗过程的整个记录历史,包括病人检查的各种生理化验结果、影像数据以及自然语言文本格式的临床记录和结果等,用于改善病人的筛选和预测病人医疗状况的变化。这个系统利用大数据从经验中进行学习,保证在结果方面有很大的提升。

医疗生态系统中创建和管理的数据量巨大,如从CT扫描和核磁共振的数字图像、病人的病历、临床试验报告结果和计费记录的报告。这些数据有很多不同的格式,包括在不同系统中管理的手工纸质记录和电子表格以及非结构化数据、结构化数据和流数据。有些系统能够很好地整合这些数据,但是大多数系统不能。因此,医疗健康行业产生和分析的大量数据将面临着巨大挑战。然而,随着医疗健康机构采用新的方式来管理和共享这些数据,他们发现了令人惊异的机会来改善健康状况。举例来说,医疗服务提供者已经使用电子病历(EMR)系统,来维护集成的、一致的和准确的患者记录,这些记录可以在医疗团队进行分享。尽管对于很多机构来说,EMR的工作还在进行中,但是对于每一位病人来说,拥有一个完整的、准确的以及及时更新的问题和解决方案,有极大好处。如果医疗信息能够保持一致的和准确的形式,那么治疗决策能够制定得更好更快。对于医疗机构来说,一个持续存在的挑战就是找到结构化数据以及非结构化数据的模式和异常值,这将帮助他们来改善病人护理。如图18-1所示,医疗健康生态系统的数据管理正从文件为中心转移到基于结构化和非结构化数据的整合知识。

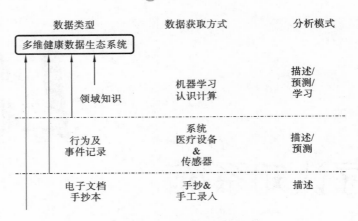

图 18-1　医疗认知计算基础

18.1.2　医疗数据的模式学习

医疗专业人士使用认知计算的优势是使用认知医疗系统可以更容易地获得见解，他们需要的是从各种类型的数据和内容到自信的操作以及优化他们的决策。在医疗行业中，没有找到正确的数据关系和模式的风险很高。在这个医疗健康应用中，如果重要的信息被忽视或误解，那么病人将遭受长期的伤害甚至是死亡。通过合并的技术，比如机器学习、人工智能以及自然语言处理，认知计算可以帮助医疗专家从数据发现的模式和关系中学习。在认知系统中，人类和机器之间的协作是固有的，这将支持最好的实践方法，能够保证医疗机构从数据中获取更多的价值以及解决复杂的问题。

从数据中获取有效的价值是一个多方面的过程，不仅需要技术，还需要人类的专业领域知识的支撑。首先，相关的数据需要具有准确性、可信性、一致性并且能够做到快速访问。获得正确的数据虽然至关重要，但是拥有准确的数据只是改善患者健康状况的基线。其次，医生需要技巧和经验来理解复杂的症状，随后进行测试和诊断。医生要有足够的知识积累和经验，这样能够保证他们问出正确的问题，并且聆听患者的答案。在医学检验结果和图像检查中，关于病人疾病的解决方案并不总是显而易见的。认知医疗系统可以协助医生综合分析所有不同的数据点，找到正确的解决方案。

从数据模式中进行学习，可以帮助医疗组织来解决一些最具挑战性的问题。举例来说，University of Iowa Hospitals and Clinics 已经找到了关于手术病人的模式，这将对提高手术质量和性能有所帮助。医院拥有的建模数据来自于再次入院、手术部位感染、医院感染和其他医院要求的感染数据。这个模型可以帮助医生预测哪些病人有手术部位感染的风险，当他们还在手术室的时候，可以采取纠正措施。

其他医院也建立预测模型来降低花费大并且危险的再次入院率。这个模型是从成千上万的医院记录中得出的模式来构建，主要通过分析病人的医疗记录，以此来识别导致病人出院后出现问题的风险因素。再次入院预测分析模型考虑了很多不同的因素，以此来确定哪一个因素对再次入院率最有影响。如表 18-1 所示，这些因素对于病人和医生来说可能是特定的。

表 18-1 再次入院预测模型相关属性

病人属性	吸烟,滥用药物,酗酒,独居,饮食不规律
社会经济属性	教育状况,经济状况
医生人为因素	不正确的用药,忽略病人的重要信息

预测再次入院模型分析出的风险因素可以帮助医院改善流程,采取纠正措施来降低再住院率。通过这样的预测模型可以帮助分析个案情况,分析预测哪些病人在出院后需要密集的后续追踪。

18.2 基于大数据分析和认知计算的认知医疗系统

18.2.1 基于云计算的医疗服务系统架构

云计算是利用互联网实现随时随地按需要访问共享资源的计算模式,可通过基于本体的异构数据集成,为各业务应用提供统一的数据处理方法,实现异构数据的检索及异构数据间的实质性关联与映射,为异地异构医疗数据的集中管理和应用提供了可能。在云计算环境下,医疗数据海量、分散、多样化的特点,也使云计算成为海量数据海量存储、瞬时超高速网络传输、网络负载均衡的有效途径。

医疗系统的服务对象是医院和特定的病人,所以设计基于云计算的医疗服务系统时考虑到服务对象的应用需求提供各个层次的云服务,系统云架构如图 18-2 所示。系统设计中考虑到数据的采集、管理、分析和用户的应用需求,使用混合云。其中,公有云的服务对象是所有的用户,实现用户查询医院信息、医生信息、关于就医和转诊等相关的规章制度及流程等。私有云主要的服务对象是医院和医生,提供可信的数据安全技术保证。私有云中加载基于认知计算技术、大数据分析技术为基础的数据智能分析技术,为医生提供疾病的智能评价和预测分析服务,提供参考治疗方案,辅助医生高效的工作。

图 18-2 云服务框架

医疗服务系统中,佩戴可穿戴设备的病人在发生紧急情况时,远程医疗中心可以及时得到信息,为病人提供及时的帮助和治疗。医疗服务系统中所有的医疗机构按照统一的标准进行数据的收集,同时将数据存储在云医疗数据中心。

如图 18-3 所示,系统中加载基于认知计算的智能数据分析子系统,对病人的数据进行分析,实现对病人病情的预测判断等,如基于大数据和认知计算的高危病人智能分析、结构化数据分析、医疗文本数据分析、医疗图像数据分析等。

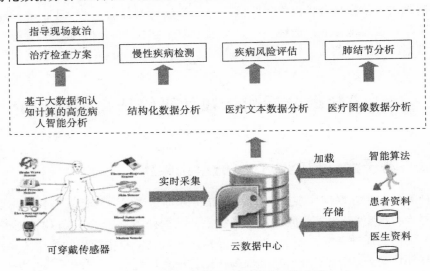

图 18-3   基于云计算的医疗服务系统架构

18.2.2   基于大数据和认知计算的高危病人智能分析系统

为了对高危病人进行智能分析,包括疾病预测、治疗方案选择、疾病关联性,设计基于认知计算和大数据分析的高危病人智能分析系统,如图 18-4 所示。系统主要包括在

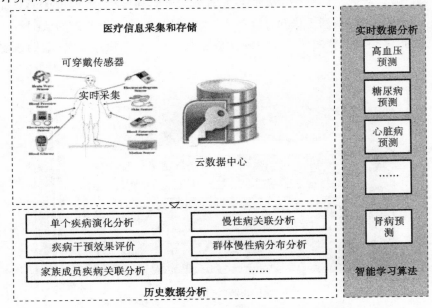

图 18-4   基于大数据和认知计算的高危病人智能分析系统

线分析和离线分析,系统融合了认知计算中的高级数据分析技术、大数据分析处理方法、云计算技术等。在云平台对采集到的数据使用智能算法进行数据挖掘和分析,通过移动终端或者其他终端设备反馈给病人和医生。系统结构由四部分组成:数据采集、数据存储、实时数据分析、历史数据分析。

- 数据采集

应用物联网技术、无线通信技术、云计算技术,建立移动智能高危人群体征监测系统,即"体域网"。体域网是一种无线传感网络,其中传感器包括医学传感器和可穿戴传感器,如智慧衣、电子血氧计、连续电子血压计、连续血糖监测仪、移动心脏测试设备等,通过这些设备来感知高危人群的健康体征。对于需要监控的高危人群,利用体域网实时采集病人的健康信息,例如,通过智慧衣为患者提供一天 24 小时的心脏数据检测,及时将数据传输移动端以及云平台。

- 数据存储

体域网实时采集到的数据进行简单的数据处理之后存储在数据中心,同时传输到实时数据分析模块进行数据的实时分析。历史数据分析模块进行数据分析时向数据中心发出请求,提取相应的数据。

- 实时数据分析

实时数据分析是使用认知计算中高级数据分析技术实现的实时分析功能,高级分析技术可以包括机器学习、深度学习等人工智能相关的算法。实时采集的病人数据到达实时分析模块后,使用疾病智能分析算法处理,可以对病人进行高血压病、糖尿病、脑梗死、心脏病等疾病的预测和分析。预测结果发送到病人或医生的移动终端设备或者其他终端设备。同时根据预测结果,可以选择相应的干预方案,及时给病人制定有针对性的健康干预方案,指导病人进行用药和生活方式干预。当预测结果超过安全的阈值时,及时发出警告,采取相应的措施。

- 历史数据分析

历史数据分析可以分为群体数据分析和个体数据分析。个体数据分析可以分析病人疾病的发展和治疗,以及个体疾病的关联性等。群体疾病分析包括家庭成员疾病分析、高血压人群疾病分析、糖尿病人群疾病分析、老年慢性病疾病分析等群体疾病的研究。

18.3 医疗认知系统中结构化数据分析

随着人类社会的经济和环境的变化,慢性病的发病率不断上升,已成为人类健康的最大威胁。医疗认知系统中可以使用机器学习的方法对结构化的健康数据进行分析和建模,构建慢性疾病检测模型。

18.3.1 慢性疾病检测问题

2015 年,世界卫生组织(WHO)发布了一份关于老龄化和健康的全球报告。该报告引起了人们对全球人口老龄化的严重关切。60 岁以上的人口预计将从 2015 年的 12% 增加到 2050 年的 22%。随着数量增长一倍,这意味着在未来 35 年我们将有 20 亿老年人要去关心。亚洲国家的情况更糟,例如,日本在未来十年中将存在 30% 的老年人口。

到 2050 年,许多国家的老龄人口将快速膨胀,这会在世界各地造成一系列问题。许多国家的医疗系统正在承受沉重的负担,而医疗设施和人员的数量严重不足。一种可能的解决方案是将可穿戴设备和物联网技术应用到健康监测服务中。与典型的医疗健康问题如人口老龄化相比,慢性疾病的护理变得越来越重要。

随着人类社会的经济和环境的变化,慢性病发病率的不断上升已成为人类健康的最大威胁。然而,由于医疗资源和设施短缺,人们不容易获得和接受公共卫生服务。根据人口和资本的数量这些医疗资源和系统集中在城市中。到目前为止,一些国家(特别是发展中国家)的医疗卫生系统主要用于应对急性疾病和传染病,但仍未重视慢性疾病的预防和治疗。

令人惊讶的是,生活水平的提高推动了慢性病发病率的上升。在美国,50%的人患有不同水平的一种或多种慢性疾病。80%的医疗资金用于治疗慢性病。2015 年,美国花费约 2.7 万亿美元用于慢性病治疗。这占了美国 GDP 的 18%。昂贵的医疗费用给社会和地方政府带来了巨大的财政负担。

慢性疾病的主要原因包括三种因素:不变因素、可变因素及那些难以改变的因素。年龄和遗传属于不可改变的因素,占了导致慢性病因素中的 20%,如图 18-5 所示。生活环境对身体状况至关重要,而这很难任意改变。

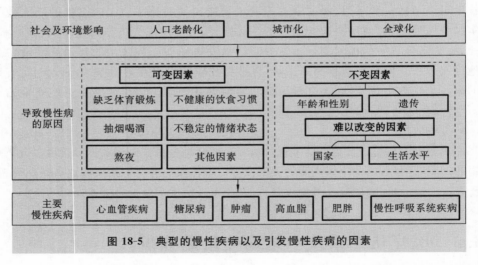

图 18-5 典型的慢性疾病以及引发慢性疾病的因素

2015 年,世卫组织编写了一份关于慢性病的报告。它列出了四种主要的慢性疾病类型,即心血管疾病、癌症、慢性呼吸道疾病和糖尿病。报告指出,2012 年,70 岁以下的大多数非传染性疾病死亡是由这四种疾病引起的。心血管疾病在 70 岁以下的慢性死亡中占最大比例(37%),其次是癌症(27%)和慢性呼吸道疾病(8%)。糖尿病占 4%,其他因素约占 24%。

除了环境因素,全球社会和经济趋势,如人口老龄化、城市化、全球化,也会对慢性病的产生造成影响。人口老龄化是慢性病患者数量增加的直接原因。城市化使环境污染更加恶化。例如,严重的 PM2.5 和雾霾已经促进了肺部疾病的增加。另一方面是全球化。人们习惯于通过移动设备与朋友沟通。社交、移动和网络的新技术使城市生活更加方便。然而,这些进步也造成了各种不健康的生活方式。例如,坐在计算机前面太长时间,缺乏运动导致肥胖问题等。

根据世卫组织最近的报告,健康的决定因素有五个不同的因素。事实上,一些卫生设施,如外科医生和医疗设施,只能解决 10% 的医疗问题。50% 取决于生活方式,如生活习惯、饮食习惯和身体锻炼。20% 和环境有关,其余 20% 跟生物学相关,如遗传。它表明大多数原因是与生活方式有关的。这就是为什么我们应该更多地关注健康监测,而不是后来的治疗,如图 18-6 所示。由于其固有的长期性特征,慢性疾病并没有严重到需要在医院治疗。这就是为什么各国政府在这个问题上花费大量资金。维持健康监测对于解决这个具有挑战性的问题至关重要。

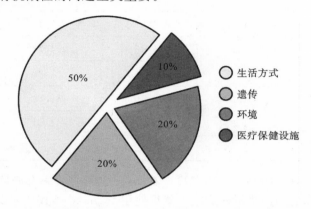

图 18-6 健康决定因素(2003 年疾病控制中心的统计数据)

18.3.2 疾病检测的预测分析模型

1. 使用逻辑回归的高血脂诊断模型

表 18-2 列出了甘油三酯、总胆固醇、高密度脂蛋白、低密度脂蛋白的含量,以及高脂血症的数据集(1 为"是",0 为"否")。这些数据来自中国武汉一家医院的健康检查数据。我们尝试初步判断该人是否有高脂血症,为了检测高脂血症,我们选择逻辑回归算法,其中 1 代表高脂血症,0 代表健康,考虑四个属性(特征)。首先,我们提取四个属性,并将它们组合成一个属性,$z = \beta_0 + \beta_1 x_1 + \beta_2 x_2 + \beta_3 x_3 + \beta_4 x_4$。其中 x_1, x_2, x_3, x_4 代表甘油三酯、总胆固醇、高密度脂蛋白和低密度脂蛋白的含量,z 表示组合后的特征。其次,使用最大似然法估计权重 β,在此采用软件 MATLAB,并用 Newton-Raphson 方法对似然方程组进行迭代求解。

表 18-2 高脂血症患者的健康检查数据

病人编号	甘油三酯含量 /(mmol/L)	总胆固醇含量 /(mmol/L)	高密度脂蛋白含量 /(mmol/L)	低密度脂蛋白含量 /(mmol/L)	是否有高脂血症
1	3.62	7	2.75	3.13	1
2	1.65	6.06	1.1	5.15	1
3	1.81	6.62	1.62	4.8	1
4	2.26	5.58	1.67	3.49	1

病人编号	甘油三酯含量 /(mmol/L)	总胆固醇含量 /(mmol/L)	高密度脂蛋白含量 /(mmol/L)	低密度脂蛋白含量 /(mmol/L)	是否有高脂血症
5	2.65	5.89	1.29	3.83	1
6	1.88	5.4	1.27	3.83	1
7	5.57	6.12	0.98	3.4	1
8	6.13	1	4.14	1.65	0
9	5.97	1.06	4.67	2.82	0
10	6.27	1.17	4.43	1.22	0
11	4.87	1.47	3.04	2.22	0
12	6.2	1.53	4.16	2.84	0
13	5.54	1.36	3.63	1.01	0
14	3.24	1.35	1.82	0.97	0

　　根据上述结果,β_2 相对较大,因此可以看出,一个人是否患有高脂血症在很大程度上受健康检查中总胆固醇含量的影响。然后使用 Sigmoid 函数计算训练数据集中的每个样本的类。结果是 class=[1,1,1,1,1,1,1,0,0,0,0,0,0,0],结果在图 18-7 中显示。

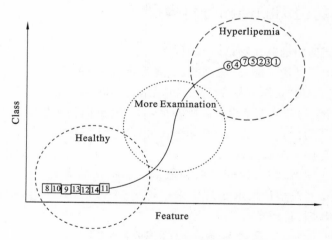

图 18-7　实例 8.3 中使用的逻辑回归的分类结果

$$\beta_0 = -132.3, \quad \beta_1 = -3.1, \quad \beta_2 = 39.6, \quad \beta_3 = -2.9, \quad \beta_4 = 3.2$$

　　图中的数字代表被测试者的编号,虚线圆圈代表类。从图中可以看出,在这种情况下,用逻辑回归进行分类的准确度为 100%,因此可以采用该模型进行预测。让我们预测一个数据为{3.16,5.20,0.97,3.49}的人是否有高脂血症。采用上述模型并进行求解方程替代,算出 class=1。因此,这个人被预测有高脂血症。

2. 使用贝叶斯分类器的糖尿病分析和预测模型

　　基于对标记患者的样本数据中肥胖和血糖含量的训练,该实例分析患者并预测他们是否患糖尿病,样品数据在表 18-3 中给出。这里,Yes 代表肥胖或糖尿病患者,No 代表正常体重或健康人。

表 18-3 糖尿病患者的健康检查数据

编 号	肥胖(A)	血糖含量(B)/(mmol/L)	是否是糖尿病患者
1	No	14.3	Yes
2	No	4.7	No
3	Yes	17.5	Yes
4	Yes	7.9	Yes
5	Yes	5.0	No
6	No	4.6	No
7	No	5.1	No
8	Yes	7.6	Yes
9	Yes	5.3	No

为简单起见,我们用 A 来表示肥胖属性和 B 来表示血糖含量属性。根据表 18-4 的统计,我们得到以下患者肥胖和血糖含量的概率分布。为了预测接受健康检查的人的类别标签,如果 $X=(A=\mathrm{Yes}, B=7.9)$,则计算和分析是必需的。使用统计数据,我们得到:

$$\begin{cases} P(A=\mathrm{Yes}\,|\,\mathrm{Yes})=\dfrac{3}{4} \quad P(A=\mathrm{No}\,|\,\mathrm{Yes})=\dfrac{1}{4} \\ P(A=\mathrm{Yes}\,|\,\mathrm{No})=\dfrac{2}{5} \quad P(A=\mathrm{No}\,|\,\mathrm{No})=\dfrac{3}{5} \end{cases} \begin{cases} P(\mathrm{Yes})=\dfrac{4}{9} \\ P(\mathrm{No})=\dfrac{5}{9} \end{cases}$$

考虑到血糖含量的指数,如果 class 为 Yes,则

$$\begin{cases} \bar{x}_{\mathrm{yes}}=\dfrac{14.3+17.5+7.9+7.6}{4}=11.83 \\ s_{\mathrm{yes}}^2=\dfrac{(14.3-11.83)^2+(17.5-11.83)^2+\cdots+(7.6-11.83)^2}{4}=18.15 \end{cases}$$

表 18-4 关于患者肥胖和血糖含量的可能结果

糖 尿 病	肥 胖		血糖含量/(mmol/L)	
	Yes	No	Mean Value	Variance
Yes	3/4	1/4	11.83	18.15
No	2/5	3/5	4.94	0.07

如果 class 是 No,则

$$\begin{cases} \bar{x}_{\mathrm{yes}}=\dfrac{4.7+5.0+4.6+5.1+5.3}{5}=4.94 \\ s_{\mathrm{yes}}^2=\dfrac{(4.7-4.94)^2+(5.0-4.94)^2+\cdots+(5.3-4.94)^2}{5}=0.07 \end{cases}$$

根据血糖含量的高斯分布,我们可以得到:

$$\begin{cases} P(B=7.9\mid\text{Yes})=\dfrac{1}{\sqrt{2\pi}\times\sqrt{18.15}}e^{-\frac{(7.9-11.83)^2}{2\times18.15}}=0.062 \\[4mm] P(B=7.9\mid\text{No})=\dfrac{1}{\sqrt{2\pi}\times\sqrt{0.07}}e^{-\frac{(7.9-4.94)^2}{2\times0.07}}=9.98\times10^{-28} \end{cases}$$

此时,用朴素贝叶斯分类方法对 X 进行分类,得

$$P(X\mid\text{Yes})=P(A=\text{Yes}\mid\text{Yes})P(B=7.9\mid\text{Yes})=\frac{3}{4}\times0.062=0.0465$$

使用类似的方式,可以获得 $P(X\mid\text{No})$ 的概率以及估计误差,即

$$P(X\mid\text{No})=P(A=\text{Yes}\mid\text{No})P(B=7.9\mid\text{No})=\frac{2}{5}\times9.98\times10^{-28}=3.99\times10^{-28}$$

$$\begin{cases} P(\text{Yes}\mid X)=\dfrac{P(X\mid\text{Yes})P(\text{Yes})}{P(X)}=\varepsilon\times\dfrac{4}{9}\times0.0465=\varepsilon\times0.0207 \\[4mm] P(\text{No}\mid X)=\dfrac{P(X\mid\text{No})P(\text{No})}{P(X)}=\varepsilon\times\dfrac{5}{9}\times3.99\times10^{-28}=\varepsilon\times2.218\times10^{-28} \end{cases} \qquad \varepsilon=\frac{1}{P(X)}$$

我们得到 $P(\text{Yes}\mid X)P(X)=0.0207>2.218\times10^{-28}=P(X)P(\text{No}\mid X)$。因此,如果 $X=(A=\text{Yes},B=7.9)$,那么这个人的类别为 Yes,即这个人有糖尿病。

3. 使用医疗数据高脂血症检测方法的选择

为了确定学生是否患有高脂血症,通过身体检查来测量甘油三酯、总胆固醇、高密度脂蛋白、低密度脂蛋白等项目。表 18-5 列出了 20 名学生的原始数据。在这里,检测到已经得了高脂血症的那些学生在最右侧那一栏被标记为"1",没有得的标记为"0"。

基于获得的这些小样本,选择适当的机器分类器构建一个机器学习系统来检测学生的潜在问题。由于样本数据相当小,最终的选择不能覆盖真正的大数据情况,我们使用示例主要用于说明怎样从三种候选分类器中做出选择。

通过观察样本数据集,我们知道所有数据都有类标签,因此这可以通过监督分类方法来解决。表 18-6 总结了在使用三种候选机器学习方法时的内存需求、训练时间和精度。考虑到精度需求,KNN 和 SVM 方法明显完美的和目的相符。如果内存需求和训练时间很重要,SVM 方法甚至是更好的选择。

表 18-5　带有标签的 20 个高脂血症患者的检查报告

病人编号	甘油三酯含量 /(mmol/L)	总胆固醇含量 /(mmol/L)	高密度脂蛋白含量 /(mmol/L)	低密度脂蛋白含量 /(mmol/L)	是否患有 高脂血症
1	3.07	5.45	0.9	4.02	1
2	0.57	3.59	1.43	2.14	0
3	2.24	6	1.27	4.43	1
4	1.95	6.18	1.57	4.16	1
5	0.87	4.96	1.36	3.61	1
6	8.11	5.08	0.73	2.05	1
7	1.33	5.73	1.88	3.71	1
8	7.77	3.84	0.53	1.63	1
9	8.84	6.09	0.95	2.28	0

续表

病人编号	甘油三酯含量 /(mmol/L)	总胆固醇含量 /(mmol/L)	高密度脂蛋白含量 /(mmol/L)	低密度脂蛋白含量 /(mmol/L)	是否患有 高脂血症
10	4.17	5.87	1.33	3.61	1
11	1.52	6.11	1.29	4.58	1
12	1.11	4.62	1.63	2.85	0
13	1.67	5.11	1.64	3.06	0
14	0.87	3.45	1.25	1.92	0
15	0.61	4.05	1.87	2.05	0
16	9.96	4.57	0.53	1.73	1
17	1.38	5.61	1.77	3.62	0
18	1.65	5.1	1.77	3.16	0
19	1.22	5.71	1.53	3.93	1
20	1.65	5.24	1.47	3.41	1

表 18-6　三个分类器的性能测试对比

机器学习算法	内存要求/KB	训练时间/s	精　　度
Decision Tree	1768	1.226	90%
KNN	556	0.741	100%
SVM	256	0.196	100%

18.3.3　5 种疾病检测机器学习方法的性能分析

1. 基于医疗大数据的疾病预测的五种机器学习模型

　　基于患者个人信息,如年龄、性别、症状的普遍程度、病史和生活习惯(如吸烟或不吸烟等),大数据可用于预测某人是否属于某种慢性疾病的高危人群。例如,我们可以使用在第 5 章中研究的监督机器学习方法来构造风险预测模型。图 18-8 列出了我们评估疾病检测的五种不同的机器学习方法,即 NB、KNN、SVM、NN 和 DT。

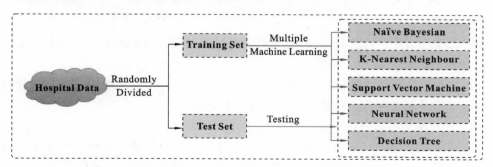

图 18-8　基于医疗大数据的疾病预测的五种机器学习模型

我们在预测慢性疾病的风险中应用朴素贝叶斯(NB)、k-最近邻(KNN)、SVM、人工神经网络(ANN)、决策树(DT)模型。模型的基本框架如图 18-8 所示,各优缺点如表 18-7 所示。我们将数据随机分为训练数据和测试数据,训练集和测试集的比例为 3:1,使用上述方法来训练模型。

1) 使用朴素贝叶斯算法的预测

NB 分类是一个简单的概率分类器,在 5.5 节已经介绍过。基于患者的输入特征向量 $x=(x_1,x_2,\cdots,x_n)$,我们可以计算 $p(x|c_i)$ 和先验概率分布 $p(c_i)$,再利用贝叶斯定理 $p(c_i|x)=\dfrac{p(c_i)p(x|c_i)}{p(x)}$,获得后验概率分布 $p(c_i|x)$。找到 $\mathrm{argmax}_{c_i} p(c_i|x)$ 这样贝叶斯分类器可以预测一个患者的疾病。

2) 使用最近邻算法的预测

KNN 在第 5.3 节中详细讨论过。当使用 KNN 算法时,需要注意以下几点。

(1) 该方法需要测量距离。在这个例子中,我们使用欧氏距离。基于医学大数据,并且是两个给定患者的特征向量,每个向量都包含特征。两个患者之间的欧氏距离计算如下:

$$d(x,y) = \sqrt{\sum_{i=1}^{n}(y_i - x_i)^2}$$

(2) 参数 K 是模型性能的敏感度。我们从典型的医疗健康应用中选择了 5 至 25。对于我们所使用的数据集,当 $K=10$ 时,该模型表现出最高的性能。因此,我们设置 K 为 10。

3) 使用支持向量机的预测

SVM 在第 5.4 节中已经介绍过。它将多维空间划分为多个子空间来找到最大超平面。在典型的医疗应用中,患者的特征向量 $x=(x_1,x_2,\cdots,x_n)$ 是线性不可分的。为了将数据映射到变换的特征空间,使用基于内核的学习,更容易对线性决策表面进行分类,并且因此重新形成问题,使得数据被明确地映射到该空间。内核函数可以有多种形式。这里,我们使用径向基函数(RBF)内核。SVM 分类器是使用 LibSVM 库实现的。

4) 使用神经网络的预测

ANN 分类器是通过模仿生物神经网络发明的,在 9.1 节已经介绍。在这个例子中,对于激活函数,我们应用 Sigmoid 函数,需要设置参数:① 设置层数,ANN 模型通常包括四个层,即输入层、两个隐藏层和输出层;② 设置每层神经元的数量。对于一个患者特征输入 $x=(x_1,x_2,\cdots,x_n)$,我们在第一隐藏层中设置 10 个神经元,而将第二隐藏层中的神经元数目设置为 5。输出只有两个结果,即高风险和低风险,因此,输出层设置 2 个神经元。

在构造神经网络的结构之后,我们需要训练模型。对于每个层中的每个连接权重 w 和偏置 b,我们使用反向传播算法来进行参数微调。

5) 使用决策树的预测

决策树(DT)在 5.1 节中用来作为分类。其基本思想是通过使用信息增益对数据中的杂质最小化进而对对象进行分类。信息增益基于熵的概念,其定义如下:$H(S)=-\sum_i p_i \log p_i$,其中 $p_i=|c_{i,s}|/|s|$ 是 C_i 的非零概率。S 的分类需要根据预期信息 A

即 $H_A(S)$，我们可以得到 $H_A(S) = \sum\limits_{v \in V} |S_v| / |S| H(S_v)$。$V$ 表示根据属性 A 从 S 中划分的子集。然后我们可以得到信息增益：$\mathrm{Gain}(S,A) = H(S) - H_A(S)$。

表 18-7 五种疾病检测方法的优缺点报告

算 法	优 点	缺 点
Naïve Bayesian	易于实施；对噪声影响下的独立属性的变化有较强的鲁棒性，训练时间短，检测时间快	属性必须假设独立发生。一般来说，分类的准确性不如其他方法的高
K-Nearest Neighbour	容易明白；没有关于数据集的分布的假设；数据可以是多维的	分类速度慢；所有训练集必须存储在存储器中以获得处理速度；对噪声的干扰很敏感
Support Vector Machine	可以处理高维数据；一般来说，精度高；异常值具有良好的加工能力	具有高维度，需要良好的核函数；训练时间更长，对存储和 CPU 功率的要求也很高
Neural Network	处理多个特征数据；分类速度快；可以解决冗余特性	训练时间比较长；对浓缩的噪声敏感
Decision Tree	对数据分布的依赖低；数据分类快速，易于解释检测结果	容易出现数据片段的问题；Good DT 工具很难找到

为了改进模型，在训练集上使用 10 折交叉验证方法，其中来自测试参与者的数据不在训练阶段中使用。TP、FP、TN 和 FN 分别是真阳性（正确预测的合法实例的数量）、假阳性（合法实例的误预测的数量）、真阴性（正实例的阴性实例的数量）和假阴性，我们定义四个衡量值：accuracy、precision、recall 和 F1-Measure 如下：

$$\mathrm{Accuracy} = \frac{\mathrm{TP} + \mathrm{TN}}{\mathrm{TP} + \mathrm{FP} + \mathrm{TN} + \mathrm{FN}} \tag{18.1}$$

$$\mathrm{Precision} = \frac{\mathrm{TP}}{\mathrm{TP} + \mathrm{FP}} \tag{18.2}$$

$$\mathrm{Recall} = \frac{\mathrm{TP}}{\mathrm{TP} + \mathrm{FN}} \tag{18.3}$$

$$\mathrm{Fl\text{-}Measure} = \frac{2 \times \mathrm{Precision} \times \mathrm{Recall}}{\mathrm{Precision} \times \mathrm{Recall}} \tag{18.4}$$

F1-Measure 是 precision 和 recall 的加权调和平均值，代表整体性能。除了上面的衡量标准，我们使用 ROC 曲线和曲线下面积 AUC 来评估分类器的利弊。ROC 曲线显示了真阳性率（TPR）和假阳性率（FPR）之间的折中。其中，ROC 曲线更为经常使用，AUC 是曲线下面积，当面积接近 1 时，模型更好。

2. 使用五种机器学习算法的高风险疾病预测性能

模型的输入是患者的属性值，表示为 $x = (x_1, x_2, \cdots, x_n)$。输出值指示患者是否处于高脂血症高风险群体类别中，或患者是否处于高脂血症低风险群体类别中。我们关注的是在医院数据集上的 accuracy、precision、recall 和 F1-Measure，DT 模型在训练集和测试集中具有最高的准确性。五种机器学习模型的相对性能和训练时间如图 18-9 所示。

图 18-9(a)绘制了所有 5 种预测方法的 accuracy、precision、recall 和 F1-Measure

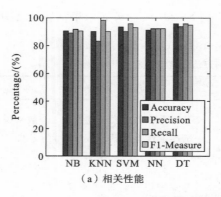 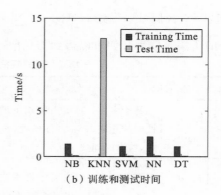

（a）相关性能　　　　　　　　　（b）训练和测试时间

图 18-9　疾病预测中五种机器学习方法的相对性能

性能。基于我们处理的数据集，它们的性能都在 82%～95% 之间。仅考虑精度，SVM 和 DT 模型的精度高达 92% 左右，而其他三种方法保持在 90% 左右。通过测量精确度，我们发现 NN 和 DT 模型优于 KNN 模型，其最低约为 80%。考虑 recall 属性，KNN 方法是最高的，而其他四种算法保持在高于 90% 的相同水平。最后，DT 具有 95% 的最高 F1-Measure，而其他保持在 90% 左右。

　　总之，考虑训练时间，在图 18-9（b）中，我们发现 KNN 需要更长的训练时间，而其余的训练时间则更短。基于这些结果，DT 模型的性能排到最高，KNN 模型的总分最低。然而，我们必须指出，这种排名结果在通常情况下并不总是一样的，相对性能对数据集的大小和特性非常敏感。考虑 ROC 的结果，我们发现 SVM 在高维度情况下表现出高性能，而 DT 模型对于低维度情况表现更好。最后，我们在表 18-7 中总结了使用这些机器学习模型的优缺点。

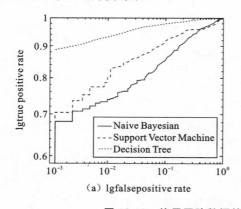 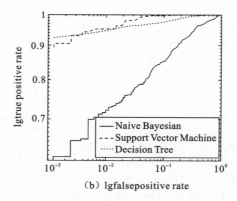

（a）lgfalsepositive rate　　　　　　（b）lgfalsepositive rate

图 18-10　使用医院数据的 ROC 曲线的疾病预测结果

18.4　医疗认知系统中文本数据分析

　　医疗认知系统中既有结构化的数据也有非结构化的文本数据，本节介绍使用医疗文本数据分析方法建立通用的疾病风险评估模型的方法。使用词向量对文本数据进行数字化的表示，用卷积神经网络进行文本特征的提取，最终得到疾病风险评估的结果。

18.4.1 疾病风险评估模型

如图 18-11 所示,基于卷积神经网络的医疗文本疾病风险评估模型结构主要包括以下三部分。

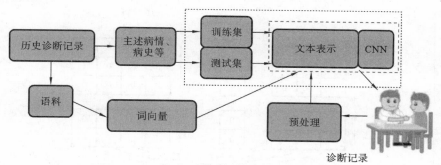

图 18-11 基于卷积神经网络医疗文本学习的疾病风险评估模型

(1) 学习词向量。

提取患者历史医疗文本数据,将数据进行数据清理和数据预处理,用处理后的数据作为语料训练词向量。可以使用 Word2vec 工具中 n-skip gram 算法或者其他算法训练词向量,并设置词向量维度。

(2) 训练 CNN 学习医疗文本特征。

从 clinical notes 数据中选择某种疾病的数据,经过数据清理和数据预处理,选择其中患者的主述病情、医生问诊记录等。处理之后的数据作为样本数据,样本数据用词向量数字化表示后输入 CNN,有监督的训练得到 CNN 结构,提取用于疾病风险评估的医疗文本特征。

(3) 测试和应用。

测试和应用时的流程相同,输入病人的主述病情等疾病相关的文本数据,对数据进行预处理,使用词向量进行文本的表示,输入 CNN,输出疾病的风险评估结果。

18.4.2 深度学习中的词向量

图 18-12 所示的为深度学习文本理解的示意图。医疗文本作为一种特殊的文本形式,也具有文本共有的特点,可以使用深度学习的方法进行理解。本小节我们以使用医疗文本进行疾病的风险评估为例,介绍使用深度学习的方法提取医疗文本表示特征。

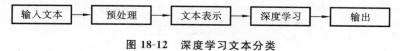

图 18-12 深度学习文本分类

如果使用深度学习进行自然语言的理解,首先文本中的每一个词需要使用数字化的表示方法来表示。通常使用词向量的方法表示。词向量进行文本的表示就是建立一个词汇表,每一个词在词汇表中对应一个向量。词向量的表示方法有两种:One-hot Representation 和 Distributed Representation。

One-hot Representation 简单直接,词表中的总词数也是向量的维度,但是每个词的向量组成中只有一个值为 1,剩下的都为 0。在这种表示方式中,每个词用唯一的值标志词,属于稀疏方式。One-hot Representation 建立词向量时不考虑词之间的语义关系,即使语义相近的词其向量之间也没有任何关系,这就是"词汇鸿沟"现象。因为词向量的维度等于总的词数,在某些任务中应用计算量过大,可能会造成维数灾难。图 18-13 所示的是 One-hot Representation 方法的文本表示示意图。

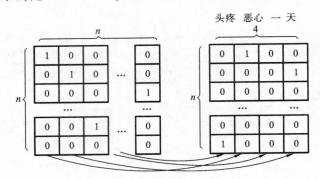

图 18-13　词向量 One-hot 表示

在分布式特征(Distributed Representation)表示方法中,每一个词用实数向量表示,类似$(0.792,-0.177,-0.107,0.109,-0.542,\cdots)$,向量的维度远远小于总词数。分布式特征表示方法建立词向量要通过大量真实的文本语料进行训练学习,Word2vec 工具常用于训练词向量。向量维度在学习词向量的时候确定,比如可以设置成 50 维。分布式特征表示方法学习到的词向量包含有词汇的语义,也就是词的语义越近,在向量空间中的距离就越近。图 18-14 所示的为分布式特征表示方法的文本表示示意图。Distributed representation 与 One-hot Representation 相比,词向量的维度明显减少,语义相关的词或者相近的词词向量之间距离相近。

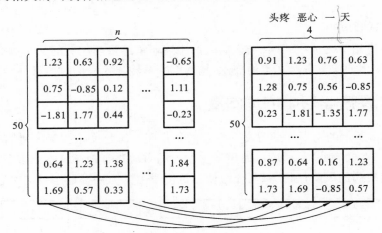

图 18-14　词向量分布式表示

词向量是一个向量矩阵 $\boldsymbol{D}=\boldsymbol{R}^{d\times|C|}$,其中 d 是词向量的维度。$|C|$ 是词汇表中词的数量,C 中存储的是每一个词在词表中的位置,每一个词对应向量只有一个位置为 1。词向量向量矩阵中的第 i 列存储的是词汇表中第 i 个词的向量表示。将文本转换成数字化的词表示时,从词向量向量矩阵中提取每一个词 c 的向量表示 t,$t=\boldsymbol{D}\cdot c$。

每一个输入文本样本 $x(x_1,x_2,\cdots,x_N)$ 中包括 N 个词,使用 $t=\boldsymbol{D}\cdot c$ 从词向量中

查找到文本中的每个词 x_n 相应的向量表示 $\dot{xw_n}$，最终得到输入样本的词向量表示 $xw(xw_1, xw_2, \cdots, xw_N)$。

18.4.3　卷积神经网络结构

1. 卷积层

对于输入文本的词向量表示 $xw(xw_1, xw_2, \cdots, xw_N)$，依次计算 xw 中的每个词的卷积向量 s_n^{sc}。第 n 个词的卷积向量计算如图 18-15 所示，卷积窗口的大小为 d^s，以当前词 n 为中心，在输入文本序列 xw 中截取 d^s 个词，将这些词的向量连接起来得到 S_n $\in R^{d \times d^s}$，$S_n = (xw_{n-(d^s-1)/2}, \cdots, xw_n, \cdots, xw_{n+(d^s-1)/2})^{\mathrm{T}}$。用公式（18-1）计算第 n 个词的卷积向量 s_n^{sc}，其中 $w^1 \in R^{i^{sc} \times d \times d^s}$ 是权重矩阵，b^1 是偏差。

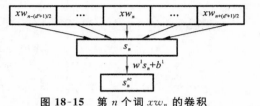

图 18-15　第 n 个词 xw_n 的卷积

$$S_n^{sc} = w^1 S_n + b^1$$

s_n^{sc} 作为词 xw_n 的隐藏层表示 h_n^1，得到 h_n^1 后，使用双曲正切函数 $\tanh = \dfrac{e^x - e^{-x}}{e^x + e^{-x}}$ 计算隐藏层的输出 h_n^2，作为下一个隐藏层的输入。

$$h_n^2 = \tanh(w^1 s_n + b^1) \tag{18.5}$$

2. pooling 层

卷积层的输出作为 pooling 层的输入，h_n^2 中 N 个元素的最大值用公式（18.6）计算。

$$h^3 = \max_{1 \leqslant n \leqslant N} h_n^2 \tag{18.6}$$

pooling 操作分为最大 pooling 操作和平均 pooling 操作，这里将进行最大 Pooling 操作。因为文本中每一个词的作用并不是完全相同，所以选择最大 pooling 操作。也就是通过最大 pooling 选择出文本中能起到关键作用的元素。样本长度不同，输入 $x(x_1, x_2, \cdots, x_N)$ 的长度也不同，经过卷积层和 pooling 层后文本就转化成了固定长度的向量。

3. 输出层

pooling 层后连接一个神经网络的全连接层，使用 softmax 分类器输出分类结果。

$$h^4 = w^4 h^3 + b^4 \Rightarrow y_i = \frac{e^{h_i^4}}{\sum_{m=1}^{n} e^{h_m^4}} \tag{18.7}$$

这里 n 表示共分成 n 个类别。我们定义 $\theta = \{w^1, w^4, b^1, b^4\}$ 表示所有需要训练的参数，训练的目标是学习 θ 得到最大化对数似然函数值。我们使用随机值初始化 θ，使用随机梯度下降法训练 θ。使用公式（18.8）修改参数，其中 D 是训练样本，classy 是样本的分类精度，α 是学习率。

$$\max_\theta \sum_{y \in D} \log p(\text{class}_y \mid D, \theta) \Rightarrow \theta = \theta + \alpha \frac{\partial \log p(\text{class}_y \mid D, \theta)}{\partial \theta} \tag{18.8}$$

18.4.4　卷积神经网络进行医疗文本疾病风险评估实现

Algorithm 18.1 是使用卷积神经网络医疗文本理解的疾病风险评估模型伪代码。

医疗文本数据包括训练集 X 和测试集 X'，对应的结果数据来自于医生的诊断结果，分为训练标签集 Y 和测试标签集 Y'。

首先我们从 X 中读出一个医疗文本 x，表示成向量的形式，通过卷积层、池化层和全连接层，最终得到预测结果 Y^*。使用 CNN 中的随机梯度下降法更新参数 θ。训练结束后得到 CNN 结构，可以用于医疗文本疾病风险预测。采用相同的方法，我们用测试集 X' 和对应的标签集 Y' 测试模型的精确度。使用预测的结果 Y^* 和真正的标签 Y' 评估 CNN 的性能。

Algorithm 18.1　卷积神经网络医疗文本理解

输入：X：训练样本，Clinical notes 原始输入数据

　　　Y：训练样本标签，Clinical notes 对应病人疾病诊断结果

输出：构建 CNN，网络参数 $\theta=\{w^1,w^4,b^1,b^4\}$，测试结果。

算法：

1) 初始化：$c=5$　　　　　　　//卷积核大小

2) $T=50$　　　　　　　　　　//样本块大小

3) for $i=1,2,\cdots,I$　　　　//I 是迭代次数

4) for $j=1,2,\cdots,m$　　　　//m 是样本的块数

5) Read in a sample batch x and corresponding tag y;

6) Vector representation for data x（as for each word，search its vector representation in 词向量）.

7) for $n=1,2,\cdots,T$

8) Figure out number of words (n) in sample;

9) Calculate convolution;

10) Max-Pooling for n words;

11) Connect full connection layer with softmax classifier for classification，get result yn *.

12) Endfor

13) 使用梯度下降法修改 θ　　$//\theta=\theta+\alpha\dfrac{\partial\log p(\text{class}_y\mid D,\theta)}{\partial\theta}$

14) Endfor

15) Endfor

代码实现时需要注意以下一些问题。

（1）文本长短不同。

文本分析时使用词向量将文本转换成矩阵的形式表示，图像的原始格式是像素矩阵，同样都是矩阵但是处理的方法不同。进行图像理解时，图像所包含的像素也就是像素矩阵的大小是相同的，因为文本长度的不同，用于表示文本的矩阵大小也不同。解决的方法有两种：使用空向量补充短文本，使所有文本矩阵的大小相同；修改学习文本特征的算法，可以处理不同大小的矩阵。

（2）卷积核的设置。

CNN 在用于图像理解和用于文本理解时，其卷积核的设置和使用方法不同。图像

在进行卷积时卷积核设置为 3,表示卷积核是 3×3,从图像中提取 3×3 区域的像素进行卷积操作。文本进行卷积时,要考虑每一列向量表示的是一个词,所以同样设置卷积核为 3,进行卷积的时候是每次对 3 列进行卷积。图 18-16 所示的为文本卷积和图像卷积的对比示意图。

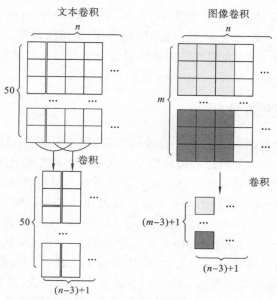

图 18-16 文本卷积和图像卷积示意图

（3）Pooling 操作。

图 18-17 所示的是文本 Pooling 操作和图像 Pooling 操作,图中图像 Pooling 的大小为 2。图像进行 pooling 操作时是对特征图中不重叠的区域进行 Pooling 操作,文本的 Pooling 操作一般是对所有特征值进行操作的。

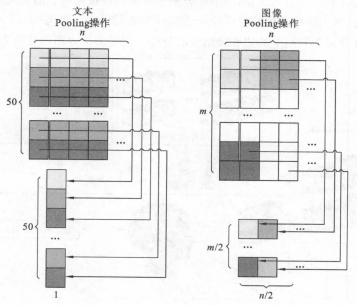

图 18-17 文本 Pooling 和图像 Pooling 示意图

18.5　医疗认知系统中图像分析

医疗图像分析有助于医生诊断疾病,常见的图像有 CT 图像、核磁共振图像、X 光图像等,在医疗认知系统中会涉及这些图像的处理,使用图像建立相应的预测和分析模型。本节以 CT 图像为例,介绍几种深度学习方法来对肺结节进行分析,包括图像特征的提取、算法的训练和主要 TensorFlow 代码解析等内容。

18.5.1　医疗图像分析

CT 检查是医生诊断疾病的一种有效的方法,医生可以直观地看到被检查者身体的组织结构图像,高效地分析患病可能性。从众多的 CT 图像中寻找到有结节的图像,分辨是良性还是恶性,是辅助医生进行大量图像数据的分析时需要解决的关键问题。

医疗图像的分析现有借助图像分析方法辅助医生进行肺结节识别,该方法的步骤如下:ROI 定义(ROI definition)、分割(segmentation)、特征选择(hand-crafted feature)、分类(category)。ROI definition 是从原始的 CT 图像中找到 ROI(region of interest)区域,现有的研究都是在已有的 ROI 数据集上进行。放射科医生(radiologist)浏览每张图像来判断哪张图像包含结节以及结节出现的位置,并标注结节区域(ROI)。但是这个步骤需要放射科的医生对原始的图像进行标注,需要花费大量的时间。分割是一个关键的步骤,从标注的 ROI 区域中分割出结节,准确地分割出结节对结节的分类具有非常大的影响。ROI 中除了结节之外还包括其他人体组织,分割中可能会丢失边界部分的重要信息。特征选择是最关键的一个步骤,特征选择是否恰当对分类有直接的影响。分类使用特征选择提取到的图像特征对结节进行分类。

这类方法面临的主要问题是:结节的分割会带来一些重要信息的丢失,设计有效分类的特征很困难,因为医疗数据的特殊性标注的样本数据量少。如图 18-18 所示,医疗图像分析应用于区分包含肺结节的图和肺结节的分类。图中的医疗图像分析方法可以选择使

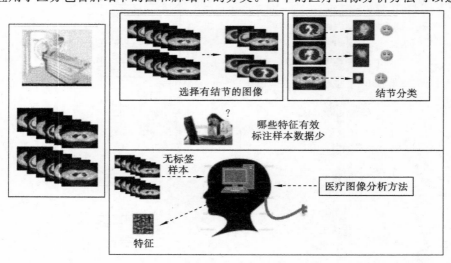

图 18-18　医疗图像分析及面临问题

用 CNN、AE、CANN 等。可以看到，医疗图像分析问题属于分类问题，输入原始 CT 图像中截取的小的图像，使用数据驱动学习的方法学习图像的特征表示，最后得到分类的结果。结节分类应用判断结节的种类，选择有结节的图像是判断图像中是否包含结节。

18.5.2 卷积神经网络医疗图像分析

1. 卷积神经网络结构

使用卷积神经网络进行医疗图像分析与通常使用卷积神经网络分析图像相似，输入层输入图像，经过若干的卷积层、池化层，原始的输入图像在全连接层作为最终的特征表示，最后分类器根据图像的特征表示输出分类结果。

图 18-19 所示的是肺部结节分类的卷积神经网络结构，包括 3 组卷积层和池化层的连接，之后是一个全连接层，最后连接分类器，共 8 层结构。网络结构参数如下。

- 输入：CT 图像中截取 64×64 的图像；
- C1：卷积核 5×5，卷积步长 1，卷积核数 50，非线性函数 ReLU；
- P1：最大池化，池化区域大小 2×2；
- C2：卷积核 3×3，卷积步长 1，卷积核数 50，非线性函数 ReLU；
- P1：最大池化，池化区域大小 2×2；
- C3：卷积核 3×3，卷积步长 1，卷积核数 50，非线性函数 ReLU；
- P3：最大池化，池化区域大小 2×2；
- Full：全连接层有 500 个神经元；
- 输出：全连接层连接 softmax 分类器，分两类。

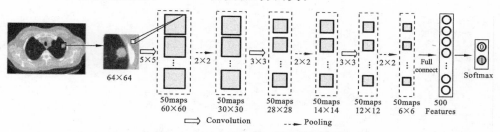

图 18-19 医疗图像分析卷积神经网络结构

2. TensorFlow 实现代码和代码解析

在代码实现时，为了可以最大限度地提高代码复用率，将代码分成以下几个模块来实现。

1）模型输入

模型输入通过 read_data() 函数获取，该函数会读取医疗图像的压缩数据包，并进行解压缩，然后将医疗图像读取出来，随后将该数据集划分成训练集和测试集。代码实现如下。

读取压缩包并解压缩：

```
zipfile.ZipFile(path.join(input_dir,'pic_with_nodules.
zip')).extractall(path= temp_dir)
zipfile.ZipFile(path.join(input_dir,'pic_without_nod-
ules.zip')).extractall(path= temp_dir)
```

划分训练集和测试集代码如下：

```
test_split_pic_with_nodules= np.random.rand(pic_with_
nodules.shape[0]) < test_rate
test_split_pic_without_nodules= np.random.rand(pic_with-
out_nodules.shape[0]) < test_rate
test_pic_with_nodules= pic_with_nodules[test_split_pic_
with_nodules,:,:,:]
train_pic_with_nodules= pic_with_nodules[np.logical_not
(test_split_pic_with_nodules),:,:,:]
test_pic_without_nodules= pic_without_nodules[test_split_
pic_without_nodules,:,:,:]
train_pic_without_nodules= pic_without_nodules[np.logi-
cal_not(test_split_pic_without_nodules),:,:,:]
test_pics= np.concatenate((test_pic_with_nodules,test_
pic_without_nodules),axis= 0)
train_pics= np.concatenate((train_pic_with_nodules,train
_pic_without_nodules),axis= 0)
```

为数据集添加标签时,有结节的图片标签为 1,没有结节的图片标签为 0,实现代码如下：

```
test_label_with_nodules= np.ones([test_pic_with_nodules.
shape[0]])
train_label_with_nodules= np.ones([train_pic_with_nodules.
shape[0]])
test_label_without_nodules= np.zeros([test_pic_without_
nodules.shape[0]])
train_label_without_nodules= np.zeros([train_pic_without_
nodules.shape[0]])
test_labels= np.concatenate((test_label_with_nodules,
test_label_without_nodules),axis= 0)
train_labels= np.concatenate((train_label_with_nodules,
train_label_without_nodules),axis= 0)
```

2) 模型预测

模型预测操作主要在 inference() 函数中完成,该函数向 TensorFlow 图中添加卷积神经网络前向传播的所有操作,并做出预测。inference() 函数声明如下：

```
inference(images,Ws,bs,n_fc_units,n_classes,strides,pad-
ding)
```

inference()参数列表中 Ws 和 bs 指定了卷积操作中的卷积核的参数,这样做是因为卷积神经网络和卷积自编码神经网络都会调用该函数,不同的是卷积神经网络的卷积层卷积核和偏置参数是随机初始化,而卷积自编码神经网络的卷积层的卷积核和偏置参数是通过自动编码器训练而获得的,通过调用 inference()提高了代码的复用率。向图中添加的操作如下。

第一层卷积代码如下:

```
with tf.variable_scope('conv1') as scope:
kernel= Ws[i_kernel] #  卷积核,50@ 5x5
conv= tf.nn.conv2d(images,kernel,strides= strides,pad-
ding= padding)
biases= bs[i_kernel]
bias= tf.nn.bias_add(conv,biases)
conv1= tf.nn.relu(bias,name= scope.name)
```

卷积核 kernel 在 TensorFlow 图中为 tf. Variable(),其核数和大小在初始化时指定。第一层卷积的输入 images 在 TensorFlow 中为 tf. placeholder(),可以对其输入数据。tf. nn. conv2d()函数完成卷积操作,卷积操作的步长 strides 和 0 边距 padding 由 inference()参数 strides、padding 指定。卷积之后加上偏置项,然后应用 ReLU 激活函数 tf. nn. relu()。

第一层池化代码如下:

```
# pool1
pool1= tf.nn.max_pool(conv 1,ksize= [1,2,2,1],strides= [1,2,2,1],
                      padding= padding,name= 'pool1')
```

第一层池化操作的输入数据是第一层卷积的输出数据 conv1,池化区域的大小为 2×2,步长为 2。这里 ksize=[1,2,2,1]表示池化操作在(batch, height, width, channels)四个维度里面的尺寸,height、width 均为 2,表示池化区域的大小为 2×2;类似地,strides=[1,2,2,1]表示卷积的步长为 2。

第二层的卷积和池化代码如下:

```
# conv2 第二层卷积
i_kernel + = 1
with tf.variable_scope('conv2') as scope:
    kernel= Ws[i_kernel]
    conv= tf.nn.conv2d(pool1,kernel,strides= strides,pad-
ding= padding)
    biases= bs[i_kernel]
    bias= tf.nn.bias_add(conv,biases)
    conv2= tf.nn.relu(bias,name= scope.name)
# pool2 第二层池化
pool2= tf.nn.max_pool(conv 2,ksize= [1,2,2,1],strides= [1,2,2,1],
                      padding= padding,name= 'pool2')
```

第三层卷积代码如下：

```
#  conv3 第三层卷积
i_kernel + = 1
with tf.variable_scope('conv3') as scope:
    kernel= Ws[i_kernel]
    conv= tf.nn.conv2d(pool2,kernel,strides= strides,pad-
ding= padding)
    biases= bs[i_kernel]
    bias= tf.nn.bias_add(conv,biases)
    conv3= tf.nn.relu(bias,name= scope.name)
#  pool3 第三层池化
pool3= tf.nn.max_pool(conv3,ksize= [1,2,2,1],strides= [1,2,2,1],
padding= padding,name= 'pool3')
```

全连接层代码如下：

```
# 全连接层
with tf.variable_scope('local4') as scope:
    #  Move everything into depth so we can perform a single
    matrix multiply
    dim= 1
    for d in pool3.get_shape()[1:].as_list():
        dim * = d
    reshape= tf.reshape(pool3,[- 1,dim])
    weights= utils.weight_variable([dim,n_fc_units])
                            //初始化全连接层权重矩阵,1250x500
    biases= utils.bias_variable([n_fc_units])
    local4= tf.nn.relu(tf.matmul(reshape,weights)+ bia-
ses,name= scope.name)
```

卷积池化后的数据是多维的，在全连接层，我们首先通过 tf. reshape 将卷积、池化之后的图展开成一维向量，再与权重矩阵做矩阵乘法，加上偏置，再应用 ReLU 激活函数得到全连接层。

softmax 层代码如下：

```
# softmax
with tf.variable_scope('softmax_linear') as scope:
    weights= utils.weight_variable([n_fc_units,n_classes])
    biases= utils.bias_variable([n_classes])
    softmax_linear= tf.add(tf.matmul(local4,weights),bia-
ses,name= scope.name)
```

softmax 层对全连接层应用 softmax 操作。

模型训练：

模型训练由 run_training（）函数完成，该函数向 TensorFlow 图中添加了计算损失、梯度、变量更新的操作。

创建会话

```
sess= tf.Session()
```

TensorFlow 图中的所有操作都在会话中进行。

调用 inference（）创建 inference 模型代码如下：

```
Ws= [utils.weight_variable([kernel_shape[0][0],kernel_
    shape[0][1],image_shape[2],n_fmaps[0]]),
    utils.weight_variable([kernel_shape[1][0],kernel_
    shape[1][1],n_fmaps[0],n_fmaps[1]]),
    utils.weight_variable([kernel_shape[1][0],kernel_
    shape[1][1],n_fmaps[1],n_fmaps[2]])]
bs= [utils.bias_variable([n_fmaps[0]]),
    utils.bias_variable([n_fmaps[1]]),
    utils.bias_variable([n_fmaps[2]])]


# Build a Graph that computes predictions from the infer-
ence model.


logits= inference(images= x,
                  Ws= Ws,
                  bs= bs,
                  n_fc_units= n_fc_units,
                  n_classes= n_classes)
```

给 inference 模型传入随机初始化的卷积核和偏置，构建卷积神经网络。

计算模型损失代码如下：

```
# Calculate the average cross entropy loss across the batch
cross_entropy= tf.nn.softmax_cross_entropy_with_logits
(logits,labels,name= 'xentropy')
loss= tf.reduce_mean(cross_entropy,name= 'xentropy_mean')
```

模型中使用交叉熵来计算模型的损失，模型训练的过程就是通过参数的修改尽量减小模型的交叉熵。

创建训练操作代码如下：

```
optimizer= tf.train.GradientDescentOptimizer(learning_rate)
train_op= optimizer.minimize(loss)
```

创建一个训练操作,该操作根据指定的 learning_rate 使用梯度下降的方法来最小化模型损失。

训练模型代码如下:

```
for epoch in range(n_training_epochs):
    for i in range(data.train.images.shape[0] / batch_size):
        feed_dict= fill_feed_dict(data.train,x,y_,batch_size)
        sess.run(train_op,feed_dict= feed_dict)
```

对整个模型输入数据,TensorFlow 会话将会使用梯度下降的算法进行训练操作,通过调整参数 n_training_epochs 和 batch_size 来控制整个网络训练的深度。

18.5.3 自编码医疗图像分析

1. 自编码器结构

自编码器(AutoEncoder)是一种特殊的人工神经网络,网络训练阶段只使用输入样本数据,没有对应标签数据,属于无监督学习方法。使用 AutoEncoder 输出的数据重构输入数据,并与原始的输入数据进行比较,经过多次迭代逐渐使目标函数值达到最小,也就是重构输入数据以最大限度地接近原始输入数据。

医疗图像自编码操作如图 18-20 所示,包括 encode 操作 f 和 decode 操作 f'。我们使用原始 CT 图像中截取的 64×64 的图像区域 x 作为输入数据,encode 操作得到输出值 $o = f(x)$,decode 操作得到重建的输入 $\hat{x} = f'(o)$。根据输入 x 和重建的输入 $\hat{x}$ 得到代价函数值,使用梯度下降法优化 encode 操作 f 和 decode 操作 f' 的参数来最小化代价函数值。

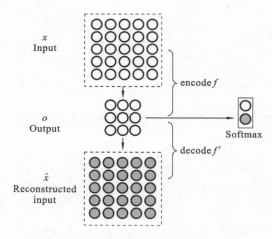

图 18-20 医疗图像自编码操作

我们使用大量无标签的肺部图像训练自编码器,无监督的训练完成后,自编码器的输出 o 作为输入 x 的特征表示连接到分类器。使用少量的标注数据对分类器进行训练,其中图像包含肺结节的标注为 1,不含肺结节的标注为 0,训练完成后输入 64×64 的图像就可以判断图像中是否有肺结节。

2. TensorFlow 实现代码和代码解析

自编码医疗图像分析主要包括自编码实现和 softmax 模型实现两大模块。

1）自编码的实现

自编码的实现主要分为编码器、解码器和预训练三部分，实现如下。

（1）编码器。

```
hidden= tf.nn.relu(tf.matmul(x,self.__W)+ self.__b)
```

编码器的输入是图片的向量表示，与权重矩阵进行矩阵乘法，加上偏置项并应用 ReLU 激活函数得到编码后的结果。

（2）解码器。

```
b= utils.bias_variable([self.__n_input_units])
    reconstructed_x = tf.nn.relu(tf.matmul(hidden,tf.
transpose(self.__W))+ b)
```

解码器将编码后的结果与编码器的权重矩阵的转置做矩阵乘法，加上偏置项并应用 ReLU 激活函数得到解码后的结果。

（3）预训练。

计算模型损失代码如下：

```
loss= tf.reduce_mean(tf.square(x - reconstructed_x))
```

使用 root mean square error(RMSE)表示模型的损失，RMSE 越小，表示模型训练得越好，训练的过程就是要尽可能地减小 RMSE。

创建训练操作代码如下：

```
optimizer= tf.train.GradientDescentOptimizer(learning_rate)
    train_op= optimizer.minimize(loss)
```

创建一个训练操作，该操作根据指定的 learning_rate 使用梯度下降的方法来最小化模型损失。

训练模型代码如下：

```
for epoch in range(n_training_epochs):
    for i in range(data.images.shape[0] / batch_size):
    batch= data.next_batch(batch_size)
    self.__sess.run(train_step,feed_dict= {x: batch[0]})
```

对整个模型输入数据，TensorFlow 会话将会使用梯度下降的算法进行训练操作，通过调整参数 n_training_epochs 和 batch_size 来控制整个网络训练的深度。

2）softmax 模型

自编码医疗图像分析的 softmax 模型输入是自编码进行编码之后的结果，实现如下。

输入获取代码如下：

```
train_images= sess.run(ae.encode(data.train.images))
    train_set= DataSet(images= train_images,labels= data.
train.labels)
    test_images= sess.run(ae.encode(data.test.images))
    test_set = DataSet(images = test_images,labels = data.
test.labels)
    data= get_data(train= train_set,test= test_set)
```

计算模型损失代码如下:

```
# Calculate the average cross entropy loss across the batch
    cross_entropy= tf.nn.softmax_cross_entropy_with_logits
(logits,labels,name= 'xentropy')
    loss= tf.reduce_mean(cross_entropy,name= 'xentropy_mean')
```

模型中使用交叉熵来计算模型的损失,模型训练的过程就是要尽量减小模型的交叉熵。

创建训练操作代码如下:

```
optimizer= tf.train.GradientDescentOptimizer(learning_rate)
    train_op= optimizer.minimize(loss)
```

创建一个训练操作,该操作根据指定的 learning_rate 使用梯度下降的方法来最小化模型损失。

训练模型代码如下:

```
for epoch in range(n_training_epochs):
    for i in range(data.train.images.shape[0] / batch_size):
    feed_dict= fill_feed_dict(data.train,x,y_,batch_size)
    sess.run(train_op,feed_dict= feed_dict)
```

当训练数据输入到整个模型,TensorFlow 会话将会使用梯度下降的算法进行训练操作。n_training_epochs 表示训练中每个样本块训练的迭代次数,batch_size 表示每个样本块中的样本数,通过调整这两个参数来控制整个网络训练的深度。

18.5.4   卷积自编码医疗图像分析

1. 卷积自编码神经网络结构

卷积自编码神经网络结构是 CNN 和自编码器结合的网络结构,这里我们对肺结节分类的网络结构如图 18-21 所示。图 18-21 所示的结构与图 18-19 中的 CNN 结构不同的是在每一个卷积层添加了一个重建操作。

卷积自编码神经网络结构的训练包括无监督的训练和有监督的微调两部分。无监督的训练时,对 50000 张 64×64 像素的无标签肺部图像进行训练。与训练自编码器的方式相同,无监督的训练完成后,自编码器的输出 θ 作为输入 x 的特征表示连接到分类

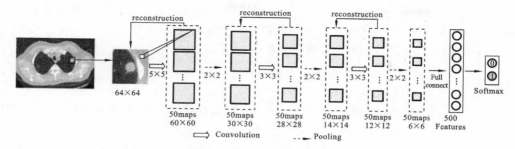

图 18-21 医疗图像分析卷积自编码神经网络结构

器。使用少量的标注数据对分类器进行训练,其中图像中包含肺结节的标注为 1,不包含肺结节的标注为 0,从训练完成后输入 64×64 像素的图像就可以判断图像中是否有肺结节。

2. 卷积自编码操作

将卷积的局部连接方法和自编码相结合,简单地说是为卷积操作增加重建输入的操作。使用局部连接的卷积操作将输入特征图转换为输出特征图,这个过程称为卷积 decode。输出特征图再经过卷积的逆操作重建输入特征图,称为卷积 recode。使用标准自编码(standard autoencoder)无监督贪心的训练得到卷积自编码层 decode 操作和 recode 操作的参数。

一个卷积自编码层的操作如图 18-22 所示,卷积自编码结构中卷积 encode 和卷积 decode 操作,分别用 $f(\cdot)$ 和 $f'(\cdot)$ 表示。卷积自编码的输入特征图来自于输入层或者前一层的输出,$x \in R^{n \times l \times l}$,共有 n 个特征图,每个大小为 $l \times l$ 像素。卷积自编码操作设置 m 个卷积核,输出层有 m 个输出特征图。当输入特征图来自于输入层时,n 表示输入图像的通道数;当输入特征图来自于前一层的输出特征图时,n 表示前一层的输出特征图数。卷积核大小设置为 $d \times d$,其中 $d \leq l$。

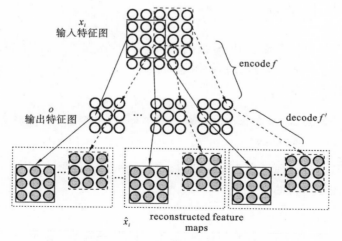

图 18-22 卷积自编码操作

卷积自编码层需要学习的参数为 $\theta = \{W, \hat{W}, b, \hat{b}\}$,卷积 encode 操作对应参数 $b \in R^m$ 和 $W = \{w_j, j = 1, 2, \cdots, m\}$,其中 $w_j \in R^{n \times l \times l}$,我们将参数 w_j 表示成向量 $w_j \in R^{nl^2}$。卷积 decode 操作对应参数 $\hat{W} = \{\hat{w}_j, j = 1, 2, \cdots, m\}$ 和 $\hat{b}, \hat{b} \in R^{nl^2}$,$\hat{w}_j \in R^{1 \times nl^2}$。

首先,根据输入的图像进行 encode 操作。卷积核设置为 $d \times d$,每次从输入图像中选择一个 $d \times d$ 大小的 patch $x_i, i=1,2,\cdots,p$,包括所有的特征图,使用第 j 个卷积核的权重 w_j 进行卷积计算,得到输出层神经元的值 o_{ij},即

$$o_{ij} = f(x_i) = \sigma(w_j * x_i + b_j)$$

式中:$j=1,2,\cdots,m$。

σ 是非线性激活函数,通常使用 Sigmoid 函数、双曲正切函数和 ReLU 函数(rectified linear function)中的一种。本文中使用

$$\text{ReLU}(x) = \begin{cases} x, & x \geqslant 0 \\ 0, & x < 0 \end{cases}$$

接着使用卷积 encode 的输出 o_{ij} 进行卷积 decode 操作,也就是用 o_{ij} 重建(reconstruct)x_i,得到 $\hat{x}_i$,即

$$\hat{x}_i = f'(o_{ij}) = \phi(\hat{w}_i * o_{ij} + \hat{b}_i)$$

$\hat{w} = \boldsymbol{W}^\mathrm{T}$,$\hat{w}$ \$ 和 $\boldsymbol{W}^\mathrm{T}$ 具有相同的参数,互相正交(orthogonal to each other)。激活函数 $f'(\cdot)$ 是识别函数,$\hat{b}$ 和输入的 b 具有相同的规模。

每次卷积 decode 和卷积 recode 操作后得到 $\hat{x}_i$,目标函数表示为

$$J_{\text{CAE}}(\theta) = \frac{1}{p} \sum_{i=1}^{p} L[x_i, \hat{x}_i] \theta = \{w, \hat{w}, b, \hat{b}\}$$

重建误差表示为

$$L_{\text{CAE}}[x_i, \hat{x}_i] = \| x_i - \hat{x}_i \|^2 = \| x_i - \phi(\sigma(x_i)) \|^2$$

使用随机梯度下降法调整卷积自编码层的权重参数和偏差值来最小化目标函数的值,通过多次迭代最终得到训练好的网络。根据训练的参数得到的输出特征图作为下一层的输入特征图。

3. TensorFlow 实现代码和代码解析

卷积自编码医疗图像分析分为三大主要的模块:卷积自编码实现、多层卷积自编码实现、卷积自编码神经网络实现。

1) 卷积自编码

卷积自编码也可以分成三部分:编码器、解码器、预训练。卷积自编码与普通自编码的不同之处在于编码和解码过程使用卷积操作实现。

(1) 编码器代码如下:

```
conv= tf.nn.conv2d(x,self.__W,strides= strides,padding= padding)
hidden= tf.nn.relu(conv+ self.__b)
```

编码器的编码过程通过卷积操作和 ReLU 激活函数实现,使用的卷积核大小和数量取决于医疗图像分析的需要。

(2) 解码器代码如下:

```
b= utils.bias_variable([self.__W.get_shape().as_list()[2]])
conv= tf.nn.conv2d_transpose(hidden,
                             self.__W,
                             tf.pack([tf.shape(x)[0],
                                 self.__input_shape[1],
```

```
                                                    self.__input_shape[2],
                                                    self.__input_shape[3]]),
strides= strides,
padding= padding)
reconstructed_x= tf.nn.relu(conv+ b)
```

解码器的解码过程通过调用 tf.nn.conv2d_transpose()函数和 ReLU 激活函数实现,tf.nn.conv2d_transpose()实现卷积的逆操作。

(3) 预训练实现如下。

计算模型损失代码如下:

```
loss= tf.reduce_mean(tf.square(x - reconstructed_x))
```

使用 root mean square error(RMSE)表示模型的损失,RMSE 越小,表示模型训练得越好,训练的过程就是要尽可能地减小 RMSE。

创建训练操作代码如下:

```
optimizer= tf.train.GradientDescentOptimizer(learning_rate)
train_op= optimizer.minimize(loss)
```

创建一个训练操作,该操作根据指定的 learning_rate 使用梯度下降的方法来最小化模型损失。

训练模型代码如下:

```
for epoch in range(n_training_epochs):
    for i in range(data.images.shape[0] / batch_size):
            batch= data.next_batch(batch_size)
            self.__sess.run(train_step,feed_dict= {x: batch
[0]})
```

对整个模型输入数据,TensorFlow 会话将会使用梯度下降的算法进行训练操作,通过调整参数 n_training_epochs 和 batch_size 来控制整个网络训练的深度。

2) 多层卷积自编码

多层卷积自编码调用上述实现的卷积自编码,将前一层卷积自编码进行编码之后的数据,再进行池化,然后把这个数据作为当前层卷积自编码的输入,依次类推,分别训练出多层卷积自编码。代码实现如下:

```
caes= []
input_data= data
for i,(n_filters_next_layer,filter_shape_next_layer) in enumer-
    ate(zip(n_filters,filter_shape)):
    input_shape= [None,input_data.images.shape[1],
                    input_data.images.shape[2],
                    input_data.images.shape[3]]
```

```
x_ = tf.placeholder(tf.float32,shape= input_shape)
cae= ConvolutionalAutoEncoder(sess= sess,
                              input_shape= input_shape,
                              n_filters=n_filters_next_layer,
                              filter_shape= filter_shape_next_
                              layer)
cae.pretrain(data = input_data,
             x= x_,
             learning_rate= learning_rate,
             loss_type= loss_type,
             strides= strides,
             n_training_epochs= n_training_epochs,
             batch_size= batch_size)
caes.append(cae)
input_data= DataSet(images =sess.run(
                             utils.max_pooling_2x2(cae.encode
                             (x= input_data.images,
                                   strides= strides,
                                   padding= padding))),
                             labels= input_data.labels)
```

3）卷积自编码神经网络

卷积自编码神经网络与卷积神经网络的网络结构完全相同,不同之处在于卷积自编码神经网络中使用的卷积核是通过卷积自编码训练得到,因此代码的主要不同之处在于 run_training() 的实现。

创建会话代码如下:

```
sess= tf.Session()
```

TensorFlow 图中的所有操作都在会话中进行。

调用 inference() 创建 inference 模型代码如下:

```
caes= multiCAE(sess= sess,
               data= data.train,
               n_filters= n_fmaps,
               filter_shape= kernel_shape,
               learning_rate= learning_rate,
               n_training_epochs= 10,
               batch_size= batch_size)
Ws= [caes[0].W,caes[1].W,caes[2].W]
bs= [caes[0].b,caes[1].b,caes[2].b]
```

```
# Build a Graph that computes predictions from the infer-
ence model.

logits= inference(images= x,
                  Ws= Ws,
                  bs= bs,
                  n_fc_units= n_fc_units,
                  n_classes= n_classes)
```

给 inference 模型传入卷积自编码训练得到的卷积核和偏置,构建卷积神经网络。计算模型损失代码如下:

```
# Calculate the average cross entropy loss across the batch
cross_entropy= tf.nn.softmax_cross_entropy_with_logits
(logits,labels,name= 'xentropy')
loss= tf.reduce_mean(cross_entropy,name= 'xentropy_mean')
```

模型中使用交叉熵来计算模型的损失,模型训练的过程就是要尽量减小模型的交叉熵。

创建训练操作代码如下:

```
optimizer= tf.train.GradientDescentOptimizer(learning_rate)
train_op= optimizer.minimize(loss)
```

创建一个训练操作,该操作根据指定的 learning_rate 使用梯度下降的方法来最小化模型损失。

训练模型代码如下:

```
for epoch in range(n_training_epochs):
    for i in range(data.train.images.shape[0] / batch_size):
        feed_dict= fill_feed_dict(data.train,x,y ,batch_size)
        sess.run(train_op,feed_dict= feed_dict)
```

对整个模型输入数据,TensorFlow 会话将会使用梯度下降的算法进行训练操作,通过调整参数 n_training_epochs 和 batch_size 来控制整个网络训练的深度。

18.6 本章小结

本章我们专注于认知计算在医疗健康领域的大数据应用,我们在所示示例情况下测试的数据集在规模上不够大,所以无法得出在 TB 级或 PB 级数据集上的一般结论。我们通过在医疗认知系统中使用机器学习方法及结构化数据进行慢性疾病预测的应用实例,使用深度学习方法进行文本医疗数据疾病风险预测的应用实例,使用卷积自编码、卷积神经网络、自编码器3种方法对 CT 图像进行分析应用,阐述了医疗认知系统中使用机器学习和深度学习方法如何根据应用数据选择方法和创建模式。

第六篇 习 题

6.1 IBM Waston 是一个结合了自然语言处理技术和机器学习技术的认知系统。以下几种关于 Watson 寻找正确答案的方式,说法错误的是( )。

A. 基于事实信息回答问题　　　　B. 通过完成谜题寻找答案

C. 通过分解线索寻找答案　　　　D. 通过对问题进行反复迭代提问寻找答案

6.2 IBM Watson 的深度问答(DeepQA)用基于规则的深度语法分析和统计分类方法来确定一个问题是否应该被分解,以及怎样分解才最容易回答。DeepQA 系统采用了机器学习的方法来计算信心值:工程师们先准备一套已知正确答案的问题,让 DeepQA 来尝试给对应的备选答案评分。之后再查看这些备选答案的可信,然后朝着缩小差距的方向调整参数再次评分,从而一步步训练出一个评分模型。请概括 Waston 架构的自然语言处理技术 DeepQA 的核心设计准则并对其进行解释。

6.3 如图1所示,每个节点表示1个地点,每个连接表示地点之间是否可达,其中 5 是目标地点,为每次行动分配一个奖励值。假设有一个智能体,它对周围环境没有任何了解,一开始不知道怎么走可以到达终点 5,只能从经验中进行学习,使用增强学习算法计算该图的最终状态。

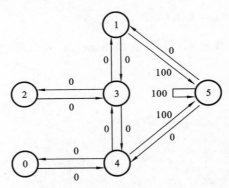

图 1　地点连接示意图

提示:Q 学习算法如下。

(1) 设置 gamma 值(折扣因子),在矩阵 **R** 设置状态、行动和对应的奖励

(2) 初始化价值 Q 矩阵为 0

(3) for each episode:

选择一个随机初始状态

　　do while 没到终点:

　　　　根据当前状态选择一个可能的行动

　　　　执行该行动,到下一个状态 s

　　　　对 s,基于所有可能的动作,获得最大的 Q 值

计算 Q(状态,行动)＝R(状态,行动)＋gamma * max[Q(下一个状态,所有行动)]

选择下一个状态作为当前状态

end do

end for

行动、状态对应的奖励矩阵尺如下：

$$\begin{array}{c} & & \text{Action} \\ \text{State} & & 0 \quad 1 \quad 2 \quad 3 \quad 4 \quad 5 \\ \boldsymbol{R} = \begin{array}{c} 0 \\ 1 \\ 2 \\ 3 \\ 4 \\ 5 \end{array} & \begin{bmatrix} -1 & -1 & -1 & -1 & 0 & -1 \\ -1 & -1 & -1 & 0 & -1 & 100 \\ -1 & -1 & -1 & 0 & -1 & -1 \\ -1 & 0 & 0 & -1 & 0 & -1 \\ 0 & -1 & -1 & 0 & -1 & 100 \\ -1 & 0 & -1 & -1 & 0 & 100 \end{bmatrix} \end{array}$$

6.4 AlphaGo 策略网络和估值网络的作用分别是什么？有何区别？

6.5 糖尿病与肥胖情况和血糖含量相关,因此我们可以收集糖尿病患者与非糖尿病患者的肥胖情况与血糖含量的数据,训练贝叶斯分类器,来预测某人是否患有糖尿病。在第 18 章中举了一个用贝叶斯分类器对糖尿病进行分析和预测的例子。请根据章节中的预测模型,分析对 $X = (A = \text{No}, B = 7.9)$,其是否患有糖尿病。

6.6 在选择疾病预测学习模型时,我们通常需要采用准确率、召回率来衡量模型,通常认为准确率与召回率都高的模型是好的模型。

(1) 请解释准确率与召回率在疾病预测模型中的含义;

(2) 若模型 1 和模型 2 的准确率和召回率如表 1 所示,我们应该如何选择模型？

表 1 模型 1、2 的准确率和召回率

	准 确 率	召 回 率
模型 1	0.5	0.4
模型 2	0.7	0.2

6.7 在医疗认知系统中,我们可以使用深度学习方法对医疗文本数据与图像数据分析与建模,进行疾病预测。请学习第 18 章的内容,辨析下列命题：

(1) One-hot Representation 建立词向量时不考虑词之间的语义关系,即使语义相近的词向量之间也没有任何关系。

(2) 如同在进行图像处理时需要预先对图像进行尺寸归一化一样,我们在进行文本分析时也必须使所有文本矩阵大小相同。

(3) CNN 用于文本理解时,若设置卷积核为 3,则表示从文本矩阵中提取 3×3 区域进行卷积操作。

(4) 卷积自编码神经网络与卷积神经网络的网络结构完全相同,都需要对卷积层卷积核和偏置参数随机初始化。

6.8 城市交通智能互联的车辆及其行走线路分布,在很大程度上影响着人们对城市生活的满意度。在大数据时代,定位技术的普及导致大量的出行数据的产生。对这些数据的研究有助于我们分析城市热点区域,了解不同时段城市各区域交通的拥挤程度,并且可以对于人们的出行目的地进行一定的预测。这样的分析有助于我们优化城市规划,为人们提供更好的城市生活体验。

如果你拥有人们在纽约的出行数据,数据包含三部分信息:出行目的地、下车地点(经纬度)以及下车时间。能否根据这些数据,建立一个模型,输入下车地点和时间,推断用户出行目的地。具体数据见:http://pan.baidu.com/s/1b3axWy。

本篇参考文献

[1] Hurwitz J,Kaufman M,Bowles A. Cognitive Computing and Big Data Analytics [M]. 2015:137-155.

[2] 张鸿涛[译]. 认知计算与大数据分析[M]. 北京:人民邮电出版社,2017.

[3] Lake B M,Salakhutdinov R,Tenenbaum J B. Human-level concept learning through probabilistic program induction[J]. Science,2015,350(6266):1332-1338.

[4] Mnih V,Kavukcuoglu K,Silver D,et al. Playing Atari with Deep Reinforcement Learning[J]. Computer Science,2013.

[5] Groves P,Kayyali B,Knott D,et al. The big data revolution in healthcare[J]. McKinsey Quarterly. 2013.

[6] Jensen P B,Jensen L J, Brunak S. Mining electronic health records:towards better research applications and clinical care[J]. Nat. Rev. Gene. 2012,13:395-405.

[7] Bates D W,Saria S,Ohno-Machado L,et al. Big data in health care:using analytics to identify and manage high-risk and high-cost patients[J]. Health. Affair. 2014, 33:1123-1131.

[8] Oliver D,Daly F,Martin F C,et al. Risk factors and risk assessment tools for falls in hospital in-patients:a systematic review[J]. Age ageing. 2004,33:122-130.

[9] Marcoon S,Chang A M,Lee B,et al. Heart score to further risk stratify patients with low TIMI scores[J]. Critical pathways in cardiology. 2013,12:1-5.

[10] Bandyopadhyay S. Data mining for censored time-to-event data:A Bayesian network model for predicting cardiovascular risk from electronic health record data [J]. Data. Min. Knowl. Disc. 2014:1-37.

[11] Qian B,Wang X,Cao N,et al. A relative similarity based method for interactive patient risk prediction[J]. Data. Min. Knowl. Disc. 1-24 (2014).

[12] Singh A. Incorporating temporal EHR data in predictive models for risk stratification of renal function deterioration[J]. J. Biomed. Inform. 2015,53:220-228.

[13] Chen X. KATZLDA:Katz measure for the IncRAN-disease association prediction[J]. Sci. Rep-UK. 5 (2015).

[14] Ho J C,Lee C H,Ghosh J. Septic Shock Prediction for Patients with Missing Data[J]. Acm Transactions on Management Information Systems,2014,5(1):1.

[15] Basu Roy S,Teredesai A,Zolfaghar K,et al. Dynamic Hierarchical Classification for Patient Risk-of-Readmission[C]//The ACM SIGKDD International Confer-

ence. ACM,2015:1691-1700.

[16] Huang Z,Dong W,Duan H. A probabilistic topic model for clinical risk stratification from electronic health records[J]. Journal of Biomedical Informatics,2015, 58(4):28-36.

[17] Frias-Martinez E, Williamson G, Frias-Martinez V. An Agent-Based Model of Epidemic Spread Using Human Mobility and Social Network Information[C]// Passat/socialcom 2011,Privacy,Security,Risk and Trust. DBLP,2011,pp. 57-64.

[18] Buckee C O,Wesolowski A,Eagle N,et al. Mobile phones and malaria: modeling human and parasite travel[J]. Travel Medicine & Infectious Disease,2013,11 (1):15-22.

[19] Bengtsson L,Lu X,Thorson A,et al. Improved Response to Disasters and Outbreaks by Tracking Population Movements with Mobile Phone Network Data: A Post-Earthquake Geospatial Study in Haiti [J]. Plos Medicine, 2011, 8 (8):e1001083.

[20] Xie J,Kelley S,Szymanski B K. Overlapping community detection in networks: The state-of-the-art and comparative study[J]. Acm Computing Surveys,2011, 45(4):43.

[21] Chen M,Zhang Y,Li Y,et al. AIWAC: affective interaction through wearable computing and cloud technology[J]. Wireless Communications, IEEE,2015,22 (1): 20-27.

[22] Costa R,Carneiro D,Novais P,et al. Ambient assisted living[C]//3rd Symposium of Ubiquitous Computing and Ambient Intelligence 2008. Springer Berlin Heidelberg,2009:86-94.

[23] Costanzo A,Faro A,Giordano D,et al. Mobile cyber physical systems for health care: Functions,ambient ontology and e-diagnostics[C]//2016 13th IEEE Annual Consumer Communications & Networking Conference (CCNC). IEEE,2016: 972-975.

[24] Jaimes L G,Calderon J,Lopez J,et al. Trends in Mobile Cyber-Physical Systems for health Just-in time interventions[C]//SoutheastCon 2015. IEEE,2015:1-6.

[25] Tabas I,Glass C K. Anti-inflammatory therapy in chronic disease: challenges and opportunities[J]. Science,2013,339(6116): 166-172.

[26] Murali S,Rincon Vallejos F J,Atienza Alonso D. A Wearable Device For Physical and Emotional Health Monitoring [C]//Computing in Cardiology 2015. 2015,42 (EPFL-CONF-213467): 121-124.

[27] Wan J,Zou C,Ullah S,et al. Cloud-enabled wireless body area networks for pervasive healthcare[J]. Network,IEEE,2013,27(5): 56-61.

[28] Rodgers M M,Pai V M,Conroy R S. Recent advances in wearable sensors for health monitoring[J]. Sensors Journal,IEEE,2015,15(6): 3119-3126.

[29] Mundt C W,Montgomery K N,Udoh U E,et al. A multiparameter wearable physiologic monitoring system for space and terrestrial applications[J]. Informa-

tion Technology in Biomedicine, IEEE Transactions on, 2005, 9(3): 382-391.

[30] Chao H C, Zeadally S, Hu B. Wearable computing for health care. Journal of medical systems[J]. 2016, 40(4):1-3.

[31] Chen M, Ma Y, Ullah S, et al. ROCHAS: robotics and cloud-assisted healthcare system for empty nester[C]//Proceedings of the 8th international conference on body area networks. ICST (Institute for Computer Sciences, Social-Informatics and Telecommunications Engineering), 2013:217-220.

[32] Clavel C, Callejas Z. Sentiment analysis: from opinion mining to human-agent interaction[J]. 2016.

[33] Jerritta S, Murugappan M, Wan K, et al. Emotion detection from QRS complex of ECG signals using Hurst Exponent for different age groups[C]//Affective Computing and Intelligent Interaction (ACII), 2013 Humaine Association Conference on. IEEE, 2013:849-854.

[34] Castellano G, Kessous L, Caridakis G. Emotion recognition through multiple modalities: face, body gesture, speech[M]//Affect and emotion in human-computer interaction. Springer Berlin Heidelberg, 2008:92-103.

[35] Soleymani M, Asghari Esfeden S, Fu Y, et al. Analysis of EEG signals and facial expressions for continuous emotion detection[J]. 2015.

[36] Cambria E. Affective computing and sentiment analysis[J]. IEEE Intelligent Systems, 2016, 31(2): 102-107.

[37] Zhao S. Affective Computing of Image Emotion Perceptions[C]//Proceedings of the Ninth ACM International Conference on Web Search and Data Mining. ACM, 2016:703-703.

[38] The Oxford handbook of affective computing[M]. Oxford University Press, USA, 2014.

[39] Broekens J, Bosse T, Marsella S C. Challenges in computational modeling of affective processes[J]. Affective Computing, IEEE Transactions on, 2013, 4(3): 242-245.

[40] Chen M, Zhang Y, Li Y, et al. EMC: emotion-aware mobile cloud computing in 5G[J]. Network, IEEE, 2015, 29(2): 32-38.

[41] Chen M, Ma Y, Hao Y, et al. CP-Robot: Cloud-Assisted Pillow Robot for Emotion Sensing and Interaction[M]// Industrial IoT Technologies and Applications. Springer International Publishing, 2016.

[42] Simsek M, Aijaz A, Dohler M, et al. 5G-Enabled Tactile Internet[J]. IEEE Journal on Selected Areas in Communications, 2016, 34(3):1-1.

[43] https://www. tensorflow. org/versions/r0. 11/get_started/os_setup. html # download-and-setup

[44] https://www. tensorflow. org/versions/r0. 11/tutorials/index. html

第七篇

认知计算前沿专题

19

5G 认知系统

摘要：随着移动通信行业从 2G 到 4G 长期演化，5G 旨在通过连接任意事物来改变世界。5G 能够提供超低延时的通信，能够进一步促进认知系统在以人为中心的领域的应用，如医疗健康领域。基于此，本章主要介绍了 5G 认知系统，5G 认知系统除了包括 5G 的基础设施外，还增加了资源认知引擎和数据认知引擎，资源认知引擎通过学习网络情境来实现认知应用的超低延时和超高可靠性。数据认知引擎通过对业务数据的感知实现对业务的智能认知，比方说，对于医疗健康大数据的认知可以实现对病人生理和心理的状态的感知。具体来说，本章首先简单介绍了 5G 的演进和 5G 关键技术。其次介绍了 5G 认知系统概念和 5G 认知系统的关键技术。最后介绍了 5G 认知系统的六种应用。

19.1 5G 的演进

本节主要介绍了 5G 的演进，我们从移动蜂窝核心网络、移动设备和边缘网络，以及 5G 驱动力三个方面介绍了 5G 的演进。

19.1.1 移动蜂窝核心网络

蜂窝网络或移动网络是一种分布在陆地区域的无线网络，每个网络至少由一个固定位置的无线电收发机所服务，即小区站点或基站。在一个蜂窝网络中，每一个小区与其相邻的小区所使用的频率不同，这是为了避免干扰，并且为每个单元提供有保障的带宽。移动通信系统将通信和移动连接在一起，彻底改变了人们的通信方式。如图 19-1 所示，大范围通信的移动核心网络经历了 5 代的发展，而短距离无线通信也在数据传输速率、服务质量和应用上不断升级。

无线接入技术演化到了第四代(4G)。展望过去，无线接入技术遵循了不同的进化路径，重点都是高移动环境中的性能和效率。第一代(1G)实现了基本的移动语音通信的需要，而第二代(2G)提出了容量和覆盖范围的扩大。第三代(3G)以更高的数据探索速度打开了"移动宽带"体验的真正大门。第四代(4G)提供了大范围的电信服务，包括由移动和固定网络提供的先进的移动服务，它完全具备高流动性和数据速率的分组交换。

随着移动通信行业从 2G 到 4G 长期演化，5G 旨在通过连接任意事物来改变世界。

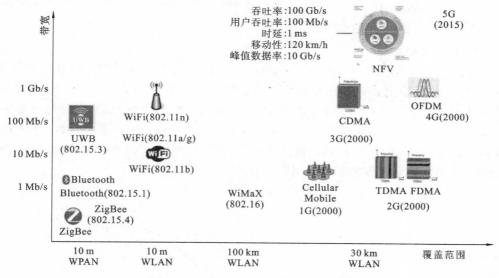

图 19-1 移动网络与无线通信的演进

不同于以前的版本,5G 的研究不仅着眼于新的频段、无线传输、蜂窝网络等,更注重性能的提高。这将会是一个智能技术,能无障碍地互联无线世界。为了满足 5G 的性能更高、速率更高、连接更多、可靠性更高、延迟更低、通用性更高以及应用领域的特定拓扑结构等需求,新的概念和设计方法是非常必要的。目前的 4G 标准化工作可能影响到 5G 系统的无线功能和网络解决方案的提出,而这些在未来是很有前景的。

新的网络体系结构超越了异构网络,并且利用了来自世界各地的研究实验室的新的频谱(如毫米波)。除了网络端,人们也正在开发先进的终端和接收端以优化网络性能。控制平面和数据平面分离(目前 3GPP 所研究的)是 5G 的一项有趣的模式,当然其中还包含了大量的多输入输出(MIMO)、先进的天线系统、软件定义网络(SDN)、网络功能虚拟化(NFV)、物联网(IoT)和云计算。

19.1.2 移动设备和边缘网络

智能手机、平板电脑、可穿戴式装置以及工业工具等促进了移动设备的发展。2015年移动设备的全球用户数已经超过了 3 亿。在 20 世纪 80 年代使用的 1G 设备仅用于大多数模拟电话的语音通信。2G 移动网络始于 20 世纪 90 年代早期。针对语音和数据通信,数字电话出现了。正如图 19-1 所示的,2G 蜂窝网络如 GSM、TDMA、FDMA和 CDMA 等,根据不同的划分方案允许大量用户同时访问系统。基本的 2G 网络支持9.6 Kb/s 的数据和电路交换,现在它的速度提高到了 115 Kb/s 并伴有分组无线业务。截至 2015 年,2G 网络仍在许多发展中国家使用。

自 2000 年以来,2G 移动设备逐渐被 3G 产品所代替。3G 网络和手机具有 2 Mb/s的下行速度,并通过蜂窝系统来满足多媒体通信的需求。4G LTE(长期演进)网络在21 世纪面世,其目标是实现下载速度达到 100 Mb/s,上传速度达到 50 Mb/s 以及静态速度达到 1 Gb/s。3G 系统启用了具有 MIMO 智能天线的更好的无线电技术和OFDM 技术。3G 系统曾经得到广泛的部署,但如今 4G 网络正逐渐取代它,我们预计

3G 和 4G 的混合使用时间至少为 10 年。而 5G 网络可能在 2020 年之后出现,实现速度至少为 100 Gb/s。

1. 移动核心网络

蜂窝无线接入网络(RAN)是异构的。移动核心网络形成目前电信系统的骨干。在过去的 30 年间,核心网络已经经历了四代的部署。如图 19-2 所示,1G 移动网络被用于基于电路交换技术的模拟语音通信。2G 移动网络于 20 世纪 90 年代初开始在语音和数字电信中采用分组交换电路以支持数字电话的使用。比较著名的 2G 系统有在欧洲开发的 GSM 系统(全球移动通信系统)和在美国开发的 CDMA(码分多址)系统,GSM 和 CDMA 系统都被部署于不同的国家之中。

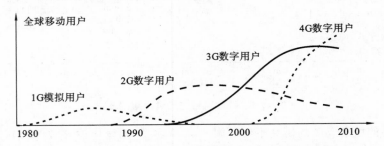

图 19-2　4G 智能手机和平板电脑的全球用户数随时间的变化

3G 移动网络被开发用于多媒体语音/数据通信和全球漫游服务中,基于 LTE 和 MIMO 无线技术的 4G 系统始于 21 世纪早期,而 5G 移动网络目前仍在研究之中。表 19-1 总结了 5 代蜂窝移动网络所使用的技术、数据速率峰值和驱动应用程序。前四代移动系统的数据速率从 1 Kb/s 提升到了 10 Kb/s、10 Mb/s 再到 100 Mb/s。据预测,即将到来的 5G 系统可以将数据率提高 1000 倍达到 100 Gb/s 甚至更高。5G 系统可以搭建远程射频头(RRH)并在 CRAN 上安装虚拟基站(基于云的无线接入网络)。

表 19-1　用于蜂窝通信的移动核心网络

代	1G	2G	3G	4G	5G
无线电和网络技术	模拟手机、AMPS、TDMA	数字电话 GSM、CDMA	CDMA2000、WCDMA、TD-SCDMA	LTE、OFDM、MIMO、软件操纵无线电	LTE、基于云的 RAN
移动数据速率峰值	8 Kb/s	9.6～344 Kb/s	2 Mb/s	100 Mb/s	10 Gb/s～1 Tb/s
驱动应用程序	语音通信	语音/数据通信	多媒体通信	宽带通信	超高速通信

2. 移动互联网边缘网络

目前,在各种运营范围内,大部分无线和移动网络是基于无线信号进行传输和接收的,称之为无线接入网络(RANs)。图 19-3 显示了如何使用各种 RANs 区域接入到移动核心网络。首先,它是通过移动互联网边缘网络将互联网骨干网和许多内部网连接实现的。其次,这样的互联网接入架构也称为无线互联网或移动互联网。在下文中,我们将介绍一些 RANs 的种类,如 WiFi、蓝牙、WiMax 和 ZigBee 网络。通常,我们会考虑使用以下几种短距离无线网络,如无线局域网(WLAN)、家庭无线区域网络(WHAN)、个人区域网(PAN)、体域网(BAN)等。这些无线网络在移动计算和IoT应用中起着关键作用。

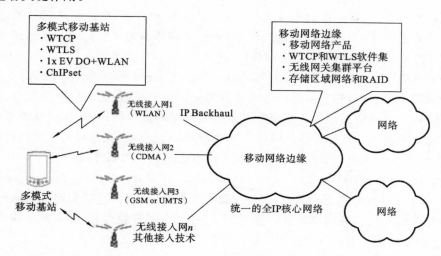

图 19-3　统一全 IP 移动核心网络、内联网和互联网中各种无线接入网络(RANs)的交互

3. 蓝牙设备和网络

蓝牙是一个由 Denish King 命名的短距离无线技术,可以追溯到 9 世纪。在 IEEE 802.15.1 标准中规定的蓝牙设备的工业科学医学频段为 2.45 GHz。它发射全方位 (360°)的对视线没有限制的信号,这意味着数据或语音能穿透非金属固体物体。在一个叫 Piconet 的 PAN 中,蓝牙能支持的设备多达 8 个(1 个主服务器和 7 个从属服务器)。蓝牙设备具有低成本和低功耗的优势。这样的设备在 10 cm~10 m 范围内的 Ad Hoc 网络中提供了 1 Mb/s 的数据传输速率。它也支持手机、计算机和其他可穿戴式设备的语音或数据通信。从本质上讲,蓝牙无线连接代替了大多数的计算机及其外围设备如鼠标、键盘和打印机等之间的有线电缆连接。

4. WiFi 网络

IEEE 802.11 标准中定义了 WiFi 接入点和 WiFi 网络。到目前为止,已经出现了一系列的 11a、11b、11g、11n 以及 11ac 网络。接入点在小于 300 ft(1 ft=0.305 m)的半径范围内广播其信号。越接近接入点,数据传输速率越快,最大的数据传输速率出现在 50~175 ft 之间。WiFi 网络的峰值数据速率已经从 11b 网络的低于 11 Mb/s 提升到了 11g 网络的 54 Mb/s 和 11n 网络的 300 Mb/s。11n 和 11ac 网络采用了 OFDG 调制技术并采用了多输入输出(MIMO)无线电和天线来实现其高速传输。WiFi 的出现使得接入点网格和无线路由中最快速的 WLAN 成为一种可能。而在今天的许多地方,WiFi 使得几乎免费访问互联网成为现实。

19.1.3　5G 驱动力

5G 是一个端到端的生态系统,它将打造一个全移动和全连接的社会。5G 主要包括三方面:生态、客户和商业模式。它交付始终如一的服务体验,通过现有的和新的用例,以及可持续发展的商业模式,为客户和合作伙伴创造价值。5G 的应用场景可以分为下面三种应用场景。

(1) 增强型移动宽带(Enhance Mobile Broadband,eMBB),按照计划能够在人口密集区为用户提供 1 Gb/s 用户体验速率和 10 Gb/s 峰值速率,在流量热点区域,可实现每平方公里数十 Tb/s 的流量密度。即 5G 提供更高体验速率和更大带宽的接入能力,支持解析度更高、体验更鲜活的多媒体内容。

(2) 海量物联网通信(Massive Machine Type Communication,mMTC),不仅能够将医疗仪器、家用电器和手持通信终端等全部连接在一起,还能面向智慧城市、环境监测、智能农业、森林防火等以传感和数据采集为目标的应用场景,并提供具备超千亿网络连接的支持能力。即面向物联网设备互联场景,5G 提供更高连接密度时优化的信令控制能力,支持大规模、低成本、低能耗 IoT 设备的高效接入和管理。

(3) 低时延、高可靠通信(Ultra Reliable & Low Latency Communication,uRLLC),主要面向智能无人驾驶、工业自动化等需要低时延、高可靠连接的业务,能够为用户提供毫秒级的端到端时延和接近 100% 的业务可靠性保证,即面向车联网、应急通信、工业互联网等垂直行业应用场景。

5G 网络的挑战如图 19-4 所示。

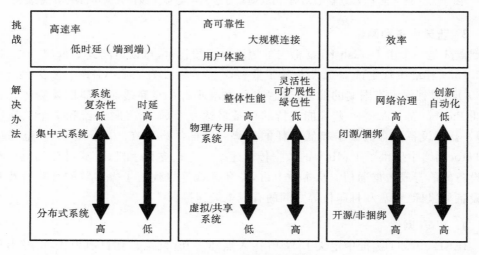

图 19-4 5G 网络的挑战

19.2 5G 关键性技术

本节主要从 5G 网络架构设计、5G 网络代表性服务和 5G 生态系统三个方面来介绍 5G 的关键性技术。

19.2.1 网络架构设计

随着移动网络和互联网在业务方面融合的不断深入,两者在技术方面也在相互渗透和影响。云计算、虚拟化、软件化等互联网技术是 5G 网络架构设计和平台构建的重要使能技术。利用虚拟化、软件化和云化技术,5G 区在从集中化向分布式发展,从专用系统向虚拟系统发展,从闭源向开源发展。如图 19-5 所示,5G 网络可以由 3 个功能平面组成:接入平面、控制平面和转发平面。接入平面包含各种类型基站和无线接入设备,通过引入多站点协作、多连接机制和多制式融合技术,构建更灵活的接入网拓扑;控制平面基于可重构的集中的网络控制功能,提供按需的接入、移动性和会话管理,支持精细化资源管控和全面能力开放;转发平面具备分布式的数据转发和处理功能,提供更动态的锚点设置,以及更丰富的业务链处理能力。5G 网络以控制功能为核心,以网络接入和转发功能为基础资源,形成三层网络功能视图。下面我们从 5G 无线关键技术和 5G 网络关键技术两个方面来介绍 5G 的网络架构。

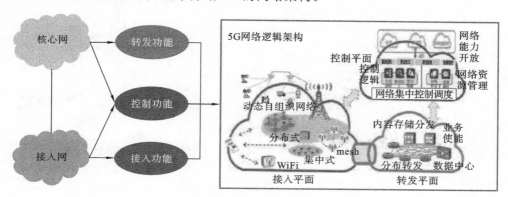

图 19-5　5G 逻辑结构图

(注:IMT-2020(5G)推进组[EB/OL].[2016-03-29]. http://www.imt-2020.cn/zh)

5G 无线关键技术包括大规模天线技术、密集网络技术、全频谱接入技术、新型多址技术和 D2D 通信等。在无线传输技术领域,大规模天线技术在现有多天线技术基础上通过增加天线数可支持数十个甚至更高数量的独立空间数据流,从而可大幅提升多用户系统的频谱效率,是提升系统频谱效率的最重要技术手段之一,对满足 5G 系统容量和速率需求将起到重要的支撑作用。密集网络将是提高数据流量的关键技术之一。全频谱接入涉及 6 GHz 以下低频段和 6 GHz 以上高频段,其中低频段是 5G 的核心频段,用于无缝覆盖;高频段作为辅助频段,用于热点区域的速率提升。全频谱接入采用低频和高频混合组网,充分挖掘低频和高频的优势,共同满足无缝覆盖、高速率、大容量等 5G 需求。通过在空间、时间、频率、码域实现信号的叠加传输来提升系统的接入能力,可有效支撑 5G 网络千亿设备连接需求。D2D 作为 5G 的关键技术之一,对蜂窝系统起到了必不可少的支撑和补充作用。D2D 技术为通信终端间的直接通信。当前 D2D 的研究主要集中在发送功率控制和资源分配等方面。图 19-6 给出了 5G 移动网络的物理架构。

上面从无线关键技术给出了 5G 网络的关键性技术,下面从 5G 网络平台给出 5G 网络的关键性技术。5G 网络的关键性能指标:100 Mb/s～1 Gb/s 的体验速率、数十 Tb/(s·km)的流量密度、百万级的链接密度、低功耗、低成本,低延时和高可靠。实现 5G 网络平台的基础是网络功能虚拟化(NFV)和软件定义网络(SDN)技术。NFV 技术通过软件与硬件的分离,为 5G 网络提供了更具有弹性的基础设施平台,NFV 使得网元功能与物理实体解耦,采用通用硬件取代专用硬件,可以更加方便快捷地把网元功能部署在网络任意位置,同时对通用硬件资源实现资源分配和动态伸缩,以达到最优的资源利用率。SDN 技术实现控制功能和转发功能分离。控制功能的抽取和聚合,有利于通过网络控制平面从全局视角来感知和调度网络资源,实现网络连接的可编程。软件化主要包括无线接入网的软件化、移动边缘网络的软件化、核心网络的软件化和传输网络的软件化。图 19-7 给出了 5G 整体架构的软件化。

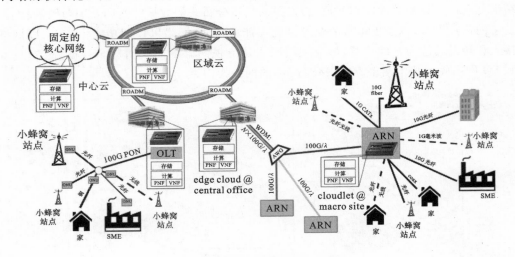

图 19-6 5G 移动网络的物理架构

(注:5G PPP Architecture Working Group View on 5G Architecture[EB/OL].[2016-06-01].
https://5gppp. eu/white-papers/)

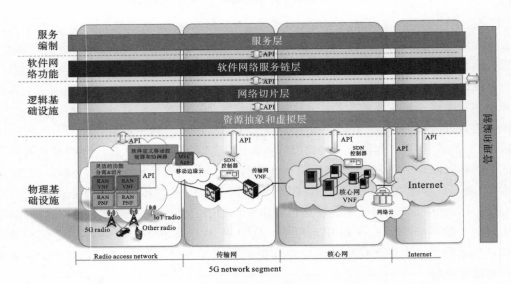

图 19-7 5G 整体架构的软件化

(注:5G PPP Architecture Working Group View on 5G Architecture[EB/OL].[2016-06-01].
https://5gppp. eu/white-papers/)

19. 2. 2 5G 网络代表性服务

5G 网络服务具备更贴近用户需求、定制化能力进一步提升、网络与业务深度融合以及服务更友好等特征,其中代表性的网络服务能力包括:网络切片、移动边缘计算、按需重构的移动网络、以用户为中心的无线接入网和网络能力开放。下面我们重点介绍网络切片和移动边缘计算。

网络切片是网络功能虚拟化(NFV)应用于 5G 阶段的关键特征。一个网络切片将构成一个端到端的逻辑网络,按切片需求方的需求灵活地提供一种或多种网络服务。所谓网络切片,就是运营商为了满足不同的商业应用场景需求,量身打造多个端到端的虚拟子网络。不同的网络切片实现逻辑的隔离,每个分片的拥塞、过载、配置的调整不影响其他分片。不同分片中的网络功能在相同的位置共享相同的软硬件平台,如图 19-8 所示。

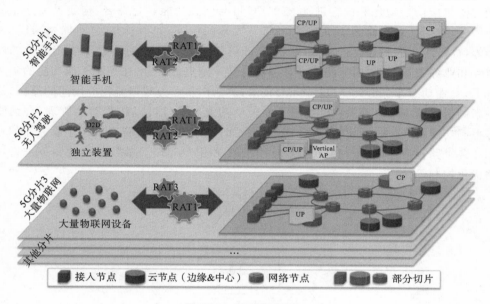

图 19-8 5G 网络切片

(注:Alliance N. NGMN 5G white paper[J]. Next Generation Mobile Networks Ltd,Frankfurt am Main,2015.)

网络切片架构主要包括切片管理和切片选择两项功能。切片管理功能有机串联商务运营、虚拟化资源平台和网管系统,为不同切片需求方(如垂直行业用户、虚拟运营商和企业用户等)提供安全隔离、高度自控的专用逻辑网络。切片管理功能包含三个阶段:① 商务设计阶段,在这一阶段,切片需求方利用切片管理功能提供的模板和编辑工具,设定切片的相关参数,包括网络拓扑、功能组件、交互协议、性能指标和硬件要求等;② 实例编排阶段,切片管理功能将切片描述文件发送到 NFV MANO 实现切片的实例化,并通过与切片之间的接口下发网元功能配置,发起连通性测试,最终完成切片向运行态的迁移;③ 运行管理阶段,在运行态下,切片所有者可通过切片管理功能对己方切片进行实时监控和动态 5G 网络代表性服务能力进行维护,主要包括资源的动态伸缩、切片功能的增加、删除和更新,以及告警故障处理等。切片选择功能实现用户终端与网络切片间的接入映射。切片选择功能综合业务签约和功能特性等多种因素,为用户终端提供合适的切片接入选择。用户终端可以分别接入不同切片,也可以同时接入多个切片。用户同时接入多切片的场景形成两种切片架构变体:① 独立架构,不同切片在逻辑资源和逻辑功能上完全隔离,只在物理资源上共享,每个切片包含完整的控制平面和用户平面功能;② 共享架构,在多个切片间共享部分的网络功能。一般而言,考虑到终端实现复杂度,可对移动性管理等终端粒度的控制平面功能进行共享,而业务粒度的控制和转发功能则为各切片的独立功能,可实现特定的服务。

　　针对延迟敏感型任务,比如使用可穿戴式摄像头的视觉服务,响应时间需要在25~50 ms之间,使用云计算会造成严重的延迟;再比如工业系统检测、控制、执行的实时性高,部分场景实时性要求在10 ms以内,如果数据分析和控制逻辑全部在云端实现,则难以满足业务要求。于是人们提出了移动边缘云计算(MEC),如图19-9所示。移动边缘内容与计算(MECC)改变4G系统中网络和业务分离的状态,将业务平台下沉到网络边缘,为移动用户就近提供业务计算和数据缓存能力,是5G的代表性能力。其核心功能主要包括:① 应用和内容进管道,MEC可与网关功能联合部署,构建灵活分布的服务体系,特别针对本地化、低时延和高带宽要求的业务,如移动办公、车联网、4K-8K视频等,提供优化的服务运行环境;② 动态业务链功能,MEC功能并不限于简单的就近缓存和业务服务下沉,而且随着计算节点与转发节点的融合,在控制平面功能的集中调度下,实现动态业务链(service chain)技术,灵活控制业务数据流在应用间的路由,提供创新的应用网内聚合模式;③ 控制平面辅助功能,MEC可以和移动性管理、会话管理等控制功能结合,进一步优化服务能力。例如,随用户移动过程实现应用服务器的迁移和业务链路径重选,获取网络负荷、应用SLA和用户等级等参数对本地服务进行灵活的优化控制等。

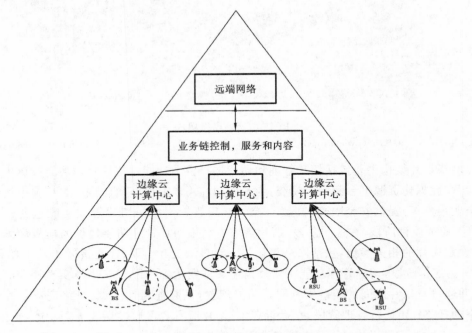

图 19-9　移动边缘云计算

　　移动边缘计算的功能部署方式可以分为集中式部署和分布式部署。此外移动边缘内容与计算面临着诸多挑战:① 合作问题,即MECC需要运营商、设备商、内容提供商和应用开发商的开方与合作,与5G网络进行整合,从而创造并提供价值;② 安全问题,如何为新的业务提供安全机制;③ 移动性问题,终端在不同的MECC间移动时,如何为用户提供连续一致的业务体验;④ 计费问题,把应用下移后,如何提供计费功能。

19.2.3 认知计算在 5G 中的应用

我们从 5G 服务提供商和用户两个角度来分析一下认知计算在 5G 中的应用。首先介绍一下认知计算在 5G 服务提供商的应用。由图 19-10 可知,5G 生态系统自下而上一共有五层:基础设施层、网络功能层、编排层、业务功能层、业务层。由此看来,在这种 5G 生态系统之中,各个服务提供商可以方便地通过 5G 移动通信运营商(不局限于一个,可以是若干个)所开放的北向接口,去实时、动态地按需租用底层基础网络的计算与存储资源,也可按需使用移动接入网或者固移融合接入网来分发业务内容和数据,从而将大大提高 5G 网络的多业务灵活支撑能力。图 19-10 所示的 5G 生态系统的核心在于:① 最高层(业务层与业务功能层)用于实现业务流程,并提供与应用相关的功能;② 编排层是移动通信运营商参与 5G 生态系统的关键一环,其中的编排功能可使 5G 网络运营商面向各种不同的、专用的、以业务驱动的逻辑网络(网络切片)相应地分配或指配计算资源、存储资源及网络资源。特别值得一提的是,如果某个基础设施提供商满足不了服务提供商的需求,图 19-10 所示的 5G 生态系统还可支持跨域的业务编排与资源编排,从而就需要各个网络运营商在网络功能层实现互联互通。所以,一个关键性的问题就是需要实现对计算资源、存储资源和网络资源进行认知,从而实现更有效的传输。

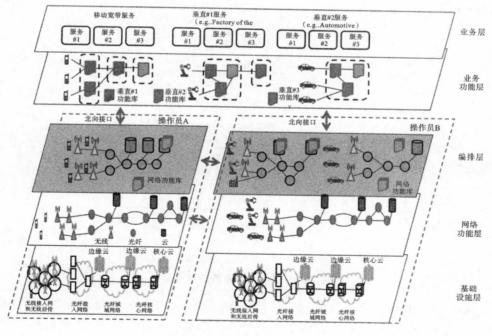

图 19-10 5G 生态系统

(注:5G PPP Architecture Working Group View on 5G Architecture[EB/OL]. [2016-06-01]. https://5gppp.eu/white-papers/)

其次我们个体分析一下 5G 生态系统。针对于 5G 网络中多样化、差异化的业务需求和用户需求,用户和业务的智能认知与处理技术将帮助网络按需分配接入网资源,针对性提高用户体验,以达到优化 5G 网络服务的目的。用户和业务的感知与处理功能可以部署在 5G 网络基站中,通过对接入网设备的通信数据收集和分析,掌握各类业务在流量、信令开销等方面的特征,认知用户的位置、移动速度、终端电池状态等多维信息,根据业务特点、信道变化、负荷开销等综合考虑,为控制平面提供精细化的无线资源策略,实现业务、用户、资源三者的最优匹配。具体过程包括终端首先进行相关信息的获取与上报,基站收集到与业务和用户特征相关的信息后,建立业务流量模型、信令开销与资源占用方式库,发现不同业务与用户体验水平的关联性,形成以用户为中心,以服务为导向的资源配置策略来管理和控制接入网资源(如个性化分配带宽、优选用户驻留小区、预缓存用户偏好内容、自适应调整功率等),从而提升 5G 的认知水平。

19.3　5G 认知系统

本节将从网络架构、通信方式和核心组件三个角度来介绍 5G 认知系统。

19.3.1　5G 认知系统的网络架构

5G 认知系统的总体网络架构如图 19-11 所示,包括三层:基础设施层、资源认知引擎层和数据认知引擎层。

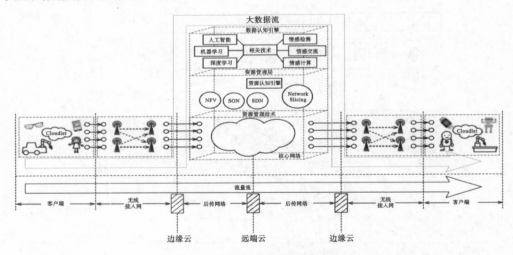

图 19-11　5G 认知系统的网络架构

第一层是基础设施层,包括用户终端(如传感器、认知设备、智能电话等)、无线接入网络(RAN)、核心网络、边缘云和远端云。RAN 和核心网络作为系统的通信基础设施,边缘云和远端云作为系统的存储和计算的基础架构。各种终端,如智能终端、机器人、智能衣、智能交通等其他各种接入设备,作为系统数据传输的基础架构。

第二层是资源认知引擎,该层可以通过感知学习网络环境(如网络类型、业务的数据流、通信质量和其他动态环境参数)和用户信息来实现资源优化。利用资源认知引擎,5G 认知系统可以实现绿色通信和能效优化。此外,系统可以利用网络软件化的技术,包括网络功能虚拟化(NFV)、SDN、自组织网络(SON)和网络切片等实现 5G 认知系统的高可靠性、高灵活性、超低延迟和可扩展性。同时,该层利用云平台和智能算法构建资源优化和节能的认知引擎,以提高用户体验,满足各种异构应用的不同通信需求。

第三层是数据认知引擎,在这一层,数据供应至关重要。例如,认知医学应用依赖于医疗健康大数据的可持续供应。利用大数据,数据认知引擎可以利用特定的智能算法(如机器学习和深度学习)实现环境感知和人类认知。基于 5G 认知系统中大数据流的感知,数据认知引擎能够分析出各种应用需求。随着数据维度的逐渐丰富和数据的连续积累,数据认知引擎能够模拟人的认知行为。有了这种能力,5G 认知系统可以更好地认识现实世界的环境和人类,从而大大提高 5G 认知系统的智能。

19.3.2 5G 认知系统的通信方式

根据终端用户所处环境及位置的差异,同时结合应用对通信的要求,对用户交互所使用的通信方式进行了分类,如表 19-2 所示。

表 19-2 通信方式

名　称	缩　写	通信模式
最后一公里的 5G 通信	5C-LM	短距离和中距离通信
远程端到设备端的 5G 通信	5C-Remote	远程通信
基于云端的 5G 通信	5C-Cloud	远程通信
基于云端和微云的 5G 通信	5C-Cloudlet&Cloud	灵活覆盖的通信

根据通信距离的不同,本文将 5G 认知系统的通信方式分为四类:① 最后一公里的 5G 通信(5C-LM);② 远程端到设备端的 5G 通信(5C-Remote);③ 基于云端的 5G 通信(5C-Cloud);④ 基于云端和微云的 5G 通信(5C-Cloudlet&Cloud)。5C-LM 意味着两个用户位于同一小区中,它们可以通过 D2D 链路通信或通过基站通信。当两个用户位于不同的小区时,可以使用 5C-Remote 的通信方式。基于一些个性化的应用场景的需求,通过云端对用户的数据存储和计算后,距离较远的两个用户可以通过云端进行通信,这种通信模式称为 5C-Cloud。5C-Cloudlet&Cloud 方式适用于网络边缘或核心网络。一旦边缘用户达到一定数量,边缘用户可以自组织建微云,提高本地用户之间的通信效率,也可以通过微云实现任务的卸载。云端用户在 5C-Cloudlet&Cloud 通信下的多用户之间提供稳定的服务,这是因为如果有人离开自组织的微云,可以通过 Cloud 进行通信。这四种通信方式的通信范围从小到大的顺序为:5C-LM、5C-Remote、5C-Cloud、5C-Cloudlet&Cloud。在实际应用场景中,随着用户位置的动态变化,用户可以在四种通信方式下动态切换。

19.3.3 5G 认知系统的核心组件

在 5G 认知系统中,核心组件包括 RAN、核心网络、微云和云。其中,RAN 和核心网是通信基础设施,微云和云是存储和计算基础设施。5G 认知系统中通信方式的实现是以这四个核心组件为基础的。

表 19-3 列出了各种通信方式分别使用的核心组件。

表 19-3　四种通信方式的核心组件

	无线接入技术	核心网	云	微云
5C-LM	BlueTooth、D2D、ZigBee、WiFi	N/A	N/A	N/A
5C-Remote	WiFi、3G、4G、5G	Yes	N/A	N/A
5C-Cloud	WiFi、3G、4G、5G	Yes	Yes	N/A
5C-Cloudlet&Cloud	WiFi、3G、4G、5G	Yes	Yes	Yes

除了对基础设施资源的各种要求之外,5G 认知系统对不同的通信方式有不同的延时目标,表 19-4 给出了各种通信方式下预计需要达到的延时目标。

表 19-4　四种通信方式的延时目标

	5G 认知系统的延时目标			
	终端	无线接入网	核心网	总计
5C-LM	0～3 ms	2～5 ms	N/A	2～10 ms
5C-Remote	0～3 ms	2～5 ms	10～30 ms	10～40 ms
5C-Cloud	0～3 ms	2～5 ms	10～40 ms	10～50 ms
5C-Cloudlet&Cloud	0～3 ms	5～10 ms	10～40 ms	20～60 ms

19.4　5G 认知系统的关键技术

为了满足 5G 认知系统的超低延时、超高可靠性和智能型的需求,本节将介绍在无线接入网、核心网和认知引擎中部署的一些关键性技术。

19.4.1　无线接入网的关键技术

为了实现 5G 认知系统的超低延迟和超高可靠性,我们采用了在 RAN 中部署的三种关键技术:控制平面和数据平面分离技术、上下行分离技术和无线资源弹性匹配技术。

控制平面和数据平面分离技术:在 RAN 中,基站分为控制基站和流量基站,实现控制平面和数据平面的分离,并且在控制基站中引入 SDN 控制器的功能,利用全局信息对流量基站进行动态资源调配,从而支持资源动态分配、快速切换、基站休眠等功能。该分离技术关注的主要问题包括:分离模型、分离策略、协同控制、能耗评估等关键问题。

上下行分离技术:上下行分离将用户的上行链路和下行链路分别接入不同的基站,实行用户连接的优化。下行链路的选择基于信号接收功率最大化准则,即选择强度最大的下行接收信号所对应的基站作为通信基站。上行链路的选择基于接入传输距离最近原则,即选择离当前用户物理距离最近的基站作为通信基站。上下行分离技术可以使用户的上行接入和下行接入选择分别达到最优。该分离技术关注的主要问题包括环境感知、移动用户感知、信令控制、模型建立、策略选择和能效优化等关键问题。

无线资源弹性匹配技术：该技术动态感知基站的无线资源使用情况、干扰情况、能量需求及负载情况，通过智能决策，对无线资源进行弹性匹配，最大化网络整体吞吐率和效能。同时更进一步，根据历史数据记录，对用户的行为、运动、流量进行预测，预先匹配合适的无线资源。

19.4.2　核心网的关键技术

为了保证 5G 认知系统的超低延时和高可靠性，我们在核心网中使用了内容分发和网络融合的技术。内容分发技术：该技术在传统网络基础设施上构建了一张层叠网络，通过内容分发网络（content delivery network，CDN）、内容缓存等技术实现内容的有效分发并提升用户体验。网络融合：在当前网络中，无线域和 IP 域是分离的，这会导致效率低下、控制不灵活、资源浪费、无法统一控制等问题，必须通过 RAN 和核心网的融合来解决这些问题。利用 RAN 的无线广播多播机制和核心网的内容分发机制，并结合用户端的内容缓存优化机制，可以实现两者的融合。

19.4.3　认知引擎的关键技术

为了实现系统的超高可靠性和智能性，我们在云端采用资源认知引擎和数据认知引擎。资源认知引擎可以实现对资源的认知，从而实现系统的超低延迟、超高可靠性和能效优化。数据认知引擎可以实现对大数据的认知，然后实现系统的智能。关于资源认知引擎和数据认知引擎的具体描述如下。

资源认知引擎：基于云平台，资源认知引擎具有海量存储和强大的计算能力，并可以根据业务需要部署不同的认知引擎分支，如面向用户行为分析、面向流量工程、面向网络信息安全防护的认知引擎。

资源认知引擎需要关注的主要问题包括：认知引擎的分类和功能定义、认知算法的建模和验证、认知引擎服务接口的审计设计。

数据认知引擎：数据认知引擎与特定的业务需求相关。基于用户的业务特性，数据认知引擎可以利用机器学习、深度学习、云计算、大数据分析和其他技术来构建认知模型，最终实现与业务需求匹配的认知能力。

19.5　5G 认知系统的应用

为了满足 5G 认知系统的超低延时，本节给出了 5G 认知系统的六种应用场景，主要包括远程手术、远程情绪安抚、增强现实游戏、特技表演、测谎检测和在线游戏。

19.5.1　5G 认知系统的应用

5G 认知系统可以在用户之间进行超低延迟和超高可靠性的数据传输。因此，5G认知系统有很多应用。如图 19-12（a）所示，远程手术是 5G 认知系统的典型应用场景之一。5G 情感安抚也是 5G 认知系统的典型应用场景，如图 19-12（b）所示。其余的应用场景如图 19-12（c）～（f）所示。本节将详细介绍 5G 认知系统的应用场景。

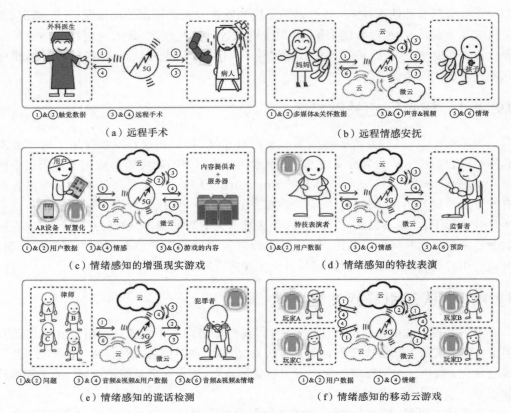

（a）远程手术　　　　　　　　　　（b）远程情感安抚

①&②触觉数据　　③&④远程手术　　　　①&②多媒体&关怀数据　③&④声音&视频　⑤&⑥情绪

（c）情绪感知的增强现实游戏　　　　（d）情绪感知的特技表演

①&②用户数据　③&④情感　⑤&⑥游戏的内容　　①&②用户数据　③&④情感　⑤&⑥预防

（e）情绪感知的谎话检测　　　　　　（f）情绪感知的移动云游戏

①&②问题　③&④音频&视频&用户数据　⑤&⑥音频&视频&情绪　　①&②用户数据　③&④情感

图 19-12　5G 认知系统的典型应用场景

远程手术：因为医疗资源不足或时间紧迫等因素，当医生不能在有效的时间内到达病人身边对其进行手术的情况下，病人往往会因无法及时手术而造成相当的风险。为了克服这个障碍，提出了远程手术。在远程手术场景中，病人和医生位于遥远的两端，医生通过显示设备和触觉感知设备可实时了解病人的情况，基于对病人当前情况的了解，医生执行相应的手术操作。在手术期间，触觉设备实时获取医生手术操作的姿态、位移和速度等运动信息，并通过 5G 网络实时传递到病人端的机械手上，机械手完整地还原医生的动作，执行对病人的手术。同时病人端将病人所处环境的音视频信息和机械手操作病人时的触觉反馈信息实时传递到医生端，医生根据这些信息了解远程病人和手术进行的实际情况，作为进一步进行手术的依据。以上医生端和病人端之间的信息传递组成了远程手术的通信闭环。

远程情绪安抚：母亲因各种原因不能每时每刻陪伴在年幼的孩子身边，当孩子情绪不稳定的时候，利用情感通信系统提供的情绪检测和实时传递功能，并结合抱枕机器人的动态交互功能，母亲可以同孩子进行远程的实时交互，借助于抱枕机器人实现对孩子的情绪安抚。情感通信系统可以实时检测并传输孩子的情绪，因此在情绪安抚的过程中，母亲可实时了解孩子当前的情绪状态，并作出有效的情绪安抚行为。

情绪感知的增强现实游戏：目前基于增强现实技术实现的游戏应用其游戏内容是固定的，游戏内容无法根据游戏体验者情绪的变化进行动态调整。结合情感通信系统，增强现实应用可实时获取用户当前的情绪状态并传递到远程的内容服务提供商，内容服务提供商根据用户当前的情绪状态动态生成相应的游戏策略和游戏内容，从而提升用户的体验度。

　　情绪感知的特技表演:特技表演以其惊险程度和刺激程度而受大众欢迎,对特技表演者来说,稳定的心理素质和高超的技能是表演成功的两大关键因素。特技表演者在表演过程中的情绪波动对演出的成功及表演者自身的安全都有很大影响,结合情感通信系统和智慧衣系统,演出监控人员可以实时了解表演者当前的情绪变化情况,当演出者有异常情绪波动时及时作出相应的预防措施,保证相关人员的安全。

　　情绪感知的测谎检测:早期测谎仪作为一种审问犯人的辅助工具而大受欢迎。利用情感通信系统,可以方便实现对犯人撒谎的检测和远程联合审问犯人。在跨区甚至跨国的重大案件中,检方可以组织多国经验丰富的检察人员对犯人进行联合审问,审问过程中检察官可以实时获取犯人的情感信息,犯人情感信息的异常波动可以作为审问犯人的重要参考依据,检察官可以据此判断犯人是否说谎从而更好地了解审问情况。

　　情绪感知的移动云游戏:实时联机游戏成为游戏的一个热门方向,具有越来越大的商业价值。而当前的联机游戏在用户体验上还比较局限,结合情感通信系统和智慧衣系统,联机游戏中的各个成员可以实时了解自身和队友的情绪状态,基于对成员情绪状态的了解,队长可以更合理地激励队员的士气并设计更合理的游戏策略,提高游戏的体验度和成功率。

19.5.2　认知系统的应用的分析

　　表 19-5 给出了六种典型应用场景的通信方式和所需设备。

表 19-5　六种典型应用场景的通信方式和所需设备

场　　景	通　信　方　式	设　备　需　求
远程手术	5C-Remote、5C-Cloud、5C-Cloudlet&Cloud	机器人、触觉设备、显示设备
远程情绪安抚	5C-Remote	抱枕机器人、智慧衣
增强现实游戏	5C-LM、5C-Cloud、5C-Cloudlet&Cloud	增强现实设备、智慧衣
特技表演	5C-LM、5C-Cloud	智慧衣
测谎检测	5C-Remote、5C-Cloud、5C-Cloudlet&Cloud	显示设备、智慧衣
在线游戏	5C-Cloud、5C-Cloudlet&Cloud	计算机、智慧衣

19.6　本章小结

　　本章介绍了 5G 认知系统相关概念、技术及应用。第 19.1 节介绍了 5G 的演进,第 19.2 节介绍了 5G 的关键技术。第 19.3 节从网络架构、5G 认知系统的通信方式以及核心组件介绍了 5G 认知系统。第 19.4 节给出了 5G 认知系统的关键技术。第 19.5 节给出和分析了六种 5G 应用场景。

20

情感认知系统

摘要:我们的世界通过互联网、手机与无数的物互联,物理世界和信息世界无缝融合成为未来网络发展趋势。在物质生活日益丰富的今天,人们已将关注的重心从物理世界向精神世界转移,而人的情绪成为精神世界的直接参考指标。因此,催生了利用各式各样方法进行人的情绪识别的新兴技术,Human-Robot Interaction 也由此应运而生,并成为当前的研究热点。目前可用的人机交互系统常常是在视距(LOS)环境中支持的人机交互,而大多数人与人之间、人与机器人之间的交互都是非视距模式(NLOS)的。为了打破传统人机交互系统的限制,一种基于 NLOS 模式的情感通信系统已被提出。此系统首先将情感定义为一种类似于语音和视频的多媒体数据,情感信息不仅可以被识别,而且还可以进行远距离传输;然后,考虑到情感通信的实时性要求,该系统提出了情感通信协议,以保证情感通信的可靠性;最后以大学生群体为例进行了抑郁和焦虑两种情感的认知检测,从而对情感认知系统的应用场景进行了详细介绍。

20.1　情感认知系统介绍

20.1.1　传统人机交互系统介绍

现有的人机交互(HMI)系统主要是根据机器来识别人类情绪,它们用到的方法分为四类,分别是基于视听信息、基于生理信号、基于触觉感知和基于多模态形式的人机情绪互动系统。

(1)基于视听信息的人机情绪互动系统主要是利用机器学习算法分析人的语音、面部表情或身体姿势等来识别人的情绪。这种系统单纯地旨在提高情绪识别的准确率,没有考虑到情绪交互层面,而且,由于外在因素变化的瞬时性和不确定性,导致机器人往往很难做到反馈和识别的同步。

(2)基于生理信号的人机情绪互动系统通过传感器收集用户的一些代表性的生理信号,如 ECG、体温和心跳等,但是在人的身体上绑定或粘贴传感器,会产生使人的自由度受限、情绪识别准确性较低等问题。

(3)基于触觉感知的人机情绪互动系统主要分为两种:一种是机器人感受用户本身的触觉,从而分析用户的情感,这类系统只有当用户触觉表现很夸张时触觉感知才会比较强烈,灵敏度较低,而且机器人本身的互动功能受限;另一种是通过身穿反馈装置,远程触发动作进行触觉的安抚。这类装置情绪安抚考虑得比较全面,但是根本没有涉及情绪识别和交流问题,同时身穿触觉安抚装置造成用户的自由度受限。

(4)基于多模态形式的人机情绪互动系统是基于视听信息、生理信息或触觉信息等的综合,由此构成了多模态情绪识别系统。但是这种多模态识别计算开销很大,机器人反馈的时延也较长。

上述四类系统关注于人类情绪的识别,尽最大可能提高情绪识别的准确率,但很少甚至从来没有考虑人机交互的层面。表 20-1 从情绪识别准确性、计算复杂度、计算开销、方便性和鲁棒性角度,对具有代表性的传统人机情绪交互系统进行了对比。

表 20-1　不同形式的 HMI 系统系能比较

形　　式	情绪识别准确性	计算复杂度	计算开销	方便性	鲁棒性
基于视听信息	中	中	低	高	高
基于生理信号	中	中	中	中	中
基于触觉感知	高	高	中	中	高
基于多模态形式	高	高	中	高	中

20.1.2　NLOS 人机交互系统介绍

现有的人机交互系统作用的目标往往是近距离下的人与机器人交互,即视距(LOS)下的人与机器人互动。在传统架构中,机器人的简单反馈对所有用户一样,无法做到人类与机器人的情绪交流,更没有把情感作为一种用户彼此间进行传递的信息。情感的交流应该是针对个人,需要个性化对待的。不同的人处于同一种情感时需要的交流反馈不一样,同一个人处于不同的情感时需要的交流反馈也不一样。非视距(NLOS)模式打破了传统人机交互的限制,不仅仅是识别人的情绪,也不仅仅是简单的机器人反馈,而是将情绪作为一种可以远距离传输的信息,机器人不仅是一种互动的工具,更是远近端用户沟通的媒介。表 20-2 对基于 LOS 和 NLOS 两种模式的情感交互系统进行了对比。

表 20-2　基于 LOS 和 NLOS 的情感交互系统对比

形　　式			同步性	用户移动性	用户自由度	反馈效应	用户服务质量
LOS	基于视听信息	Verbal-based	低	低	低	低	低
		Nonverbal-based	低	低	低	低	低
	基于生理信号	Body sensors	中	低	低	低	低
		Portable wireless bio feedback device	低	中	中	低	中
		EQ-Radio	中	低	高	低	中
	基于触觉感知	Haptic creature	低	中	中	低	中
		Haptic jacket	中	中	低	中	中

	形 式		同步性	用户移动性	用户自由度	反馈效应	用户服务质量
LOS	基于多模态形式	facial expressions, speech and multimodal information	中	低	低	低	中
		Multimodal emotional communication based humans-robots interaction system	中	中	中	中	中
NLOS		Mutual-Mode	中	高	高	高	高

基于此,我们提出了情感通信,从情感的定义、产生和传递三方面提出解决办法来进行情感的交流和通信。具体来说,主要有下面三个方面的内容。

(1) 我们将情感定义为一种类似多媒体的信息:情感可以产生、传递和分享。情感会影响其他信息的表达,比如一个人很高兴,他的嘴角应该是上扬的,话语的声调应该是高昂的,还会手舞足蹈,心跳的速度也可能加快。我们将情感定义为一种特殊的多媒体信息,它会影响其他信息的表达,其他信息的表达也在反映情感。

(2) 我们从三个维度定义情感的产生:物理信息、环境信息和社交网络信息。物理信息主要是用户的生理信号数据,环境信息指用户周围的一些信息,社交网络信息指的是用户在社交网络上的活跃程度。

(3) 我们定义了情感通信的两种模式:Solo-Mode 和 Mutual-Mode。基于现有人机交互系统的优势,同时对现有人机交互系统进行改进。Solo-Mode 下用户和机器人之间进行沟通,机器人有自己的情感,与用户进行情感交互。Mutual-Mode 下机器人自身不具备情感,只作为情感映射的媒介,机器人化身成为远端用户,实现远端用户间的情感通信。

从情感的定义、产生和传递可以实现真正意义上的用户之间的情感通信,但是实现情感通信面临很大的挑战。如同传统的电话通信和社交媒体通信一样,情感作为信息在用户之间进行传递,但是情感的特殊性使得其本身的产生存在很强的复杂性和时耗性,情感的传递也面临用户通信服务质量要求的挑战。

20.2 情感通信关键技术

我们将情感通信系统定义为,一个可以采集人的情感数据,理解人的情感,照护人的情绪以及和用户进行情感交互的认知系统。为完成采集人的情感数据、理解人的情感和进行情感交互这三大任务,系统涉及的关键技术有:智慧衣、机器人、机器学习和贯穿于整个系统中的移动通信技术(5G)。

(1) 智慧衣:采集数据的载体。我们提出的 Wearables2.0,是以 Smart Clothing 为载体,将多种传感器集成在衣服内,用户感觉不到可穿戴设备的存在,在不知不觉中实现生理数据的采集。智慧衣解决传统可穿戴设备舒适度低,需要用户携带,操作不便,功能单一,以及需要用户较多的参与设备的运行和维护等缺点,同时能够将穿戴者的生理信号实时上传到智能设备或者云,在日常生活中随时随地提供行动健康或运动管理监测。

（2）机器人：环境感知与智能交互的媒介。机器人作为一种新兴的通信媒介，从早期的娱乐功能到代替手工劳动再发展到如今的照护与感知，人工智能的飞速发展给了其无尽的可能和优势。我们提出的机器人是新一代智能感知与交互机器人，其本身的优势在于：一方面是拟人的外形，采用可爱的卡通形象给人以无尽的好感；另一方面是具备环境感知和智能交互，其本身集成多种传感器，可以感知环境信息和用户表情、移动、语音等信息，同时可以反作用于人，对人进行情感呵护与照料。

（3）机器学习：情感分析的关键。我们提出的情感通信系统，通信双方进行情感通信的关键在于理解、分析彼此的情感，这就离不开情感分析的工具和方法。我们基于移动云平台，利用机器学习和深度学习算法在云端建立自学习的机制和模型，根据用户的信号可以及时分析出当前的状态和情感。

（4）5G：网络通信的支撑。5G 移动通信技术的出现使得远距离低时延通信成为可能。用户的情绪是受主观和客观影响而极容易瞬时改变的，所以及时分析用户的情感成为情感通信准确度的评判标准。5G 成为情感通信系统整个通信过程的支撑。

情感通信系统的特点主要包括两方面。

（1）情感：我们将物理世界的沟通衍化到精神世界交流，关注人的情感，是为了解决当代从小孩、年轻人到老年人的情绪照料与呵护的问题。我们使得小孩与远方父母、年轻人与远方朋友、老年人与远方子女间的沟通与情感照护变得可能。

（2）通信：就像电话通信、社交媒体通信一样，我们的情感通信关注通信双方情感之间的交流。不再是简单的文字、语音、视频这些静止的表达方式，而是从触觉、感觉上给用户以真实的感受和体验。同时，情感通信的双方也与其他通信方式一样，遵循既定的协议，保证系统的真实有效性和完整性。

20.3　情感通信系统结构

在情感通信系统中，通信双方之间需要完成的任务包括：情感信号的收集、情感信号的传递、情感信号的识别和情感反馈。所以，我们根据需要完成的任务将系统分为四层，分别是数据采集层、情感通信层、云分析层和情感反馈层。每层的具体任务如下。

（1）数据采集层：情感通信，首先要获得可以表达情感的信号。信号采集的深度和广度是可以识别正确情感的关键。因此，为了收集多维用户数据，我们从物理、多媒体和社交角度同时收集用户数据。智慧衣可以采集用户的生理指标，主要包括 ECG、心跳、体温、血压等参数；机器人可以采集用户的语音、脸部特征变化以及周围的一些环境信息，包括用户当前所处的位置、环境温度、噪声等；用户的手机数据可以提取出用户最近的社交信息，包括电话日志、短信日志和社交信息等。

（2）情感通信层：考虑到情感通信系统的关键在于准确和及时了解用户的当前情感，我们利用 5G 来支持更多的计算任务，只有少量的工作交给终端完成。利用 5G 移动通信技术，拟定用户与机器人、机器人与云端、云端反馈机器人、机器人反馈用户之间的通信协议来提高用户 QoS 和 QoE。

（3）云分析层：我们借助于强大的移动云平台来分析和处理由通信层传递过来的

各种用户数据。在云分析层,首先要进行数据过滤,剔除不必要的数据;其次进行数据聚合,即根据时间节点将来自于物理、多媒体和社交三个角度的数据进行整合,得到多维融合数据结果;最后建立情感分析模型,根据多维情感数据分析出用户的情感。

(4) 情感反馈层:用户能真实感受到自身的情感在通信的关键是得到真实的情感反馈,即除了包括文字、语音、视频等视觉和听觉上的安抚外,还包括触觉和感觉上真实的安抚。在这一层我们设计的类人机器人,通过自身柔软的特性和感知特性,将来自于云端的另一方的真实情感在自身身上体现,表现另一方的特征并利用自身特性对当前用户进行安抚。

情感通信系统架构如图 20-1 所示,其中,基于网络<N>和云平台<CP>的情感通信层和云分析层可以有不同的形式来支持情感通信。可以认为<Network,Cloud>是抽象层,这也意味着,可以通过真实平台来实现抽象层,上述抽象层的实现有多种形态,例如,

模式 1:<Internet,Cloud>,支持一般的数据通信和任务。

模式 2:<4G LTE,Cloud>,支持高速的计算任务。

模式 3:<5G,Mobile Cloud>,支持远距离、低延时的数据通信和复杂的计算任务。

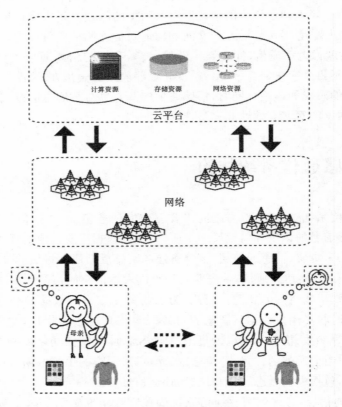

图 20-1　情感通信系统架构

该情感通信系统主要有三大优势:

(1) 表达自身的情感,不要担心收不到反馈而隐藏自己的情绪。借助于智慧衣、5G通信网络和云端强大的处理能力,可以及时收集用户数据和分析用户情感。

（2）真实感受到通信另一方的情感和情感反馈。借助于机器人感知与智能交互这个媒介，让用户能够真实感受到通信对方的情绪和安慰。

（3）实现情感通信。将真实的情感在遵循特定的情感通信协议下进行远距离传输。

20.4   情感通信协议

如同电话通信、社交媒体通信一样，情感通信的双方也需要遵循特定的通信协议，即从通信链接建立，到收集情感数据、分析情感、情感推送，再到情感反馈整个既定过程需要遵循的行为。在情感通信这一层，可以根据行为模块的不同再次分层，即

（1）对象初始化层：完成情感通信中所有实体的初始化工作。

（2）通信层：从通信双方建立链接后进行情感通信。

（3）认知反馈层：通信双方彼此通信结束时，进行情绪认知上的反馈。

情感通信流程如图 20-2 所示。下面从对象、情感通信协议具体内容和马尔可夫用户状态转移规律角度来介绍情感通信协议。

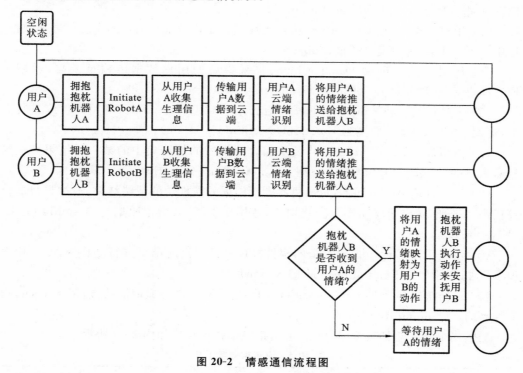

图 20-2   情感通信流程图

20.4.1   对象

协议中的对象，即参与情感通信中的实体，主要包括以下几方面。

（1）User：参与情感通信的用户。

（2）Emotion Communication Terminal Device（ECTD）：收集用户数据、接收推送情绪并进行情绪反馈的机器人终端。

（3）Cloud：移动云平台输入用户数据，进行情感分析，输出情绪。

20.4.2　参数

通信过程中涉及的参数如下。

（1）采集的用户的数据集：UserData＝{ ECG 信号，语音，位置，通话日志，应用程序使用日志，社交网络中发布的信息 }。

（2）User 的情绪集：Emotion＝{ 愤怒，厌倦，恐惧，惊讶，高兴，悲伤，平静 }。

（3）ECTD 反馈的动作集：Action＝{ 拥抱力，温度，心跳，音乐，语音 }。

可以根据应用的不同定义不同的参数集合元素，机器人终端根据得到的情绪等级进行不同等级大小的动作反馈。

20.4.3　通信指令集

（1）通信链接建立 CommunicationConnect：通信双方建立通信链接，适用于 User，指令原型为 CommunicationConnect( )。

（2）机器人终端初始化 ECTDInitiate：初始化机器人终端自身的各项参数，适用于 ECTD，指令原型为 PillowRobotInitiate( )。

（3）用户数据采集 DataCollect：机器人终端初始化后采集用户的生理信号和数据，适用于 ECTD，指令原型为 DataCollect(User)。

（4）数据传输至云端 DataToCloud：将采集后的用户数据传输至云端，适用于 ECTD，指令原型为 DataToCloud(UserData)。

（5）云端情绪分析 EmotionDetection：云端收到 UserData 后，对用户情绪进行分析，适用于 Cloud，指令原型为 EmotionDetection(UserData)。

（6）情绪推送 EmotionPush：将云端综合分析后的情绪集中的某一种结果推送给机器人终端，适用于 ECTD，指令原型为 EmotionPush(Emotion)。

（7）动作推理 ActionInference：机器人端根据云端推送的情绪结果，通过自身的推理机进行推理，做出相应动作来安抚用户，适用于 ECTD，指令原型为 ActionInference(Emotion)。

（8）情绪反馈 EmotionFeedback：根据推理机推理出的结果进行动作反馈，适用于 ECTD，指令原型为 EmotionFeedback(Action)。

（9）通信链接断开 CommunicationBreak：通信双方断开通信链接，适用于 User，指令原型为 CommunicationBreak( )。

通信指令集汇总如表 20-3 所示，通信指令集执行顺序如图 20-3 所示。

表 20-3　通信指令集汇总

指　　　令	说　　　明	适　用　性
CommunicationConnect()	双方建立通信连接	User
ECTDInitiate()	机器人终端初始化参数	ECTD
DataCollect(User)	收集用户的体征信号和数据	ECTD
DataToCloud(UserData)	将收集的数据传输到云端	ECTD

续表

指　　令	说　　明	适　用　性
EmotionDetection(UserData)	对用户情绪进行全面分析	Cloud
EmotionPush(Emotion)	将最终的情绪识别结果传输到机器人终端	ECTD
ActionInference(Emotion)	通过自己的推理引擎将情感映射到动作反馈	ECTD
EmotionFeedback(Action)	根据映射结果执行反馈动作	ECTD
CommunicationBreak()	双方中断通信连接	User

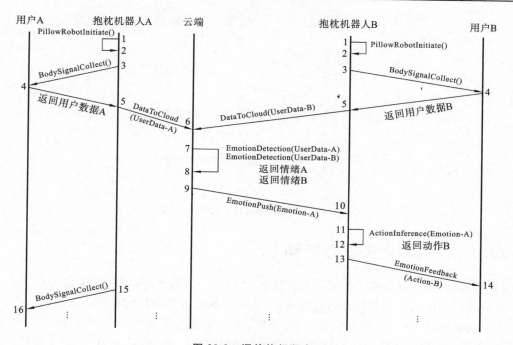

图 20-3　通信执行顺序

20.4.4　通信过程

首先由通信双方中的任意一方发起通信链接,从而建立 CommunicationConnect。通过其中一方的机器人终端的通信模块向对方机器人终端发起建立链接信号,并等到收到回复后即表示通信链接已建立。

用户双方即 User-A 和 User-B 拥抱各自的机器人终端 ECTD-A 和 ECTD-B,机器人终端进行自身的初始化操作 ECTDInitiate。

自身初始化完成后,终端 ECTD-A 通过 DataCollect 采集 User-A 的各项数据 UserData-A,终端 ECTD-B 通过 DataCollect 采集 User-B 的各项数据 UserData-B。

采集完数据后,终端 ECTD-A 和 ECTD-B 分别通过 DataToCloud 将 UserData-A 和 UserData-B 传输至云端。

云端 Cloud 接收到 UserData-A 和 UserData-B 之后,进行用户双方的情绪分析 EmotionDetection,包括数据预处理、特征提取、情绪识别和数据融合等过程。

云端情绪数据融合后,将情绪结果,即情绪集中的某一个元素 Emotion 通过 EmotionPush 推送到对方的机器人终端,即将 UserData-A 的情绪分析结果 Emotion-A 推送到 ECTD-B,UserData-B 的情绪分析结果 Emotion-B 推送到 ECTD-A。

ECTD-B 在知道了 User-A 的情绪等级后,根据 ECTD-B 自身的推理机,完成情绪 Emotion-A 到动作集 Action-B 的映射。

ECTD-B 根据自身的推理结果,通过 EmotionFeedback 进行动作反馈,模拟人的动作,包括模拟拥抱力、心跳、体温、播放音乐和安慰的语音等。

图 20-4 从时序角度展示了用户、终端、云平台的通信协议同步过程。

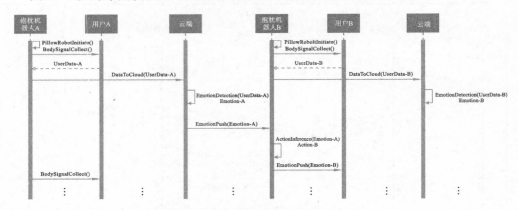

图 20-4　通信协议同步过程时序图

20.4.5　马尔可夫状态转移

下面从马尔可夫状态转移理论角度来分析用户状态转移规律,即通信端的用户从开始通信到接收反馈时状态的转移规律,作为本系统情绪转移可靠性的支撑。

假设用户 User-A 当前的状态(即情绪,在这里称为状态)是 E_a($E_a \in$ Emotion),终端 ECTD-A 接收到从云端推送来的 User-B 的状态 E_b 后,根据自身情绪-动作推理机推理出相应的反馈动作,对 User-A 执行动作后 User-A 会发生状态的改变,即从 $E_a \rightarrow E_i$,其中,$E_i \in$ Emotion,即动作反馈后 User-A 由初始状态可能以概率 P_i 到达情绪集中的任何一种状态。对于任意一种反馈动作 Action $= \{x_1, x_2, x_3, \cdots, x_n\}$,状态转移矩阵如下:

$$\mathbf{P}_{\text{action}(i)} = \begin{array}{c} \\ E_b \\ E_c \\ \vdots \\ E_n \end{array} \begin{array}{cccccc} E_a & E_a & E_b & E_c & \cdots & E_n \\ \begin{bmatrix} P_{aa} & P_{ab} & P_{ac} & \cdots & P_{an} \\ P_{ba} & P_{bb} & P_{bc} & \cdots & P_{bn} \\ P_{ca} & P_{cb} & P_{cc} & \cdots & P_{cn} \\ P_{na} & P_{nb} & P_{nc} & \cdots & P_{nn} \end{bmatrix} \end{array}$$

式中:n 为情绪集合的元素个数。

概率矩阵的约束条件为:矩阵每一行的和为 1,即

$$\sum_{j \in \text{Emotion}} p_{ij} = 1$$

由转移矩阵可以看出,从当前状态可以到达任何一种状态,然而情感通信在链接建

立和终止之间是一个状态不断转移的过程,新
到达的状态会再一次根据反馈以新的概率到达
下一个状态,又得到状态转移矩阵。以 S1 状态
为例,情绪状态转移如图 20-5 所示,那么在一
次情感通信的过程中状态转移规律如下:

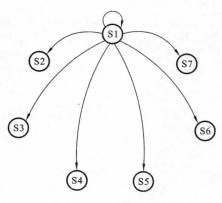

$$\text{Action}(x_1, x_2, x_3, \cdots, x_n) \rightarrow \boldsymbol{P}_1$$
$$\text{Action}(x_1, x_2, x_3, \cdots, x_n) \rightarrow \boldsymbol{P}_2$$
$$\vdots$$
$$\text{Action}(x_1, x_2, x_3, \cdots, x_n) \rightarrow \boldsymbol{P}_n$$

我们建立从 $\text{Action} = \{x_1, x_2, x_3, \cdots, x_n\}$ 到
概率矩阵的映射关系,即

图 20-5　情绪状态转移图

$$f(\text{Action}(x_1, x_2, x_3, \cdots, x_n)) \rightarrow \boldsymbol{P}$$

用户的最终状态:

$$\boldsymbol{P}^{\mathrm{T}}(n) = \boldsymbol{P}^{\mathrm{T}}(0)P_1 P_2 \cdots P_n = \boldsymbol{P}^{\mathrm{T}}(0)\prod_{i=1}^{n}\boldsymbol{P}_i$$

马尔可夫状态转移模型是情绪通信系统可行性的理论支持:进入情感通信系统的
用户状态在情绪通信系统的反馈下,可以以不确定的概率达到情绪集合的任何状态。
通信过程中的多次反馈可以确定用户的状态,即采取情感反馈的循环过程进行用户情
绪分析具有理论基础,这也证明了情感通信的合理性。

20.5　抱枕机器人语音情感通信系统

本节主要介绍一种利用抱枕机器人舒适性和方便性两方面的优势来进行情感通信
的例子。从上面提到的马尔可夫状态转移规律可知,用户的情绪处于动态变化中,高延
迟情感通信不会给用户提供非常满意的体验。考虑到在整个通信过程中,用户数据收
集、用户数据传输、云平台情感分析和机器人反馈等一系列操作,该系统将实时性作为
通信质量的重要参考指标,以保证通信的 QoS。本系统所采用的智慧衣、机器人和云平
台都来自于华中科技大学 EPIC 实验室,其中,云平台采用了浪潮云海大数据一体机,
它有 84 核 CPU、336 GB RAM。

20.5.1　语音数据库

语音数据可以很好地反映用户当前的情绪状态,基于特定语音情感数据库的语音
特征提取可以有效地识别用户的情绪状态。在这个系统中,用户情感识别的准确性是
情感交流的前提。基于此,我们构建了自己的语音数据库。语音数据库的基本情况是,
从实验室中选出 24 个志愿者参与语音记录,包括 13 个男性、11 个女性,年龄在 20~30
岁之间。基于给定的情感集合中的七个状态(见 20.4.2 节),在表 20-4 所示的十二个
场景中进行记录,每个志愿者用七种情绪表达每个场景。数据库总共有 1176 个语音记
录,平均语音长度为 3 s。

表 20-4   语音数据库录制场景

编　号	描　　述
1	那盏银色的小台灯就在实验室的桌子上摆着呢
2	明天下午有一堂"矩阵论"课要去上
3	明天上午需要参加一个重要的会议
4	今天我要去图书馆借一本书
5	周末我要和小明一起去郊外爬山
6	我在那个地方等了他半个小时
7	明天我要和他一起去很远的地方做实验
8	传说中的那个老师要来我们实验室
9	明天我要一个人坐火车去北京出差
10	上周的考试我考了八十分
11	到目前为止还没有收到那个邮件
12	今天中午吃饭的时候我又碰到张明了

20.5.2   移动云平台介绍

我们在浪潮云海大数据一体机上加入了核心技术 openstack,搭建了两个计算节点:一个控制节点和一个网络节点。对控制节点、网络节点和计算节点分别进行组件和其他配置后,建立云主机来完成本任务。我们使用 openstack 组件中的 dashborad 模块来提供图形化界面给用户使用,同时使用 JavaScript 库中的 Vis. js 库,它是一种基于浏览器的动态可视化库,可以很方便地处理多种类型的数据。

首先根据需要来创建拓扑网络,将路由器、交换机和不同操作系统的虚拟机都视为节点,通过添加、删除节点操作来添加,添加后将各节点连接。Vis. js 将节点属性、节点之间的连接以固定格式保存。虚拟机创建操作完成后,云平台会将数据发送至后台服务器,服务器将其处理成 openstack 对应的命令,调用相应 API 来完成操作。

云平台在抱枕机器人语音情感通信系统中提供了整个任务中绝大部分的计算、存储和分析功能,主要为存储语音数据库,对接收的语音数据利用机器学习算法进行情感分析。

20.5.3   场景测试

我们设计了一个应用场景,家中的孩子用户 User-A 和出差的母亲用户 User-B 之间进行情感通信。母亲不在家,孩子在家很想念妈妈,他想通过拥抱抱枕机器人得到像妈妈般的舒适。通过拥抱抱枕机器人,双方完成通信链路的建立,抱枕机器人开始收集用户的语音数据,并实时传输到云平台。云平台通过机器学习模型学习语音数据库,并基于用户的实时语音数据分析情绪。孩子的情感 Emotion-A 送到母亲的抱枕机器人 ECTD-B。当母亲知道了孩子当前的情绪后,她会用积极的话语和语调来鼓励孩子。同样地,母亲的情绪通过云平台分析推送到儿童的抱枕机器人 ECTD-A,然后 ECTD-A

触发自己的反馈行为,通过情感反馈映射,ECTD-A 实现了对儿童的安抚。动作集中的特定的舒适行为是模拟拥抱、心率、体温和播放音乐等。当通信完成时,松开抱枕机器人会中断通信过程。图 20-6 展示了两种模式下的情感通信场景,其中,小的实线闭环矩形是 Solo-Mode,大的实线闭环矩形是 Mutual-Mode。

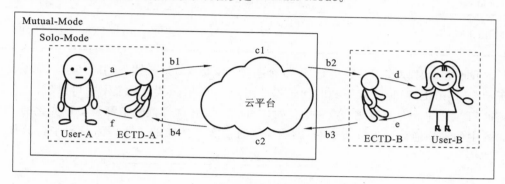

图 20-6　情感通信系统的两种模式

20.5.4　实时性分析

我们基于上述测试场景进行了实验,其中抱枕机器人配备有 4G-LTE 通信模块,通过租用电信运营商的 LTE 服务实现当前用户机器人、远程用户机器人与云平台之间的通信。通信带宽为 20 Mb/s。第一个实验是孩子和机器人之间的距离为 1 m 的情感护理过程。第二个实验是母亲和她的孩子之间进行的远距离情感交流。在第二种情况下,被安慰的孩子的情绪变换结果如表 20-5 所示。

表 20-5　情绪变换过程

时 间 序 列	孩子的情绪	母亲的情绪
1	悲伤	平静
2	厌倦	平静
3	平静	平静
4	高兴	平静

我们考虑情感通信系统中两种模式的通信延迟,即 Solo-Mode 和 Mutual-Mode 下的通信延迟。具体地,在 Solo-Mode 模式中,记录单个用户和机器人之间的闭环通信延迟。在 Mutual-Mode 模式中,记录两个用户之间的闭环通信延迟。表 20-6 比较了两个模式下每个阶段的数据量和耗时。表 20-6 中的第一列是两种通信模式;第二列是抱枕机器人收集的语音数据量;第三列是语音持续时间,其中 Solo-Mode 对应于图 20-6 所示的 a 段延时,Mutual-Mode 对应于 a＋e 段的延时;第四列表示数据在通信过程中的传输延时,其中 Solo-Mode 对应于图 20-6 所示的 b1＋b4 段延时,Mutual-Mode 对应于 b1＋b2＋b3＋b4 段延时;第五列是云平台进行情绪分析所产生的延时,其中 Solo-Mode 对应于图 20-6 所示的 c1 段延时,Mutual-Mode 对应于 c1＋c2 段延时;第六列是云平台给抱枕机器人发送命令所用的时间,对应于图 20-6 中的 f 段;第七列计算了传输时间、分析时间和命令发送时间的和;最后一列是通信过程中总的延时。

表 20-6　两种模式下的平均通信延时

模　　式	数据量	语音时长 （V）	传输时间 （T）	分析时间 （A）	命令发送 时间(S)	T+A+S	V+T+A+S
Solo-Mode	194 KB	2824 ms	110 ms	256 ms	3 ms	370 ms	3194 ms
Mutual-Mode	160 KB+ 213 KB	2553 ms+ 3016 ms	151 ms+ 174 ms	220 ms+ 274 ms	3 ms	823 ms	6393 ms

　　我们在两种模式下分别进行了 30 个实验。Solo-Mode 模式下的时间延迟如图20-7
所示。Mutual-Mode 模式下的时间延迟如图 20-8 所示。从这两个图中可以看出,传输
延迟(T)、云平台分析延迟(A)和中延时(T+A+S)在两种模式下都是平稳变化的。表
20-6 中的平均通信延迟分析表明,影响系统通信实时性能的主要因素是云平台分析延

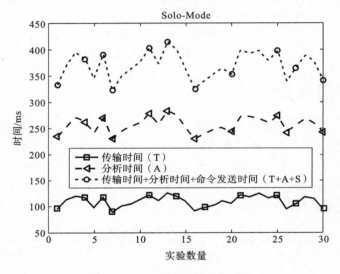

图 20-7　Solo-Mode 的时间延迟

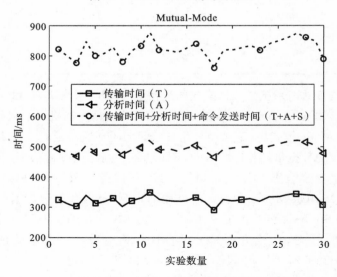

图 20-8　Mutual-Mode 的时间延迟

迟,在 Solo-Mode 模式下为 256 ms,在 Mutual-Mode 模式下为 220+274=494 ms。然而,总的通信链路延迟(T+A+S)保持在毫秒量级,在 Solo-Mode 模式下为 370 ms,在 Mutual-Mode 模式下为 823 ms。并且整体通信链路延迟(T+A+S)的标准差在 Solo-Mode 模式下为 24 ms,在 Mutual-Mode 模式下为 27 ms,这表明在 Mutual-Mode 模式下双方之间的真实情感通信的可行性和有效性。

20.6　情感认知应用实例介绍

如今大学生群体的心理情况越来越受到人们的重视,他们在面对各种压力时会出现不同程度的不良情绪,尤其是抑郁和焦虑情绪。本节则基于大学生群体进行抑郁与焦虑情绪的认知检测,从而介绍情感认知系统应用场景的构建过程。

20.6.1　情感数据的采集与分析

应用中对大学生抑郁检测和焦虑检测所使用的情感数据是一致的,主要分为两类:心理测评问卷数据和 FMRI 脑成像数据。

心理测评问卷数据共包括 7 个部分,具体内容如下。

(1)环境:环境通过"环境调查问卷"来进行测量。问卷共有 30 道试题,根据维度不同分为师生、竞争、人际、家庭等。参与者通过在线进行测评,在一个五点量式上做出选择,从"从不如此"到"总是如此"依次计分为 0~4 分。

(2)心理压力:根据与大学生的交流和大量资料的基础上,在压力方面,采用压力测评问卷,其中包括学习压力、就业压力、经济压力三个维度,一共 15 道题目。其中学习压力指在所处环境中学习方面带来的负担;就业压力由家人期望、担心将来、社会就业形势等方面构成;经济压力主要包括家庭经济、个人经济、攀比心理等方面。在问卷中,参与者对近几个月的压力进行评价,从 1 到 5 表示从非常不符合到完全符合,在某个维度上的得分越高表明该方面感到的压力就越大。

(3)艾森克人格:艾森克人格问卷是一种国际知名的人格评估工具。艾森克的模型定义了三个维度或因素:神经质(又称情绪性)(N)、内外向性(E)和精神质(又称倔强、讲求实际)(P)。得分决定了他对环境的独特调整,表示一个人的或多或少稳定和持久的意向行为(意志)系统;气质、情感行为系统(情感);智力、认知行为系统(智力);体质、身体构型系统和神经内分泌禀赋。此外,EPQ 包含一个社会需求量表。认为人格的这三个主要维度(N、E 和 P)在更精细的人格模型中捕获了大部分方差,因此提供了个体差异的有效测量。方便的测量由艾森克定义的神经性、外向性和精神主义构造。问卷有正、反两个方向计分,分值在 43.3~56.7 之间的为正常,分值在 38.5~43.3 之间或 56.7~61.5 分之间的属于倾向型,分值低于 38.5 分或者高于 61.5 分属于典型个性。

(4)应对方式:应对方式问卷可以解释每个学生的应对方式特点和行为。不同的应对方式也反映了人的心理成熟状况。问卷一共 62 个题目,每个题目包括"是""否"两个答案。代表的分值为 1 和 0,每个维度上更高的分数表明个人具有相应的应对风格的更突出的行为特征。

（5）社会支持：该问卷来自社会支持评定量表，用于使用和验证现有的社会支持力度，问卷包括 16 个项目，使用多点回应选项评估来自各种来源（即家庭、朋友、教师或重要的其他人）的情绪感知，有主观支持、客观支持、对支持的利用三个维度。较高的分数被认为是更好地代表社会支持程度。问卷总分为 34.55±3.72 分。

（6）抑郁情绪：采用比较流行的抑郁自评量表。其中包括 20 个题目，每题计分标准为 1～4 分，其总分能直观反映出学生抑郁情绪的情况，较大的分数表示更加可能出现抑郁的症状。

（7）焦虑情绪：焦虑自评量表用于对大学生焦虑情况进行评估，该量表已经证明能够区分焦虑和非焦虑学生；能够较好地反映出大学生的主观感受，采用 4 级评分标准，每题一到四个选项，分值分别对应 1～4 分，20 个题目中有 15 题是按照正向计分，得分按 1～4 评分，剩下的 5 道题，按反向计分。

对收集的数据按抑郁和焦虑两种不同分类进行统计，得出相应的统计结果，其中图 20-9(a)显示了抑郁的统计数据，图 20-9(b)显示了焦虑的统计数据，分别给出了不同变量的均值、标准差、方差，其中 N 代表样本数量。

	N	均值	标准差	方差
家庭关系	210	16.114	2.8764	8.274
师生关系	210	15.614	4.0592	16.477
竞争关系	210	15.381	4.1442	17.175
人际关系	210	15.176	4.1193	16.969
学习压力	210	13.448	4.0297	16.239
经济压力	210	11.619	4.0295	16.237
就业压力	210	13.590	4.0504	16.406
性格	210	45.952	7.6457	58.457
应对方式	210	45.119	8.1128	65.818
社会支持	210	31.905	5.3348	28.460
抑郁情绪	210	46.83	11.285	127.348
有效的N	210			

（a）抑郁统计数据

	N	均值	标准差	方差
年龄	210	22.83	1.640	2.688
家庭关系	210	16.143	2.8652	8.209
师生关系	210	15.657	4.0329	16.265
竞争关系	210	15.381	4.1442	17.175
人际关系	210	15.195	4.1092	16.885
学习压力	210	13.448	4.0297	16.239
经济压力	210	11.619	4.0295	16.237
就业压力	210	13.590	4.0504	16.406
性格	210	45.952	7.6457	58.457
应对方式	210	48.93	8.0300	64.481
社会支持	210	31.843	5.3131	28.229
抑郁情绪	210	48.93	11.456	131.230
有效的N	210			

（b）焦虑统计数据

图 20-9 抑郁和焦虑统计数据

同时根据样本数据对各个参数进行了相关性分析，分析结果如图 20-10 所示。图 20-10(a)显示了抑郁情绪统计参数的相关性结果，图 20-10(b)显示了焦虑情绪统计参数的相关性结果。

	应对方式	社会支持	抑郁情绪	性格	学习压力	经济压力	就业压力	人际关系	竞争关系	师生关系	家庭关系
应对方式	1.000										
社会支持	.871	1.000									
抑郁情绪	-.277	-.200	1.000								
性格	.184	.208	-.321	1.000							
学习压力	-.333	-.262	.801	-.318	1.000						
经济压力	-.254	-.202	.731	-.266	.612	1.000					
就业压力	-.199	-.138	.787	-.248	.683	.546	1.000				
人际关系	.245	.189	-.385	-.295	-.388	-.341	1.000				
竞争关系	.093	.089	-.119	.120	-.101	-.144	-.071	.245	1.000		
师生关系	.115	.115	-.061	.016	-.090	.017	-.157	.120	.021	1.000	
家庭关系	.110	.144	-.125	.060	-.053	-.202	-.147	.068	.063	.835	1.000

（a）抑郁情绪相关性分析

	应对方式	社会支持	抑郁情绪	性格	学习压力	经济压力	就业压力	人际关系	竞争关系	师生关系	家庭关系
应对方式	1.000										
社会支持	.890	1.000									
抑郁情绪	-.657	-.668	1.000								
性格	.295	.299	-.384	1.000							
学习压力	-.774	-.768	.743	-.313	1.000						
经济压力	-.691	-.725	.687	-.253	.612	1.000					
就业压力	-.702	-.711	.727	-.253	.683	.546	1.000				
人际关系	.368	.388	-.361	.102	-.388	-.295	-.341	1.000			
竞争关系	.079	.109	-.115	.106	-.101	-.144	-.071	.245	1.000		
师生关系	.065	.071	-.125	.031	-.090	.017	-.157	.120	.021	1.000	
家庭关系	.103	.101	-.139	.069	-.053	-.202	-.147	.068	.063	.835	1.000

（b）焦虑情绪相关性分析

图 20-10 抑郁和焦虑情绪相关性分析

由图 20-10(a)可知，不同变量都与抑郁情绪存在不同程度的相关。其中学习压力、经济压力等与抑郁情绪成正相关，人际关系、社会支持、竞争关系和抑郁情绪成负相关。

由图 20-10(b)可知，环境、压力、自身素质与焦虑情绪存在不同程度的相关。其中，家庭关系、人际关系、师生关系、竞争关系与焦虑情绪成负相关，学习压力、就业压力、经济压力和焦虑情绪成正相关。

结构方程模型(SEM)是通过分析、使用多个相关的可观察指标对潜变量之间的相互关系进行测量的最重要的工具。SEM 具有两个部分，即通过验证性因子分析模型表征潜在变量的测量方程，以及通过回归模型评估解释性潜变量对结果潜在变量的影响的结构方程。结构方程模型(SEM)被广泛认为是评估潜在变量之间相互关系的最重要的统计工具。我们采用 SEM 方法最终拟合出了抑郁情绪方程模型和焦虑情绪方程模型，分别如图 20-11 和图 20-12 所示。

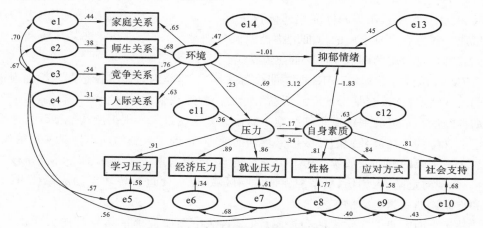

图 20-11　抑郁情绪结构方程模型结果路径图

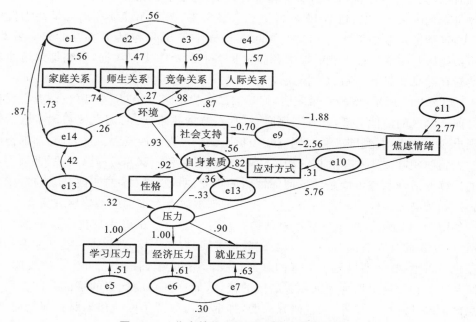

图 20-12　焦虑情绪结构方程模型结果路径图

图 20-11 所示的为抑郁情绪方程模型的最终拟合模型结果。测量模型的路径可接受的载荷，其中环境中家庭关系的权重是 0.44，师生关系的权重是 0.38，竞争关系的权

重是 0.54,人际关系的权重是 0.31。潜变量 e1、e3 之间的相关系数是 0.70。压力的几个关系的权重分别是 0.58、0.34、0.61。自身素质的权重分别是 0.77、0.58、0.68。潜变量压力的标准化回归权重是 3.12。一旦压力负担增加,抑郁情绪就会增加。同样,环境和自身素质两个标准化路径载荷是 -1.01 和 -1.83。环境良好和自身素质较强的人,抑郁情绪会逐渐减少。环境也可以通过自身素质来降低抑郁情绪。

图 20-12 所示的为焦虑情绪方程模型的最终拟合模型结果。测量模型的路径可接受的载荷,其中环境中家庭关系的权重是 0.56,师生关系的权重是 0.47,竞争关系的权重是 0.69,人际关系的权重是 0.57。潜变量 e2、e3 之间的相关系数是 0.56。压力的几个关系的权重分别是 1.00、1.00、0.90。自身素质中几个关系的权重分别是 0.92、0.36、0.56。潜变量压力的标准化回归权重是 5.76。一旦压力负担增加,焦虑情绪就会增加。环境和自身素质的标准化路径载荷分别是 -1.88 和 -2.56。环境和压力都可以通过自身素质的调节作用降低焦虑情绪。

FMRI 脑成像数据:FMRI 即功能性磁共振成像,是通过磁共振造影来检测血液动力的改变情况,此改变是由神经元活动引起的。神经细胞活动时会消耗氧气,而氧气要借助神经细胞附近的毛细血管红细胞中的血红素运送过来。根据脑功能活动区氧合血红蛋白含量的增加会导致磁共振信号增强的原理,得到了人脑的功能性磁共振图像,即血氧水平依赖的脑功能成像。FMRI 技术是 20 世纪末期发展起来的一种支持较高分辨率、无辐射危险、无创伤、可精准标记大脑区域、能重复进行等功能的成像技术,是科研和临床诊断极为有效的工具。

基于上面收集的大学生的心理测评数据,从中选取抑郁情绪较高的大学生 16 名(抑郁指数大于 0.7),包括 9 名女生和 7 名男生;选取焦虑情绪较高的学生 17 名(焦虑自评量表得分大于 60),包括 10 名男生和 7 名女生;选取无抑郁和焦虑情绪的健康学生 14 名(抑郁指数小于 0.4,焦虑自评量表得分小于 35),包括 7 名男生和 7 名女生。采用功能磁共振成像技术获取被试者静息状态下的功能成像数据,研究抑郁情绪和焦虑情绪在静息状态下的脑功能模式。

如图 20-13 所示,实验结果表明,抑郁被试者静息状态相对于健康被试者表现出广泛的前额脑区的活性下降,此外左侧海马回、右侧前扣带回、右侧壳核和尾状核活性也呈现出显著下降,右侧脑岛和左侧颞叶梭状回则表现为活性增强。这表明,抑郁情绪会抑制大脑前额叶皮质和基底核的相关功能,这些脑区和大脑奖赏回路有关,大脑奖赏回路的持续低活性状态可能是导致抑郁情绪的重要原因。此外,抑郁被试者与情感相关的脑区如脑岛和颞叶则较为兴奋,这可能与抑郁被试者大多都多愁善感有关。

如图 20-14 所示,焦虑被试者静息状态相对于健康被试者表现出广泛的前额脑区的活性增强,此外左右侧海马回、左右侧前扣带回、右侧壳核、右侧杏仁核和左右侧颞叶活性也显著增强,而活性显著下降的脑区很少,只有眶额回的 BA11 区。这表明,焦虑情绪会在某种程度上增强大脑相关脑区的代谢,而这些高度代谢的脑区共同作用导致了焦虑情绪的发生。此外,大量研究表明,抑郁症一般都是跟随焦虑躁狂情绪而来,焦虑期大脑功能亢奋,患者情感异常高涨,之后会突然转入抑郁期,患者情绪低落、思维迟缓、认知功能下降。本研究得出的抑郁和焦虑情绪相对于健康被试者的静息态脑功能活动模式证明了焦虑和抑郁情绪产生的耦合效应。

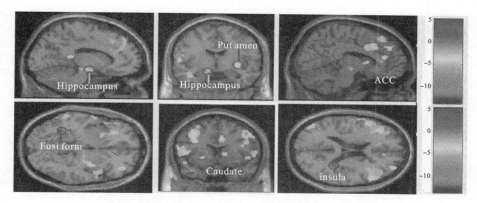

图 20-13 抑郁被试者相对于健康被试者静息状态脑功能模式

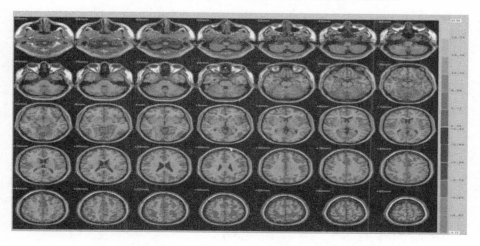

图 20-14 焦虑被试者相对于健康被试者静息状态脑功能模式

20.6.2 基于抑郁检测的情感认知

抑郁情绪是一种心情低落的情绪状态,导致兴趣减退甚至丧失,常常自责,精神疲惫,还有很强的无助感,变得孤僻,不善与人打交道。当遇到困难的时候,独自一人承受,感受不到群体的帮助,自己没有能力去处理各方面带来的困难,变得迷茫不知所措,从而否定自己。

根据抑郁评分基准,分数在 53 分以下的定义为无抑郁,分数在 53~62 分之间的为轻度抑郁,分数在 62~72 分的为中度抑郁,分数在 72 分以上的为重度抑郁。统计结果显示,健康者占 70%,轻度抑郁者占 16%,中度抑郁症者占 9%,重度抑郁者占 5%。我们将有抑郁情绪的人和没有抑郁情绪的人分为抑郁和非抑郁,根据收集的 210 条数据分为训练部分和测试部分。将数据分成两组:无抑郁组和抑郁组,训练的数据部分占总人数的 70%,验证部分占 30%。对抑郁情绪进行预测,选取学习压力、经济压力、就业压力、应对方式、社会支持为特征数据。通过算法学习建立相应的情感认知模型,用来作为判断其他学生会不会发生抑郁情绪的依据。我们采用决策树分类中的 CRT 算法作为建立认知模型的算法。图 20-15 显示了学习所得的抑郁情绪决策树模型的分类效果。训练样本中的预测正确率值为 84.4%,检验样本中的预测正确率值为 76.2%。

样本	已观测	已预测		
		非抑郁	抑郁	正确百分比
训练	非抑郁	73	15	83.0%
	抑郁	8	51	86.4%
	总计百分比	55.1%	44.9%	84.4%
检验	非抑郁	28	10	73.7%
	抑郁	5	20	80.0%
	总计百分比	52.4%	47.6%	76.2%

图 20-15　抑郁情绪分类预测准确率

训练所建立的抑郁情绪检测的决策树分类模型如图 20-16 所示。

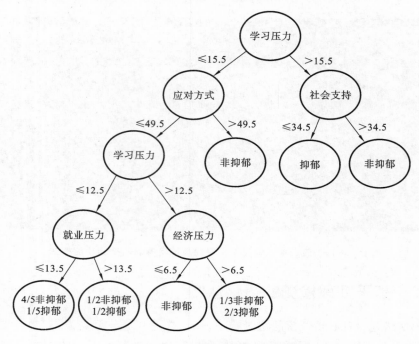

图 20-16　抑郁情绪预测决策树模型

如图 20-16 所示,从抑郁情绪决策树训练模型中提取的认知规则如下:

(1) 当学习压力分值>15.5,社会支持分值>34.5 时,非抑郁;

(2) 当学习压力分值>15.5,社会支持分值≤34.5 时,抑郁;

(3) 当学习压力分值≤15.5,应对方式分值>49.5 时,非抑郁;

(4) 当学习压力分值≤15.5,应对方式分值≤49.5,学生压力分值>12.5,经济压力分值≤6.5 时,非抑郁。

20.6.3　基于焦虑检测的情感认知

焦虑被描述为一种不愉快和不确定的感觉。焦虑的主要特点是担心或过度关注不确定结果的情况。这种不愉快的感觉可以伴随各种生理、情感和心理症状,表现为强烈的情绪。焦虑分为两类:状态焦虑,Spielberger 定义为暂时的情绪状态;特质焦虑,指个体之间相对稳定的差异及他们对焦虑的反应,这意味着人们在不同时期对威胁情况的反应不同。焦虑是一种心理和生理状态,其特征包括认知、体细胞、情感和行为等。这些组件结合以产生通常相关联的不愉快的感觉与不安,恐惧或担心。

根据焦虑评分的基准,对测试人群进行整体的介绍,得分在 50 分以下的为无焦虑,得分在 50~59 分之间的为轻度焦虑,得分在 60~69 分之间的为中度焦虑,得分在 70 分以上的为高度焦虑。最后得出:健康组占 61%,轻度焦虑组占 20%,中度焦虑组占 13%,重度焦虑组占 6%。将有焦虑情绪的人和没有焦虑情绪的人分为焦虑和非焦虑。将收集的 210 条数据分为训练部分和测试部分。将数据分成两组:无焦虑组和焦虑组,训练的数据部分占总人数的 75%,验证部分占 25%。对焦虑情绪进行预测,选取学习压力、经济压力、就业压力、应对方式、社会支持作为特征数据。通过算法学习建立对应的情感认知模型,用来判断其他学生会不会发生焦虑情绪的依据。我们采用决策树分类中的 CRT 算法作为建立认知模型的算法。图 20-17 显示了焦虑情绪决策树模型的分类结果。在训练样本中的预测值为 84.2%,检验样本中的预测值为 59.6%。

样本	已观测	已预测		
		非焦虑	焦虑	正确百分比
训练	非焦虑	69	13	84.1%
	焦虑	12	64	84.2%
	总计百分比	51.3%	48.7%	84.2%
检验	非焦虑	9	13	40.9%
	焦虑	8	22	73.3%
	总计百分比	32.7%	67.3%	59.6%

图 20-17 焦虑情绪分类预测准确率

训练所建立的抑郁情绪检测的决策树分类模型如图 20-18 所示。

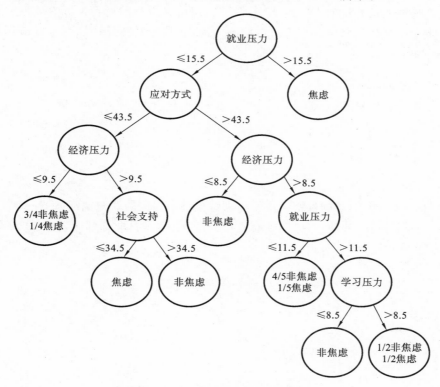

图 20-18 焦虑情绪预测决策树模型

如图 20-18 所示,从焦虑情绪决策树训练模型中提取的认知规则如下:

(1) 就业压力分值>15.5 时,焦虑;

(2) 就业压力分值≤15.5,应对方式分值>43.5,经济压力分值≤8.5 时,非焦虑;

(3) 就业压力分值≤15.5,应对方式分值≤43.5,经济压力分值>9.5,社会支持分值≤34.5 时,焦虑;

(4) 就业压力分值≤15.5,应对方式分值>43.5,经济压力分值>8.5,就业压力分值>11.5,学习压力分值>8.5 时,焦虑和非焦虑各占 1/2。

20.7 本章小结

传统人机交互系统往往是在视距(LOS)下的人机互动,无法做到人机交互的多样化、个性化。非视距(NLOS)模式打破了传统人机交互的限制,不仅仅是识别人的情绪,也不仅仅是简单的机器人反馈,而是将情绪作为一种可以远距离传输的信息,机器人不仅是一种互动的工具,更是远近端用户沟通的媒介。

然后,本章对情感通信系统进行了定义,介绍了情感通信系统的架构并总结了系统所需的关键技术和情感通信系统中需要做的工作,主要有四个任务:收集、通信、分析和反馈。同时,为了满足通信双方的同步要求,我们将情感作为一种多媒体信息,并提出了一种情感通信协议,为情感通信的实现提供了可靠保障。随后,分析了一个基于枕头机器人的情感通信系统的实时性能,验证了实现情感通信的可行性和有效性。最后构建针对大学生群体的抑郁与焦虑情绪检测的应用,从而对情感认知系统的应用场景进行典型介绍。

21

软件定义网络

摘要:近年来,软件定义网络(software defined network,SDN)作为网络通信领域的新兴技术,通过控制层与数据层分离、集中化的管理调度、开放可编程接口等特点,正在推动通信网络向新的一代演化,并有可能从根本上改变未来通信网络的整体格局和走向。但是现有的软件定义网络系统缺乏学习能力、不够智能的问题成为其瓶颈。通过引入认知引擎、智能决策和认知控制器等关键技术,认知软件定义网络(cognitive software defined network,CSDN)便由此产生。认知软件定义网络能够真正实现智能化,能够智能地统一管理。本章通过介绍认知软件定义网络的由来,从而引出认知软件定义网络的架构,并详细介绍了认知软件定义网络的三个层面,即广义数据层、认知控制层以及广义应用层。之后介绍了认知软件定义网络的特点,并详细介绍了认知软件定义网络的关键组成部分。最后,我们介绍了认知软件定义网络的安全问题。

21.1 认知软件定义网络的由来

软件定义网络将控制层从物理层中分离出来,使其能够进行集中化管理调度。利用开放型的编程接口,使其能够根据用户的需求进行灵活设计。但是软件定义网络本身缺乏学习能力,无法进行自主更新,使得软件定义网络无法具有智能化。本章将介绍如何由软件定义网络衍化成认知软件定义网络,以及现阶段软件定义网络的缺陷,由此引出认知软件定义网络出现的必然性。

21.1.1 软件定义网络

传统的基于 TCP/IP 的网络随着使用模式的日益丰富,逐渐显示出其局限性。具体来说,出现的局限性主要有两个方面:① 设备的控制平面与数据平面高度融合在一起,当用户有新的需求,比如加入新的协议时,所需要的研发周期过长,导致所需要的研发成本过高,进而影响了网络升级和新业务部署的周期,因此可以说设备的封闭性直接影响了网络技术的发展,由于传统网络设备的这种特点,降低网络的灵活性,也阻碍了网络的创新性发展;② 难以管理,且无法实现集中管理。网络管理人员无法找到一个统一管理的平台,对网络的资源进行统一管理。而传统的网络管理方式大多采用手动方式对网络设备进行配置,这种做法可能会因为人工配置的错误而出现网络故障。除此之外，传统的网络还存在诸如扩展性、安全性等不足的问题。

软件定义网络（SDN）作为一种新兴的网络模式，试图解决传统网络存在的缺陷。首先，它打破了传统网络垂直集合的模式，从底层的物理设备中将控制层与数据层进行分离，控制层负责的是控制网络，而数据层负责的是传输数据，这样将控制层与数据层的分离使得网络更加具有灵活性，同时也方便统一管理调度。其次，由于控制层与数据层的分离，底层的交换机只负责数据传输，控制逻辑则可以通过控制器集中执行，这样一来，在新的策略部署以及网络升级方面，都可以直接部署控制器，进而对底层物理层进行部署。换句话说，SDN 是一种有望改变现有网络困局的新兴网络范例，其特有的特点是将控制与转发进行分离，控制平面中的逻辑上集中的可编程控制器可以掌控全局的网络信息，方便运营商和科研人员对网络进行灵活调整和实验部署新的网络系统结构及相关技术。这里值得注意的是，逻辑上集中的模型仅仅是指逻辑上的模式，而不是意味着物理上集中的系统。事实上，为了保障系统的性能、可扩展性以及可靠性等，从侧面反映了不可能使用这样的物理上集中的控制系统。SDN 的数据平面中的转发设备（也称为交换机）仅仅负责转发，也就是提供简单的数据转发功能，由于其功能的简单性，SDN 的交换机可以快速地对匹配的报文进行处理，适应网络流量日益增长的需求。

软件定义网络的结构如图 21-1 所示。从图 21-1 中可以看出，SDN 由下到上（或称为由南到北）主要分为数据平面、控制平面和应用平面。数据平面和控制平面之间利用 SDN 控制数据平面接口（control-data-plane interface，CDPI）进行通信，CDPI 具有统一的通信标准，目前主要采用 OpenFlow 协议。控制平面和应用平面之间由 SDN 北向接

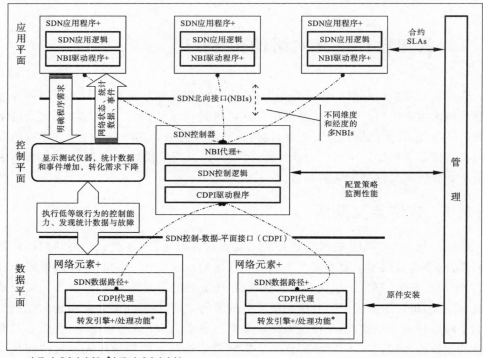

+表示1个或多个实例，|*表示0个或多个实例

图 21-1　软件定义网络结构

口(north bound interface,NBI)负责通信,NBI 允许用户按实际需求定制开发。

数据平面由交换机等网络元素组成,各网络元素之间由不同的转发规则形成的 SDN 网络数据通路形成链接。控制平面包括逻辑中心的控制器,负责运行控制逻辑策略,维护着全网视图。控制器将全网视图抽象成网络服务,通过访问 CDPI 代理来调用相应的网络数据通路,并为运营商、科研人员及第三方等提供易用的 NBI,方便这些人员定制私有化应用,实现对网络的逻辑关联。应用平面包括各类基于 SDN 的网络应用,用户无需关心底层设备的技术细节,仅通过简单的编程就能够实现新应用的快速部署。CDPI 负责将转发规则从网络操作系统发送到网络设备,它要求能够匹配不同厂商和型号的设备,而不影响控制层以及其以上的逻辑。NBI 允许第三方开发个人网络管理软件和应用,为管理人员提供更多的选择。网络抽象特性允许用户可以根据需求选择不同的网络操作系统,而不影响物理设备的正常运行。

21.1.2 由软件定义网络到认知软件定义网络

目前的 SDN 实现了控制与转发的分离,转发设备根据控制器下发的规则进行高效的数据转发,而复杂的策略控制、转发路径计算等全部由控制器完成。为了实现对多种业务的承载,SDN 还支持各种应用对控制器的调用。随着异构网络规模的增大,需要处理的态势、信息和策略剧增,SDN 控制器本身将成为网络系统的瓶颈;尤其是基于固定软件功能的设备,一方面在设计之初其处理能力是有限的,另一方面此类设备不适宜经常性地升级。如果说 SDN 应用主要偏重实际业务需求,那么 SDN 控制器则需要一个真正的"大脑"。这个大脑是可学习、可决策、可升级的,是帮助 SDN 控制器处理信息、分析势态、给出决策建议的。

伴随着无线通信、移动互联网与大数据技术的高速发展,智能手机、平板电脑等移动终端以及各种传感器的广泛普及,随之而来的移动业务也愈加快速增长和变化,成为蜂窝网(无线接入网络)持续演进的关键动力。据 2015 年思科白皮书统计,从 2014 年至 2020 年全球移动数据量将呈指数增长,预测表明在未来十年内数据容量需求将会有1000 倍的增长,并且其中的蜂窝网络(2G/3G/4G)下产生的移动业务量将占到 60%以上。到目前为止,4G 的商业化已经基本成熟,伴随着 IMT-2020 国际标准作业的启动,第五代移动蜂窝通信系统(5G)也应运而生。相比于 LTE,5G 期待达到 1000 倍的数据容量提升、10~100 倍的可连接设备数和用户可达速率、10 倍的电池寿命延长以及仅有4G 网络五分之一的时延。

针对大规模的无线覆盖、多样化的终端接入、多种业务承载的差异化容量需求等趋势,无线接入网络的部署已呈现出异构、融合、多样化的基本特征。为了满足未来蜂窝网络的覆盖需求,需要从更高层次、更宽的视角来着手设计满足资源与能效优化的网络及系统架构,如智能和动态控制机制的引入、无线接入部分和核心网的融合、无线接入模式的优化、资源的动态分配等。针对这样的需求,利用上述的 SDN 技术,数据层与控制层分离、集中化的管理调度、开放式可编程接口,有可能会从根本上改变未来通信网络的整体格局和走向。针对 5G 蜂窝网络架构日趋异构化、复杂化和密集化的这一必然趋势,面临降低单位业务量的资源和能量的消耗、提高资源及能量效率的巨大挑战和迫切需求,有必要充分利用 SDN 的潜在优势和技术特长,促成 5G 技术的根本性的"绿色化",以实现可持续发展、资源优化的高效能 5G 蜂窝技术的演进。

虽然有很多研究将 SDN 与蜂窝网络进行了结合，比如图 21-2 中提出的在无线移动异构网中引入 SDN 控制器，与 NFV 技术相结合，在控制平面提供相应的功能接口，并且在用户平面提供灵活的流量调度。但是却没有充分考虑无线蜂窝网络不同于有线网络的特殊之处：一方面，无线蜂窝网在接入端不仅具有异构多样性的特点，并且时时刻刻面对复杂多变的无线信道环境和干扰环境，同时要服务于大量的、行为习惯各不相同的移动用户，解决他们瞬时变化的流量需求，这给集中化的管理、控制和决策带来了极大的挑战；另一方面，在核心网一侧，为了实现各种网络相关功能的处理，集中化的管理、决策和控制也在灵活性、可靠性、实时性等方面遇到了挑战。还有，现有的融合方案并没有将无线接入部分与核心网部分纳入统一的软件定义管理和控制之下，依然无法解决目前蜂窝移动网络面临协同困难等问题。

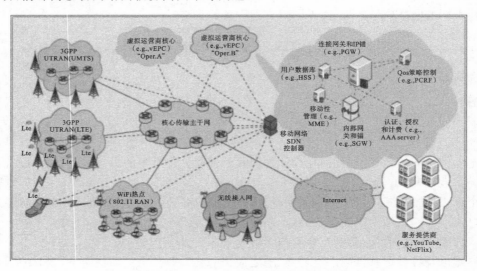

图 21-2　基于 SDN 的异构无线网络架构

（引自 Bernardos，Carlos J.，et al. An architecture for software defined wireless networking[J].
IEEE wireless communications 21,3(2014):52-61.）

面对未来愈加复杂的异构蜂窝移动网络覆盖场景，面对未来愈加复杂的多业务承载需求，面对未来更加扁平化的融合网络架构，有必要对现有的 SDN 架构进行相应革新，以促成 5G 技术的根本性"绿色化"，并实现可持续发展和资源优化的高能效 5G 蜂窝网络演进。

将传统的软件定义网络与 5G 相结合，受传统软件定义网络的限制，表现出如下特点。

（1）无法满足认知应用/服务的超高可靠性和超低延迟性。随着认知应用发展，传统的 SDN 与 5G 的结合已经无法满足对于超低延迟和超高可靠性方面的需求，这对现阶段的基于 SDN 的 5G 网络提出了严峻的挑战。

（2）缺乏智能性。传统的 SDN 控制器缺乏人工智能及学习的能力，无法实现智能化。由于受 SDN 控制器的硬件限制，使得网络在及时更新、可靠性、灵活性等方面也面临着挑战。

（3）复杂的环境与用户需求。无线接入网络不仅具有异构性，并且面临的无线信道环境和干扰环境是复杂的，面临的用户的需求、行为等也是各种各样的，这使得 SDN

控制器的集中控制变得具有挑战性。

（4）无线网络资源与 IP 网络资源融合困难，统一调度难度大。要实现无线接入网与核心网络的融合，从全局的角度实现资源统一调配，传统的 SDN 控制器不能很好地满足这种需求，这将会造成效率低下、资源浪费等问题。

（5）大数据处理能力相对较弱。随着移动流量的迅猛增长，需要处理大量的数据，传统的 SDN 控制器本身的数据处理局限性，不能很好地处理数据，也将会导致延迟增加。

首先，要在 SDN 的架构中引入智能分析和决策机制（认知引擎：Cognitive Engine），以满足复杂控制和管理的需要。从资源与能效优先的无线网络传输通信机制以及它与网络和用户特性密切相关两方面来看，需要对无线环境、网络和用户进行有效的认知，基于认知过程、利用网络状态信息、用户行为及业务需求信息，实现在异构网络环境下资源和能效优先的业务认知与资源优化。其次，要充分利用 SDN 全局化和集中化管理的优势，实现异构层叠覆盖基站间的协同，创新接入机制，实现资源和能量效率的大幅度提升。再次，要充分利用 SDN 在核心网的工作模式优势，实现对更多控制网元、功能网元的交互和协同，在可提供网络虚拟化和支持分片功能的同时，提供更加智能的协同管理和控制。还有，要实现接入网和核心网在统一 SDN 管理架构下的无缝融合。这些对未来蜂窝网络 5G 的架构设计、核心技术研究、部署和运营服务都将产生重要影响，意义重大。

目前的 SDN 实现了控制与转发的分离，转发设备根据控制器下发的规则进行高效的数据转发，而复杂的策略控制、转发路径计算等全部都由控制器完成。为了实现对多种业务的承载，SDN 还支持各种应用对控制器的调用。其标准架构如图 21-3 左侧所示。

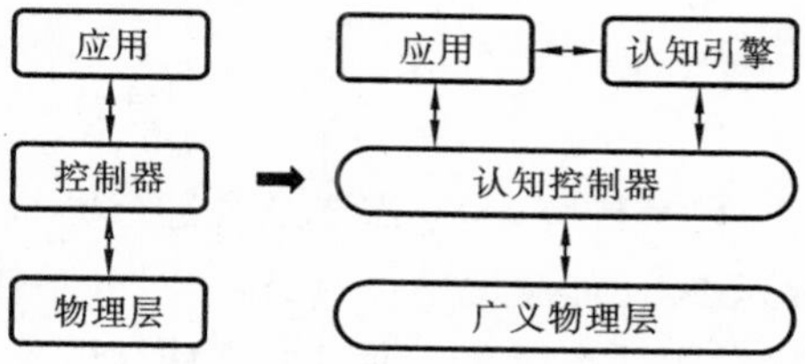

图 21-3　SDN 向认知 SDN 演进

随着异构网络规模的增大，需要处理的态势、信息和策略剧增，SDN 控制器本身将成为网络系统的瓶颈；尤其是基于固定软件功能的设备，一方面在设计之初其处理能力是有限的，另一方面此类设备不适宜经常性地升级。如果说 SDN 应用主要偏重实际业务需求，那么 SDN 控制器则需要一个真正的"大脑"。这个大脑是可学习、可决策、可升级的，是帮助 SDN 控制器处理信息、分析势态、给出决策建议的。基于这个思想，我们提出了如图 21-3 右侧所示的认知 SDN 新架构，引入认知引擎，建立智能中心。

21.2　认知软件定义网络的架构

为了克服上述缺陷，满足认知应用/服务对超低延时和超高可靠性的需求，使得基于传统软件定义网络无法满足这些需求。为了满足这些需求，本章将认知计算 SDN 以及人工智能（artificial intelligence，AI）等技术进行结合，提出认知软件定义网络架构，如图 21-4 所示。从底层的通信角度来看，根据业务的不同进行数据采集，经过接入网，回传网络到核心网，最后经前传网络到达另一方的移动终端设备。从大数据分析的角度来看,当设备的接入达到一定的规模化以后,业务汇聚成大数据流,经过软件定义网络控制器的时候,依托认知引擎中的机器学习、深度学习和增强学习的算法来对大数据流进行分析,以获取更深入的认知智能,以满足认知应用所要求的网络的超低延时和超可靠性的需求。

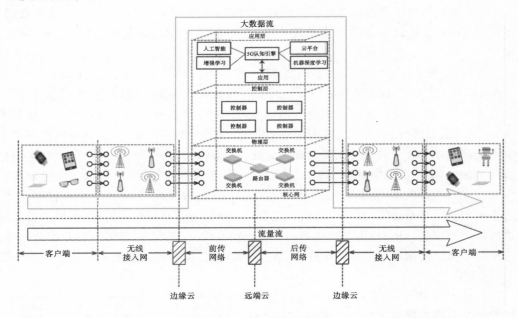

图 21-4　认知软件定义网络

　　由于传统 SDN 需要及时进行更新,我们引入认知引擎,通过人工智能以及其他学习算法,比如深度学习、机器学习等具体的算法,使得认知软件定义网络能够进行自主更新,实现智能化。通过引入认知引擎,可以对底层资源进行全局的、动态的感知,比如可以动态地感知基站等无线资源的使用情况、环境干扰情况以及用户的多样化需求、生活行为习惯和用户历史数据等,实现对底层资源的全方位感知,为认知引擎的决策提供参考。对于传统 SDN 来说,很难实现对无线网络和 IP 网络进行融合,也就无法从整体上实现对资源的统一调度,本文提出的认知软件定义网络可以通过无线域和 IP 域向蜂窝网络边缘进行延伸的方法来解决。受传统 SDN 控制硬件设备的限制,其对大数据的处理能力还是缺乏的,通过引入的认知引擎是基于云平台的,可以充分应用云平台资源,扩展了控制器的大数据处理能力。

　　认知软件定义网络系统,不仅能够实现在 SDN 中有真正的大脑,即认知引擎,而且实现了更加智能的认知系统。针对认知 SDN 控制器,如果将其认知引擎(认知环)的目标设定为提高资源及能量效率,那么就可以通过认知过程降低通信系统能耗,实现兼顾能量效率与资源效率的智能绿色无线通信。具体而言,在软件定义网络(SDN)工作环境内,认知引擎通过对所处环境(如网络类型、通信业务负载的潮汐流动、信道质量等动态环境参量)的感知与学习,发现更多的低能耗通信资源、削减不必要的无效能耗、精简冗余的重复能耗,从而实现绿色无线通信。基于认知无线电的一些架构和技术可以在多种不同的无线信道条件下降低能耗,同时满足服务质量的要求。除去硬件方面的技术进步,实现绿色无线通信的手段包括动态休眠、功率控制、中继、动态频谱管理等,而这些手段的合理实施需要对环境信息的充分掌握。由此可见,认知无线电技术与软件定义网络(SDN 控制器)相结合,必将成为未来无线通信网络(5G)适应复杂多变环境、动态地有效利用各类无线资源、实现能量效率与资源效率平衡的必由之路,将为绿色无线通信提供不可或缺的理论基础和技术途径。

认知软件定义网络(见图 21-4)主要分为三个层面,从下往上看,也就是从南往北看,首先是底层,即物理层,这里的物理层不仅仅是传统软件定义网络的物理层设备,还是广义的物理层设备,包括各种可穿戴设备、移动终端、无线接入网、核心网、交换机、路由器等一系列设备。再往上便是控制层,认知软件定义网络中的控制层也不是单纯的传统软件定义网络的控制器,而是广义的控制器。这里指的广义,是说认知软件定义网络的控制器由于可以与认知引擎进行交互,那么便具有了自主学习的能力,也就是说,此处的控制器是智能的、认知的。最顶层是应用层,这里的应用层也是指广义的应用层,除了传统的软件定义网络中所能实现的应用以外,广义应用层还包括认知引擎。认知引擎是整个认知软件定义网络实现的关键所在,因为认知引擎的存在,才使得认知软件定义网络具有了自主学习的能力,有着与传统软件定义网络所不同的认知性。关于这三个层面的介绍,我们将在接下来的小节中分别进行详细介绍。

21.3 广义数据层

在广义数据层,即广义物理层面,主要包括各类终端、无线接入网以及核心网。终端可以是智能手机、平板电脑、便携式电脑、智能设备,甚至是机器人。这些多样化的终端接入,使得系统承载的业务也呈现多元化。无线接入网与核心网通过基站进行连接,基站既可以看作是核心网的边缘节点,也可以看作是无线接入网的边缘节点。在核心网部分,数据包的传输不再使用传统的隧道协议传输,而是依据 SDN 控制器控制下的转发流表进行。

21.3.1 数据收集

认知软件定义网络的广义数据层,通过各种终端设备来进行数据采集。采取的终端设备可以包括可穿戴设备(如智能手环、智慧衣等)、智能手机、便携式电脑,甚至是机器人等,他们负责的内容就是实时的或者是按需采集数据,采集的具体数据是根据用户应用的不同而不同的。举例来说,如果认知软件定义网络的应用层采取的是认知医疗应用,那么需要采集的数据会包括用户的各种所需数据,如用户体征数据(如 ECG 信号、血压,心跳等),以及用户的面部表情、动作等数据,然后将这些经核心网传输到云平台进行数据分析,在认知引擎的参与下,可以实现真正的智能性与认知性。

21.3.2 转发规则

认知软件定义网络的数据层中的转发规则主要出现在核心网部分。数据层中的交换机主要用来负责数据流的转发,通常可采用硬件和软件两种方式进行转发。采用硬件方式,具有速度快、成本低和功耗小等优点。一般来说,交换机芯片的处理速度比

CPU 的处理速度快两个数量级,比网络处理器快一个数量级,并且这种差异将持续很长时间。在灵活性方面,硬件则远远低于 CPU 和网络处理器等可编程器件。如何设计交换机,做到既保证硬件的转发速率,同时还能确保识别转发规则的灵活性,成为目前研究的热点。与利用硬件设计交换机的观点不同,虽然软件处理的速度低于硬件,但是软件方式可以最大限度地提升规则处理的灵活性,同时又能避免硬件自身内存较小、流表大小受限、无法有效处理突发流等问题。

与传统软件定义网络类似,认知软件定义网络中也会出现网络节点失效的问题,导致网络中的转发规则被迫改变,严重影响了网络的可靠性。此外,流量负载转移或网络维护等也会带来转发规则的变化。认知软件定义网络允许管理人员自主更新相关规则,采用认知引擎所在的云端,利用云端强大的计算资源和存储资源,能够根据用户的不同需求,制定相应的转发规则,通过认知控制器实现在底层物理层的部署,达到实时监控底层物理层的目的,并且能够实现资源的有效分配,以及延迟的最小化。

为了能够更好地制定底层物理层的转发规则,除了利用认知引擎外,还需要对层与层之间的接口,以及每个层的内部的接口进行兼容,以此来保证传输的有效进行,也就是指令传达的有效性。具体来说,在数据层面,需要对移动终端与核心网、核心网与边缘云等之间进行融合,这样才能实现转发规则的具体实施。

21.4　认知控制层

认知软件定义网络的控制层与传统的软件定义网络的控制层不同,传统的软件定义网络的控制器只是由一些分布式或集中式的控制器组成,控制器本身并不具有认知的能力,作为硬件设备需要不断升级来完成整个网络的升级,并且在进行集中化的决策时,也在灵活性、可靠性和实时性方面遭到了重大的挑战,这样除了会造成很大的成本浪费外,还会给传统软件定义网络的应用受到极大的限制。

认知软件定义网络克服了传统软件定义网络的缺陷,它的控制层称为认知控制层,由一系列认知控制器组成,组成的方式可以是集中式,也可以是分布式的。事实上,认知控制器只需要在传统的控制器上进行改造即可,不需要再重新设计。换句话说,认知控制器就是在传统的控制器的基础上,与认知引擎进行交互,实现其认知控制器的认知功能。这种交互的功能,可以看作是学习的过程,在认知控制器与云平台上的认知引擎进行交互时,认知控制器将收集的信息实时地向认知引擎进行反馈,认知引擎对其进行深度学习、机器学习以后,就会对认知控制器有了初步的了解。随着认知控制器不断地从底层获取信息,并向认知引擎进行传输,认知引擎不断地进行分析,这样就会形成对认知控制器乃至底层清晰的认识,于是这样的交互成就了认知控制器的认知性,也会随着时间的推移,不断地对认知控制器实现实时的调控,如自动升级等功能,这样就使得认知控制器真正实现认知性。

传统的控制器的基本功能是为科研人员提供可用的编程平台。最早且广泛使用的控制器平台是 NOX,能够提供一系列基本接口,用户可以通过 NOX 对全局网络信息进行获取、控制与管理,并利用这些接口编写定制的网络应用。随着 SDN 网络规模的扩展,单一结构集中控制的控制器处理能力受到限制,扩展困难,遇到了性能瓶颈,因此仅能用于小型企业网或科研人员进行仿真等。网络中可采用两种方式扩展单一集中式控制器:一种方式是提高自身控制器的处理能力;另一种方式是采用多控制器来提升整体控制器的处理能力。控制器的平台对比如表 21-1 所示,从表中可以看出不同控制器的架构、开发语言、接口等信息。

表 21-1 控制器平台对比

控 制 器	架 构	开 发 语 言	北向接口	一致性	是否开源
Beacon	集中式多线程	Java	特设 API	N/A	是
DISCO	水平分布式	Java	RESTful API	否	否
Floodlight	集中式多线程	Java	RESTful API	N/A	是
HP VAN SDN	分布式	Java	RESTful API	弱	否
HyperFlow	水平分布式	C++	无	弱	否
Kandoo	层次化分布式	C/C++、Python	无	否	否
Maestro	集中式多线程	Java	特设 API	N/A	是
NOX	集中式单线程	C++	特设 API	N/A	是
NOX-MT	集中式多线程	C++	特设 API	N/A	是
ONix	水平分布式	Python、C	NVP NBAPI	强、弱	否
ONOS	水平分布式	Java	RESTful API	强、弱	是
OpenContrail	分布式	Python、C++、Java	RESTful API	弱	是
OpenDaylight	分布式	Java	RESTful API	弱	是
POX	集中式多线程	Python	特设 API	N/A	是
Pyu	集中式多线程	Python	特设 API	N/A	是
yanc	分布式	未知	文件系统	未知	否

对于认知控制器的分布问题,对于现在众多中等规模的网络来说,一般使用一个认知控制器即可完成相应的控制功能,不会对性能产生明显影响。然而对于大规模网络来说,仅依靠多线程处理方式将无法保证性能。一个较大规模的网络可分为若干个域,如图 21-5(a)所示。若保持单一认知控制器集中控制的方式来处理交换机请求,则该认知控制器将与其他域的交换机之间存在较大延迟,影响网络处理性能,这一影响将随着网络规模的进一步扩大变得无法忍受。

所以,在大规模的网络中,一般会采取分布式认知控制器,分布式认知控制器一般可采用两类方式进行扩展,分别是扁平控制方式(见图 21-5(b))和层次控制方式(见图 21-5(c))。对于扁平控制方式,所有的认知控制器被放置在不相交的区域里,分别管理各自的网络,各认知控制器间的地位相等,并通过东西向接口进行通信。对于层次控制方式,认知控制器之间具有垂直管理的功能。也就是说,局部认知控制器负责各自的网络,全局认知控制器负责局部认知控制器的管理,局部认知控制器之间的交互可通过全局控制器来完成,这样通过分布式的认知控制的部署,可以实现分工明确的网络任务。

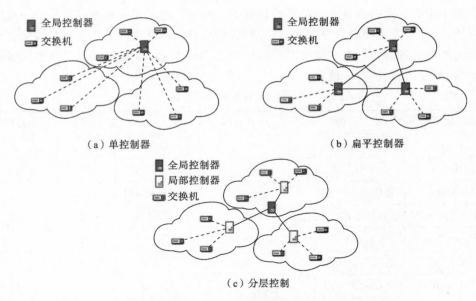

图 21-5　认知控制器的分布情况

21.5　广义应用层

认知软件定义网络的应用层称为广义应用层,与传统的软件定义网络的应用层不同,广义应用层主要包括两个部分,即具体的应用以及认知引擎。具体应用与传统的软件定义网络应用类似,具体举例如下。

(1)企业网与校园网。第二代中国教育和科研计算机网采用 4over6 技术将百所院校连接在一起,提供了 IPv4 应用以及 IPv6 应用接入和互通互访等服务。4over6 描述了 IPv4 网络向 IPv6 网络过渡的技术,如图 21-6 所示。它借鉴了软件定义网络虚拟化的思想,将 IPv4 网络和 IPv6 网络从数据层分离出来。由于 IPv4 网络和 IPv6 网络传输数据的基本原理相同,因此数据层能够对 IPv4 网络和 IPv6 网络两者都提供传输服务,实现转发抽象。同时,还可分别为 IPv4 服务提供商和 IPv6 服务提供商提供更方便的管理机制,便于 IPv4 网络向 IPv6 网络的迁移,满足所有 IPv6 网络过渡的需求。

(2)数据中心与云。除了在企业网与校园网部署之外,数据中心由于具有设备繁杂且高度集中等特点,相关 SDN 部署同样面临着严峻的挑战。早期部署在数据中心的实例为基于 NOX 的 SDN 网络。随后,在数据中心的部署应用得到极大的发展。其中,性能和节能是部署过程中重点考虑的两个方面。数据中心中成千上万的机器需要很高的带宽,如何合理利用带宽、节省资源、提高性能,是数据中心需要考虑的另一个重要问题。由于数据中心具有大规模互联网服务稳定性和高效性等特性,常以浪费能源为代价。然而通过关闭暂时没有流量的端口,仅能节省少量能耗,最有效的方法是通过 SDN 掌握全局信息能力,实时关闭暂未使用的设备,当有需要时再打开,将会节省约一半的能耗。利用率低同样会导致数据中心能耗较高。在数据中心,每个流在每个时间片通过独占路由的方式,可提高路由链路的利用率,利用 SDN 掌握全网信息,公平调度

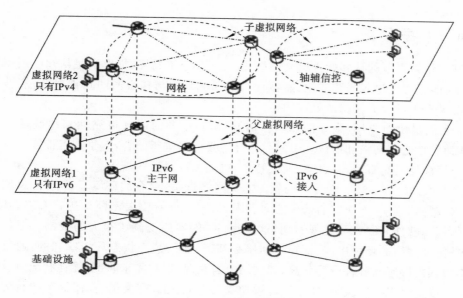

图 21-6 4over6 虚拟网络

(引自张朝昆,崔勇,唐鼐,等.软件定义网络(SDN)研究进展[J].软件学报,2015,26(1):62-81.)

每个流,使路由链路得到充分利用,进而节省了数据中心的能耗。

认知软件定义网络中除了应用以外,还有一个重要的组成部分,即认知引擎。认知引擎首先与用户的应用进行交互,将应用指令转化成具体的部署命令,并将这些具体的部署命令通过认知控制器传递给底层物理层,包括移动终端、核心网、无线接入网、IP网、交换机等,底层物理层根据相关指令,完成相应的部署。举例来说,对于移动终端,根据指令,可以设置采取哪些移动设备,如何采集数据,采集哪些数据,采集数据的频率如何,这些都会在具体的部署策略中体现,实现真正的底层智能部署。

应用层除了将指令经认知控制器传递给底层物理层以外,还可以通过认知控制器对底层进行感知,并收集大量的数据,包括动态的环境信息、动态的用户信息、网络资源信息以及能耗信息等,并放在相应的数据库内,利用机器学习、深度学习、增强学习等技术进行数据分析,并将结果传递给控制层进行执行,由认知控制器完成底层的具体部署。同时认知引擎通过人工智能技术实现智能化,能够使整个网络系统在更新、调试等阶段自主进行。

21.6 认知软件定义网络特点

从直观上来讲,认知软件定义网络与软件定义网络的区别很大程度在于增加了认知引擎,然而事实上,并不仅仅如此。除了增加认知引擎外,认知软件定义网络的各层之间联系更加密切了,当然这可以归功于认知引擎的自主学习能力,使得整个网络具有了智能性,能够实现自身的实时更新。本小节主要讲述认知软件定义网络的特点,其主要包括两个方面:一是给出了与传统的软件定义网络相比,认知软件定义网络的特有的特点;二是介绍了认知软件定义网络的关键组成部分。

21.6.1　特点

基于认知引擎的认知软件定义网络,表现出如下的特点:能够满足认知应用和服务的需求;能够实现深入的智能化;能够真正实现接入网与核心网的真正融合;能够利用云资源来真正实现大数据的处理能力。

（1）满足认知应用/服务的需求。认知应用/服务的超高可靠性和超低延时的需求,认知软件定义网络利用认知引擎与软件定义网络进行结合,基于人工智能的方式以及学习算法使其具有更深入的智能化特点,以此来满足这些需求。

（2）深入的智能化。在传统的软件定义网络与5G融合的环境下,软件定义网络的控制器成为瓶颈,一方面它的处理能力有限,另一方面它需要不断地进行升级,其更新还必须依靠软件升级或开发来实现,这使得5G的实施受到了很大的限制。但是在认知软件定义网络的环境中,其认知控制器是基于学习、基于状态环境感知的,通过认知引擎,使其能够感知各种资源状况,如网络流量状况、用户需求状况、能耗状况以及安全状况等,以此做出智能决策,使系统能够协调终端、路由、交换机、控制器等的行为。认知软件定义网络的智能化是基础,通过对人工智能以及学习算法的研究,针对能效、资源限制,来构建不同的认知引擎,来解决对无线接入控制,能效优化,资源分配,内容分发,安全控制等方面的智能分析、智能决策、智能控制等。

（3）接入网与核心网的真正融合。在传统的蜂窝网络中,无线域与IP域的分离架构已经无法满足网络演进的需求。在新的认知软件定义网络系统中,实现IP域与无线域的融合,使得在统一的调配控制下,能够实现有线和无线资源统一调配,同时能够承载更多业务,对内容分发和缓存实现全局的部署,对安全实现一体化,这种融合能够使全网资源达到最优。

（4）大数据处理能力。随着移动终端设备接入的增多,产生了大量的业务数据,这些数据经过控制器时,通过认知引擎的云平台资源,使得认知软件定义网络能够具有处理大数据的能力。

21.6.2　关键组成

1. 认知引擎

认知引擎是基于云平台进行搭建的,利用人工智能及深度学习、机器学习、增强学习等学习算法,实现深度智能化的认知引擎。其逻辑架构如图21-7所示。从直观上讲,认知引擎主要分为三个部分,即云平台、各种认知引擎类型以及服务接口。具体来说,我们可以从以下三个角度来进行分析。

（1）云平台。认知引擎是基于云平台进行搭建的,这样可以利用云平台的虚拟化云资源、云计算资源、云存储资源等,具有大数据计算和存储能力。

（2）各种认知引擎类型。当涉及具体的应用时,可以根据业务需求来部署不同的认知引擎分支,如用户行为分析、流量分析、

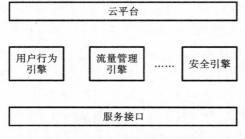

图 21-7　认知引擎的逻辑架构

内容分发和缓存以及信息安全等需求的认知引擎分支。

（3）服务接口。服务接口主要有三种：① 认知引擎与应用的接口，作用是传递应用的需求，使其能够在认知引擎中得到实现；② 认知引擎与控制器的接口，认知引擎通过北向接口与控制器进行交互，实现认知引擎与控制器的交互，一方面控制器可以及时向认知引擎反映控制器及底层状态，另一方面认知引擎的分析结果也将传递给控制器；③ 认知引擎与物理层的接口，认知引擎通过与物理层的服务接口，实现对底层各种资源进行动态感知，以此来实现资源的全面优化。

认知引擎作为控制器的智能大脑，可以感知底层物理层的数据信息，包括用户信息（如用户行为、用户需求等数据）、环境数据、无线接入网数据和核心网数据等，除此之外，认知引擎还可以感知控制器的信息，将这些所有的感知信息作为基础，以此进行分析。然而这些感知的数据有结构化数据（如流表数据、流量数据等）和非结构化数据（如用户的行为等），需要使用机器学习、深度学习和增强学习等学习算法来实现数据分析与处理。在认知引擎中，其智能化的实现是依据大数据处理和 AI 技术的。这些学习算法是连续的过程，通过进行不断地感知数据，认知引擎不断地分析数据，给出统一的协同控制指令，从而实现动态资源分配等。

2. 认知控制器

认知控制器与认知引擎一起，实现对底层物理层的控制及资源部署等。具体来说，认知控制器主要有以下几方面的作用。

（1）认知控制器与认知引擎进行交互，实现数据实时流通。一方面可以向认知引擎展示控制器的运行情况，包括任务负载等，这样认知引擎可以根据实际情况对其进行调整。另一方面，认知控制器可以将底层的信息反馈给认知引擎，这样认知引擎作为系统的"大脑"，可以掌控整个系统，便于认知引擎作出更加优化和智能化的决策。

（2）对于认知引擎做出的决策，控制器将其传达给底层物理层，即认知控制器将这些指令转化成具体的策略部署，如转发路径的选择、流表的设定、资源的具体分配等这样具体的策略。因此，认知控制器的有效执行，是整个系统能够实现快速有效的反应的关键因素。

3. 物理层的部署

底层物理层主要包括用户端、接入网、核心网络等。用户端包括各种各样的接入设备，如智能手机、平板电脑、各种移动设备，甚至是机器人等。这些不同种类的接入设备，使得用户端变得多样性，用户的个性化需求就变多。为了满足不同的用户业务需求，接入网络中既要有靠近用户的小基站，又要有传统基站和宏基站的覆盖支持，除此以外还要考虑已有 LTE 网络和 WiFi 等无线接入方式的融合。核心网在认知软件定义网络中实现了与接入网的融合化，这样使得系统能够对无线与有线资源进行统一调配，为全网资源优化和能效提升提供了条件。

21.7　认知软件定义网络的安全问题

本节针对前文提出的认知软件定义，讨论了认知软件定义网络存在的安全问题。

虽然认知软件定义网络相较于软件定义网络存在着很多的优势（如前文的分析），给用户及网络管理员都带来了很大的方便，但是不可否认的是，认知软件定义网络与传统软件定义网络在网络安全问题上也不相同。换句话说，认知软件定义网络作为一项新的技术，是一把双刃剑，一方面提供了便利，一方面又带来了安全隐患。

21.7.1　安全需求与挑战

本小节主要介绍在认知软件定义网络中存在的安全需求以及存在的挑战。首先来介绍在认知软件定义网络中存在的安全需求。

1. 安全需求

（1）隐私保护。由于在认知软件定义网络系统中，需要采集很多用户的信息，而这些信息也包括用户的敏感信息以及用户认证信息等，那么在处理这些数据时，必须考虑隐私问题，否则可能给用户带来损失。

（2）数据完整。数据完整性是指在认知软件定义网络系统中，数据在数据中心存储时，或者数据在传输过程中，或者是在数据处理过程中都要保证数据完整，防止数据被篡改。

（3）数据机密。数据机密性是指在认知软件定义网络系统中得到的数据信息，只能被权威认证过的合法的用户得到和使用，而未通过认证的用户不能获得数据，这样保证了用户的私人数据不被非法攻击者窃取。

2. 安全挑战

（1）数据处理与隐私保护难以兼顾。随着大数据时代的到来，数据存储成了问题，然而云计算的出现及时地解决了这个难题。同样，在认知软件定义网络系统中，采集到用户的私人数据存储在数据中心，并进行数据处理。然而数据中心的数据不能直接暴露给不可信的第三方，为了防止隐私数据被窃取或泄漏，通常的做法是采取加密算法。然而加密算法带来了有效保护数据的优点，同时也给数据分析、数据处理带来了难度。虽然有研究表明，有的加密算法可以对密文进行处理，如同态加密算法，然而其消耗的通信费用也是很高的。所以怎样既保证用户的隐私不受侵犯，又保证一定的数据处理的方法是至关重要的，也是极具挑战性的。

（2）认知软件定义网络系统的控制器管理。由于认知软件定义网络系统继承了软件定义网络的集中化管理的优点，那么认知软件定义网络可以根据用户的策略，集中控制并调度底层物理层，从而实现低延迟、低能耗、更安全的网络结构。但是由于控制层的特殊性，如果设计不当，一旦控制层妥协，可能导致整个网络崩溃。所以在设计控制层特殊的结构时，必须充分考虑安全的因素，然而这又是一大挑战。

21.7.2　安全问题概述

如果不能很好地解决认知软件定义网络的安全性问题以及存在的安全隐患，安全性问题将会逐渐成为制约认知软件定义网络发展的关键因素。本节首先对认知软件定义网络特有的典型安全威胁进行总结和分类，在此基础上，对认知软件定义网络各层和南、北向接口面临的主要安全问题进行探讨和分析。

表 21-2 总结了在认知软件定义网络中存在的特有的安全威胁。除此之外，还存在

着 OpenFlow 协议的安全性。如前所述,OpenFlow 协议是 ONF 标准化组织唯一确定的 SDN 南向接口的通信规范。根据 OpenFlow 协议,控制器和交换机之间通过安全通道进行连接,安全通道采取安全传输层协议 TLS 对消息进行加密和认证,参照 TLS 1.2协议标准,从控制器和交换机建立 TLS 连接的基本认证过程可以看出,当交换机启动时,首先尝试连接用户指定的 TCP 端口或控制器的 6653 TCP 端口,双方通过交换数字证书相互进行认证。但是 OpenFlow 还面临着一些重要的安全问题。

表 21-2　认知软件定义网络特有的安全性问题

名　　称	是否认知软件定义网络特有	特　　点
流规则的合法性和一致性问题	是	控制器上同时运行着多个自定义或第三方提供的应用程序,这些应用程序生成的流规则之间可能出现相互竞争、彼此冲突或覆盖的情况
控制器的脆弱性	是	常规 IDS 技术很难发现认知软件定义网络中某个具体攻击的发起者,尚不足以保证认知软件定义的安全
控制器和应用程序之间缺乏信任机制	是	恶意应用程序可以轻易地被开发,已授权的合法应用程序也可能被篡改,并应用于控制器上
控制层-基础设施层之间的威胁	是	主要指南向接口协议面临的安全威胁,如 Dos/DDos 攻击或数据窃取等
管理站的脆弱性	否	管理站的脆弱性在传统网络中也存在,但由于认知软件定义网络的集中管控方式,导致这种脆弱性可迅速扩展至整个网络
交换机的脆弱性	否	某个交换机受到攻击以后,使网络中的数据包出现部分异常,若攻击者通过受攻击的交换机向控制器或其他交换机发送虚假请求,将威胁迅速扩展到全网
取证和修复等缺乏有效的可信任资源	否	故障修复需要安全可靠的取证机制和可信任的资源,以确保网络的快速恢复
伪造/虚假的网络数据	否	由非法用户或设备产生,如伪造的流规则等

(1) 缺乏多控制器之间的通信规范。现有的 OpenFlow 协议仅仅给出了控制器和交换机间的通信规范,并未指定多个控制器之间通信的具体安全协议和标准,因而多个控制之间的通信还面临着认证、数据同步等方面的安全问题。

(2) 安全通道可选。由于 OpenFlow 1.3.0 版本之后的协议将 TLS 设为可选的选项,这使得缺乏 TLS 协议保护的网络容易遭到窃听、控制器假冒或其他 OpenFlow 通道上的攻击。

基于 OpenFlow 的 SDN 架构中存在的主要攻击手段如图 21-8 所示。

依据控制与转发分离的逻辑架构,可将认知软件定义网络面临的安全问题分为 5 个方面,如图 21-9 所示。

图 21-9 给出了认知软件定义网络各层中面临的安全问题。具体来说,主要分为以下几个方面。

(1) 广义数据层安全,也称为广义物理层安全。物理层由交换机等一些设备组成,

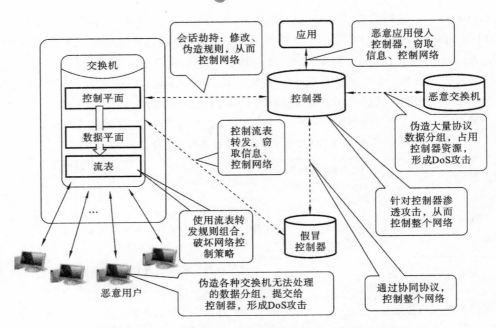

图 21-8 基于 OpenFlow 的认知软件定义网络的主要攻击手段

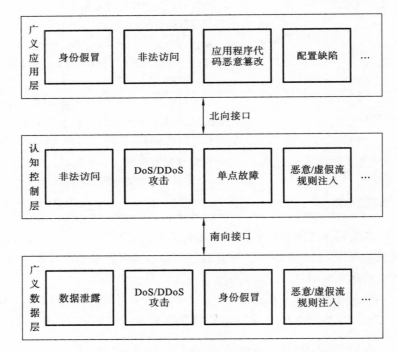

图 21-9 认知软件定义网络各层面临的主要安全问题

主要负责数据的处理、转发和状态的收集,对控制器下发的流规则绝对信任。因此,该层面临的主要安全威胁包括恶意/虚假流规则注入、Dos/DDos 攻击、数据泄露、非法访问、身份假冒和交换机自身的配置缺陷等。此外,物理层还可能面临着由虚假控制器的无序控制指令导致交换机流表混乱等威胁。

(2)认知控制层安全。认知控制层由一系列的认知控制器组成,主要存在的攻击有渗透攻击以及假冒认知控制器。具体来说,渗透攻击是指认知控制器利用自身软硬件漏洞进行渗透,侵入认知控制器系统并获得控制权限,从而通过认知控制器获得整个网络的控制权。而假冒认知控制器则通过其与真实认知控制器之间的协同协议,也可能使得整个认知软件定义网络瘫痪。认知控制器是认知软件定义网络的核心,也是安全链中最薄弱的环节。

(3) 广义应用层安全。广义应用层安全主要包括各类的应用程序以及认知引擎的安全。在认知软件定义网络中,除了管理员制定的流规则以外,一些流规则还将由 OpenFlow 应用程序、安全服务类应用程序和一些其他第三方应用程序制定,并通过认知控制器下发到相关的交换机和网络设备。目前针对应用程序自身的安全性保护机制并不健全,由于基础设施层的各种交换机和网络设备对控制器下发的流规则完全信任,且不假思索地执行,一旦这些参与制定流规则的应用程序受到篡改和攻击,将给认知软件定义网络带来难以预计的危害。除此之外,认知软件定义网络的认知引擎是基于云平台来实现的,一旦云平台遭受攻击,将会造成认知引擎瘫痪,致使整个认知软件定义网络瘫痪。

21.8 本章小结

本章主要介绍了认知软件定义网络及存在的安全问题。具体来说,第 21.1 节主要介绍了认知软件定义网络的由来,即介绍怎样从软件定义网络演化成认知软件定义网络;第 21.2 节主要介绍了认知软件定义网络的架构;第 21.3 节介绍了广义的数据层,从数据收集和转发规则两个方面来分别介绍广义数据层的实现;第 21.4 节介绍了认知控制层,包括认知控制器的部署等关键性问题;第 21.5 节介绍了广义应用层,从具体的应用以及认知引擎两个方面来进行详细介绍;第 21.6 节主要介绍了认知软件定义网络的特点及关键组成部分,更进一步加深对认知软件定义网络的认识;第 21.7 节介绍了认知软件定义网络的安全问题,从认知软件定义网络的安全需求和安全挑战入手,引出存在的安全问题的概述。

第七篇 习 题

7.1 第 19 章介绍了 5G 的演进及其关键技术,根据第 19 章的内容,回答以下问题:

(1) 列举一些有代表性的 5G 网络应用场景?

(2) 试从不同角度举例说明几个 5G 关键性技术。

7.2 下列是关于 5G 认知系统的说法,请判断是否正确并说明理由。

(1) 5G 认知系统网络架构有三层,分别是基础设施层、资源认知引擎层、数据认知引擎层。( )

(2) 5G 认知系统有四类通信方式,其中 5C-Cloud 和 5C-Cloudlet&Cloud 适合远程通信。( )

（3）5G 认知系统的核心部件有 RAN、边缘云、自组织微云和核心网络。（　　）

（4）5G 认知系统可支持超低延迟和高可靠性认知应用，其中在 RAN 中部署的上下行分离技术关注的主要问题是用户感知、策略优化、分离模型等。（　　）

7.3　人机交互系统主要面向人与计算机之间交流与互动，提供友好接口，方便用户进行信息管理和处理等功能。请结合你自己的理解，谈谈传统人机交互系统应分为哪几类。

7.4　在传统移动通信架构中，没有把情绪作为一种信息来传递。第 20 章中指出，情感通信不仅仅是简单的机器与人的通信，它更是将情绪作为一种可以远距离传输的信息。请简述情感通信系统架构中每层的具体任务。

7.5　在情感通信中，情感认知是一个非常重要的组成部分，我们能够通过一个人的语音信息判断其情绪，同时深度学习对于音频信号的处理也成为研究的热点，目前基于深度学习的语音情感认知的常用的方法有以下两种：

（1）通过原始音频信号（如语谱图）自动学习语音情感特征，然后构造单独的分类器，最后完成情感识别。

步骤一：下载柏林语音数据库，网址：http://www.emodb.bilderbar.info/navi.html。

步骤二：使用 matlab 完成音频信号的处理，参考网址 http://blog.csdn.net/hgy2011/article/details/8729151

步骤三：使用 TensorFlow 完成 RNN 网络的构建。

步骤四：训练网络，调试参数。

（2）利用深度学习直接参与构造分类器，这种方法利用传统手工提取的特征作为输入，常用的特征如 MFCC，经过网络进一步抽象后在网络最后一层进行分类或回归从而完成对情感的识别。请编程实现一个简单的语音情感识别系统。

提示：推荐使用深度学习框架 TensorFlow，官方文档网址 https://www.tensor-flow.org/。

7.6　本篇对情感通信系统进行了定义，并介绍了其系统架构与所需关键技术及相关工作，相信学习完本篇后，你会对情感通信技术有了一定的了解，回答下列问题。

（1）请概述情感通信系统与传统人机交互系统的区别。

（2）各种识别用户情绪的新兴技术逐渐成为当前的研究热点，请谈谈对情感通信技术未来的发展。

7.7　关于 SDN，请回答下列问题：

（1）软件定义网络（SDN）的架构分为哪几层？

（2）传统的软件定义网络（SDN）与 5G 网络结合后，将会面临哪些挑战？

7.8　关于 SDN 和人工智能相结合形成的认知软件定义网络（CSDN），它在构造上来讲最大的区别就是增加了认知引擎的部分，下列关于认知引擎和 CSDN 的一些说法，请判断对错。

（1）将认知引擎应用在 SDN 中，相当于拥有一个智能化的大脑，帮助 SDN 控制和处理。（　　）

（2）认知软件定义网络包括三个层面，分别是物理层、控制层和应用层，其中认知引擎在控制层，智能化地控制整个系统的运行。（　　）

（3）在 CSDN 中，数据处理过程中存在的安全与隐私保护问题比传统 SDN 更加严

重,所以应该不计通信成本使用先进的加密算法。（　　）

（4）SDN 将控制功能从传统的分布式网络设备中迁移到可控的计算设备中,使得底层的网络基础设施能够被上层的网络服务和应用程序抽象成虚拟化的网络功能,最终通过开放可编程的软件模式来实现对网络资源的灵活部署与控制。（　　）

本篇参考文献

[1] 陈敏,李勇. 软件定义 5G 网络——面向智能服务 5G 移动网络关键技术探索[M]. 武汉:华中科技大学出版社,2016.

[2] IMT-2020(5G)推进组[EB/OL]. [2016-03-29]. http://www.imt-2020.cn/zh

[3] 5G PPP Architecture Working Group View on 5G Architecture[EB/OL]. [2016-06-01]. https://5g-ppp.eu/white-papers/

[4] Alliance N. NGMN 5G white paper[J]. Next Generation Mobile Networks Ltd, Frankfurt am Main,2015.

[5] Battaglia E,Grioli G,Catalano M G,et al. [D92] ThimbleSense:A new wearable tactile device for human and robotic fingers[M]. IEEE,2014.

[6] Chen M,Ma Y,Song J,et al. Smart Clothing:Connecting Human with Clouds and Big Data for Sustainable Health Monitoring[J]. Mobile Networks & Applications,2016:1-21.

[7] Chen M,Zhang Y,Li Y,et al. AIWAC:affective interaction through wearable computing and cloud technology[J]. IEEE Wireless Communications,2015,22(1):20-27.

[8] Simsek M,Aijaz A,Dohler M,et al. 5G-Enabled Tactile Internet[J]. IEEE Journal on Selected Areas in Communications,2016,34(3):1-1.

[9] Saleh S,Sahu M,Zafar Z,et al,A Multimodal Nonverbal Human-Robot Communication System[C]. International Conference on Computational Bioengineering,2015.

[10] Zhao M,Adib F,Katabi D. Emotion recognition using wireless signals[C]//International Conference on Mobile Computing and NETWORKING. 2016,pp.95-108.

[11] Chen M,Ma Y,Li. Y,et al. Wearable 2.0:Enable Human-Cloud Integration in Next Generation Healthcare System[J]. IEEE Communications,2017,55(1):54-61.

[12] Chen M,Hao Y,Huang K,et al. Disease Prediction by Machine Learning Over Big Healthcare Data[J]. IEEE Access,2017.

[13] Tian D,Zhou J,Wang Y,et al. A Dynamic and Self-Adaptive Network Selection Method for Multimode Communications in Heterogeneous Vehicular Telematics[J]. IEEE Transactions on Intelligent Transportation Systems,2015,16(6):1-17.

[14] Chen M,Hao Y,Qiu M,et al. Mobility-Aware Caching and Computation Off-

loading in 5G Ultra-Dense Cellular Networks[J]. Sensors,2016,16(7):974.

[15] He J,Wu D,Xie X,et al. Efficient Upstream Bandwidth Multiplexing for Cloud Video Recording Services[J]. IEEE Transactions on Circuits and Systems for Video Technology,2016.

[16] Zheng K,Zhao L,Mei J,et al. Survey of Large-Scale MIMO Systems[J]. Communications Surveys & Tutorials IEEE,2015,17(3):1738-1760.

[17] Chen M,Qian Y,Mao S,et al. Software-Defined Mobile Networks Security[J]. Mobile Networks & Applications,2016,21(5):1-15.

[18] Chen M,Hao Y,Mao S,et al. User Intent-oriented Video QoE with Emotion Detection Networking[J]. IEEE Globelcom,2016:1552-1559.

[19] Zheng K,Zhang X,Zheng Q,et al. Quality-of-experience assessment and its application to video services in lte networks[J]. IEEE Wireless Communications, 2015,22(1):70-78.

[20] Gravina R,Alinia P,Ghasemzadeh H,et al. Multi-Sensor Fusion in Body Sensor Networks: State-of-the-art and research challenges[J]. Information Fusion, 2016,35:68-80.

[21] Chen J,He K,Yuan Q,et al. Batch Identification Game Model for Invalid Signatures in Wireless Mobile Networks[J]. 2016,99:1-1.

[22] Liu M,Lin K,Yang J,et al. Mobile Cloud Platform: Architecture,Deployment and Big Data Applications[C]. Cloudcomp 2016.

[23] Kreutz D,Ramos F M V,Verissimo P E,et al. Software-defined networking: A comprehensive survey[J]. Proceedings of the IEEE,2015,103(1):14-76.

[24] Zhou X,Zhao Z,Li R,et al. Toward 5G: when explosive bursts meet soft cloud [J]. IEEE Network,2014,28(6): 12-17.

[25] Wang H,Xu L,Gu G. FloodGuard: a dos attack prevention extension in software-defined networks[C]//2015 45th Annual IEEE/IFIP International Conference on Dependable Systems and Networks. IEEE,2015:239-250.

[26] Hinden R M. Sdn and security: why take over the hosts when you can take over the network[C]//RSA conference 2014.

[27] Braga R,Mota E,Passito A. Lightweight DDoS flooding attack detection using NOX/OpenFlow[C]//Local Computer Networks (LCN). IEEE,2010:408-415.

[28] Wang H,Xu L,Gu G. Of-guard: A dos attack prevention extension in software-defined networks[J]. The Open Network Summit (ONS),2014.

[29] Hu F,Hao Q,Bao K. A survey on software-defined network and openflow: from concept to implementation[J]. IEEE Communications Surveys & Tutorials, 2014,16(4): 2181-2206.

[30] Klingel D,Khondoker R,Marx R,et al. Security Analysis of Software Defined Networking Architectures: PCE,4D and SANE[C]//Proceedings of the AINTEC 2014 on Asian Internet Engineering Conference. ACM,2014:15.

[31] Wasserman M,Hartman S. Security analysis of the open networking foundation

(onf) OpenFlow switch specification[J]. 2013.

[32] Nunes B A A, Mendonca M, Nguyen X N, et al. A survey of software-defined networking: Past, present, and future of programmable networks[J]. IEEE Communications Surveys & Tutorials, 2014, 16(3): 1617-1634.

[33] Bernardos C J, De La Oliva A, Serrano P, et al. An architecture for software defined wireless networking[J]. IEEE Wireless Communications, 2014, 21(3): 52-61.

[34] 张朝昆,崔勇,唐翯祎,等. 软件定义网络(SDN)研究进展[J]. 软件学报,2015,26 (1): 62-81.

[35] Chen M, Zhou P, Fortino G. Emotion Communication System[J]. IEEE Access, 2017, 5: 326-337.

[36] Chen M, Yang J, Hao Y, et al. A 5G Cognitive System for Healthcare[J]. Big Data and Cognitive Computing, 2017, 1(1).

[37] Huang K, Chen M. Big Data Analytics for Cloud/IoT and Cognitive Computing [M]. U K: Wiley, 2017.

内 容 简 介

本书是研究认知计算的一本导论书,阐述了认知科学向认知计算的演进。从信息论到数据科学,从大数据分析到认知计算,本书试图将认知计算理论的由来、思想和支撑技术做一个系统且深入的探讨。围绕认知计算与人、机器和虚拟网络空间的交互与融合,本书介绍了为认知计算在信息采集、获取、传输、存储和分析等方面提供各种支持的关键技术,包括物联网、5G 网络、云计算、大数据分析和机器人技术等。同时本书对认知计算与以上各种技术的关联进行了详细研究和探讨,并给出相应的技术架构和应用实例。认知计算源于数据科学,因此我们对各种机器学习和深度学习算法做了详细介绍。在此基础上,将理论与实际相结合,本书在最后两篇对认知计算的应用和前沿专题做了进一步讨论,包括 Google 和 IBM 的认知计算应用、医疗认知系统、5G 认知系统和认知软件定义网络等。全书共分为 7 篇,21 章。

本书可作为语言学、心理学、人工智能、哲学、神经科学和人类学等多个交叉学科本科生或研究生的教材或参考书,也可供相关专业工程人员参考。

图书在版编目(CIP)数据

认知计算导论/陈敏主编. —武汉:华中科技大学出版社,2017.4(2019.9 重印)
ISBN 978-7-5680-2808-0

Ⅰ.①认… Ⅱ.①陈… Ⅲ.①计知-计算技术 Ⅳ.①TP183

中国版本图书馆 CIP 数据核字(2017)第 077944 号

认知计算导论　　　　　　　　　　　　　　　　　　　　　　　陈　敏　主编
Renzhi Jisuan Daolun

策划编辑:王红梅
责任编辑:余　涛
封面设计:原色设计
责任校对:李　琴
责任监印:周治超

出版发行:华中科技大学出版社(中国·武汉)　　　电话:(027)81321913
　　　　　武汉市东湖新技术开发区华工科技园　　　邮编:430223
录　　排:武汉市洪山区佳年华文印部
印　　刷:湖北新华印务有限公司
开　　本:787mm×1092mm　1/16
印　　张:25.25　　插页:2
字　　数:613 千字
版　　次:2019 年 9 月第 1 版第 2 次印刷
定　　价:68.00 元